인물로 본

현대물리학사

Spencer R. Weart & Melba phillips 편

김 제 완 역

History of Physics

Edited by
Spencer R. Weart
&
Melba Phillips

머 리 말

PHYSICS TODAY는 1948년부터 출판되기 시작했으며, 처음 몇 년 간은 물리의 역사에 관련된 기사를 거의 싣지 않았다. 그러한 경향은 그다지 특이할 만한 것이 아니다. 왜냐하면, 당시는 물리의 역사를 다루는 잡지 기사나 책들을 찾기가 매우 힘들었기 때문이다. 당시의 그러한 관례에 예외가 있었다면 가끔, 갈릴레이(Galilei)나 뉴턴(Newton) 같은 고대의 거장들에 대한 학술적 연구가 있었다는 것이다. 좀더 최근의 역사학적 연구는 거의 백지 상태였고, 기껏해야 호랑이나 전설 속의 바다뱀들이 등장하는 대부분의 고대 지리학자들의 연구와 같이, 전해져 오는 일화(逸話)보다도 못한 조사를 토대로 한, 비범한 학자들(예를 들면 맥스웰, 켈빈, 플랑크…)에 대한 연구로, 이것저것 치장해 놓은 것뿐이었다.

역사학자들은 그들이 현대 과학의 역사에 대한 연구가 부족하다는 사실을 인식하지 못했다. 왕(王)이나 전쟁 등의 역사에 치중하는 편협한 역사관을 거부하는 학자들은 '만일 지도자가 그 시대를 이끌어나가는 주자가 아니라면, 그것은 분명 노동자 아니면 기업일 것'이라는 민중사관(史觀)을 가지고 '대중'의 역사를 연구했다.

그러나 현대사의 중심이 지도자나 민중이 아닌, 어쩌면 '실험실'에 있을지도 모른다는 증거들이 계속 쌓여가고 있다. 많은 사람들이 과학이 사회 발전에 중추적 역할을 한다고 인식했지만, 그러한 의문에 대한 연구를 하는 학자들은 거의 없었다. 역사를 공부하는 학생들에게는 아인슈타인(Einstein)이나 슈뢰딩거(Schrödinger)의 공식들이 중세기 라틴 고서(古書)보다 훨씬 난해한 것처럼 생각되었다. 물리 공부를 하는 신세대 학생들에게는 문학 작품에 할애할 시간이 거의 없었을 뿐 아니라, 그들 대부분은 어쩌다 듣게 되는 자신들의 분야에 대한 화려한 일화를 듣는 것으로 만족했다.

역사학에 대한 관심은 탁월한 물리학자들 사이에서 시작되었다

무엇인가 중요한 것이 간과되고 있다는 사실을 인지하는 것은 나이든 물리학자들의 과제로 남겨져 있었다. 세기초 상대성 이론의 진실성 여부에 확신을 갖고 있지 못하던 교수들로부터 가르침을 받은 그들은, 양자 역학 이론들이 세상으로 터져나올 무렵 아직 젊은 나이였다. 그들은 이 강력하고 복잡한, 지적인 이론들이 수십 년간 어떤 세대들도 상상할 수 없었던 방법으로 물리학을 뒤흔들고 변형시키는 것을 목격하였다. 또한 대공황, 제 2 차 세계대전, 그리고 냉전 등을 겪으며 물리학계 자체가 새로운 형태로 발전해 가는 것을 보았고, 그러는 동안 물리학자들은 역사의 힘에 의해 실험실로부터 대중 무대의 조명 아래로 끌려 나왔다. ── 어떤 때는 말 그대로, 나이든 물리학자들은 조명 아래에서 그들이 겪었던 삶에 대해 이해하길 원했고, 그들은 특별히 그 다음 세대들이 이러한 역사를 이해하여 물리학계가 겪게 될지도 모를 저항을 극복하고 그만큼 위대한 탈바꿈을 하길 원했던 것이다.

PHYSICS TODAY는 1952년 처음으로 두 편의 역사학적 작품을 선보였는데, 두 편 다 이 책에 실려 있다.; 대공황중 American Institute of Physics (미국 물리 협회)가 설립될 당시 칼 T. 콤프턴 (Karl T. Compton)에 의해 쓰여진 글과 전후(戰後) 과학과 연방정부간의 상호 관계에 대해 쓴 에드워드 U. 콘돈 (Edward U. Condon)의 작품이 그것이다. 이 두 사람은 모두 그들이 서술한 사건들이 일어났을 때 그 중심에 있었으며, 그것들을 단순히 옛일을 회고하듯이 쓰진 않았다. 그들의 글은 오늘날 면밀한 주의를 끌 가치가 있는 교훈들을 담고 있었는데, 그 글들은 미국 물리학계가 어떻게 그 모습을 형성했는가에 대해서뿐만 아니라, 이후 어떠한 모습으로 발전해야 하는지에 대한 의견도 담고 있었다.

그러는 동안 과거에 대한 이해를 물리 교육에 도입하려는 노력이 진행되고 있었다. 역사적인 견해가 교육하는 데 불가피하게 등장하였으며, 과거 과학자들에 대해 아주 자세하게, 혹은 간단하게 소개되었다. 많은 교사들은 물리 교육이 절대적이고 완벽한 지식을 가르치는 것이라는 것을 잘 인지하고 있었고, 이러한 것을 가르치는 데에 역사학 없이는 진실의 왜곡뿐만 아니라 심지어는 과학적 연구에 대한 사고에 손상을 입힐 수도 있다는 것을 알게 되었다. 몇몇 선생들은 물리학의 역사를 가르치는 것이 물리학의 개념들을 이해하는 데 도움을 준다는 것을 발견하기도 했다.[1] 이러한 역사 교육에 대한 관심은 제 2 차 세계대전 이후 더욱 확산되어, 이에 대한 심포지엄이 열리기도 하였고, 결국엔 국제 학술 회의가 개최되었다.[2] 제럴드 홀턴(Gerald Holton)이나 스티븐 브러시(Stephen Brush)와 같이 역사학에 대한 관심이 남달리 많았던 물리학자들은 다른 과학사 학자들과 함께 역사학을 물리학 교육에 접목시키는 데 필요한 자료들에 대한 연구뿐만 아니라, 이제까지의 역사들이 단순한 전설인지 아니면 진실인지를 규명하는 연구를 했다. 더욱 많은 물리학자들이 20세기에 등장하면서 역사학적 관심은 더욱 커졌다. 이러한 움직임이 특별히 활발하게 시작된 때는 1960년도였다.

전문적인 물리사(物理史)는 1960년도에 시작되었다

현대 물리하 사가에 대한 연구가 가치 있는 일이라는 느낌은 몇몇 젊은 물리학자들로 하여금 그들의 진로를 물리학 연구에서 사학 연구로 바꾸는 도박을 하게 하였다. 선배 물리학자들이 지원하였고, 이러한 연구를 하는 연구원이 점차 자리잡게 되었다. 그 중요한 예로는, 1961년 토머스 S. 쿤의 주도하에 몇몇 저명한 물리학자들과 국립과학재단(National Science Foundation)의 지원으로 시작된 '양자 물리학사에 대한 근원' 연구를 들 수 있다.[3] 이러한 작업은 아인슈타인이나 슈뢰딩거와 같이 과학이 존재하는 한 영원히 기억될 사람들이 그들의 획기적인 발견에 관한 동기나 과정에 대해 자세한 기록조차 남기지 못하고 세상을 떠났다는 충격을 실감케 하지만 그들과 가까이 지내던 사람들이 가지고 있는 기억들이라도 녹음하기에는 아직 늦지 않았다. 이러한 작업이 진행되는 동안 닐스 보어는 계획된 여러 차례의 인터뷰 중 두 차례밖에 하지 못하고 세상을 떠나 안타까웠다. 이 프로젝트가 진행되는 동안 물리학자와 역사학자들은 녹음 테이프만을 가지고 완벽하게 정확한 역사를 기록하기에는 충분하지 못하다는 것을 알게 되어, 그들의 기록을 마이크로 필름으로 남기기도 했다. 이 결과 수집된 인터뷰와 마이크로 필름의 기록들은 수많은 학자들에게 '생생한 데이터'의 역할을 하였으며, 해가 갈수록 점점 더 많이 이용되었다. 사람들은 지난 20년간 이러한 프로젝트 이전에도 원자 물리학이나 양자 물리학에 대한 역사 연구를 시도하기도 했다. 그러한 노력이 없었다면 이 주제와 관련된 출판물은 내용의 정확도를 가늠하기가 불가능했을 것이다.

양자 물리학사에 대한 근원 프로젝트가 진행되고 있는 동안 몇몇 다른 저명한 물리학자들은 좀더 영구적인 기관을 만들기 위해 노력하였다. 그들은 물리학에 관한 사실들이 적어도 뉴턴 이후의 역사 교과서나 혹은 다른 책에 기록되어 있지 않다는 사실을 우려하고 있었다.

예를 들어, 스미스소니언 박물관에는 물리학이 전기공학의 한 분야에 포함되어 있었다. 그러한 상황에 대한 우려는 1960년 미국 물리 협회에 역사 과정이 신설되는 계기를 마련하였으며, 1965년에 이르러서는 물리학사 연구소가 영구히 설립되기에 이르렀다. AIP(미국 물리 협회)는 계속적으로 물리학사 연구를 위한 인터뷰와 서류들을 수집하는 데 노력했으며, 또한 전람회와 연구소 내의 닐스 보어 도서관을 방문하는 학자들에게 재정적인 도움을 주는 방법 등으로 역사에 대한 연구를 알리기 위해 노력하였다. 이 책에 소개된 많은 글들은 AIP의 자료로부터 나온 것이다.

물리학계 내의 그러한 노력은 1960년대 외부의 지원으로 보강되었다. 미국 내에서뿐만 아니라 외국에서도 과학사 학자들과 과학사 학과들이 성장했다. 그러한 현상은 대학의 팽창과 관련된 현상으로도 볼 수 있지만, 그것은 물리학과 특별한 연관을 가지고 있다. 많은 곳에서 물리학자들이 새로운 학과의 창설에 기여하였으며 물리학사는 과학사 중 가장 인기 있는 분야가 되었다.

현대과학의 역사는 곧 물리의 역사이다

왜 현대과학의 역사가 (이제까지 그렇게 씌어졌듯이) 곧 물리학의 역사인가? 어쩌면 그것은 이제까지의 모든 대통령의 과학 보좌관들이 라비(I. I. Rabi)와 드와이트 아이젠하워의 관계처럼, 거의 모두 물리학자였다는 이유 때문일 것이다. 한 가지 이유는, 물리학이 20세기 과학의 모든 열쇠를 쥐고 있다는 사실일 것이고, 다른 한 가지 이유는 핵무기로 인해 대중들과 과학자들의 관심이 물리학에 집중되었기 때문이다. 또 다른 이유가 있다면 그것은 물리학이 다른 어떠한 공학보다 음악에서 사회 관계에 이르기까지, 방대한 연관성을 가지고 있기 때문일 것이다. 이유야 어떻든, 이러한 요인으로 직업적인 물리학사 연구원들이 증가하게 되었다.

PHYSICS TODAY의 내용 중에는 작가의 개인적인 회고와는 전혀 관계없는 사학적인 회고 기사들이 가끔 실리기 시작하였다. 이 책에 수록된 멘도자(E. Mendoza)와 스미스(C. S. Smith)의 기사는 비록 그 작품들이 직업적으로 훈련된 역사학자들이 아니라 근본적으로는 과학자들의 글이었음에도 불구하고, 흥미로울 수 있을 뿐만 아니라 증거를 바탕으로 한 직접적인 연구에 기초를 둔 정교한 역사가 될 수도 있다는 것을 보여 주고 있다. 과학사를 처음 연구하는 역사학자들의 글은 1967년에 마틴 클라인(Martin Klein)과 로렌스 바다시(Lawrence Badash)에 의해 출간되었다. 이들 두 사람조차도 처음에는 대학에서 물리학을 가르치는 물리학자였다. 과학사를 연구하기 위한 사회자들이 처음 등장한 것은 1960년대 말, 특히 1970년대에 들어서서였다. 이 글 중에 최초로 등장하는 것은 그 당시 물리학사 연구를 위한 AIP 센터의 국장을 지내던 찰스 와이너(Charles Weiner)의 글이다. 이러한 사람들에 의해서 씌어진 글들은 1970년대 중반에 이르기까지 Physics Today에 실렸다. 여기에 실린 글들 중 가장 최근 저자의 글은 과학자로서보다는 사학가로서 훈련된 로버트 로젠버그(Robert Rosenberg)의 글이다.

과학자들과 사학자들 간의 계속되는 교류

물리학자들에 의해 씌어진 새로운 기법의 글들이 등장하였다. 과학의 주도자격인 사람들이 그들 자신의 경험을 토대로 한 글을 계속 발표하기 시작했는데 — 어떤 사람은 개인적인 고통과 발견들에 대한 회고를, 어떤 사람은 당시 그들이 알았던 사실들에 대한 얘기를, 혹은 이 두 가지를 겸한 글들을 썼다. 이 물리학자들 중 몇몇은 역사학자들을 본받아 동료들로부터의 회고를 수집하거나 혹은 학술적인 정확도를 위한 기록을 찾기도 하였다. 이러한 것들은 Physics Today의 내용에서뿐만 아니라 일반적인 과학사 연구에 있어서 주목할 만한 특성을 갖게 하였다. 이로 인해 과학사 연구를 희망하는 사람이면 누구나, 당사자의 회고뿐만 아니라 역사학적인 사실들을 모두 읽게 되었다.

물리학사를 연구하는 이러한 사람들과 그 연구의 대상이 되는 당사자들 간의 밀접한 관계는 그러한 연구에 대한 끊임없는 지원을 가능하게 했다. 1980년대에는 이러한 지원이 그 어느 때보다도 강했다. 물리학사를 연구하는 직업적인 사학자들의 수는 계속 증가했으며, 그러는 동안 물리학자들 자신도 역사학적인 글 혹은 책을 쓰거나, 인터뷰에 협조하거나, 또는 다른 세상에 알려지지 않은 기록의 회수 작업 등에 협조하였다. 많은 물리학자들이 물리학사 연구를 위한 AIP 센터의 동료들에게 직접적인 현금 지원을 하였다. 미국 물리학회를 통해 그들은 1980년도에 탄생한 물리학사 분과(Division of History of Physics)를 지원했으며, 그들은 그 이전에 생긴 다른 학회의 연구소보다 더 많은 회원을 가지게 되었다. 이러한 학회는 사학 논문의 발표 모임을 주최하거나 혹은 다른 분야의 모임을 주최하는 데 매우 활동적이었다. 국립과학재단이나 에너지부와 같은 정부기관을 통해, 또는 벨 연구소, 아이비엠(IBM), 슬로언 재단(Sloan Foundation) 등과 같은 기업의 재정적 지원 등을 통해 물리학자들과 그의 동료들은 중요한 프로젝트를 지원하고 있다. 예를 들면, 모든 아인슈타인의 논문과 저서를 출판하는 프로젝트, 정부 산하의 실험실에 보관된 역사학적 서류들에 대한 연구, 고체 물리학사에 대한 국제 연구 프로젝트, 레이저 역사 프로젝트 등이 그것이다.

든든한 연구소 기반은 그러한 활동들을 지속할 수 있도록 보장하고 있다. 정확히 말해 1970년대는 많은 학술 분야의 대학들에 있어, 특히 인류학적 연구에 있어서 모든 역사학 분야의 약화에 영향을 주었다. 중요한 과학사 학과와 단체들은 약화되거나, 혹은 문을 닫기까지 했다. 그러나 대학 밖이나 그 주변에서의 미국 과학사 연구는 전반적인 면에서 보면 지난 6년 동안 Charles Babbage Institute for the History of Information Processing, the IEEE Center for History of Electrical Engineering, and the Center for History of Chemistry와 같은 새로운 기관의 창설로 더욱 강화되었다. 물리학사 연구를 위한 AIP 센터에서 처음으로 구상된 이러한 기관들은 물리학사 연구를 보완하였을 뿐만 아니라, 연구의 강화에도 기여하였다. 그러는 동안 University of California, Berkeley. Office for History of Science and Technology, Smithsonian Institution 같은 곳에서는 현대 물리학사에 관심을 가진 모임들이 급속도로 생겨나기 시작했다.

기초 부족에서 기인한 약간의 약점은 여전히 남아 있다. 물리학사의 연구는 그 이론들의 철학적 관심 때문에 지나치게 상대성 이론이나 양자 물리학에 집중되거나, 혹은 사회적 연루성 때문에 핵물리학에 집중되었다. 어쩌면 긴 안목의 역사학에서 더욱 중요할지도 모를 고체 물리 분야는 최근에 와서야 집중적인 연구가 시작되고 있다. 또 다른 문제점은, 기업에서 직접적으로 일한 경험이 있는 매우 극소수의 물리학자들의 글을 제외하고는, 기업에 있어서의 물리학사 연구에 대해서는 거의 씌어진 게 없다는 것이다.

그러는 동안, 출판된 물리학사에 관한 글은 주로 물리학을 공부하는 사람들에 의해서 계속 읽혀지고 있다. 몇몇 선두주자격의 책들, 박물관의 전시, 혹은 공영 TV 프로그램 등은 더욱더 광범위한 관객들에게 전달되었으며, 그리하여 일반적인 역사학자들이나 대중들은 현대 물리의 성장에 대해 고맙게 생각하게 되었지만 그것은 단지 처음의 일시적인 현상이었다. 물리학자들 이외의 다른 사람들이 물리학사에 대해 친근감을 갖게 하기 위해서는 더욱 많은 연구와 작품들이 씌어져야 한다.

개괄적인 PHYSICS TODAY의 글

우리는 여기에, 미국 물리학 협회 잡지인 Physics Today에서 발췌한 글들을 실었다. 마치 AIP처럼, 이 잡지는 물리학계를 지키는 데 도움이 될 대중 서비스를 제공하고자 하는 기대를 가지고 생겨났다. 어쩌면 출판된 잡지의 종류들 중 가장 일반적인 인기를 누릴지도 모를 역사 기사들은 학계의 단결에 특히 중요한 역할을 하였다.

어떠한 샘플도 현대 물리학사의 포괄적인 모습을 보여 줄 수는 없었다. 그러한 포괄적 작품은 어느 작가에 의해서도 시도된 적이 없다. 여기에 실린 글들은 사이사이 빈 공간이 보이는 모자이크 작품과 같은 것이다. 그렇지만 흩어진 조각들을 둘러봄으로써 독자들은 전체로서의 모자이크에 대한 아이디어를 보게 될 것이다. 다시 말해 지난 2, 3세대 전의 물리학에 무슨 일이 일어났었는지에 대해 알게 될 것이다.

우리는 우리에게 주어진 역사학적 글들을 모두 실을 수 없었다. 그러나 누구든 PHYSICS TODAY의 자료를 검토해 보면 여기에 실린 글들과 같이 수준 높은 글들을 수없이 발견하게 될 것이다. 또한 이 책에 포함되지는 않았으나 역사학적으로 매우 쓸모 있는 것들은 PHYSICS TODAY의 약력을 포함한 사망 기사이다. 이러한 글들을 통해 물리학계는 과거 회원들에 대한 존경의 전통을 지켜가고 있다. 마지막으로 잡지 구성원들에 의해 씌어진 뉴스 칼럼과 특집기사란인 「연구와 발견」은 항상 재미있는 글들로 가득 차 있다. 글로리아 루브킨(Gloria Lubkin)의 노벨상 수상자에 대한 연간 기록 같은 기사들은 저널리즘에 있어서와 마찬가지로, 역사학적인 연구를 토대로 하고 있다.

끝으로 이 책을 읽을 때, 마치 물리학 교과서처럼 읽길 권한다. 처음 읽기 시작할 때부터 끝까지 다 읽겠다는 결심을 하는 일은 삼가야 할 것이다. 또한 마치 물리 잡지를 읽는 듯한 기분으로 재미 있어 보이는 부분, 자신의 수준에 맞는 것을 골라 읽기를 권한다(이 책에는 고등학생 수준 정도의 지식을 지닌 사람이 읽을 수 있는 글에서 대학원생 정도의 지식을 요하는 글까지 포함되어 있다). 기사들은 일정한 순서에 의해 읽어도 되지만 그렇지 않아도 무방하다.

이 책에는 다른 방법으로 읽어야 할 두 가지 형태의 역사학적 서술 방식이 섞여 있다는 것을 명심해야 한다. 그 예로는 위대한 역사학자인 프레더릭 잭슨 터너(Frederick Jackson Turner)가 주장했던, 현실에 교훈을 주기 위한 과거의 사실들에 대한 기록으로서의 역사 서술 방식이다. 이 책의 많은 기사들은 실로 '스스로에게 현재의 모습을 보여주기 위한' 것을 겨냥하고 있다.

그러나 이 책의 많은 글들은 '그저 과거를 위한' 글들이다. 우리가 물리학자들의 사회적 · 역사적 연구를 통해 알게 된 한 가지 사실은 대부분의 물리학자들이 사회적인 명성이나 부 혹은 보상을 위해서라기보다는 불변하는 진리의 탐구에 그들 평생의 노력을 바쳤다는 사실이다. 그러한 이유로 물리학자들은 그들이 발견한 것들이 정당하게 기억되어지고, 그들의 동료나 후

계자들 또한 그들이 이룩했던 업적에 의해 기억되어지는 것에 관심을 가지고 있다. 역사를 읽고 또 쓰는 한 가지 이유는 학계 내의 이러한 존재에 대한 느낌을 확인하기 위해서이다.

비록 과거에 대한 간단한 회고의 글일지라도 학계의 전통에 교훈을 준다. 이러한 교훈들은 현재를 겨냥하고 있다. 과거 위대한 사람들이 무엇을 했으며, 우리가 삶을 살아가며 무엇을 배우고 모방해야 하는지, 현명한 독자는 단지 현재를 반영하기 위해 분석된 과거의 역사가, 역으로 그 당시의 이해관계 때문에 침해되기도 했다는 것을 알게 될 것이다. 현 세상을 위한 기초를 다진 사람들에 대해 존경심을 갖지 않는 사람이 유능한 역사학자나 물리학자가 될 수는 없는 것이다.

1) See Florian Cajori, "The Pedagogic Value of the History of Physics," School Rev., 278–285 (May 1899); Lloyd W. Taylor, *Physics: The Pioneer Science* (Houghton Mifflin, Boston, 1941).

2) Symposia: "Use of Historical Material in Elementary and Advanced Instruction," Am. J. Phys. **18**, 332 (1950); *Proceedings of the International Working Seminar on the Role of History of Physics in Physics Education* (University Press of New England, Hanover, NH, 1972).

3) Thomas S. Kuhn, John L. Heilbron, Paul Forman, and Lini Allen, *Sources for History of Quantum Physics. An Inventory and Report* (American Philosophical Society, Philadelphia, 1967).

4) F. J. Turner, "The Significance of History," *The Varieties of History*, edited by Fritz Stern (Vintage, New York, 1972), p. 201.

차 례

chapter 1 프랭클린의 물리학

chapter 2 롤랜드의 물리학

chapter 3 마이컬슨과 간섭계

chapter 4 헤르츠스프룽-러셀도(圖)로의 발자취

chapter 5 벨 연구소의 고체 물리학 연구

chapter 6 밴 블렉과 자기학

chapter 7 헤럴드 유리와 중수소의 발견

chapter 8 젊은 날의 오펜하이머

chapter 9 마리아 괴페르트 마이어

chapter 15 소립자 물리학의 탄생

chapter 16 최근 50년간의 장론(場論)의 전개

Chapter 1

프랭클린의 물리학

문제의 핵심을 끌어내어 그것을 간결하게 표현해야 한다고 하는『가난뱅이 리처드의 달력(Poor Richard's Almanac)』에서 보여 준 프랭클린의 솜씨는, 이미 전기(電氣)의 연구에서는 잘 알려진 사실이지만, 그의 정치적인 활동에 앞서 과학자로서의 명성을 높여 주었다.

벤저민 프랭클린(Benjamin Franklin)의 물리학 업적은 노력을 아끼지 않고 물리학을 공부한 적이 있는 사람들에게는 대체로 평판이 좋다. 같은 시대의 사람들에게 있어서 프랭클린은 '전기에서의 케플러'(볼타는 뉴턴에 해당한다)였고, '이 시대의 프로메테우스(Prometheus)*'였으며, '전기의 아버지'였다. 또 현대인 중에서, 예컨대 로버트 밀리컨(R. Millikan)은 전자(電子)의 발견에는 프랭클린에게 힘입은 바가 컸다고 하여, 라플라스(P. Laplace)와 프랭클린을 '18세기 최고의 과학자'라고 찬양하고 있다. 밀리컨이 이처럼 프랭클린을 치켜세우는 이유는, 밀리컨 자신과 톰슨(J. J. Thomson)의 전자 연구에 관한 공헌을 선전하려는 의도에서겠지만 그의 표현은 좀 지나친 점이 없지 않다. 프랭클린을 이성(理性)이 지배하는 시대의 가장 중요한 자연철학자 중 한 사람으로 만들기 위해 굳이 케플러니 뉴턴이니 프로메테우스 또는 밀리컨 본인까지 들추어낼 필요는 없었을 것이다.

---

* 불을 다루는 희랍신화 속의 신(?)(인물?)

그림 1-1. 과학자 · 철학자 · 외교관. 마르티넷(F. N. Martinet)에 의한 이 프랭클린의 초상화는 파리에서 판매되었는데, 설명문 가운데 '미국은 그를 학자의 우두머리 자리에 앉히고 있다. 그리스의 경우라면 그를 신들 중의 한 사람으로 꼽았을 것이다'라는 말이 보인다. 창 너머로 보이는 피뢰침과 의자 뒤편에 있는 정전기 장치에 주목하기 바란다(American Philosophical Society Library).

프랭클린의 국제적 명성은 전기에 관한 그의 연구에 말미암은 것이며, 그 평판 덕분에 그는 영국과 프랑스에서 쉽게 정치활동을 할 수 있었다(그림 1-1은 파리에서 판매를 목적으로 인쇄된 초상화이다). 그의 전기에 관한 연구와 외교사절로서의 활동에서 그가 생애에 한 일들의 일관성을 엿볼 수 있다. 공통된 기질(氣質)과 사고(思考)의 버릇이 과학과 사회적, 정치적 저작에서뿐만 아니라 인쇄업의 경영에서까지도 나타나 있다.

양전기와 음전기

프랭클린은 1745년부터 1746년 겨울에 이르기까지 전기 연구에 몰두했다. 그것은 그가 마흔살 때의 일로, 장사도 궤도에 올랐고 지적 취미활동도 누릴 수 있을 만큼 수입도 있는 시기였다. 계몽주의 운동을 하고 있는 실험가에게 있어서 인쇄업은 안성맞춤의 직업이었다. 그 이유는 인쇄업이란 직업으로부터 계몽주의자에게 필요한 소양을 얻을 수 있었기 때문이다. 그 소양들이란, 두뇌와 기량의 공동 작업이었고, 판목(版木)과 조판(組版)을 숙지하는 것이었으며, 뛰어난 솜씨와 정확성, 정교성 등이었다. 프랭클린과 같은 시대의, 뛰어난 영국의 전기(電氣)학자들 역시 고급 직업 출신이었다. 예를 들면, 웟슨(W. Watson)은 약제사였고, 존 엘리콧(J. Ellicott)은 시계공, 벤저민 윌슨(B. Wilson)은 페인트공이었다.

또 프랭클린처럼 인쇄업에 종사함으로써 손재주뿐만 아니라 조리 있고 정확하게 사고하는 훈련도 쌓을 수 있었다. 장사에 능숙한 인쇄장이가 되기 위해서는 편집과 조판에 밝고, 경제 관념이 있으며, 요령을 터득하지 않으면 안 되었다. 그것은 인쇄의 모든 일이 손으로 짜여지고 종이도 노동력과 같이 비용이 들기 때문이었다. 이러한 경험들이 프랭클린의 사고방식을 형성하는 데에 한몫을 했다. '문제로부터 핵심을 끌어내어, 그것을 간결하게 표현한다'는 『가난뱅이 리처드의 달력』(프랭클린이 발행한 일종의 생활 캘린더인데, 체제는 신문 형식으로 되어 있었다)의 격언처럼 우리를 즐겁게 한 바로 그런 능력이, 그가 전기의 현상을 풀기 시작했을 때에 이미 발전해 있었다. 그는 또 사람을 통해서 얻은 경험과학회와 협회를 만들었던 경험을 활용했다. 그가 장사를 궤도에 올려놓은 것이라든가, 지역사회를 건설한 것, 사람을 지휘하고 기계조작을 터득할 수 있었던 것은 자신의 환경을 컨트롤하여 마음대로 할 수 있다고 생각하는 그의 독특한 낙천주의적 성격에서 비롯된 것이었다.

1740년대 초반의 표준적인 전기실험에는 **그림 1-2**에 나타난 것과 같이 별난 장치가 사용되었다. 이 장치는 스티븐 그레이(S. Gray)에 의해 그보다 10년 전에 도입된 것이었다. 그레이는 본래 염색장이로, 당시는 런던의 카토디오회 수도원(Charterhouse)에 거주하고 있었다. 그곳에서는 콘덴서 대신 자선학교의 남학생을 언제든지 이용할 수 있었다. 예를 들면, 개구쟁이 한 놈을 붙잡아다가 절연시킨 끈에 매달고, 마찰한 유리 막대를 몸에 닿게 하여 전기를 띠게 해서 그 아이의 코끝으로부터 불꽃을 튀게 했다. 1744년 프랭클린이 이와 같은 여흥을 보게 된 것은 자연철학의 순회강연자였던 에든버러의 스펜서(Spencer) 박사라는 인물이 중부 식민주(植民州)를 순방했을 때였다. 그러나 프랭클린이 전기학자로서 활동하게 된 계기가 된 것은 이 스펜서의 흥행이 아니라, 필라델

그림 1-2. 스티븐 그레이의 자선학교의 소년. 절연시킨 끈에 매달고 마찰한 유리 막대로 전기를 띠게 하고 있다. 소년은 코끝으로부터 불꽃을 튀기거나 (위의 그림처럼), 놋쇠박 조각을 끌어당겨 보이거나 해서 관중을 흥겹게 했다 (J. C. Doppelmayr, Neu-entdeckte Phaenomena, Nuremburg, 1744로부터).

피아의 회원제 도서관(그는 이 회원제 도서관의 설립 회원의 한 사람이었다)에 기증된 유리관이었으며, 거의 같은 시기에 『젠틀맨즈 매거진(Gentleman's Magazine)』에 실린 '전기로 손쉽게 할 수 있는 최신의 놀이'를 소개한 한 기사였다.

『젠틀맨즈 매거진』은 정치와 지성을 터득하게 하는 뉴스를 게재한 새로운 월간 잡지로, 런던에서 간행되었다. 회원제 도서관은 이 잡지를 받고 있었고, 프랭클린도 아마 정기적으로 읽었을 것이다. 그는 필라델피아의 우체국장으로 재직하고 있었기 때문에 대개는 맨 먼저 이 잡지를 볼 수 있었다. 그리고 그는 식민지판인 『제너럴 매거진 포 올 더 브리티시 플랜테이션즈 인 아메리카(General Magazine for all the British Plantations in America)』를 시험삼아 출판하고 있었다. 그 출판은 1741년에 반 년간 계속된 것으로, 『젠틀맨 매거진』이 그러했듯이, 이 출판물도 다른 책이나 잡지에서 끌어모은 기사로 메워져 있었다. 1745년에 프랭클린의 흥미를 끈 전기에 관한 기사는 바로 그런 여백을 메우기 위한 기사의 하나였다. 그것은 『리조네 총서(Bibliothèque raisonnée)』라고 불리우는 문예평론 속에 익명으로 발표된 한 편의 번역 기사였다. 이 평론잡지는 프랑스어로 쓰여 있었으나 네덜란드의 교수들에 의해 운영되었고, 암스테르담에서 발행되었다(그림 1-3). 전기에 관한 뉴스를 쓴 익명의 기고가는 바로 알브레트 폰 할러(A.von Haller)라는 저명한 스위스 태생의 생물학자였다. 그는 작가이자 다재다능한 박식가로서, 당시 괴팅겐대학의 교수로 재직하고 있었다. 전기에 대한 프랭클린의 첫걸음은 지금까지 일반적으로 생각했던 것처럼 윗슨과 윌슨의 연구에 이끌린 것이거나 독학으로 얻은 창의에 의한 것이 아니라 독일 전기학자들의 최신 발견을 실은 네덜란드 잡지의 일반인을 상대로 한 기사에 의해서였다.

할러의 해설에는 상상력을 북돋워 주는 실험이 포함되어 있었다. 그 기사에서는 소년이, 이번에는 절연시킨 수지(樹脂)로 만든 버팀대 위에 서 있었다. 소년은 대롱이나 둥근 모양의 회전체 또는 대장간의 회전숫

그림 1-3. 『**리조네 총서**』 제 1 권(1728년)의 속표지 그림은 계몽주의 비평가의 한 사람이 작업을 하고 있는 장면을 묘사하고 있다. 본래 이 평론 잡지에 실렸던 기사가 『젠틀맨 매거진』에 번역된 것에서부터 프랭클린은 전기에 관심을 갖게 되었다.

돌 같은 기계에 의해서 대전(帶電)된 사슬을 잡고 있거나 그 사슬에 연결된 상태로 되어 있었다(그림 1-4). 그리고 만약 누군가 그 소년에게 접근하면 두 사람 사이에는 '타다닥하는 소리와 함께' 불꽃이 튕기고 '두 사람은 뚜렷이 알 수 있을 정도의 급격한 통증을 느낀다'고 했다.

프랭클린은 이 실험을 응용하여, 더 부연하고 간소화시켜 전기에 관한 하나의 새로운 체재의 기초를 만들었다. 예를 들면, A, B 두 사람을 밀랍 위에 세워 놓는다고 하자. A가 대롱을 문지르고, 그러는 사이에 B는 자기의 손가락을 그 대롱을 향해 뻗어 '전깃불을 흡수한다.' <전깃불(electric fire)이란, 당시 정전기 현상(전지, 정상 전류는 아직 발견되지 않았다)을 설명하기 위해 도입된 무게가 없는 물질로서, 불 물질(불 원소)과 관계가 있다고 해서 이렇게 불렀으며, 전기 유체라고도 했다.> 마룻바닥에 서 있는 C에게는 두 사람이 다 대전해 있는 듯이 보인다. 즉, C는 A나 B의 어느 한 사람에게 접근하면 손가락의 관절에 불꽃을 느낀다. 만일 문지르고 있는 동안에 A와 B가 접촉해 있다면 어느 쪽도 대전되어 있지 않는 듯이 보이지만, 문지르고 난 다음에 처음으로 A와 B가 접촉한다면 두 사람이 각각 C와 주고받았던 불꽃보다 더 센 불꽃을 느낄 것이다. 그리고 이 과정에서 그들이 갖고 있던 전기를 모조리 잃게 된다.

프랭클린의 설명에 따르면, 신사 A(자기 자신으로부터 대롱 속으로 전깃불을 모아들이는 사람)는 그가 갖고 있는 전깃불의 통상적인 축적량이 모자라게 되거나 또는 전기를 잃게 된다. B(대롱으로부터 전깃불을 빨아올리는 사람)는 많은 전깃불을 얻게 된다.

한편, 지면에 서 있는 C는 과부족이 없는 알맞은 분량을 보유하고 있다. 그래서 어떤 두 사람이 접촉했다고 하면 누군가는 그들이 갖고 있는 전깃불의 차이에 비례한 전기 충격을 받을 것이다. 이리하여 각각 균등하게 배분되게끔 항상 노력한다는 것이다.

이와 같은 분석방법은 프랭클린의 버릇이었던 것 같다. 그 자신이 인쇄해서 출판한 처녀작 『자유와 강제, 쾌락과 고통에 대한 논고』(1725년)

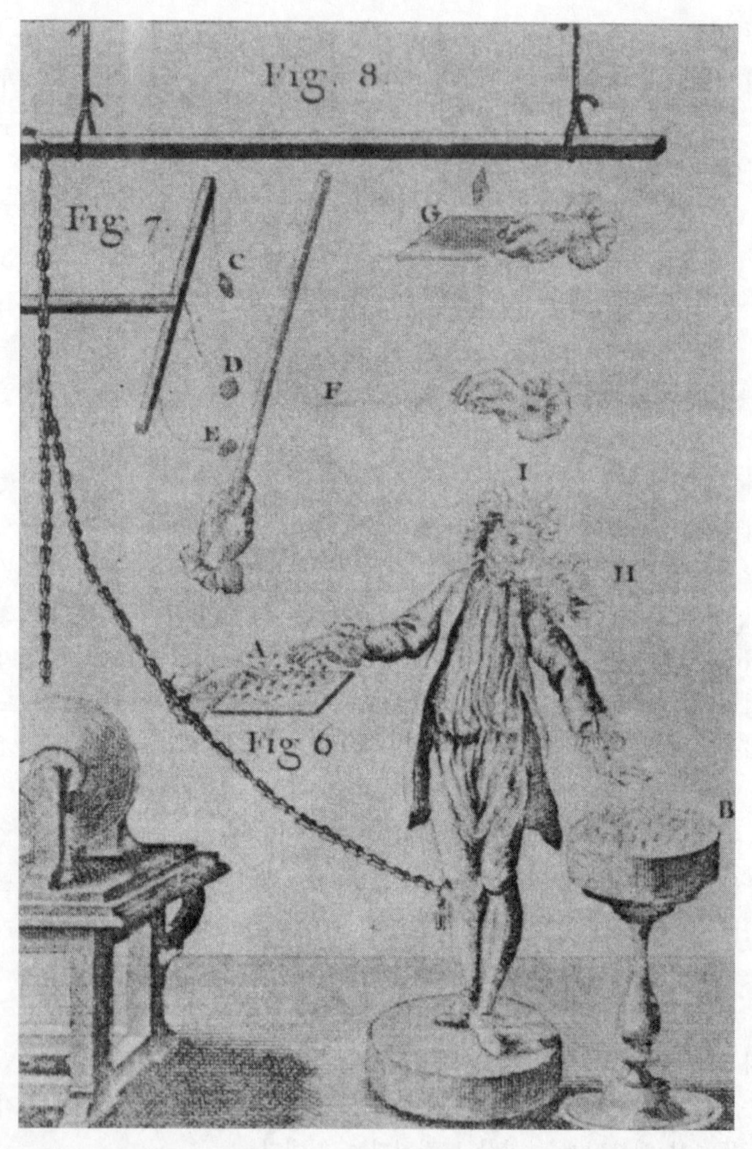

그림 1-4. 서 있는 인간 축전기. 여기에서도 사람은 A와 B에 있는 놋쇠조각을 끌어당긴다. 떠 있는 머리칼과 어깨의 솜털은 전기의 척력을 입증한다. (From J. A. Nollet, *Essai sur l'électricité des corps*, Paris 1746).

는 후에 전기 불꽃을 분류할 때 사용했던 것과 흡사한 표현으로, 자유의지의 문제를 고찰하고 있다. 신은 전지전능하면서도 절대적인 선(善)이므로 우리 세계(신에 의해 창조된 것)는 가장 알맞게 배열되어 있다. 즉, 행동에 있어서 자유의 여지라곤 전혀 없다. 우주에 있어서 운동의 유일한 원인은 고통이며, 그 고통을 피하려고 하는 일이다. 다행스럽게도 우리는 걱정거리에 부족함이 없고, 한때의 휴식을 찾느라 쫓기고 있다. '이 욕망을 충족시키거나 또는 만족시킴으로써 쾌감이 생기고, 쾌감의 크고 작음은 욕망에 정비례한다.' 고통이 늘면 늘수록 분명히 쾌감이 두드러진다는 것과 혹은 오히려 고통의 증대와 쾌감의 정도가 같다는 것을 프랭클린은 중시하고 있었다. 이것을 보면 이를 짐작할 수 있다. 예를 들면, 고통이 끝까지 계속된다고 하면 죽음은 그에 걸맞는 만큼의 안식을 가져다 줄 것이다. 동물 A와 돌덩이 B를 생각해 보자. A는 10 정도의 고통을 가지고 있다고 하자. 그러면 A는 10 정도의 쾌락을 빌려 주고 있다는 셈이 된다. 즉, '쾌락과 고통은 그 본성에 있어서 불가분한 것'이다. A에게 쾌락을 안겨 주면 그로 인해 중성 상태로 되돌아간다. 이 상태는 B가 줄곧 가지고 있던 상태이다. 어떤 사람이라도 심해지는 고통 그것과 불가분하면서 그것을 완전히 상쇄하는 쾌감 · 움직이지 않는 돌과 음전기 · 양전기 · 중성상태 사이의 유사성을 찾기는 쉬울 것이다.

이 분석의 주된 성과는 전기에 관한 한, 두 개의 상반된 전기적 상태를 발견한 데에 있었다. 이 발견이 얼마나 독창적인 것이었는지는 유럽 사람들이 이것을 인정하기를 몹시 꺼렸던 사실로부터 잘 알 수 있다. 유럽 사람들은 결국 그것을 인정하였는데, 그 이유는 당시의 이론으로서는 설명할 수 없었던 라이덴병을 분석한 것에 큰 힘이 되었다.

라이덴병

라이덴병은 병 내부의 박막에 전깃불을 축적함으로써 충전된다. 이 충전은 바깥쪽 표면을 접지하는 것으로써 가능해진다. 그 이유는, 속에서 양전기가 증가하는 데 따라서 그에 호응하여 음전기 자체가 바깥쪽

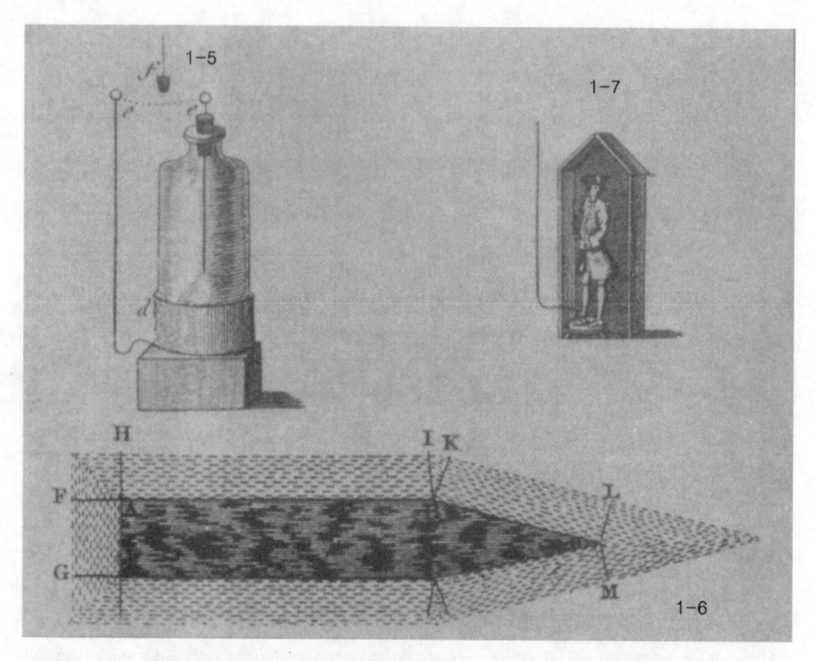

그림 1-5, 6, 7. 실험과 관찰. 라이덴병의 두 피복 사이의 대전 방법의 차이를 정성(定性)적으로 보여 주는 프랭클린의 가장 설득력 있는 실험(그림 1-5). 코르크 f는 두 개의 e 사이를 진동함으로써 병의 안쪽으로부터 과잉 전기를 운반해서 바깥쪽 피복 d의 모자라는 부분의 전기를 보충한다. 전기 대기(大氣)의 결합에 대한 그의 분석(그림 1-6)은, 전기물질과 통상물질 간의 인력을 가정하고 있다. 초소(그림 1-7)는 구름으로부터 번개를 끌어내리기 위해 그가 고안한 것을 그림으로 보여준 것이다(Franklin, Experiments and Observations on Electricity, London, 1751~54로부터).

에 형성되지 않으면 안 되기 때문이다. 충전은 병 바깥쪽의 전기가 완전히 고갈될 때까지 계속된다고 프랭클린은 믿고 있었다. 즉, 낮은 데서부터 나갈 수 있는 것이 없어지면, 위쪽으로는 아무것도 들어오지 못하기 때문이다. 그는 이런 양전기와 음전기의 균형을 그림 1-5와 같이 안쪽과 바깥쪽의 박막에 각각 부착한 철사 사이에서 요동하는 코르크를 장치하여 실연했다. 코르크는 왔다갔다 요동하면서 본래의 상태로 되돌아갈 때까지 불을 위에서부터 아래로 운반하는 것이다.

그렇다면 전기가 축적됨으로써 전기가 모자라게 되는 부분은 어떻게 해서 생기는 것일까? 즉, 어떻게 해서 양이 음을 낳게 되는 것일까? 프랭클린은 다음과 같이 생각했다. 병의 유리는 전기물질을 절연시킨다. 전기물질의 입자는 서로 반발한다. 반발은 적어도 병 두께 만큼의 거리를 사이에 두고 작용한다. 이 거시적인 힘은 병 내부에 전기가 고이는 데에서부터 생기는데, 병 바깥면에 본래부터 있던 전기물질을 몰아낸다. 이러한 가정은 거의가 프랭클린만의 독특한 것이었다. 병이 충전될 때 전기를 함유하고 있지 않다는 것은, 평상 상태일 때(즉, 쾌감과 고통이 따로따로이기는 하지만 같은 양만큼 있을 때)는 전기를 포함하고 있지 않는 것과 같다고 하는 매우 기묘한 사고방식과 유리의 비전도성이라고 하는 혁명적인 개념이 특히 그에게 있어서 특징적인 것이었다.

이전의 전기학자들은 유리(차폐물) 너머로 작용하는 전기적 인력의 실험에서부터 논급하여, 전기의(물질적) 근원, 즉 '전기물질'이 유리를 관통할 수 있다는 결론을 내리고 있었다. 그러한 그들이 또 알고 있었던 것처럼, 유리는 대전체를 절연시킬 수도 있었기 때문에(즉, 전기물질을 지면으로 흘려보내지 않는다) 유리는 전기물질을 그다지 멀리까지는 전하지 못한다고 이해하고 있었다. 그러나 병 두께 정도의 거리에서는 전파가 일어날 수 있다고 누구나 믿고 있었다. 따라서 (콘덴서의 경우처럼) 매우 얇은 유리(한쪽은 접지되어 있다)가 매우 큰 전하(電荷)를 축적할 수 있다는 것을 알았을 때 전기학자들은 곤혹스러운 처지에 빠지게 되었다. 몇몇 사람은 양자물리학자(量子物理學者)가 흔히 하는 식의 논리로 그 딜레마를 회피했다. 즉, 실시하는 실험에 따라서 유리는 전기물질에 대해 전도(傳導)로도 되고 비전도로도 될 수 있다고 생각했다.

그러나 프랭클린의 경우는 그답게 어느 한쪽의 입장을 취했다. 다른 쪽을 지지하는 현상에 대해서는 무시하거나 경시함으로써 패러독스를 뚫고 나갔던 것이다. 유리의 비전도성과 함께 그는 부득이하게 거시적인 거리를 사이에 둔 작용이라는 것을 인정했다. 이 사고방법은 중력이론에서 성공했었다고는 하나, 뉴턴주의 물리학자들 사이에서조차 아직 정체가 밝혀지지 않은 존재였다. 그러나 프랭클린은 이것도 그의 독특한 점이지만, 입자간의 기본적 반발력이 충전에 의한 거시적 결과를 낳는다고 생각하고 있었음에도 불구하고 그것들을 관련지우려는 노력을 전혀 하지 않았다.

예를 들어, 내부 피박의 양전하는 외부의 음전하와 같은 양이 존재한다고 하는 생각은 그 충전의 메커니즘과는 상반된다. 충전이 멎는 조건은, 전기물질을 접지하고 있는 철사로 밀어넣는 힘이 소실되는 것이어야 한다. 그리고 프랭클린의 가정처럼 만약 기본적인 입자간의 힘이 거리와 더불어 감소한다면, 보다 멀리 존재하는 충전된 부분이 보다 가까이의 모자라는 부분을 넘어섰을 때에만 거시적인 힘이 없어진다. 후에 프랭클린주의자(에피누스(F.U.T. Aepinus, 1742~1802)를 가리킨다)에 의해서 콘덴서의 두 표면상의 전하가 같아지지 않는다는 것이 발견됨으로써, 창시자의 이론을 뛰어넘어 장족의 발전을 이룩하게 되었다. 물론 이 진보는 프랭클린의 접근을 수용했기 때문에 이루어졌던 것이다. 그의 이론이 그런 형태로 진보하는 것을 항상 칭찬하고 있었다. 그는 자신이 한 사람의 위대한 철학자로 간주되기보다는 과학이 진보하는 쪽이 더 중요하다고 말했다. 관대하게도 그는 후자와 같은 일을 남에게 양보했고, 때로는 전자와 같은 일마저도 다른 사람에게 양보했던 것이다.

프랭클린은 전기물질의 가설적 역학을 무시했던 것은 자기와 같은 시대의 유럽의 주된 전기학자들, 예컨대 프랑스의 놀레(J. A. Nollet)나 영국의 윗슨과 윌슨, 그리고 할러가 언급한 독일 사람들과 구분짓는 점이라고 했다. 프랭클린이 연구를 시작했을 때는 그러한 동문 학자들의 관습을 알지 못했다. 즉, 그들의 논문을 읽은 적이 없었던 것이었다. 프랭클린의 안내역을 맡았던 할러는 그러한 사람들의 난해한 이론을 불완전하고 완성되지 않은 것이라 하여 제쳐놓았던 것이다. 윗슨과 윌슨의 전기역학을 접할 때까지 프랭클린은 자기 나름의 방식을 가지고 있었으나 그들의 이론을 알게 되자, 이번에는 그들의 이론을 대체할 만한 방식(그 본보기를 그림에 해설하였다)을 생각했었다.

이 구상에서는 양으로 대전한 큰 못은 풍부한 전기물질을 자기 주위에 자신의 형태로 에워싼 대기로 보전하고 있다. HABI와 KLCB 부분은 각각 AB와 CB라는 넓은 면적에 의해 유지되고 있는 데 비해 HAF, IKB, LCM은 보다 작은 표면 위에 있다는 사실에 주의하자. 전기물질과 통상물질 간의 인력에 의해 큰 못은 그 대기를 유지하고 있다. 그러므로 프랭클린은 각이나 뾰족한 끝은 잡아당기고 있는 면이 거의 없으므로 그곳으로부터 전기가 흘러나가기 쉽다고 말한다. 이와 같은 사고방식을 갖고 있는 프랭클린의 생각이 물리학에서 좋은 평가를 받을 턱이 없었다. 그는 무의식중에 서로 모순되는 두 힘의 조합을 도입했었다. 하나는 물체와 같은 형태로 에워싸는 대기를 만드는 힘이며, 또 하나는 그것을 유지하는 일이다. 만약 그 대기를 유지하는 힘이 대기의 형태를 결정한다면, 뾰족한 부분에서는 얇아지고 면에서는 두꺼워질 것이다. 또 생각한 기본적인 힘(통상의 물질 원소와 전기적 물질 원소 간의 인력과 전기적 입자 간의 척력)은 중성 물체가 전기적으로 서로 작용하지 않는다는 사실과 모순이 된다. 제 1 의 물체 속의 전기물질과 통상물질의 양을 E와 M, 제 2 의 물체 속의 전기물질과 통상물질의 양을 e와 m이라고 하자. 그렇게 하면 E는 m에 잡아당겨지고 e로부터는 배척된다. 그러나 M은 e에 잡아당겨지지만 그것과 상쇄할 만한 척력을 받는 일은 없다. 마찬가지로 m에도 상쇄되지 않는 인력이 작용한다.

프랭클린의 전기역학에서는 유럽 대륙의 물리학자를 흉내내려 했던 결과, 대전도 되어 있지 않는 물체끼리 달라붙지 않으면 안 되게 되었다.

번갯불 (Lightning)

프랭클린이 도입한 힘의 필요 조건에 대한 것과 마찬가지의 둔감성은 그의 피뢰침 이론에도 나타나 있다. 그것은 반대의 전기를 발견했던 것과 같은 대담한 단순화의 과정이며, 유리의 전기적 비전도성을 고집한 단순성이었다. 번갯불과 전기의 성질이 많은 점에서 일치하고 있다는 것은 프랭클린이 이 문제를 다루었을 무렵에 이미 상식으로 되어 있었다. 예를 들면, 할러는 절연한 끈의 전기 전도법과 '뾰족한 시계탑의 바늘을 위에서부터 아래로'(뾰족한 탑 위의 종을 울리기 위한 놋쇠의 철사를 『젠틀맨 매거진』이 위와 같이 잘못 번역했었다) 번개가 뻗어 나가는 직선 경로간의 유사성을 강조했었다. 1748년에 보르도 과학아카데미(Bordeaux Academy of Sciences)는 번갯불과 전기의 관계를 논한 논문에 상을 걸었다. 이 상은 놀레의 평범한 착상인 '전기는 우리의 양손 안에 있고, 번갯불은 자연의 양손 안에 있다'를 자신의 상투적인 말로 사용했던 한 의사가 받았다.

프랭클린의 공동 연구자 중의 한 사람이 다음과 같은 점을 발견했다. 접지한 금속 제품의 뾰족한 점은 약간의 거리를 둔 곳에 있는 절연된 철제 탄환을 조용히 방전시킬 수 있었는 데 비해, 둥근 물체의 경우는 매우 근접시켰을 때에만 전기가 방출되었다. 더욱이 그것은 급격하고 소란하게 불꽃을 튕기게 했다. 이 차이는 어디서 연유한 것인가? 프랭클린의 물리학에 따르면 뾰족한 것은 직접 그것이 면한 탄환의 작은 표면에만 작용한다. 따라서 뾰족한 것은 한 번에 조금씩밖에 그 풍부한 전기물질을 떼어놓지 못한다. 그리고 제거되어 생긴 손실분을 보충하기 위해서는 여분의 몫이 그곳에 재배분된다. <말꼬리의 털을 뽑을 때 단번에 한손으로 움켜잡고 뽑아낼 정도의 힘은 없다고 하더라도, 털을 한 개씩 뽑아내기는 쉽다. 그러므로 둥근 물체의 경우는 많은 '전기물질'의 입자를 단번에 떼어놓을 수는 없으나, 뾰족한 물체라면 그다지 큰 힘이 아니라도 입자를 한 개씩 쉽게 제거할 수가 있다.>

프랭클린의 대담하고 낙천적인 상상력은 곧바로 탄환을 번개에 견주게 되었고, 천공침(穿孔針) 혹은 송곳이 무서운 전기를 하늘로부터 훔쳐낼 수 있는 장치가 되었다. 자신의 생각을 설명하고 입증하기 위해 그는 재현하기 쉬운, 간편하지만 방법이 틀리기 쉬운 옥내에서 할 수 있는 실험을 생각해 냈다. 2피트의 통나무에 명주실로 매어단 놋쇠로 만들어진 천칭을 생각하자. 통나무 중앙에 묶어 놓은 꼬여진 끈으로 천장에 그 전체를 지탱시키고, 천칭접시를 바닥에서부터 약 10피트 높이에 유지해 둔다. 천공기구(가죽에 쓰는)와 같은 끝이 둥근 작은 기구를 지면에 똑바로 고정시켜 둔 다음, 한 천칭접시를 대전시켜 끈의 꼬임을 푼다. 대전된 접시는 천공기구 위를 통과할 때마다 조금씩 기울어지고, 끝내는 끈의 꼬임이 풀어져서 접시와 천공기구 사이에 불꽃이 튕길 정도로 접근한다. 그러나 만약 시침바늘을 천공기구의 가장 높은 곳에 세우면, 천칭접시는 통과할 때마다 바늘 끝으로 조금씩 전기를 놓아 보내어 아무리 접근해도 결코 천공기구에 불꽃을 튕기는 일은 없다.

뾰족한 것이 갖는 힘에 관한 신념으로 말미암아 프랭클린은 분명히 번갯불과 전기 사이의 유사성을 지적하는 것에만 만족하고 있던 유럽 전기학자들을 초월하여 앞으로 나아갈 수 있었던 것이다. 그렇다면 작은 번개를 포착해서 이것을 방안에서 하던 전기의 실험에 사용해 보면 어떨까? 탐침(探針)은 절연되어 있어야 하겠지만 프랭클린은 위험이 없을 것이라 보고 있었다. 그 이유는, 아주 뾰족한 막대에서는 관찰자의 신체에 위험한 만큼 전기가 고이지 않을 정도로 번개는 천천히 전도될 것이라고 확신하고 있었기 때문이다. 따라서 그는 1750년에 절연 받침대 A가 있는 초소(그림 1-7)가 탑이나 뾰족탑 위에 얹혀진 것을 고안했다. 초소 위에 20~30피트쯤 튀어나온 한 개의 쇠막대는 번개를 포착할 것이다. 그러면 불꽃이 흩어지고 초소가 번갯불을 놓아줄 것이다. 그 광경과 소리, 냄새, 불꽃의 감촉은 번갯불이 실험실의 전기와 같다는 것을 입증할 것이다.

프랭클린은 스스로 이 위험한 실험을 하려고는 하지 않았다. 『가난뱅이 리처드』에서 한 훈계의 대부분은 그 자신의 체험에 의한 것이었기 때문이다. 1752년 프랑스에서 루크레르(G. L. Lucrerc ; 후의 뷔퐁 백작)와 그 동료들에 의해 이 드라마가 처음으로 연출되었다. 루크레르는 필라델피아 출신의 이름없는 인쇄장이의 전기 이론을, 그와 격렬한 대립 입장에 있던 드 레오뮈르(R. A. F. De Réaumur)를 공격하는 무기로 삼으려 했다. 드 레오뮈르는 그의 제자인 놀레의 전기에 대한 전통적인 이론을 지지하고 있었기 때문이다. 뷔퐁의 제자들은 프랭클린의 훈계를 지켜

번개에 자기들의 몸을 드러내는 일을 하지 않았다. 불꽃을 튕기는 실험을 위해 그들은 한 퇴역 군인을 고용했다. 그 노병에게 다행이었던 것은, 낮은 하늘의 대기로부터 막대에 전도(傳導)된 전기 충격은 생명에 지장을 줄 만큼의 강한 것은 아니었다는 사실이다. 프랭클린의 실험을 본래 그가 생각했던 형태로 실행한 최초의 인물은 피터즈버그 과학아카데미(Petersburg-Academy of Sciences)의 회원이던 리히만(G. W. Lichmann)이었다. 그는 자기 집안으로 유도했던 번개에 맞아 즉사했다.

리히만은 모험가로 알려져 있었다. 그는 '요즘은 물리학자들마저 그 불굴의 정신을 과시해야 할 시점에 와 있다'고 말했을 정도였다. 프랭클린의 초병(哨兵)이 다분히 위험을 안고 있으리라는 것을 시사하는 좋은 증거가 있다. 할러가 눈치채고 있었듯이, 번개는 늘 교회의 뾰족탑에 설치되어 있는 와이어나 로프를 타고 아래로 내려왔다. 그리고 근대 초기에는 가히 표준적이었던 번개의 방어법, 즉 종지기가 대개 이러한 로프의 끝을 잡고 있었다. 그런 이유로 낙뢰에 의한 종지기의 사망이 문제가 되었다. 그리고 교회와 그 뾰족탑에 대해 종지기가 안고 있던 위험성은 프랭클린의 초병 역시 초소와 막대에 대해서 늘 간직하고 있었다. 프랭클린은 번개로부터 종지기를 보호하기 위한 대응책으로 종지기를 접지한 막대로 대체하는 방법을 고안했다. 그것은 그가 고안한 초병이 안고 있던 위험성을 사실상 암묵리에 인정하고 있었다는 것을 뜻한다(종을 쳐서 뇌운을 무산시키려는 관습은 1770년대 및 80년대가 되자 몇몇 곳에서부터 금지되었다. 그것은 물리학적 혹은 인도주의적 입장에서가 아니라, 단지 소음 방지를 위해서였다).

접지된 막대에 의해 위험이 방지된다는 사실로 미루어, 절연된 것은 매우 위험할 것이라는 결론을 프랭클린이 내리지 않았던 것은 그의 상투적인 낙천주의에 어울리는 것이었다. 이제까지의 사실로 알 수 있듯이, 그의 자신감은 자연으로부터 유추한다고 하는 신념에 뿌리박고 있었다. 또 실험실에서 끝이 뾰족한 것이 일으키는 조용한 방전을 보고 거기서부터 뇌운으로 돌려진 쇠막대의 효과를 유추해낸다는 확신에 바탕

그림 1-8. 판테온에서의 실험. 끝이 뾰족한 것인지 둥근 것인지 하여튼 피뢰침이 부착되어 있는 탄약고의 모형(오른쪽 끝 받침대 위에 보이는 것)은 레일에 올려져 배경 중앙의 기계에 의해 충전된 커다란 둥근 기둥 아래로 당겨진다. 둥근 기둥은 구름을 대신하는 것으로서, 모형이 둥근 기둥 쪽으로 이동됨으로써 구름이 탄약고 위로 흘러오게 된다(Philosophical Transactions of the Royal Society of London, 68 ; 1, 239-313, 1778에 실린 Benjamin Wilson의 논문에서).

하고 있었다. 같은 종류의 비유는 그의 낙관적인 정치적, 사회적 철학 속에서도 엿볼 수 있을 것이다. 예를 들며, 연방 수준의 조직을, 규모의 차이를 고려하지 않고 지방연합체와 유사한 것으로 간주하고 있었다.

프랭클린주의자가 뾰족한 것의 위력을 신봉하고 있었다는 것은, 끝이 둥근 막대냐 뾰족한 막대냐 하는 야단스런 다툼에서 잘 나타나 있다. 이 다툼은 1770년대 종반에 영국의 탄약고(프랭클린의 지시대로 뾰족한 피뢰침으로 보호되고 있었다)가 낙뢰로 소규모의 손괴를 당했을 때에 일어났다. 월슨은 이 트러블의 원인이 뾰족한 데에 연유한다는 사실을 금방 규명해 냈다. '판테온(Pantheon)'이라는 이름이 붙여진 런던의 장중한 무도회장(그림 1-8)에서 실시된 정교한 실험에 의해, 뾰족한 도체는 둥근 것보다도 거리가 멀리 떨어져 있는 대전 물체를 방전하게 한다는 사실에 의심의 여지가 없다는 것을 보여 주었다. 윌슨은 프랭클린의 끝이 뾰족한 막대는 분명히 번개를 조용히 아래로 타고 내리게 하는 것이 아니라, 끝이 둥근 막대와 마찬가지로 끌어내리기 때문에 피뢰침의 끝을 둥글게 해 두는 것이 현명하다고 말했다. 그 이유는, 끝이 뾰족한 막대는 낙뢰할지도 모르지만 뇌운의 끝이 둥근 것에는 낙뢰하지 않고 통과하기 때문이다.

윌슨의 대규모적인 실험은 조지 3세에 의해 실현이 가능해졌다. 윌슨은 그가 초상화를 그려준 귀족들을 통해서 국왕에게 접근했다. 판테온에서의 실험 때 프랭클린은 독립전쟁의 와중에 있는 반항적인 식민지의 대표였다. 따라서 피뢰침의 형태상의 문제는 정치적인 문제로까지 발전해 버렸다(프랑스인이 꾸민 것으로 여겨지는 그럴듯한 이야기에 따르면). 국왕은 왕립협회의 회장인 프링글(J. Pringle) 경에게, 앞으로는 피뢰침 끝을 둥글게 만들라고 지시했다. 프링글은 프랭클린과 매우 친한 친구 사이었기에 '왕립협회 회장의 대권(大權)은 자연의 여러 가지 법칙을 바꾸는 데까지는 미치지 못합니다'라고 대답하고, 즉시 사임한 것으로 되어 있다.

독립전쟁의 원인이나 피뢰침의 효과 등, 모두가 둥근 쪽보다 뾰족한 쪽이 유리하다는 믿음에 바탕을 두지 않았다는 것은 다행한 일이었다. 프랭클린이 믿고 있었던 유추는 성립되지 않았다. 즉, 자연계의 스케일에서는 뇌운 정도의 규모가 되면 끝이 뾰족하건 둥글건 모두 엇비슷한 것이었다. '우둔한 윌슨'(프랭클린주의자들은 그를 이렇게 불렀다)이, 끝이 뾰족한 막대는 뇌운을 조용히 방전시킬 수 없다고 주장한 점은 전적으로 옳았다. 또 낙천적 유추는 성립하지 않았지만 우리들 자신의 창의에 의한 하찮은 결과로부터 얻은 경험으로도, 자연의 위력을 제어하는 방법을 배울 수가 있다고 기대하는 것은 결코 얼토당토않은 일은 아니다. 피뢰침은 기능을 발휘하고 있다. 귀족의 추종자였던 윌슨은 이러한 문제에서는 '절대 안전하다고 할 수 있는 것'을 기대해서는 안 된다고 경고하고 있다. 한편, 낙천적 공화주의자인 프랭클린은 자연을 지배할 수 있다고 믿고 있었다.

실리성 (Utility)

프랭클린이 주로 그 실리성을 계산에 넣어 과학을 장려했던 것을 그의 저술 중의 여러 구절로부터 알 수 있다. 1748년의 연도가 적힌 전기 실험보고서 중에서, 그의 전기의 연구가 아직은 '인류에게 있어서 유익한' 아무것도 이룩하지 못한 것이 '좀 후회스럽다'고 적고 있다. 그가 착상한 실리성 있는 최선의 것이란, 할러가 설명한 전기놀이에다 더욱 연구를 보탠 것을 공상해 본 것이었다. 그것은 피크닉 때에 전기 불꽃으로 불을 지른 모닥불 앞에서, 감전사시킨 칠면조를 전기 회전식 꼬챙이구이 기계 위에서 구워 먹거나 유럽의 전기학자를 위해 라이덴병처럼 충전시킨 범퍼(가득히 채운 작고 길쭉한 와인 글래스)로 '전지로 점화한 축포 소리를 들으면서' 축배를 드는 일이었다. 이와 같은 프랭클린의 오락 정신은, 밝은 색깔의 옷이 거무칙칙한 옷보다 태양열을 쉽게 '흡수'하지 않는다는 것을 보여 주려고 했던 실험의 설명에서는 없어졌다. 그리고 그는 '아무 소용도 없는 철학에 무슨 의미가 있느냐'고 했다. 그는 열대지방에는 흰옷을 입고 가는 것이 좋다고 늘 권고했었다. 또 다른 곳에서는 자연법칙의 실용성이 그에게는 주목적이었던 것처럼 쓰여져 있다. '공중에서 손을 놓으면 사기그릇이 떨어져 어떻게 되는지 알려고 하는 것은 실제로 유익한 일이다. 그러나 그것이 어떻게 떨어지느냐, 왜 깨지느냐

하는 것은 사변적(思辨的)인 문제이다. 그러한 문제를 안다는 것은 확실히 하나의 기쁨일지도 모른다. 그러나 그렇게 하지 않고 사기그릇을 간직해 둘 수도 있는 것이다.' 그의 실리적 사고를 입증하는 증거로써 그의 발명품을 들 수 있다. 펜실베이니아형 난로, 원근 겸용 안경, 유리로 만든 하모니카, 특히 피뢰침이 그러하다.

실리성에 무게를 두고 있었으나 그래도 프랭클린은 본래 과학을 지적인 기쁨을 위해서 장려하고 있었다. 뾰족한 것의 위력과 말꼬리를 뽑아내는 것 사이의 매우 억측적인 유추 다음에는 사기접시를 빌어서 한 교훈이 끊임없이 계속되는 것이었다. 프랭클린은 끊임없이 '훌륭한 방법'을 만들어 냈으면서도 여러 차례나 그것을 버리곤 했다. 그 방법의 주요 용도는 그의 말인즉, 버리는 데 있었다. 그것은 버리는 일이 '오만한 인간을 겸허하게 만드는 데에 도움이 되기 때문이었다.' 그는 전기의 연구에 대해 희망에 가득 찬 연구자로서가 아니라, 열성적인 대과학자로서 말하는 것이다. 1747년에는 다음과 같이 적고 있다. "최근처럼 온갖 신경과 모든 시간을 들여서 연구한 적이 전에는 내게 없었다. 혼자 있을 때는 실험을 하거나 혹은 그것을 기이하게 생각하여 실험을 보러 수시로 몰려드는 친구와 지기들에게 그것을 반복해 보여 주느라고 과거 몇 달간 다른 일을 할 여가가 거의 없었다." 프랭클린은 자기의 연구로부터 무엇인가 실용적인 것을 얻을 수 있을 것이라 생각하고 있었는지 모르지만 그는 실리성을 위해서만 연구했던 것은 아니었다. 예를 들면, 전기의 경우 실용을 목표로 하기 전에 주제가 갖는 여러 가지 원리를 설정했고, 콘덴서를 분석함으로써 그것들의 원리를 발전시켰다.

프랭클린이 한 가장 시시한 연구는 아마도 마방진(magic squares)이었을 것이다. 그는 여러 해에 걸쳐 요령을 터득할 때까지 쓸모없는 시시한 연구에 골몰해 있었다. 그 '요령이란 …… (알맞은 크기의) 어떤 마방진이라도 최대한 빨리 일련의 숫자들을 각각의 칸에 메우고, 배열을 세로, 가로, 대각선으로 더한 합계가 같아지도록 숫자를 맞춰 나가는 일이었다.' 그러나 이것으로 만족했던 것은 아니다. 그는 부탁도 받지 않은 일까지

했다. 그것은 1768년에 『젠틀맨즈 매거진』에 발표한 방대한 16×16 표와 같은 칸수를 엄청나게 늘린 괴상한 것을 만들어낸 일이었다. 무릇 공리(功利)주의자로서는 걸맞지 않는 표현으로 프랭클린이 자부했듯이, 그것은 '일찍이 어떠한 마술사가 만든 어떤 마방진보다도 가장 마법적인 마방진'이었다.

그럼에도 불구하고 『가난뱅이 리처드』는 수의 마법에 시간을 낭비하고 있었던 것에 대해 죄송한 심정이었다. 펜실베이니아주 하원의 서기로서 꽤나 지루한 행정사무가 끝날 때까지 줄곧 자리를 지키고 앉아 있을 때 시간 보내기로 마방진 놀이를 하고 있었던 것이다(그의 말로는 좀 더 시간을 유용하게 이용했더라면 하고 지금도 반성하고 있다). 그러므로 칸을 메우는 일은 어느 정도 실용적인 면도 있었다고 말할 수 있다. 즉, 참석하지 않았어야 했을지도 모를 회의에 나가 마방진 놀이를 함으로써 졸지 않아도 되었고, 겉으로는 긴장해 있는 듯이 보였던 것이다. 위원회가 러시를 이루는 우리 시대에서 보면 프랭클린이 지루함을 달래기 위한 방법으로 전래의 마방진 놀이를 이용했다는 것은 그의 가장 유익한 발명의 하나였는지도 모른다.

더 알고 싶은 사람을 위해

프랭클린에 대해서는 거의 대부분 그의 저서 *Experiments and Observations on Electricity* 에서 인용했다. 전기의 역사 자료로는 John Heilbron, *Electricity in the 17th and 18th Centuries : A study of early modern physics*, Berkeley(1979)에서 인용했다. 이것과 관련해서 더 알고 싶은 사항은 I. B. Cohen, *Franklin and Newton*, Philadelphia(1956)와 Carl van Doren, *Benjamin Franklin*, New York(1938)로부터 얻을 수 있을 것이다.

Chapter 2

롤랜드의 물리학

롤랜드는 19세기말, 당시 미국의 가장 저명한 세 사람의 물리학자, 즉 깁스, 마이컬슨, 롤랜드 중에서 가장 큰 충격을 던져 주었고 미국 물리학의 황금시대를 이룩하는 데에 남들보다 앞섰던 사람으로 '볼티모어의 용맹한 기사(騎士)'였다.

존스홉킨스대학의 학장 길먼(D. C. Gilman)은 당시를 회고하여 다음과 같이 말했다.

"미국의 과학 강의실에서는 '자연의 불가사의'를 실연해 보이는 일이 유행하고 있었다. 그 때문에 교실은 '눈부신 빛, 소음, 그리고 심한 냄새'로 진동하던 그런 시대였다. 롤랜드의 강의에서는 그 어느 편도 아니었지만 ……."

이렇게 묘사된 존스홉킨스대학의 물리학자가 바로 헨리 롤랜드(Henry Augustus Rowland)로서, 그는 특히 분광학과 전자기학에 대한 공헌으로 19세기 물리학자의 랭킹 중에서도 높은 위치에 확고하게 자리하고 있었다.(1)

19세기 중엽의 미합중국에서는 실험물리학과 이론물리학을 광범위하게 교육하지는 않았다. 일반적인 연구는 박물학이었다. 역사가 짧고, 아직 미답지가 많은 미국이라는 나라가 간직한 풍요로운 자연이, 이 학문을 연구하는 데 있어서 걸맞는 미지의 동·식물과 지질학적 모양의 콜라주(collage)를 테마로 제공해 주었던 것이다. 이와 같은 신기한 것을

그림 2-1. 헨리 롤랜드

기술하기 위해 수학이나 그밖의 정규 훈련을 받을 필요는 없었다. 박물학의 전문가는 있었으나 그래도 이 분야는 호사가나 아마추어에게 특히 매력적인 것이었다.[2] 그러나 치밀성이 요구되는 물리 연구의 이론과 수학은 아마추어에게는 도저히 감당할 수 없는 것이었다. 따라서 미 합중국의 주도적 과학 출판물이었고, 해외에서도 널리 읽혀지고 있던 『아메리칸 저널 오브 사이언스』가 자연사계의 논문으로 메워져 있었다거나 혹은 『저널』을 펼쳐 보노라면 이따금 실리는 수학도 유럽의 수준에서 볼 때 형편없는 것으로 보였다 한들 놀라운 일은 아니었다.

하지만 19세기 후반에 이르자, 적어도 세 사람의 미국 물리학자가 과학은 물론 수학에 있어서도 유럽 정상의 연구 동료들과 어깨를 겨룰 수 있는 수준의 훈련을 받고 있었다. 그 세 사람이란, 깁스(J. Willard Gibbs), 마이컬슨(Albert Abraham Michelson), 그리고 롤랜드였다. 세 사람은 모두 19세기 미국의 특이한 재주꾼들이었다.

세 사람 중에서도 실험 연구에 관해서 말한다면, 물리학의 연구에(특히 정확한 기계 조작에 의해서) 가장 영향력 있는 기준을 설정한 사람은 바로 롤랜드이다. 비록 마이컬슨의 에테르의 실험이, 로렌츠-피츠제럴드(Lorentz-Fitzgerald) 수축 가설(收縮假說)을 확증한 것으로 알려지고 나서 그를 유명하게 만들었으나 그것은 훨씬 나중의 일이다. 또 최근의 연구 결과에 의하면, 마이컬슨의 연구가 아인슈타인(Albert Einstein)의 1905년의 가설의 기원이 되었다고 하는 주장은 반박되었다고 한다.(3)

이에 비해 롤랜드는 자기학과 전기학 분야에서 중요한 실험을 하고 있었다. 또 그의 회절격자(回折格子)와 태양 스펙트럼 사진은 1880년대에는 세계로 널리 전파되어 호평을 받았다. 1894년에는 마이컬슨 자신도 시카고대학의 새로운 물리 실험실에 걸맞는 장치 설치에 대해 롤랜드에게 조언을 청했을 정도였다. 깁스의 연구는 그 질에 있어서는 최고의 것이었지만 모두가 이론적인 것으로, 그가 실험실에 한 발짝이라도 들여놓은 적이 있었는지 미심쩍을 정도였다. 결국 롤랜드만이 19세기말의 25년간 미국의 실험 물리학을 정착시킨 인물이었다.(4)

토목기사로서의 교육

롤랜드는 1848년에 출생했으며 다섯 아이들 중의 유일한 사내아이였다. 그가 열한 살이 되었을 때 신교의 신학자였던 아버지의 사망으로 집안에 대한 그의 책임이 한결 무거워졌다. 이 직업은 롤랜드가의 남자 3대에 걸쳐 승계되어 온 것이었기에 더욱 그러했다. 선대들은 모두 탁월한 지성과 뛰어난 인격의 소유자였던 것으로 알려져 있다. 사실 초대 데이비드 롤랜드(1719~94)는 프로비던스의 목사 출신이었으나 외국의 압제로부터 자기 나라를 열렬히 지키려 했기 때문에 독립전쟁 중 마을에서 도피하지 않을 수 없게 되어, 가족과 더불어 어둠을 틈타 영국 함대의 포위망을 정면 돌파하고는 코네티컷 강을 거슬러 올라가 탈출했던 것이다.

롤랜드의 어머니 해리엣(Harriet)은 집안의 전통을 그에게 계승시키려는 마음에서 열세 살 난 그를 뉴저지 주의 뉴와크 중등학교의 고전학과에 입학시켰다. 그러나 롤랜드가 1862년부터 기록하기 시작한 작은 수첩에 기록되어 있듯이, 그는 기계나 전기 쪽에 더 관심이 있었다. 그 수첩에는 그가 만든 여러 가지, 즉 전자석, 유도 코일, 검류계, 전기 모터에 대한 기록이 있다. 그러나 그 당시 과학교육은 아직 미국의 학교 교육에서는 중시되고 있지 않았기 때문에 중등학교의 교장 사무엘 패런드(Samuel Farrand)의 말에 의하면, 해리엣에게 있어서 자기의 자식에게 과학교육을 받게 하는 것은 '마치 자기 자식을 저버리는 것이나 마찬가지로 생각되었던' 것이다.

롤랜드는 라틴어와 그리스어를 익히는 데 각각 3년씩이나 시달렸지만 끝내 1865년 7월에는 다음과 같이 기록하고 있다. "고전학은 '무서워'서 Non feram, non patiar, non sinam (도무지 견딜 수도 없고, 이젠 고생하고 싶지도 않다. 도저히 참지 못하겠다)라는 말은 바로 내 상태를 표현한 문장입니다." 그는 어머니에게 과학을 공부하겠노라고 말했다. 결국 어머니가 뜻을 꺾고 17살 때 뉴욕 주의 트로이에 있는 렌슬레아(Rensselaer) 공과대학에 롤랜드를 입학시켰다.

'과학 과목'은 대부분 실천적 응용 쪽을 중시하고 있었기 때문에 그는 토목공학으로 학위를 따게 되었다. 학교는 건축기사와 가스 제조소 및 제철소의 지도·감독자뿐만 아니라 기계와 수력 기술자도 양성하고 있었다.

롤랜드는 렌슬레아에서 변분법(變分法)을 통해 수학을 공부하였지만, 자기 시간의 대부분을 기숙사에서 보내며, 장치를 제작하거나 조작하며 지냈다. 집으로 보낸 편지에는 검류계, 전위계 그리고(누나 제니에게 써 보냈듯이) '1초나 그쯤에서 라이덴병을 20회나 충·방전'시킬 수 있었던 유도 코일에 관한 일들이 가득히 적혀 있었다. 그는 학교의 과학클럽에서 열심히 활약했다. 1868년에는 분광기와 열의 일당량에 관한 논문이라든가 자신의 유도 코일을 시험해 보기 위해 그에 관한 논문 등을 탐독했다.

1867년 가을, 3학년생이었던 그는 오전 시간은 송두리째 아무런 방해도 받지 않고 자신의 실험에 활용할 수 있도록 수업시간을 잘 짜 맞추었다. 그는 또 제본한 노트에 자신의 연구 결과를 기록하기 시작했다. 그 노트에 기재된 사항은 다음과 같은 것이었다. 금박 검전기의 스케치, 물과 가열한 금속의 접촉에 의해서 생기는 전기의 근원, 20피트 길이의 '날개'로 한 사람의 인간을 비행중인 상태로 유지시키는 데에 필요한 바람의 상향력, 그리고 전동자를 말굽형 자석의 두 극 사이에 두었을 때 그 자석의 겉보기의 두 극의 위치변화 등이었다.

이듬해가 되자 더욱 본격적으로 연구 결과를 기록하기 시작했다. 특히 어떠한 특징 아이디어에 대한 언급을 많이 볼 수 있다. 어떤 노트에 실려 있는 과학책 일람표 중 첫머리에 적힌 것은 마이클 패러데이(M. Faraday)의 『전기의 실험적 연구』였다. 또 한 권의 상하로 나누어진 1868년의 노트에는 '패러데이의 전기의 실험적 연구로부터의 주석'이니 '패러데이의 ~를 읽고서 떠오른 생각' 등을 언급한 것이 10여 편 이상이나 포함되어 있었다.

노트에 기재된 이러한 것으로도 알 수 있듯이, 결국 패러데이의 아이디어는 롤랜드의 주요한 실험 연구 중 두 가지 연구의 기초가 되었다. 그 두 가지란, 자기에 있어서의 옴의 법칙(Ohm's Law)에 해당하는 유사성과 운동하고 있는 하전 입자의 자기적 효과였다. 따라서 그의 관심은 토목공학에만 한정된 것은 아니었다. 1868년 5월에는 어머니에게 다음과 같이 적어 보냈다.

"어머니도 아시다시피 저는 어릴 때부터 실험을 무척 좋아했습니다. 그 마음은 식어가기는커녕 점점 제 마음 속에 깊이 자리잡아, 마침내 저의 성격의 한 부분이 되었으므로, 이제 이것을 체념한다는 것은 정말 어리석은 일이었습니다. 저는 앞으로 과학에 전념할 생각입니다. 만약 과학이 부(富)를 가져다 준다면 그것은 친구로부터의 선물이라 생각하여 달게 받겠습니다. 하지만 설사 그렇게 되지 않더라도 원망은 하지 않겠습니다."

자기(Magnetic)에 있어서의 옴의 법칙(Ohm's Law)

1870년에 롤랜드는 렌슬레아공과대학을 졸업함과 동시에 토목공학사의 학위를 취득하였지만 실험과학 분야에서 직장을 구하기가 어려웠다. 그래서 그는 어머니가 사는 뉴아크의 집에서 자기에 관한 일련의 연구를 하면서 세월을 보냈다.

그가 시도한 실험은 본래 여러 가지 철과 강철 막대 내부의 자기분포를 결정하려는 것이었다. 그러나 롤랜드는 곧 자신이 측정한 것을 이론적으로 해석하기가 어렵다는 것을 알았다. 당시에는 자기력의 전파에 대한 여러 가지 매질과 기하학적 모양이 미치는 영향에 대해서는 알려진 것이 거의 없었다. 윌리엄 해리스(W. Harris)경, 윌리엄 스터전(W. Sturgeon), 제임스 줄(J. Joule)경, 하인리히 렌츠(H. F. E. Lenz), 조셉 헨리(J. Henry) 등이 한 것과 같은 실험에서는 개별적 요인을 조사하고는 있었지만 그들의 실험에서는 철심의 형상, 그 재료 조성, 여자 코일의 배열 등을 함께 고려한 자기 작용의 단일 모델을 만드는 일은 하지 않았던 것이다.

로렌드는 자신이 고안한 검류계에 연결된 검출 코일(물리적인 방법으로 방향을 역전시킬 수 있다)과 라이플 조준기를 이용해 지류전류에 의해 만들어지는 자기장의 정확한 분포를 그리는 일을 시작했다. 이 방법은 검류계의 자연 진동 주기보다 아주 작은 반전 시간의 측정에 의존했다.

그는 몇 가지 종류의 재질에 대해 패러데이의 역선(力線)을 그렸으나 자기가 측정한 것을 이론적으로 해석하기는 어렵다고 느꼈다. 그것은 전자석 내의 전류의 변화에 따라서 역선의 배치가 한 쪽으로 쏠리듯이 보였기 때문이다. 편향은 불과 몇 퍼센트였으나, 그래도 정확성을 중시하는 롤랜드의 감각으로는 안절부절못하기에 충분한 것이었다. 그래서 이 현상의 이론적, 수학적 모델을 찾으려는 흥미가 솟았다.

분석을 위한 물리 모델로서 롤랜드는 패러데이가 일기 속에서 가정한 것과 같은 전기와 자기 사이의 유사성에 눈을 돌렸다. 그 아이디어 중에는 전기뱀장어(동체와 꼬리를 따라 전기 발생 기관이 집중해 있는 뱀장어)가 있었다. 1838년에 패러데이는 전기의 세기를 어림셈하기 위해 맨손으로 전기뱀장어를 잡고 뱀장어가 방전하고 있을 때의 주위의 전기 분포를 연구하여 그림 2-2에 나타낸 것과 같은 작용을 스케치하고 있다. 패러데이는 물리적 전기역선을 뱀장어의 세포와 뱀장어 주위의 매질을 관통하는 연속적인 것으로 그렸다. '그것은 역선들이 상상했던 바와 같이, 자석의 안팎으로 연속된 곡선을 형성하기 때문이다.' 유추(analogy)를 종횡으로 구사하는 모습은 패러데이의 독특한 탁월성을 나타내고 있다.(5)

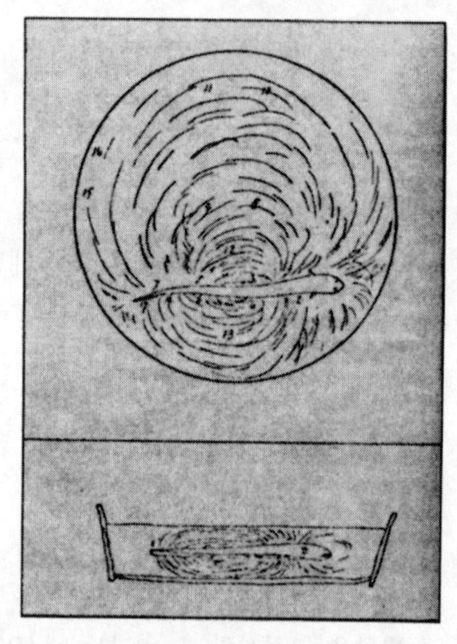

그림 2-2. 뱀장어의 전기작용. 1838년에 패러데이가 노트에 스케치한 것으로, 그는 전기의 세기를 자신의 맨손으로 어림하고, 방전하는 순간에 뱀장어의 앞부분에서부터 뒷부분으로 향해 '물이 이르는 곳이' 전류로 넘쳐 있다는 것을 발견했다. 이것으로부터 롤랜드는 막대 자석 주위의 역선의 유추를 착상했다.

1872년의 노트 속에서 롤랜드의 패러데이의 전기뱀장어의 연구에 관해 언급하고 있는데, 잘 알려져 있던 19세기의 전신 회로를 사용해서 이 아이디어를 더욱 발전시켰다. 전선의 불완전한 절연체는 자석 주위를 에워싼 매질 중의 자기력선에 대응한다. 갈바니 전지는 역선원을 나타내고, 수평의 전선에 견주어지는 것은 자기재질(磁氣材質) 자체 속을 역선

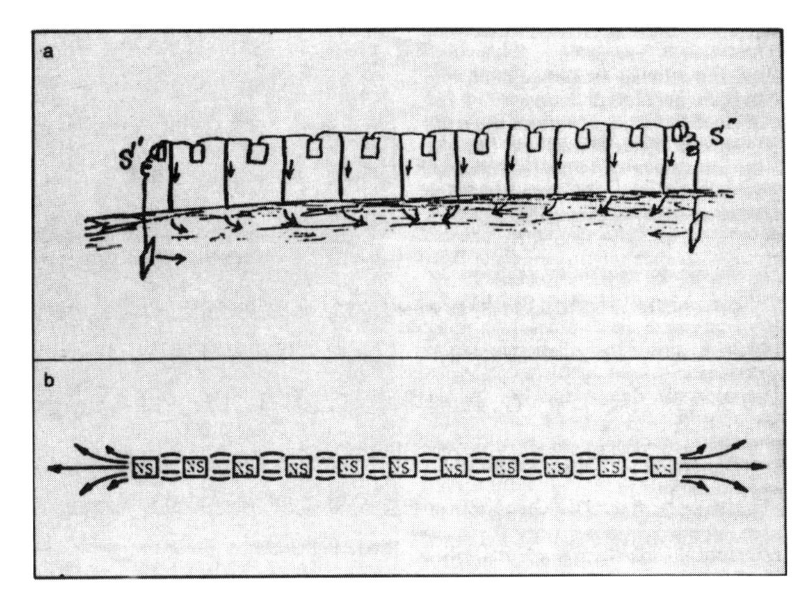

그림 2-3. 롤랜드는 전신 회로로부터 패러데이의 전기뱀장어와 막대자석 사이에서 유사성을 생각해 냈다. 스케치 a는 롤랜드의 노트 중 하나에서 취한 것인데, 구분된 직류 전지가 접속된 19세기의 전신 회로를 나타내고 있다. b에 보이는 일련의 작은 막대자석이 유추를 완전한 것으로 만들어 준다. 이 유추로부터 옴의 법칙의 자기적으로 동등한 관계가 유도된다.

이 통과하고 있는 것으로 나타낸다.

롤랜드는 뱀장어의 하나의 전기적 세포를 회로로 그림으로써, **그림 2-3a**에 보인 것과 같이 배열된 전지들을 **그림 2-3b**에 보인 것처럼 끝과 끝을 가로로 이어 나간 작은 막대자석으로 구성된 한 열과 대응시켜 생각했다. 그는 1873년에 각 전지의 기동력의 효과를 첨가해서, 긴 막대자석 속과 근방의 패러데이 역선의 분포를 나타내는 다음과 같은 식을 얻었다.

$$Q_{\varepsilon} = \frac{M}{2\sqrt{RR'}} \frac{1-A}{A_{\varepsilon}^{rb}-1} (\varepsilon^{rx} - \varepsilon^{r(b-x)})$$

$$Q' = \frac{\varepsilon^{rb}-1}{(A\varepsilon^{rb}-1)(\sqrt{RR'}-s')} \frac{M}{r}$$

$$-\frac{M}{2R}\frac{1-A}{A\varepsilon^{rb}-1}(\varepsilon^{rb}+1-\varepsilon^{rx}-\varepsilon^{r(b-x)})$$

이들 식 중에서 $r=(R/R')^{1/2}$,

$$A=\frac{\sqrt{RR'}+s'}{\sqrt{RR'}-s'}$$

이며, R는 1미터 길이의 막대자석의 역선에 대한 저항, R'는 1미터 길이의 막대자석에 접한 매질의 저항, Q'는 막대자석 안의 임의의 점에 있어서의 역선의 수, Q_ε는 막대자석으로부터 작은 거리 ℓ의 길이를 통과하는 역선의 수, ε는 자연 대수의 지수, x는 코일의 한 끝에서부터의 거리, b는 코일의 길이, s'는 코일 끝의 막대자석과 매질의 나머지 부분의 저항, M은 코일의 자화력이다.

이러한 복잡한 지수 함수적인 형태는 분명히 옴의 단순한 비례법칙과는 거리가 멀다. 그러나 롤랜드는 길고 얇은 자석의 중앙을 생각하는 경우에 그의 식이 대충 어떠한 형태가 되는가를 연구했다. 자석을 에워싸는 매질 속의 역선에 대해 그가 얻은 측정값과 대칭성의 고찰로부터, 이 자석의 중앙부에 대해서 역선이 균질한 경로를 취할 것이라 예상하고, 자신의 식이 단순성을 나타내고 있다고 생각했다. 롤랜드는 이처럼 한정된 조건에서 이들 식을 어떻게 수학적으로 변형시키는 것인지 상세하게 공표하지는 않았다. 자석의 어떠한 중앙부($x=b/2$)에서도 막대자석을 따라 얼마쯤이라도 약간의 거리를 통과한 역선의 수(Q_ε)는 분명히 제로가 된다. 그 이유는, 제1식의 우변의 항이 거기서 제로가 되기 때문이다. 한편, 막대자석 내의 역선수는 이 점에서 제로가 되지 않고,

$$Q'=\frac{1-\varepsilon^{-rb}}{(A-\varepsilon^{-rb})(\sqrt{RR'}-s')}\frac{M}{r}$$

$$-\frac{M}{2R}\frac{1-A}{A-\varepsilon^{-rb}}(\varepsilon^{-rb}+1-2\varepsilon^{-rb})$$

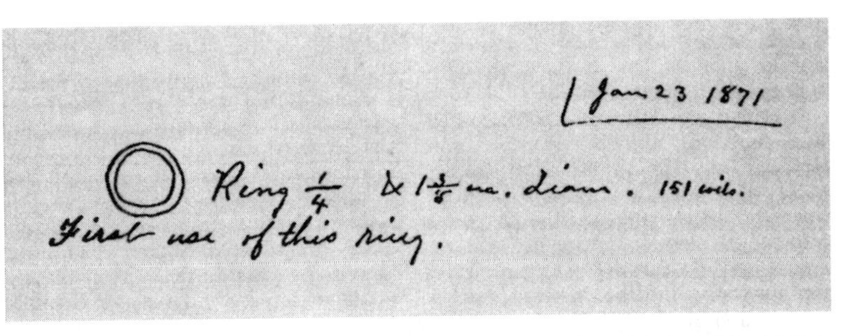

그림 2-4. 고리 모양의 자석 내부에서 역선은 가느다란 막대자석 중앙부의 역선과 비슷하다. 롤랜드의 노트에는 날짜가 적힌 최초의 롤랜드 고리가 실려 있다.

가 된다. 무한히 긴 막대자석의 경우 ($b \to \infty$), 이 식이

$$Q' = M / R$$

로 되는 것을 롤랜드는 깨달았다. 이와 같이 자석의 중앙에서는 자기 매질을 관통하는 역선의 수는 자석 내의 자화력 M에 비례하고, 이들 역선에 대한 저항 R에 반비례한다. 이렇게 해서 그는 전기회로에 대한 옴의 법칙과 유사한 관계를 자기의 경우에도 발견했던 것이다.(6)

단순화시킨 이 식을 여러 가지 금속의 자기적 성질 측정에 사용하기 위해 그는 고리 모양의 자석을 만들었다. 이 형상이라면 역선이 긴 막대자석의 중앙에서 측정되는 역선에 상당히 가까워진다. 초기의 롤랜드 고리(環)가 그림 2-4에 제시되어 있다.

앞에서 든 식은 그보다 3년 전에 시작한 몇 번의 실험에 의해 얻어진 것이었다. 롤랜드는 『아메리칸 저널 오브 사이언스』의 편집자들로부터 채택 불가의 통지를 몇 번이나 받고 있었으나, 결국 그들이 인정한 바에 따르면 이 식을 채용하지 않았던 이유는 단지 롤랜드의 수학을 이해할 수 없었기 때문이었다. 그러나 이 설명을 받기 전에 그는 자신의 1873년의 논문을 제임스 클라크 맥스웰(J. C. Maxwell)에게 직접 보냈었다. 맥스웰의 그 해의 책 『전기전자론』에는 롤랜드의 식을 이끌어낼 수 있는 자기의 일반 이론이 나와 있었다. 이 일치는 결코 우연이 아니었다. 그

이유는, 두 사람 모두 패러데이의 아이디어를 출발점으로 하였기 때문이다. 맥스웰은 롤랜드의 연구에 큰 관심을 나타내어, 그의 논문을 영국의 『필로소피컬(Philosophical) 매거진』에 싣도록 곧 추천해 주었다.

1875년, 롤랜드는 렌슬레아공과대학에 자리를 얻었지만 정밀한 실험 연구를 하기에 적합한 실험실은 주어지지 않았다. 그해 친척을 통해서 그는 길먼(D. C. Gilman)이라는 인물을 만났다. 길먼은 새로 창설된 존스홉킨스대학의 학장으로 막 임명된 상태였다. 길먼은 맥스웰로부터 받은 몇 통의 편지를 읽고서 그것이 '한 무더기의 추천장보다 더 값진 값어치가 있다'고 믿고 존스홉킨스대학의 물리학과 편성을 위해 이 젊은 렌슬레아의 기술자를 고용했던 것이다.

전하-대류 전류의 실험

1875년 여름, 각종 과학시설의 시찰과 존스홉킨스대학 물리학 실험실의 설비를 갖추기 위한 목적으로 길먼은 롤랜드를 유럽으로 보내 기계·기구점을 둘러보게 했다. 롤랜드는 스스로 스코틀랜드에 있는 맥스웰의 집으로 가서 한동안 머물렀다. 그리고는 유럽으로 건너가 10월 말에 베를린에 도착했다.

롤랜드가 본 것 대부분은 그다지 인상에 남을 만한 것이 못 되었는지 다음과 같이 보고하고 있다. 대부분의 가게가 '골동품의 박물관'처럼 보였고, 실험실은 마치 '그것을 세운 사람이 그것을 사용하는 물리학자보다 훨씬 솜씨가 있는 듯이' 보였다. 그러나 독일에서는 길먼에게 다음과 같이 적어 보냈다.

> '여기서는 과학 정신이 충만해 있는 모습을 목격하게 될 것이라고 제게 말씀하셨는데 바로 그대로였습니다. 장치가 그것을 증명하고 있습니다. 미국에서 장치는 예시용으로 존재합니다. 영국과 프랑스에는 예시용과 실험용이 있지만, 독일에는 실험·연구용의 장치밖에 없습니다. 우리나라에서는 후자 쪽의 준비가 거의 갖추어져 있지 않지만, 그래도 최선을

다하여 그렇게 되도록 노력해 나가려고 생각하고 있습니다.'

이와 같은 의지로 롤랜드는 베를린대학의 실험실에서 헬름홀츠(H. L. F. Helmholtz)가 지도하는 일반 연구과정을 신청했다. 이 저명한 독일의 물리학자로부터의 회답은 빨리 왔지만, 내용은 부정적인 것이었다. 이유는 신청자가 많기 때문이라는 것이었다.

롤랜드는 그래도 단념하지 않고 다시 한번 헬름홀츠에게 편지를 썼다. 이번에는 하고 싶은 실험을 구체적으로 명기하여, 자기에 관한 자신의 연구를 계속하거나 렌슬레아 시절(1868년)의 노트에 적혀 있는 계획 중 어느 한 가지를 하고 싶다고 신청했었다.[7]

"제가 맨 먼저 거론하고 싶은 문제는, 전류의 자기효과가 발생하는 것은 공간에 무엇인가가 단순히 운동하는 데서 연유하는 것인지 혹은 이들 효과가 (물체 주위의 어떤 매질의 영향에 의해서) 자기적 효과를 만드는 전도물체 중의 어떠한 변화로부터 기인하는 것인가 하는 문제입니다."

롤랜드와 맥스웰은 지난해 여름에 이러한 아이디어를 논의한 적이 있었으며, 롤랜드는 헬름홀츠에게 다음과 같이 말했다.

"맥스웰 선생은 후자의 경우가 자기적 효과를 낳는 것이 아니냐고 가정하셨습니다. 하기야 이 가정에는 특별한 근거가 있는 것은 아니라고 선생님은 말씀하셨습니다만."

1873년의 책 속에서 맥스웰은 '운동하고 있는 대전체는 전류와 동등하다는 가설'을 분명히 지적하고 있으나, 그 이유는 들고 있지 않았다.

이번에는 헬름홀츠도 관심을 보여, 롤랜드를 위해 지하실의 보관실을 정리하여 비워 주게 했다. 몇 달 전에 헬름홀츠는 자신과 노이만(Franz E. Neumann)의 자기작용의 퍼텐셜 이론(이것을 그는 '열린 회로'라고 표현하고 있었다)에 관련된 대류 전류(convection currents)의 가능성을 계속 조사한 일이 있었다. 단선시킨 전선 사이에서 볼 수 있는 아크방전에 의해(자기작용이 수반되어) 회로가 사실상 닫혀진 것으로 될 수 있을까 하고 헬름홀츠는 궁리하고 있었다.

롤랜드는 금박을 입힌 지름 21센티미터의 한 개의 에보나이트(가황고무) 원판을 수직축 주위에 1초 동안에 60회전을 하도록 설치했다. 예민한 무정위(無定位)의 자침장치에 부착된 거울로부터 반사된 반사광선을 관측하고 있는 동안 롤랜드는 대전 극성을 역전시켰다. 그 거울은 지구의 자기작용을 없애기 위해, 자극이 반대방향으로 일직선으로 늘어선 두 개의 자침 사이에 걸친 한 가닥의 실 위에 놓여 있었다. 원판은 자침 사이의 면 안에서 회전했다. 그림 2-5는 1889년에 만든 장치이다. 몇 주간의 시험 후, 수 밀리미터의 광선의 뚜렷한 편향을 보고하여, 이 '정성적인 효과는 …… 한 번만 얻어지면 몇 번이고 얻을 수 있다'고 기술하고 있다. 베를린에서의 지구의 수평 성분의 자기력의 불과 약 5만분의 1의 자기력을 보고했었다.

이 정성적인 측정에만 그치지 않고 롤랜드는 측정값과 비교하기 위해

그림 2-5. 롤랜드-허치슨의 전하 · 대류 전류 실험기구의 1889년판 사진. 롤랜드의 궁금증은 전선의 전류가 자기효과를 만든 것과 비슷하게 단순한 전하의 운동이 자기효과를 만들까 하는 것이었다. 긍정적인 결과는 확신하기가 쉽지 않았다.

예상되는 자기력을 다시 계산했다. 이 계산을 하기 위해 맥스웰의 v(정전 단위에 대한 전자기 단위의 비로서, 광속도와 같아진다고 맥스웰이 가정하고 있었던 상수)에 대해서 무언가 구체적인 값을 가정하지 않으면 안 되었다. 62개 각각의 편향으로부터 **표 2-1**에 보인 표를 만들기 위해 그는 (맥스웰이 측정했듯이) 28,800만 미터/초를 가정했다.

표 2-1. 회전하는 하전에 의해 생기는 자기력

	시리즈 I	시리즈 II	시리즈 III
측정된 자기력(수평성분)	0.000 003 27	0.000 003 17	0.000 003 39
계산된 자기력(수평성분, 맥스웰의 v의 값을 사용해서 합성한 것)	0.000 003 37	0.000 003 49	0.000 003 55

롤랜드가 기록한 자기력의 계산값과 측정값 사이의 차이는 맥스웰의 v의 값에 비해서 각각 3퍼센트, 10퍼센트, 그리고 4퍼센트였다. 그러나 'v는 300,000,000 m/s의 값이 최초와 최후에 한 일련의 실험에 가장 잘 부합된다'고 그는 보고 있었다.

이 교묘히 연구된 실험은 불과 50달러 정도밖에 경비가 들지 않았다. 이리하여 이후 25년 동안 많은 사람들이 여러 가지 형태로(잘 되지는 않았으나) 이 실험을 반복해서 시도하게 되었다. 절반은 진정으로, 절반은 농담 섞인 시를 써서 그를 칭찬한 사람이야말로 바로 맥스웰이었다.

에보나이트가 장치된 원판은 이미 돌아가고 있느니라
하지만 헛되이 돌아가는 것은 아니며
트로이의 롤랜드
그 용맹 과감한 기사여
대류 전류는 손에 넣어졌느니라
그 원판 안에

그가 어여삐 여긴 북극의 정묘한 자침으로부터
속여서 빼앗아 온 그 힘을
그것은 롤랜드경이
트로이로부터 볼티모어로 가던 도중
역마를 갈아타기 위해 베를린에서 쉬던 때였노라
그곳에서 만만치 않은 대 마술사는
이 모험의 여행으로 그를 무장시켜
감당하기 힘든 교수님의 점유물이 된
자신을 몹시 기뻐했노라.

하지만 그대 다시 원판을 가지고 놀 것이니라
그러면 귀공자 롤랜드를 수행하여
이제 가련다, 떠들썩한 볼티모어로
골통 속의 장난꾸러기들을
그가 키워왔던 곳으로 ……

볼티모어로 돌아와서

1876년 봄, 롤랜드가 유럽에서 볼티모어로 돌아왔을 때 그는 길먼에게 이렇게 말했다.

"시간과 실험장치를 제게 제공해 주십시오. 그것을 태만히 하여 설사 우리 대학이 유명해지지 않았다고 한들 그것은 제 책임이 아닙니다."

롤랜드는 '강의의 예시용이 아닌' 실험장치를 원했다. 그는 다음과 같이 주장했다. 때로는 빈약한 장치로도 좋은 연구가 가능한 경우가 있다. 마치 작은 칼로도 나무를 쓰러뜨릴 수 있듯이. 그러나 온갖 기계적 수단을 강구하지 않고서는 수행할 수 없는 연구도 있다고, '수리 물리학의 고도의 문제들은 대부분이' 이 부류에 속한다고 그는 단언했다.

당장의 실험실용으로 길먼은 볼티모어의 중심가에 있는 본래 기숙사였던 두 건물을 그에게 보여 주었다. 롤랜드는 자신이 필요한 것은 건물의 한 구석에 주방을 장치할 것과 '요동하면 안 되는 장치를 올려놓기

그림 2-6. 1882년경의 롤랜드의 초상 사진. 그의 독신자 아파트의 한가운데에 놓여 있는 것이 그가 1880년에 '열의 일당량의 정확한 측정'으로 상금과 함께 받게 된 말의 청동상.

위해' 지면에 고정시킨 견고한 지지대뿐이라고 했다.

그가 하고자 했던 것은 기본적인 물리 상수에 대한 일련의 측정을 하는 일이었다. 1878년에 볼티모어를 방문한 철학자이자 논리학자이고, 기상학자이기도 했던 찰스 퍼스(C. Peirce)는 롤랜드의 계획에는 비판적이었다. 그럼에도 불구하고 롤랜드는 자신의 계획을 추진하여 열의 일당량을 새로 결정하는 일부터 시작했다. 이 광범위한 계획은 1880년에 125쪽의 보고서로 마무리되었다. 이 속에는 온도 측정과 열량 측정의 부차적 연구도 포함되어 있었다. 정밀 측정의 규범이 된 이 연구로 롤랜드는 1881년도의 베네치아상을 획득했다. 또 퍼스의 추천으로 명예박사의 학위도 취득했다. 그가 찍혀 있는 사진(그림 2-6)의 배경에는 상금과 함께 받은 청동으로 만들어진 말도 보인다.

롤랜드는 다시 빛의 전자기 이론의 시험으로써 이번에도 맥스웰의 전자・정전 단위의 비(比)의 정밀한 측정을 했다. 알려진 정전용량을 얻기 위해 매우 정밀한 기계로 만들어진 구상(球狀) 콘덴서를 사용했다. 이 코일에 충전된 전하는 다음에 교정(較正)된 검류계를 통해서 흘려 보냈다.

이들 측정 중 최초의 것은 기대를 가질 수 있는 것이었는데, 롤랜드는 1879년 4월에 맥스웰 앞으로 다음과 같이 썼다.

'최초의 어림 계산에 의하면 값은 2분 1퍼센트 정도의 오차범위에서 299000000미터/초로, 이 실험은 선생님의 이론을 입증하기 위한 실마리가 되리라고 저는 확신하고 있습니다.'

그러나 계속해서 실시된 측정에서는 v의 값의 하나는 297900000미터/초로 나왔다. 방전시킨 횟수와 더불어 값이 줄어들어 버렸던 것이다. 롤랜드는 이에 낙담하여 얻은 결과를 처음에는 발표하기를 단념했었다.

v에 관련된 세 번째 상수는 표준 저항값, 즉 옴이었다. 19세기 후반에 쓰여지기 시작한 전자 단위계에서는 흥미롭게도 (길이/시간)이 저항의 차원이기도 했다. v의 측정이 대부분 결국 옴에 관한 지식에 의거했었다. 영국학회 및 프리드리히 콜라우슈(F. W. G. Kohlrausch)가 주재하는 독일의 한 단체에 의해서 실시된 측정에 롤랜드는 비판적이었다. 그것은 계산상의 오류와 차원 해석에 의해 모순이 발견되었기 때문이었다. 그의 비판이 정당한 것으로 입증됨으로써 롤랜드는 1880년대를 통해서 몇몇 국제적인 위원을 맡게 되었다. 또 1893년에 시카고에서 열린 국제전기회의에서는 의장을 역임하기도 했다.

이것은 거의 알려져 있지 않은 일이지만, 롤랜드는 1870년대 말부터 1880년대 초에 걸쳐 세계 어디에서 찾아보아도 발견되지 않을 만한 가장 정교하고 큰 장치 한 벌을 조립하고 있었다. 하버드의 물리학자들은 미국 국내에 있는 실험 장치의 목록을 만들었는데,[8] 롤랜드의 제자인 에드윈 홀(E. Hall)은 길먼에게, 만약 케임브리지대학의 캐번디시 연구소의 장치와 존스홉킨스대학이 가지고 있는 장치를 교환한다고 하면, 그리고 '롤랜드 교수가 개인적으로 소유하고 있는 것까지 포함되어 있다면' 존스홉킨스 쪽이 '손해일 것'이라고 말했다.

1877년에 우수한 검류계를 사용하고, 롤랜드가 연구한 실험장치를 배치함으로써 홀은 전류의 흐름과 자기장에 직각으로 작용하는 전위를 측정했다. 홀의 연구에서는 시종 전기의 유체 모델이 사용되었다. 아마도 기초적인 전기법칙을 이끌어내는 데에 이 모델이 도움을 준 최후의 것이었을 것이다. 1894년에 롤랜드는 홀의 연구에 어느 정도까지 관여했었는지 밝히면서 조지 피츠제럴드(George Fitzgerald)에게 다음과 같이 털어놓았다.

"…… 이것 역시 사실은 나의 실험으로서 홀 씨의 실험 '홀 효과'는 전기 전도의 근원을 알기 위해서 했던 실험이었습니다. 보다 큰 효과가 나타난 금박을 사용해서 홀 씨에게 실험을 시키기 전에, 분명히 나는 이미 소규모의 홀 효과를 알고 있었습니다. 내가 사용한 판은 구리나 놋쇠로, 1밀리미터의 흔들림밖에 얻지 못했습니다. 홀 씨는 나의 지시에 의해 금박으로 내가 했던 실험을 단순히 반복했을 뿐이었습니다."

롤랜드의 동료인 조셉 에임스(Joseph Ames)는 그 때를 이렇게 기록하고 있다.

"공정한 사람이 본다면 롤랜드의 이름을 표제에 실었어야 마땅하다고 생각될 정도의 분명한 연구 사례가 몇 가지 있었습니다."

멋진 회절격자

롤랜드의 또 하나의 주요한 연구 분야는 분광학(分光學)이었다. 1881년 이전에는 고분해 광학 회절격자의 각선(刻線)문제는 아직 간격을 잡는 방법에 주기적으로 큰 오차가 발생하여 일부밖에 해결되지 못했다. 정밀기계에 민감한 감각을 지니고 있던 롤랜드는 진동하는 다이아몬드의 각선 아래서, 금속으로 피막한 유리판을 전진시키는 임계 웜(worm) 나사에 흥미를 갖게 되었다. 나사에 주기적으로 일어나는 오차는 자동적으로 회절격자의 오차가 된다. 그는 3주간 물에 담가 두었다가 나사를 연마하는 방법을 발명했다.[9] 새로운 나사의 설계를 채용한 각선 기계 장치는 1882년에 완성되었다. 또 대충 이 무렵에 롤랜드는 오목면 회절격자를 발명하였다. 이로 인해서 연구 중에 스펙트럼 관측용 보조 망원경이나 다른 광학 부품을 쓰지 않아도 되게 되었다.

롤랜드는 동료인 존 트로우브리지(J. Trowbridge)를 따라, 회절격자의 견본을 1882년의 파리 전기학회에 가지고 갔다. 프랑스의 물리학자인 마스카르(E. E. Mascart)와 톰슨(W. Thomson)경, 그리고 콜라우슈의 반응을 트로우브리지는 다음과 같이 보고하고 있다.

> "그들이 놀랐던 것은 말할 나위도 없습니다. 마스카르는 작은 소리로 '훌륭해, 굉장해' 하며 계속 중얼거렸습니다. 독일 사람들은 두 손을 펼치며, 마치 배지느러미나 꼬리라도 있다면 훨씬 더 자기들의 감정을 나타내 보일 수 있을 듯한 모습을 보였습니다 ……. 우리는 물리과학에 대해서는 이곳에서 배울 것이라곤 거의 없다는 마음으로 파리를 떠나, 미국 회절격자의 우위를 알려 주기 위한 사자로서 위의 과학자들을 전송했습니다……."

영국에서도 마찬가지로 열광하는 청중을 향해 롤랜드는 다음과 같이 말했다. "나는 인치당 4만 3천 개의 선을 그었고, 인치당 10만 개의 선을 그을 수도 있습니다. 그러나 어느 쪽을 했던 간에 어느 누구도 내가 정말로 그만한 개수를 그었는지 어떤지를 판단할 방법이 없을 것입니다." 또 트로우브리지는 "이 젊은 미국인이 요세미티(Yosemite)나 나이아가라라든가 풀만(Fullman)의 특별 열차처럼, 영국에서는 찾아볼 수 없는 월등하게 뛰어난 사람으로 비쳐졌다 …… 는 말에 크게 웃었습니다."라고 기록하고 있다.

롤랜드의 회절격자는 인기가 있어서 존스홉킨스대학은 그것을 실비로 세계 각국에 공급했다. 피터 제만(P. Zeeman)은 이 회절격자를 사용하여 1897년에 한 가지 주목할 만한 일을 했다. 그는 나트륨의 스펙트럼선의 두 개의 D선이 자기장에서 확산하는 것을 관측했던 것이다. 그림 2-7은 롤랜드 자신의 실험실에서 사용중인 분광계를 보여주고 있다.

그림 2-7. 롤랜드가 회절격자 중의 하나를 사용하고 있는 장면. 이 사진은 1885년경 존스홉킨스대학의 그의 실험실에서 가스등으로 촬영하여 유리판의 네가로부터 인화한 것이다.

순수과학으로부터의 전신(轉身)

1890년, 롤랜드는 당시 마흔 두 살이었다. 결혼을 하여 생명보험을 위한 건강진단을 한 결과 당뇨병이라는 것을 알게 되었다. 당시 당뇨병은 불치의 병으로, 앞으로 10년밖에 더 살지 못할 것이라는 선고를 받았다.

결혼하기 전까지 롤랜드는 상업적으로 쓰일 수 있는 과학연구는 좀처럼 하지 않았다(단 한번, 1879년에 에디슨이 새로 발명한 백열전등의 효율을 시험한 적이 있었다). 그뿐만 아니라 그는 자신이 발명한 어느 실험실용 장치도 특허를 신청하지 않았다. 그러나 1890년대 초에 롤랜드의 아이들이 태어나자 이 상황은 변했다.

1896년까지 그는 상업용 전기장치에 관한 적어도 19건의 특허를 신청하거나 승인을 받았다. 그는 또 많은 시간을 복잡한 다중 전신 방식 연구에 바쳤다. 그러나 감도가 좋은 동조장치를 가진 전신은 상업용으로는 실용적이지 않다는 것이 판명되어, 회사는 롤랜드가 죽은 지 얼마 후 쓰러지고 말았다.

1892~93년 사이, 롤랜드의 대부분의 시간은 상업 컨설턴트의 프로젝트에 소비했다. 그는 카타랙트 건설회사의 주임 설계 컨설턴트로 고용되었으며, 그 회사는 나이아가라 폭포 발전소의 설계에 종사하고 있었다. 이와 같은 규모로 전력의 발전과 송전을 하는 일은 전에는 시도되지 않았던 일이었고, 롤랜드는 그 기간 거의 모든 시간을 이 계획에 쏟고 있었다. 하지만 그에 대한 고문료 1만 달러의 지불을 카타랙트사가 거부했기 때문에 그는 소송을 제기했다. 배심은 그에게 유리한 쪽으로 재정했지만, 그 동안 법정에 몸을 두는 것은 물리학자로서는 본의 아닌 시간의 허송이었다.

이 해는 필리프 레너드(Philipp Lenard)의 진공 속의 음극선에 관한 논문이 발표된 해이며, 이듬해에는 뢴트겐이 이제까지 알려지지 않았던 이상한 형태의 복사를 발표했다. 그러나 이 기간은 롤랜드에게 있어서는 실의의 시기로서 전기에 대한 두 편의 작은 논문을 발표했을 뿐이었다.

1899년이 되어서야 가까스로 그는 다시 전기와 자기의 본성의 연구에 몰두하게 되었다. 1875년 베를린에서의 대류 전류의 실험 이후, 이 실험이 수없이 반복 시도되었으나 그 결과는 일정하지 않았다. 사실 1876년에 롤랜드와 제자 한 사람이 다시 되풀이해 보았으나 베를린에서 얻었던 것보다도 좋지 못한 결과를 얻었다. 1970년에 필자는 두 개의 실험 데이터로부터 v의 단위비를 내어, 그림 2-8과 같이 두 벌의 데이터를 정리해 보았다. 1889년의 데이터 중에는 당시가 트롤리전차로부터의 거짓 효과와 전기적 잡음이 많았던 시대였으므로, 다른 기술 제품으로부터의 영향 등이 분명히 있었다.

이렇게 되풀이된 실험 중에서 가장 물의를 일으킨 것은 19세기말에 파리대학의 빅톨 크레뮤(Victor Crémieu)에 의해서 실시된 일련의 실험이었다. 이 실험에서는 어떠한 자기적 효과도 발견할 수 없었기 때문이다.

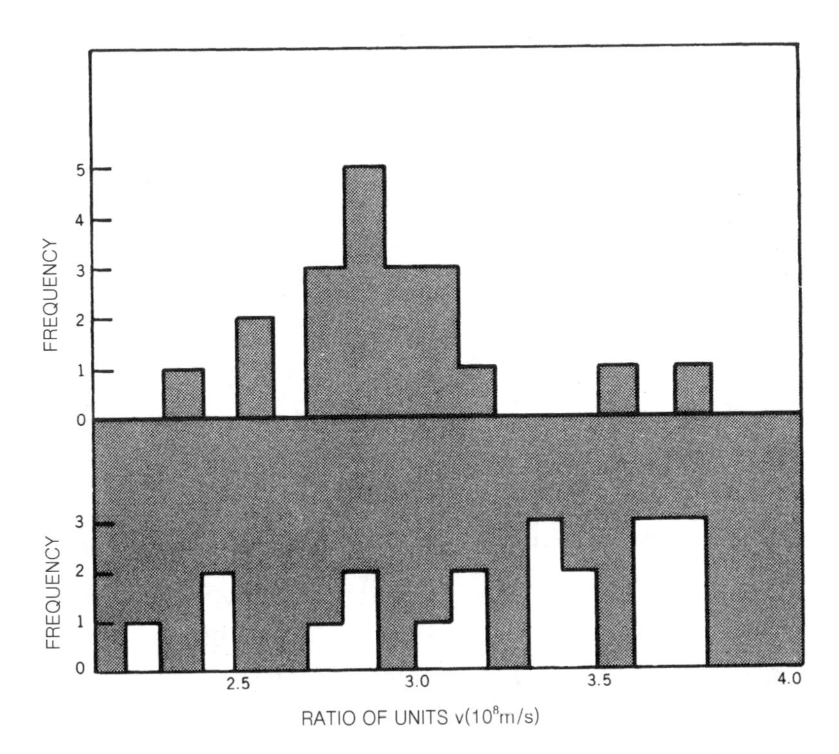

그림 2-8. 역사적인 데이터의 막대그래프. 위의 막대그래프는 v의 값(정전 단위에 대한 전자기 단위의 비)에 대해서 하전-휴대 전류의 측정 빈도를 나타낸 것으로, 1876년의 베를린에서의 롤랜드의 실험에서 인용했다. 아래의 막대그래프는 1889년에 볼티모어에서 롤랜드와 허친슨(Cary Hutchinson)에 의해 기록된 데이터인데, 전기적 잡음 탓으로 그리 만족할 만한 것은 아니었다.

그러나 롤랜드는 제만에 의해 발견된 나트륨의 D선이 분기(分岐)하는 현상은 휴대 전류의 지식으로써 설명할 수 있다고 생각했다. 분자 내의 진동하는 대전 '물체'가 에테르를 포착하는 일, 이것은 아마도(제만의 외부로부터 가한 자기력과 상호작용을 하여) 자기적 효과를 발생시키게 할 것이다. 마찬가지로 지구라는 회전 물체도 '지구의 자기를 발생시키기에 충분할 정도의 약한 힘'으로 에테르를 계속 붙잡고 있을 것이다. 이리하여 마지막 10년 간은 에테르와의 상호작용을 직접 측정하는 새로운 실험을 하기로 결정했다. 동시에 그는 하전-대류 전류의 새로운 실험에도 혼신을 다했다.

1900년의 크리스마스까지 80미터의 와이어를 원통에 감아, 공중에서 큰 속도로 회전시키는 일련의 에테르 실험에서 얻은 결과가 희망적인 것으로 보였기 때문에 롤랜드는 『아메리칸 저널 오브 사이언스』에 지면을 할애해 주도록 편지를 썼다. 그러나 정류자(整流子)의 리드선이 역방향으로 되었을 때에 검류계는 반대 방향으로 흔들리지 않았다. 그리고 그는 다시는 확실한 진동을 얻을 수 없었던 것이다. 그러나 새로 실시한 대류 전류의 일련의 실험에서 긍정적인 결과가 얻어져 1901년 4월 16일, 롤랜드가 죽기 직전에 그 결과가 그에게 보고되었다.

1870년대와 1880년대의 각 10년 간은 롤랜드에게 있어서 가장 수확이 많은 시대였지만 1890년대가 되자 사경에 처한 물리학자가 과학과 가족에 대한 책임 중 어느 것을 택할 것인지 방황하는 모습이 역력했다. 단 한번 그가 공개적으로 자신의 당뇨병 상태에 대해 언급한 적이 있었는데, 그것은 상당한 괴로움과 실의에 찬 것이었다.[10]

> "죽음이라는 것은 우리 자신의 탓이고, 우리 조상의 이기주의에 의한 것임에도 불구하고, 신의 탓으로 돌리는 모독을 행함으로써 진리를 발견하기 위한 최선의 방법으로 충분한 수의 의학연구소를 설립하려고는 하지 않는다. 그 결과로 초래되는 죽음은 살인이다. 그리하여 우리 세대는 과거에 범한 죄의 벌을 받고 있다. 우리가 죽는 것은 조상이 부(富)를 육·해군에 낭비하고, 또 사회의 어리석은 허식과 의례에 소비하여 자연법칙의 지식을 우리들에게 심어 주는 행위를 소홀히 했기 때문이다."

1921년이 되어서야 겨우 프레더릭 밴팅(Frederick G. Banting)과 존 매클라우드(John R. Macleod)가 인슐린을 발견하여 1923년도에 함께 노벨 의학상을 수상했다.

롤랜드에 관한 필자의 역사 연구는 1967년에 스미스소니언 연구소로부터 지원금을 받은 데에서부터 시작되었다. 사료 문서를 담당하는 F. C. 티스 씨(퇴직)는 롤랜드의 과학노트를 정리할 때 나를 도와주셨다. 이 노트는 1968년에 존스홉킨스대학에 정리가 안 된 채 소장되어 있던 것 중에서 찾아낸 것이다. 관심 있는 독자는 문헌 (1)의 Isis 기사에 있는 더욱 전문적인 관련 문서를 참고하기 바란다. 문헌 (7)의 헬름홀츠에게 보낸 롤랜드의 편지 사본에 대해서는 독일 과학아카데미의 사료문서부 부장 크리스타 키어스텐(Christa Kirsten) 씨의 후의에 감사드린다.

참고문헌

특별히 단서가 없는 한, 인용한 곳과 노트에 대한 기술 부분은 존스홉킨스대학의 롤랜드-길먼 수고(手稿) 수집소에 있는 자료를 참조했다.

(1) J. D. Miller, Isis **63**, 5 (1972) ; **66**, 230 (1975).

(2) *Science in Nineteenth Century America*, (N. Reingold, ed.), Hill and Wang, New York (1964).

(3) G. Holton, Isis **60**, 2 (1969).

(4) *Selected Papers of Great American Physicists*, (S. R. Weart, ed.), American Institute of Physics, New York (1976).

(5) *Faraday's Diary*, 1820-62 (T. Martin, ed.), G. Bell and Sons, London (1933), volume Ⅲ, p. 354.

(6) H. Rowland, Phil. Mag. **46**, 140 (1873).

(7) Rowland to Helmholtz, 13 Nov. 1875, in the Archives of the Deutsche Akademie der Wissenschaften, (East) Berlin.

(8) J. W. Gibbs, E. R. Wolcott, E. C. Pickering, and J. Trowbridge, list of [scientific] apparatus, Harvard College Library Bulletin, vol. 11, p. 302, 350 (1879).

(9) H. Rowland, "Screw", 문헌 (4), p. 85.

(10) H. Rowland, 미국물리학회의 회장 취임 연설 (1899년 10월 28일) 문헌 (4), p. 91.

Chapter 3

마이컬슨과 간섭계

광 에테르 검출의 실패라는 첫 실망의 결과는 천문학, 원자 스펙트럼, 계측 등의 폭넓은 분야로의 선구적인 응용으로 이어져 나갔다.

마이컬슨(Albert Abraham Michelson)은 노벨상을 수상한 최초의 미국인 과학자인데, 그의 경력은 물리학의 역사 전체에 있어서도 가장 흥미로운 것 중의 하나이다. 그의 최초의 연구는 기하광학(幾何光學)에 튼튼히 뿌리박은 푸코(J. B. L. Foucault)의 방법을 개량하여 광속도를 정확히 결정하는 것이었다. 그러나 그는 파동광학을 더욱 완전하게 소화하여 간섭계를 발명했다. 그 후에도 그는 줄곧 연구활동을 통해서 지금까지 그 예를 찾아볼 수 없는 형태로 독창성을 발휘하여 물리학의 발전에 기여했고, 자신이 발명한 것을 여러 가지로 응용하여 과학계를 계속 경탄케 했다.

간섭계는 광 에테르를 통과하는 지구의 운동을 측정한다는 특정 목적을 위해 생겨난 것이었다. 이 연구는 '마이컬슨-몰리의 실험(Michelson-Morley experiment)'으로 물리학생에게는 익숙한 것이다. 이 실험 하나만을 가지고도 역사에 의존하는 마이컬슨의 중요성을 충분히 보증하는 것이지만, 기대에 반한 부정적인 결과가 나왔기 때문에 당시에는 냉담한 반응밖에 얻지 못했다. 그리고 1907년에 노벨상을 수상한 것은 이 연구에 의해서가 아니라, 그의 발명품의 다른 분야에서의 응용, 특히 빛의 파장에 의해 국제 미터 기준의 길이를 결정한 실험 때문이었다. 그러나 그것뿐만 아니라 원자 스펙트럼 속의 미세 구조 및 초미세 구조의 발견, 천문학에 대한 최초의 간섭측정법의 응용 등, 폭넓은 선구적인 업적에 대해서 주어졌던 것이다.

아이디어의 탄생

마이컬슨의 뛰어난 발명품인 간섭계(이것은 현재 푸리에 분광기, 레이저 광선 간섭계, 링 레이저 자이로스코프에서 중요한 역할을 하고 있다)는 그의 그때까지의 광속도의 연구와는 거의 아무런 연관도 없이 갑작스럽게 만들어졌다.

그는 1852년, 프러시아령(현재의 폴란드) 포센(Posen)의 슈트레르노(Strzelno)에서 태어나 양친과 함께 캘리포니아와 네바다 부근의 도시들을 전전했다. 그 후 그는 일대 결심을 하여, 아나폴리스의 해군 사관학교로 길을 잡았다. 학교에서 그는 과학에 특출했으며, 광속도의 최초의 정확한 측정도 했다. 그의 훌륭한 발명을 촉발시킨 열쇠가 될 만한 것은 그가 아나폴리스에서 사용했던 교과서[(1)]나 논문, 편지류 등에서는 찾아낼 수가 없다. 아나폴리스에서 또 나중에 사이먼 뉴컴(Simon Newcomb)이 공동 연구를 위해 그를 워싱턴에 있는 해군 측후소로 초청했을 때도 마이컬슨의 광속도 측정에 전적으로 사용된 것은 광선(기하)광학 방법으로, 예리한 광선을 만들어 내기 위해 일광반사경(Heliostat), 거울, 렌즈가 사용되고 있었다. 이 시기에도 그에게 빛의 파동성이나 광학 간섭에 관심이 있었다는 낌새는 없었다.

그러나 1880년의 몇 주간, 즉 워싱턴에서 뉴컴과 광속도를 마지막으로 측정하고 나서(특별 연구 및 면학을 위해 해군에서 휴가를 얻어) 베를린의 헬름홀츠의 실험실에서 처음으로 실험을 하기까지, 그 사이 분명히 빛의 파동성의 기본 원리를 터득했고 또 간섭계를 발명했다. 이 장치는 광파(光波)끼리의 특유한 상호작용을 가장 효과적이고 훌륭한 형태로 응용한 것의 하나이다.

그러나 워싱턴에서는 간섭계의 발명과 밀접한 관계가 있는 두 가지 사건이 이미 일어났다. 첫째는 1879년 3월 10일자로 된 한 통의 편지였다. 그것은 맥스웰[2]이 항해역국(航海歷局)의 토드(David Peck Todd)에게 보낸 것으로, 그 내용은 광속도 측정에는 목성의 천문관측이 적합하므로 이것을 이용하여 훨씬 더 중요한 에테르 공간을 통과하는 지구의 운동을 밝힐 수 있지 않겠는가를 묻는 것이었다. 이 편지에 대해서는 뉴컴과 마이컬슨도 잘 알고 있었는데, 이 편지에서 맥스웰은 에테르를 통과하는 지구의 운동을 실험실에서 검출하기 위해서는 1억분의 1까지 정확하게 광속도를 측정해야 하는데, 그것은 이 지구상에서는 무리라고 주장하였다. 맥스웰의 이 말은 명백히 도전적인 것이라고 생각되었기에, 젊은 마이컬슨은 자신의 간섭계를 실험실 안에서 에테르의 흐름을 실험할 수 있도록 특별히 개발함으로써 그 도전에 맞섰다. 이 실험은 처음에는 독일에서, 후에는 클리블랜드(Cleveland)에서 몰리(Edward W. Morley)와 함께 최종적인 형태로 실시되었다.

맥스웰의 편지를 읽고 나서 마이컬슨의 관심이 광선광학에서 파동광학으로 옮겨진 것을 가리키는 또 하나의 열쇠는, 1880년 4월 24일에 워싱턴 철학회에 제출된 소논문으로부터 시사된다. 그것은 '극히 좁은 슬릿(Slit)을 통과함으로써 생기는 빛의 변이[3]'라는 제목이었다. 이 리포트는 좁은 슬릿에 의해 생기는, 이미 잘 알려져 있던 회절현상에 대한 간단하지만 정확한 해설이다. 그러나 이 테마는 마이컬슨에게는 색다른 것이었으며, 태양빛을 광원으로 사용하고 슬릿 폭을 좁혀 나갈 때의 빛의 색깔과 편광에 대하여 그의 날카로운 관찰이 보고되어 있다. 이 초기의 논문은 분명히 그의 중요 업적에는 들지 않지만 색깔과 편광, 발생한 회절무늬를 면밀히 기록하고 있는 사실로 그의 뛰어난 관찰력을 분명히 알 수 있다. 정밀광학에 대한 맥스웰의 도전에 대항하는 열쇠는 기본적으로, 그가 초기의 연구 때에 전적으로 사용했던 것과 같은 광선광학(光線光學)의 거시적인 방법이나 시간 측정에 의존하는 방법이 아니라 빛의 극단파장을 직접 이용한 측정방법을 반드시 발견해 내야 한다는 것을 그가 이미 잘 알고 있었다는 사실을 이 논문으로부터 분명히 알 수 있다.

1880년 가을, 마이컬슨은 베를린의 헬름홀츠의 실험실을 찾아왔다. 이 때 그는 설비가 충분히 갖추어진 활기찬 연구센터의 분위기를 처음으로 피부로 감지했다. 그도 그럴 것이, 그 실험실은 당시 물리학을 연구하는 데 있어 아마 유럽 정상급의 실험실이었기 때문이다. 거기서 그는 뜻밖에도 광학 실험용으로써 손에 넣을 수 있는 최상의 장치와 접촉하게 되었다. 그것은 헬름홀츠가 자신의 생리광학(生理光學)의 연구에서 이미 세계적으로 유명인이 되어 있었기 때문이다. 워싱턴에서의 좁은 슬릿 실험 현상에서 생겼던 많은 의문들 덕택에 헬름홀츠의 실험실에서 관찰한 많은 새로운 사실들을 적극적으로 받아들일 수 있었고 충분히 이해할 수 있었다. 베를린에 도착한 지 얼마 후 에테르 흐름의 실험에 요구되는 엄밀성을 만족시키는 광학적인 방법을 이것저것 생각하여 찾아낸 것이 그의 선천적인 창조적 재능을 눈뜨게 하여 마이컬슨 간섭계의 발명으로 이끌었던 것이다(그러나 아직 워싱턴에 있던 시기에 그는 이 장치의 기본을 이미 생각하고 있었던 것 같다. 워싱턴에서 뉴컴은 벨(Alexander G. Bell)에게 그를 소개했는데, 벨은 후에 뉴컴의 권유로 베를린의 슈미트(B. Schmidt)와 헨슈(Haensch)가 만든 최초의 간섭계를 손에 넣기 위해 필요한 자금을 제공했다).

후년에 와서 그는, 간섭계는 에테르의 흐름을 실험용으로 특별히 고안한 것이었다고 늘 말하였다. 한 과학자의 창조적인 사고 과정을 엄밀히 더듬어 가기란 도저히 불가능한 일이며, 그가 어떻게 하여 최종적으로 목표에 도달했는지를 결정적으로 입증하는 것도 무리이다. 또 당사자 역시 설명할 수가 없는 불연속적인 비약이 그 과정에는 들어 있다. 그러나 그럼에도 불구하고 맥스웰의 편지와 워싱턴에서의 폭이 좁은 슬릿 실험이 기본적으로는 마이컬슨의 재능을 자극하여 간섭계의 발명으로 이끌었던 것이다.

이 장치는 조화와 명백한 단순성의 모범적인 사례이다. 마이컬슨은

그림 3-1. 1927년 시카고대학 라이슨(Ryeson) 물리실험실에서 책상을 향해 앉아 있는 마이컬슨. 이것은 부치(H. P. Burch)가 촬영한 두 장의 사진 중 하나로 마이컬슨이 무척 마음에 들었다고 하는 사진이다 (마이컬슨 박물관의 후의(厚意)에 의함).

토머스 영(Thomas Young)의 시대부터 물리학자들이 사용해 온 코히렌트한 광선끼리 간섭을 발생시키는 폭이 좁은 슬릿을 사용하는 것을 그만두고, 그 대신 입사한 빛의 모든 파면(波面)의 절반은 반사하고 다른 절반은 투과하게끔 모든 면을 은으로 도금한 커다란 광학용 유리판을 사용했다. 이것으로 매우 강한 광도가 얻어져 이전의 광학기계로 바랄 수 없었던 광범위한 실험을 할 수 있게 되었다. 이 광학 '빔 스플리터'로 일단 두 가닥으로 갈라진 코히렌트한 각 광선을 거울이나 렌즈에 의해 여러 가지 경로(이를테면 흐르고 있는 물)로 통과시킬 수 있었다. 그리고 두 가닥의 광선의 파동이 더해지거나 빼져 아름다운 명암의 간섭무늬가 만들어지는 것이다. 마이컬슨은 나머지 생애 동안에 연달아 실험을 되풀이하여 이 간섭무늬를 연구했다. 그는 마지막 40년 간을 시카고대학에서 보냈다(그림 3-1은 이 시기의 날짜가 적혀 있는 마이컬슨의 사진).

에테르의 흐름

여기서는 마이컬슨의 간섭계로 실시되는 중요한 실험 중 두세 가지만 언급하기로 하겠다. 이미 기술한 바와 같이, 간섭계는 에테르를 통과하는 지구의 운동을 측정하기 위해 특별히 고안된 것이다. 에테르는 당시 빛의 전파를 위해 없어서는 안 되는 것이라고 일반적으로 믿어지던 매질이다. 이 실험은 최초 1881년에 포츠담에서 시도되어 실패로 끝났는데, 다음에는 마이컬슨이 케이스(Case) 응용과학학교의 최초의 물리학 교수가 되고 나서 1887년 클리블랜드(Cleveland)에서 몰리(Morley)와 함께 최종적인 형태로 이루어졌다(그림 3-2와 3-3 참조).

간섭계에서 생긴 두 가닥의 코히렌트한 광선 중의 한 가닥이 지구의 운동방향을 따라 왕복하는 경로를 통과한다. 그리고 또 한 가닥의 광선은 똑같은 거리를 직교하는 방향으로 통과한다. 되돌아온 두 가닥의 광선은 합성되어 백색광의 간섭무늬를 만든다. 그렇게 하면 중앙의 백색무늬를 기준으로 사용할 수 있다. 두 가닥의 광선의 위치가 교체되도록 장치를 회전시키면 간섭무늬의 상이 엇갈려 에테르를 통과하는 지구의

그림 3-2. 마이컬슨 · 몰리의 실험장치. 1887년에 클리블랜드에서 사용된 것으로 5평방 피트의 두터운 사암(砂岩)판 위에 광학 부품이 설치되어 있다. 이 사진은 1968년에 맥칼리스터(D. T. McAllister)에 의해 윌슨산 천문대에 있는 마이컬슨의 한 노트에서 발견되었다(마이컬슨 박물관과 헤일(Hale) 천문대의 후의에 의함).

운동이 나타나게 될 것이라고 마이컬슨은 계산으로 확신하고 있었다. 이 방법은 실제로 간섭계에 생긴 두 가닥의 경로를 가진 빛의 속도를 매우 정밀하게 비교한다. 에테르 이론에서는 지구의 운동으로 인하여 빛의 속도에 지구의 속도와 빛의 속도비의 평방에 비례하여 차이가 나올 것이라고 예상하였다. 장치는 맥스웰이 논했던 이 극히 미소한 효과가 충분히 나타날 만큼 민감한 것이었음에도 불구하고 식별할 수 있을 만한 간섭무늬의 엇갈림은 발견되지

그림 3-3. 1886~87년에 사용된 마이컬슨·몰리 간섭계의 광학판 '빔 스플리터'의 지지대. 현재는 케이스 웨스턴리서브대학에 보관되어 있다.

않았다. 과학계는 물론, 특히 마이컬슨은 이 결과에 크게 낙담했다. 이 결과는 당시에 받아들여지고 있던 이론과는 모순되는 것이었다. 이것은 피츠제럴드, 로렌츠(H. A. Lorentz), 라모어(J. Larmor), 푸앵카레(J. H. Poincaré) 들의 연구보다 훨씬 이전의 일이며, 결국 아인슈타인은 자신의 이론으로 마이컬슨-몰리의 결과를 설명하고 나아가 오늘날 우리의 시공개념의 기본을 마련했다.

마이컬슨이 오랜 세월에 걸쳐 자신의 실험결과를 결코 입밖에 내지 않았던 것은 이상한 일이다. 1888년, 클리블랜드에서 있었던 그의 미국과학진흥협회(AAAS) 부회장 취임 연설에서도 나오지 않았다. 케이스 응용과학학교의 학생들도 그의 물리수업 때에 그것에 관해서는 전혀 듣지 못했다. 또 1907년의 노벨상 강연에서도 언급이 없었다. 몇 해가 지난 뒤 시카고대학의 광학 수업에서 마이컬슨은 겨우 자기의 실험결과에 대해 언급하고 있다. 그러나 그것도 상대성 이론이 충분히 확립되고 난 후였다. 그렇지만 상대론에 대해 그것이 중요했기 때문에 언급한 것이 아니라, 사실은 프레넬(Augustin J. Fresnel)과 로렌츠의 에테르 이론과의 관계에서 언급된 것이었다.[4] 그러나 아인슈타인이 지적했듯이, 마이컬슨은 "물리학자들을 새로운 길로 인도했고, 그의 훌륭한 실험 연구를 통해 상대성 이론 발전의 길을 열었다. 당시 빛의 에테르 이론에 잠재해 있던 결함을 밝혔으며, 로렌츠와 피츠제럴드의 아이디어를 자극하여, 거기서부터 특수 상대성 이론이 발전했다. 이 이론이 이번에는 일반 상대성 이론으로, 다시 중력 이론으로의 길로 향했던 것이다."[5] 1948년 캘리포니아에 있는 마이컬슨 연구소의 개소식에서 밀리컨(Robert A. Millikan)이 강조한 바와 같이, 에테르 흐름의 검출 실험은 19세기에 행해진 위대한 두 가지 실험 중의 하나로 간주되어 왔던 것이다(또 하나는 패러데이와 헨리의 전자기유도의 발견).

미터의 측정

그런데 매우 이상하게도, 마이컬슨은 이 연구로 노벨상을(미국 사람으

그림 3-4. 마이컬슨과 몰리에 의해 개발된 초기 간섭계. 1892~93년 파리에서 마이컬슨에 의해 카드뮴 광선의 파장으로 미터의 기준을 측정하기 위해 사용된 것이다(마이컬슨 박물관과 클라크대학의 후의에 의함).

로서는 최초로) 받은 것은 아니었다. 상이 주어진 것은 오히려 정밀한 측정에 마이컬슨 간섭계를 사용한 사실(특히 광파에 의한 방법으로 파리에서 국제 기준으로서의 미터의 길이를 결정한 일)이 인정되어 수여된 것이었다. 본래 파리에서 채용되고 있던 미터는 어떤 종류의 금속 막대에 새겨진 두 가닥의 매우 가느다란 눈금 사이의 거리로서, 이 막대는 파괴되거나 파손되지 않게끔 조심스럽게 보호되고 있었다. 당연한 일이지만 길이의 기준은 재현 가능이 강력히 요구된다. 즉, 세계의 주요 연구소에서 복제할 수 있는 것이어야 한다.

이 문제의 해결은 몰리의 협력을 얻어 마이컬슨에 의해 클리블랜드에서 처음으로 실시되었다. 그들은 1887년에 미터를 기준화하는 데 있어서 그들의 광학방식이 적합하다는 것을 증명하기 위해 에테르의 실험을 갑자기 그만 두었다.[6] 이 목적을 위해 제작된 초기의 간섭계는 현재 클라크(Clark)대학에 보존되어 있다(그림 3-4에 보인 것이 그것이다). 마이컬슨은 파리에서 단독으로 측정을 완료했다. 이 이후 미터 기준막대의 존재 여부는 거의 문제가 되지 않았다. 마이컬슨의 덕택으로 새로운 제1 기준으로서 크립톤의 등적색(橙赤色) 스펙트럼선이 후에 개발되어[7] 현재는 빛의 파장이 길이의 공식 기준으로 되었다(레이저의 개발로 1983년부터는 광속도가 새로운 기준이 되었다).

두 가지 중요한 발견이 클리블랜드의 미터 기준의 실험 과정에서 마이컬슨과 몰리에 의해 이루어졌다.[8] 광파에 의해 미터를 측정하기 위해서는 그들이 특별히 만든 간섭계에 생기는 간섭무늬가 매우 폭이 좁은 스펙트럼선을 가진 빛에 의해 만들어지지 않으면 안 되는 것이 기본이었다. 그에 의해서 광로차(光路差)가 큰 두 가닥 광선에서의 간섭이 가능하게 된다. 그와 같은 조건에 맞는 광원을 찾는 과정에서 그들은 광로차를 크게 해나가면서 간섭무늬의 '가시도(visibility)'의 변화를 관측함으로써 여러 가지 스펙트럼선을 간섭계로 분석했다. 오늘날 이 방법은 푸리에 분광법에서 자주 사용되고 있는 방법의 바탕이 되고 있다.[9] 거의 모든 스펙트럼선이 복잡하다는 것을 알고 그들은 놀랐다. 이리하여 수소의 스펙트럼 속에 현재 '미세 구조'로서 알려진 것을 발견했고, 수은과 탈륨의 스펙트럼 속에서는 '초미세 구조'를 발견했던 것이다(그림 3-5 참조). 이 구조들의 중요성을 원자물리학과 핵물리학이 이해하기 몇해 전에 발견했던 것이다. 미세 구조의 상세한 설명은 상대성 이론에 의해 이루어지게 되는 셈이지만, 그 상대론은 마이컬슨이 실시한 다른 실험에 그 대부분을 힘입고 있었다는 점을 보충 지적해 두는 것도 뜻이 있을 것이다.

미세 구조와 초미세 구조의 발견은 양자역학과 핵물리학의 발전에 기본이 되었던 실험들 중에서 중요한 위치를 차지한다. 이러한 일들은 에텔론 분광기의 발명과 정밀한 푸리에 분광기용 조화분석기의 발명으로 이어졌고, 시카고대학에서 오랜 기간 계속된 회절격자의 각선기계연구로 이어졌다.

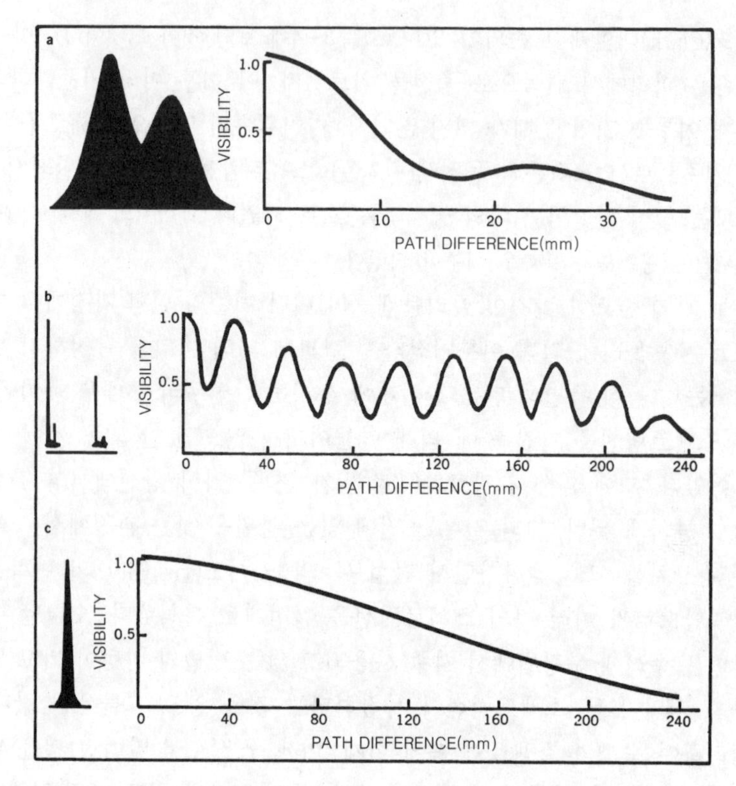

그림 3-5. 두 가닥의 간섭계 경로에서 광로차의 함수로 나타낸 간섭무늬의 '가시도 곡선'(오른쪽 곡선)과 스펙트럼선의 분석 구조(왼쪽의 피크). a : 수소의 H-α선의 미세 구조 2중항, b : 탈륨선의 초미세 구조, c : 미터 기준기용으로 사용된 카드뮴의 가느다란 적색 스펙트럼선(A. A. Michelson "Light Waves and Their Uses", University of Chicago Press, 1903에서).

지구의 자전

에테르에 관한 마이컬슨의 실험은 1881년부터 1929년까지 계속되었고 '에테르로 알려진 이 매질이 존재한다는 것을 실험적으로 증명하려고 그는 최후까지 바라고 있었다.'[(10)] 이 연구를 위해 그의 간섭계를 사용하려 했던 것 중 가장 흥미로운 예 중의 하나는 시카고 서부의, 현재는 클리아링 공업지역으로 되어 있는 일리노이 초원에서 1924~25년에 실시된 마이컬슨-게일(H. G. Gale)-피아슨(F. Piason)의 실험이다. 1904년 초 마이컬슨은 에테르를 통과하는 지구의 자전을 밝히려는 간섭계의 실험을 계획하고 있었다. 1921년부터 1923년 사이 그는 윌슨산 천문대에서 예비실험을 하고 있었다. 1919년에 에딩턴(Eddington's)이 일식을 관측하여 일반 상대성 이론의 예측대로 빛이 태양에 의해 휘어진다는 것을 발견한 후로 그와 관련된 온갖 실험에 다시 큰 관심이 기울어지게 되었기 때문이었다.

마이컬슨은 그 무렵 건강이 좋지 않았으나 게일, 피아슨, 오던넬(T. J. Odonnel) 등의 적극적인 협력으로, 지름 12인치의 광선용 관들로 이루어진 큰 장치가 수평면 위에 직사각형(300×600) 모양으로 설치되었다. 그림 3-6에는 사용된 커다란 직사각형 파이프의 일부가 보인다. 마이컬슨의 간섭계로부터 나온 두 가닥의 광선은 반사되어(각각 반대방향으로), 진공처리된 파이프의 회로를 빙글 돈다. 지구의 자전 덕분에 두 광선의 전파 시간은 같지 않게 되고, 따라서 갈라진 두 광선이 다시금 하나로 되었을 때 간섭무늬가 생기게 되는 것이다. 또 약간 작은 직사각형 모양의 관들 속에서 전파된 광선으로부터 생긴 또 하나의 무늬 모양을 비교를 위한 간섭무늬의 기준으로부터 얻을 수 있었다. 마이컬슨은 건강이 좋지 않았을 뿐만 아니라 이 실험에 얽힌 신문의 과격한 보도로 실험에 대한 정열이 식어 있었지만 어쨌든 실험은 성공리에 이루어졌다.

이 실험은 푸코가 제시한 흔들이의 광학판이라고도 할 수 있는 것으로, 마이컬슨이 빈정대는 소감을 피력했듯이, '단지 지구가 그 축 주위를 회전하고 있음을 가리킨 데 불과한' 것이었다. 결과는 결정적인 것이었다. 큰 쪽의 광학회로에서 0.25의 줄무늬의 엇갈림을 얻었던 것이다.[11]

하지만 이 결과는 특수·일반 상대성 이론 모두와 일치했을 뿐만 아니라, 프레넬의 이제까지의 정지 에테르 이론과도 합치했다. 즉, 본래 기대했던 결과를 얻지 못했다.

아인슈타인은 이 실험에 이용된 기술에 큰 관심을 가졌다. 아래의 편지에 이 실험과 상대론의 관계가 명백히 언급되어 있다.

그림 3-6. 1924~25년, 일리노이 주 클리아링에서 마이컬슨-게일-피아슨의 실험에서 사용된 진공 파이프 장치의 일부. 사진의 왼쪽에서 오른쪽으로 스테인(C. stein), 오던넬, 피아슨, 게일, 푸디(J. H. Purde)와 작업원(마이컬슨 박물관과 푸디 씨의 후의에 의함).

1953년 9월 17일

친애하는 상클랜드(Shankland) 박사에게

마이컬슨-게일의 실험은 상대론 문제와 관계되는 것입니다. 그러나 당신 자신도 언급했듯이 상대론이 정지 에테르를 바탕으로 하는 로렌츠의 이론과 다르다고 한 점에 있어서는 그렇지가 않습니다. 내가 마이컬슨의 실험에서 훌륭하다고 생각하고 있는 점은 간섭무늬의 위치를 광원 상의 위치와 비교한 천재적인 방법에 대해서입니다. 이리하여 지구의 자전 방향을 바꿀 수 없었던 어려움을 그가 극복한 것입니다.

알베르트 아인슈타인

그러나 현재의 링 레이저 자이로(Ring-lager gyro)에 이 방법의 응용은 인공위성과 미사일, 항공기의 항행에 필요한 회전 유도나 회전 계측으로서 중요한 기술이 되었다.

항성의 지름

마지막으로 천문학상 중요한 간섭계의 응용 사례 하나를 제시하겠다. 마이컬슨은 천체의 지름을 측정하기 위해 대망원경에 부착해서 사용하는 그림 3-7과 같은 장치를 연구했다. 맨 처음은 1891년에 릭크(Lick)천문대에서 목성의 여러 위성의 크기를 측정했다.[12] 그 후 1920년에는 윌슨산 천문대에서 마이컬슨과 피즈(F. G. Pease)는 사상 처음으로 항성(Betelgeuse)의 각지름(각도로 0.047초)을 측정했다.[13] 후자의 위업은 그의 생애를 바친 광파에 의한 정밀측정 중에서 가장 큰 승리의 하나였다. 그리고 그의 방법을 확장한 것은 전파천문학의 많은 연구의 기본 요소가 되고 있다. 미국 물리학회와 AAAS의 합동회의에서 항성 측정의 상세한 기술적 내용을 해설한 뒤 마이컬슨은 그의 자식들에게 '이 불가사의함을 항상 기억해 두어야 한다'고 역설했다.

이 해설을 마침에 있어서 다음의 사실을 재확인해 두고자 한다. 그것은 간섭계와는 별도로 마이컬슨이 줄곧 간직하고 있었던 과학상의 관심사는 광속도의 측정이었다는 사실이다. 이 측정은 아나폴리스에서 낡은 방파제를 따라가며 한 첫 측정부터 (1877~79년), 다음에는 워싱턴의 포토맥강 너머로, 또 클리블랜드의 철도 선로를 따라 (1882~84), 그리고 마지막으로 캘리포니아의 윌슨산과 산타아나(Santa Ana)에서 그가 사망하기까지(1931년) 거의 반세기에 걸쳐 줄곧 계속되었다.[14] 측정 결과의 정밀도는 해를 더할수록 꾸준히 높아졌다. 과학에 있어서 이 기본 상수가 항상 중요했었다는 사실을 생각하면, 그 측정에 몸을 아끼지 않았던 마이컬슨의 노고는 충분히 가치가 있다고 할 수 있다.

이 소론은 1973년 10월 21일 뉴욕시 공회당에서 있었던 뉴욕대학 영예전당회의(榮譽殿堂會議)에서의 강연을 개고한 것이다.

그림 3-7. 마이컬슨의 20피트 항성 간섭계로서 1920년에 윌슨산 천문대의 후커(Hooker) 100인치 망원경 위에 부착된 것. 이 장치는 페텔기우스의 각지름 측정에 사용되었다. 바깥쪽의 두 장의 (가동하는) 거울이 항성의 빛을 모으고, 안쪽 두 장의 거울로 그것을 접안렌즈 쪽으로 반사시킨다(Hale 천문대의 후의에 의함).

참고문헌

(1) A. Ganot, *Treatise on Physics*, (Atkinson's translation), New York (1873).

(2) J. C. Maxwell, Nature **21**, 314 (1880)에 리프린트되어 있다.

(3) A. A. Michelson, Smithsonian Misc. Collections **20**, 119 and 148 (1881).

(4) V. O. Knudsen의 강의 노트. 1917년에 시카고대학에서 행해진 마이컬슨의 강의를 기록한 것. 또 마이컬슨의 제자였던 Harvey Fletcher, Ralph D. Bennett, Richard L. Doan으로부터의 편지에 의거했다.

(5) A. Einstein, Science **73**, 379 (1931).

(6) A. A. Michelson, E. W. Morley, Amer. J. Sci. **34**, 427 (1887).

(7) Natl. Bur. of Std. Publ. 232, April 1961.

(8) A. A. Michelson, E. W. Morley, Amer. J. Sci. **38**, 181 (1889).

(9) J. N. Howard, G. A. Vanasse, A. T. Stair, D. J. Baker, Aspen Conference on Fourier Spectroscopy, 1970.

(10) T. J. O'Donnell (마이컬슨의 기계제작자)로부터 R. S. Shankland에게 보낸 1973년 7월 12일자의 편지.
(11) A. A. Michelson, H. G. Gale, F. Pearson, Astrophys. J. **61**, 137 (1925).
(12) A. A. Michelson, Publ. Astron. Soc. Pacific **3**, 274 (1891).
(13) A. A. Michelson, F. G. Pease, Astrophys. J. **53**, 249 (1921).
(14) Dorothy Michelson Livingston, *The Master of Light*, Scribners, New York (1973).

Chapter 4

헤르츠스프룽-러셀도(圖)로의 발자취

19세기 후반에, 항성의 진화라고 하는 당시 유행했던 사고방식을 사용하여 항성을 그 스펙트럼에 의해 분류하려고 시도했던 천문학자들은 온도 대 광도의 도표화를 생각해냄으로써 이 분야를 약진시켰다.

항성천문학을 배우는 학생이라면 누구나 헤르츠스프룽-러셀도(Hertz-sprung-Russell Diagram)로 나타내어지는 기본적인 관계와 부딪치게 된다. 이것은 항성에 대해서 실제로 논할 때 없어서는 안 되는 것이기 때문이다. 예를 들어, 항성은 어떻게 탄생하고 살아가며, 그리고 죽는가? 항성은 어떻게 우주 공간에 분포해 있는가? 우리의 태양은 그 분포해 있는 항성들 중의 어디에 위치하는가 등은 이 관계를 떠나서는 논할 수 없는 것이다.

그림 4-1은 대략 70년 전에 만들어진 것으로, 현재는 여러 가지 형식이 있다. 그러나 기본적으로는 항성 표면 온도에 대한 항성의 에너지 방출량을 도표화한 것이다. 점으로 표시된 항성들의 대부분은 뚜렷이 알 수 있는 대각선상의 띠에 위치하고, 그 위쪽을 따라 부차적인 집합이 따르고 있다. 비교적 약한 빛의 항성들은 밝은 항성들보다는 붉으스레하다(다만 그림 위쪽에 위치하고 있는 두드러진 항성의 집합은 제외)고 하는 관측결과는, 맨 처음 1905년에 아이너 헤르츠스프룽(Ejnar F. Hertzsprung)에 의해서, 그리고 1910년 헨리 노리스 러셀(Henry Norris Russell)에 의해서

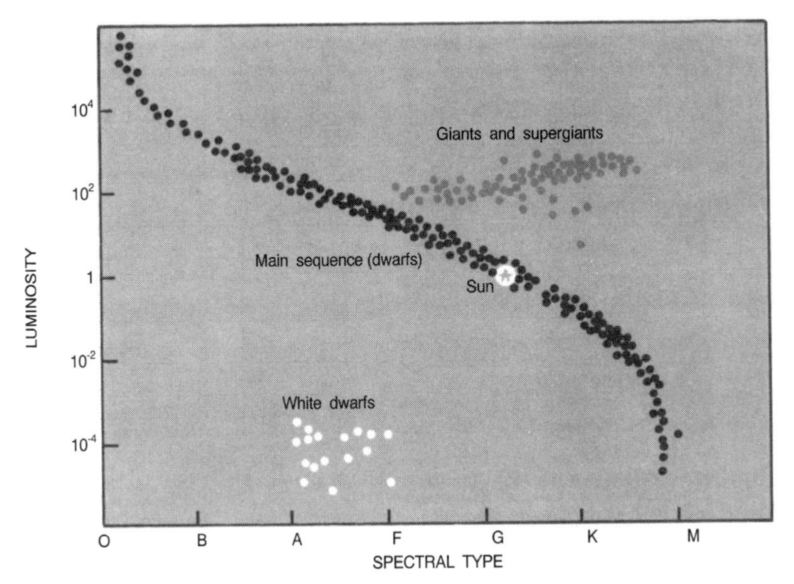

그림 4-1. 헤르츠스프룽-러셀도. 관측된 항성 스펙트럼의 계급을 하바드 분류체계에 따라서 항성의 광도 또는(태양을 1로 했을 때의) 전 에너지 방출량에 대해 도면화한 것. 항성의 표면 온도와 그 에너지 방출량 사이에는 분명히 일정한 관계가 있다. 그러나 그림으로부터 알 수 있듯이, 비교적 붉은 각 항성들은 그 스펙트럼 계급에 대해 적어도 두 개의 가능한 광도 중의 하나를 취할 수 있다. 이 특징을 알아채지 못했기 때문에 19세기의 천문학자들은 항성의 물리적 특성을 기술하는 몇 가지 파라미터 간의 경험적 관계를 찾아내려고 방황했다.

발견됐다. 천문학자들은 훨씬 전인 1890년대 초부터 이러한 관계를 발견했었더라도 이상하지 않을 정도로 이 사실에 접근해 있었다. 그렇다면 도대체 왜 그때 발견되지 않았을까? 또 어찌하여 좀더 일찍부터 이 관계를 이용하지 못했을까? 그 이유는 흡사한 스펙트럼 형태에도 불구하고 광도가 크게 다른, 즉 '거성'이라든가 '왜성'으로 오늘날 알려져 있는 항성들을 판별하는 데 불가결한 관측이 금세기에 이르기까지 이루어지지 못했기 때문이다. 다음에서 살펴보듯이, 19세기의 천문학자들은 같은 스펙트럼 형식의 항성들 중에서 거성이라든가 왜성의 존재를 식별하지 못했으며 그 때문에 매우 혼란상태에 있었다.

그러나 이 도표를 완성하기 위해 천문학자들에게 필요했던 것은 단지 충분한 데이터라고 말하는 것은 문제를 너무 단순화하는 것이다. 사실 헤르츠스프룽과 러셀도, 이 관계 자체를 찾고 있었던 것은 아니다. 두 사람은 각각 다른 방향에서 이 관계를 파고들게 되었으며, 가졌던 흥미도 다른 것이었다. 하지만, 그럼에도 불구하고 두 사람은 꼭 같은 기초 데이터(항성의 밝기와 스펙트럼)를 필요로 하고 있었으므로 결국 두 사람은 하나의 중요한 정보원, 즉 하버드대학 천문대와 E. C. 피커링(E. C. Pickering) 성표에 착안하게 되었던 것이다.[1]

항성 스펙트럼의 의미

헤르츠스프룽-러셀도의 기원에는 하나의 공통 테마가 흐르고 있었다. 그것은 항성 간에 볼 수 있는 스펙트럼 차이의 의미를 이해하는 일이었다. 1860년대부터, 즉 구스타브 키르히호프(Gustav Kirhhoff)의 시대부터 천문학자들은 스펙트럼의 분류에 매달렸는데, 그 중에는 안젤로 섹키(Angelo Secchi), 헤르만 칼 보겔(Hermann Carl Vogel), 노만 록키어(J. Norman Lockyer), 윌리엄 허긴스(William Huggins) 등이 있었다. 그들은 모두 기본적으로 같은 관측결과를 얻었다. 그들에 의하면, 조사된 모든 항성들로부터는 극히 소수의 기본적인 규칙밖에 발견되지 않았다는 것이다(비록 변종은 존재했지만). 당시의 천문학자들은 오늘날과 마찬가지로 변종, 즉 스펙트럼이 변화하는 항성이나 휘선(輝線) 스펙트럼을 가진 항성들에 관심을 기울이고 있었다. 그러나 대체적으로는 약간의 정상 그룹 간의 스펙트럼의 차이가 무엇을 의미하는 것인지가 주된 의문이었다. 19세기 후반을 통해서, 항성들의 조성(組成)의 차이가 그 원인이 아닐까 하는 것이 줄곧 논란의 테마였지만, 당시에 유포되고 있던 자연의 균일주의(均一主義) 철학과 항성들은 기본적으로 몇 개 안 되는 그룹으로 나뉘어진다는 사실이 다른 설명을 지지하는 유력한 논의였다. 1860년대와 70년대의 섹키, 그 이후로는 록키어가 스펙트럼형의 차이의 첫째 요인이 온도라는 것을 입증하려고 노력했다. 그러나 고작 항성의 색깔과 스펙트럼과의 단순한 상관관계 정도가 스펙트럼 중에서 볼 수 있는 차이의 기초를 이루는 것이었다.

그러나 이 소박한 관점에도 하나의 문제가 있었다. 그 문제란, 경험을 중요시했던 당시의 흐름에 대해 이 문제 자체는 경험적인 것으로부터 동떨어져 있었다는 점이다.

19세기 후반의 대다수 천문학자들은 항성이 스스로의 유한한 에너지를 방출하기 때문에 점차 쇠퇴의 과정을 걷는다는 생각을 갖고 항성 스펙트럼 문제에 접근했다. 이 과정은 항성의 '진화'로써 알려지게 되었는데, 이 진화라는 단어는 다윈(C. R. Darwin)의 진화론으로부터 힌트를 얻은 것으로, 이 말의 사용은 가끔 오해를 받기 쉽다. 또 천문학자들은 모든 에너지원(화학적, 전기적 또는 운석적인 것)만으로는 불충분하고 불가능하다고 결론짓고 있었으므로, 끊임없이 중력 수축을 일으키면서 백열 천체가 냉각되어 가는 과정(이로 인해서 역학적 에너지가 열로 변한다)만이 가능하다고 생각했었다.

이 냉각 과정은 항성 간에서 볼 수 있는 스펙트럼의 차이에 의해 직접 시각적으로 관찰될 수 있다고 생각하였다. 따라서 천문학자들이 그 스펙트럼으로부터 항성들을 조사하려 했을 때, 그리고 항성들을 분류하는 데에 적합한 체계를 찾기 시작했을 때 모든 체계는 청색 항성에서부터 착수하였다. 그 이유는 청색 항성은 분명히 가장 뜨거운 항성이고 가장 간단한 스펙트럼을 갖고 있었기 때문이다. 이러한 항성들은 또 우주의 가스상 성운과 밀접한 관련이 있었으며, 성운과 매우 흡사한 스펙트럼(성운 휘선 스펙트럼의 각 부분에서 볼 수 있는 것과 같은 배치와 순서로 나타나는 암선 스펙트럼)을 갖고 있었다. 성운의 형태로부터 청색 항성의 수축은 황색 항성(태양형)이 될 때까지 계속되는 것으로 생각하고 있었다. 그리고 일반적인 냉각과정을 거치면 최종적으로는 적색 항성이 되어 소멸한다. 이 청색에서 적색으로의 순서는 약간의 예외가 있지만 주된 분류법으로 채택되었다. 그 예외는 이 소론의 후미에서 보기로 하자.

스펙트럼이 점차 동정(同定)되어감에 따라, 또 특히 망원경의 구경이 비교적 커져 부속 분광기의 분산능력이 향상되자, 개개 스펙트럼 속에 많은 특색이 확실히 나타나기 시작했다. 이들 중에서 가장 중요한 것의 하나는 섹키가 초기 단계에서 발견한, 적색 항성 속에서 볼 수 있는 스펙트럼의 두 가지 다른 형식이었다. 이들 두 적색 항성의 부류에서는 같은 위치에 나타나는 띠 구조가 다른 구조를 가리키고 있었다. 섹키는 이 차이가 이것들을 다른 부류로 분류하는 충분한 근거가 될 수 있다고 생각하여, 그의 분류 체계에 이것을 제 4 부류로 첨가했다. 이리하여 그의 제 1 부류는 청색 항성, 제 2 부류는 태양형의 황색 항성, 그리고 제 3 부류와 제 4 부류가 적색 항성으로 되었다.

그러나 보겔은 그와 같은 분류를 너무 크다고 생각하였다. 그의 분류 체계(1874년부터 1895년까지에 발전시킨 것)에서는 섹키가 정의한 것과 아주 흡사하게, 세 가지 주요한 부류만을 남겨 놓고, 각 부류 아래에 스펙트럼의 2차적인 차이일 뿐이라고 생각했던 것들을 세분했다. 보겔의 분류체계는 항성 진화설에 직접 의거한 것으로서, 그는 적색 항성들의 두 부류는 스펙트럼 조성의 약간의 변종으로써 설명할 수 있다고 생각했었다. 그러나 록키어는 섹키의 본래의 분류 방법을 지지하고 있었다. 그는 섹키의 붉은 제 1 부류, 즉 Ⅲ형이 휘선을 나타내고, 그러므로 진화 단계에서는 청색 항성보다는 성운에 가깝다고 생각했다. 섹키의 Ⅳ형 항성은 록키어와 같은 소수 견해에서는 성운으로부터 가장 먼 단계에 있으며, 그 때문에 종래의 진화론에서 적색 항성에 자리잡게 되었다.

록키어는 당시에 유행했던 항성의 진화개념을 추종하지 않았던 몇 안 되는 사람 중 하나였기 때문에 섹키의 분류를 선호했다. 록키어는 항성이 두번에 거쳐 온도변화를 겪는다고 생각했다. 첫 번째 과정은 찬 성운의 상태에서 청색항성으로 가는 온도상승의 과정이고, 두 번째 과정은 최고 온도에 도달한 후에 보통의 색깔과 스펙트럼의 변화를 보이면서 차츰 냉각되어 결국은 소멸해가는 냉각과정이다.

록키어의 생각은 당시의 일반적인 천문학자들의 진화에 대한 생각과 많은 부분이 비슷했지만 19세기 후반 이래는 전혀 고려되지 않았다. 그 이유는 성운은 유성군이 충돌한 것이라 여기고 상승하는 온도부분에 위

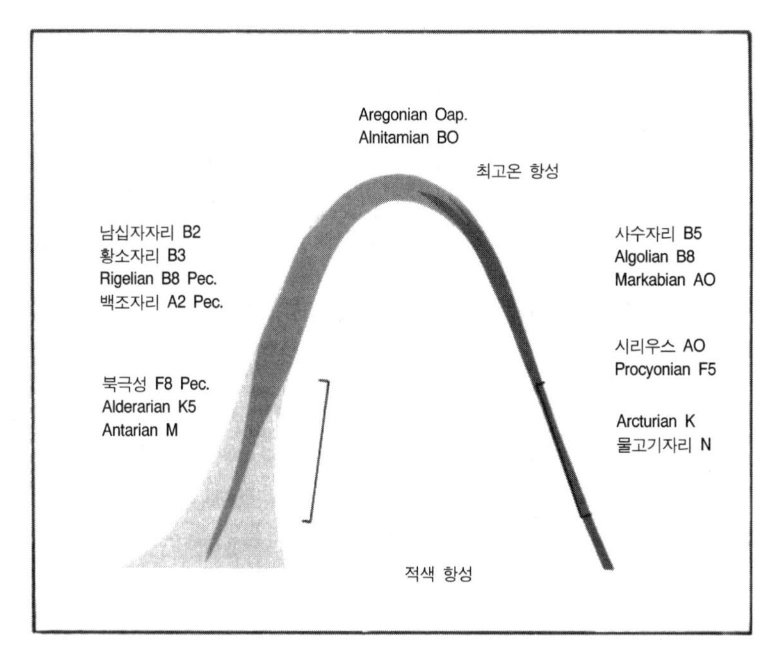

그림 4-2. 록키어의 '온도 아치'. 1880년대 종반에 처음 발표된 것. 록키어의 정밀한 분류 체계를 대체적인 모형으로 나타내고 있다.]으로 표시되어 있는 아치 안쪽 부분은 러셀과 힌크스(Hinks)가 엄청난 수의 항성의 시차(와 광도)를 조사한 영역인데, 록키어 이후의 리스트에도 포함되어 있다. 이들 항성은 분명히 비슷한 온도를 나타내고 있기는 하나 그밖의 특성은 분명히 다를 것이다.

치하는 모든 항성은 유성군이 응축된 것이라 여기는 자기의 이론과 자기의 아치형 온도분포를 결부시키려 했기 때문이다(2).

항성 진화에 대한 록키어의 모델은 워싱턴 D. C의 레인(J. Homer Lane)과 포츠담(Potsdam)의 리터(August Ritter)들의 이론적인 연구에 의해서 예측되었다. 그들은 1870년과 1883년 사이에 대류 평형에서 수축하는 가스상 천체의 거동을 논했다. 두 사람이 독립적으로 발견한 것은 다음과 같은 것이었다. 완전 기체상태로부터 시작되는 천체는 처음에는 수축에 의해 뜨거워진다. 그리고 이들의 천체 내부의 밀도가 완전 기체법칙으로부터 벗어날 만한 정도에 도달했을 때에만 냉각과정이 시작된다.[3] 이 연구는 1890년대에 천문학자들에게 널리 알려지기 시작하며 굉장한 충격을 몰고 왔다. 이 연구를 관측되는 스펙트럼 계열과 절충시키고자 했던 허긴스에게는 특히 더했다.

이론상의 논의를 관측과 절충시키려 할 때 제기되는 여러 가지 어려움을 논외로 치더라도 해야 할 관측이 무척 많았다. 몇몇 적색 항성 중에서 휘선이 있다는 록키어의 확신은 항성의 가시 스펙트럼을 설명하는데 있어서 커다란 장애의 조짐이 되었다. 1880년대에는 사진 기술의 향상으로 상황이 호전되기 시작했다고는 하지만 사진 감광유제(感光乳劑)의 감도가 매우 한정되어 있었고, 재현성도 나빴기 때문에 새로운 기술을 쓰더라도 하룻밤 정도는 노출시켜야만 했다. 일반적으로 사용되고 있던 분류 방법의 대부분이 우연에 좌우되며, 별의 선택 방법에 의한 영향이 크게 나타난다는 사실도 명명백백했다. 기술과 완전성에 관계되는 이러한 치명적인 한계를 감수하지 않으면 안 되었던 것은 천문학상의 다른 기초 데이터가 처해 있는 상황과 비슷한 것이었다. 예를 들면, 항성의 밝기를 결정하기 위한 체계는 기준화하기가 쉽지 않았고, 신뢰할 수 있는 삼각 시차로 거리를 결정할 수 있었던 항성들은 매우 적었다.

당시 아직 젊은 MIT(매사추세츠공과대학)의 물리학자였던 피커링(E. C. Pickering)이 1877년에 하버드대학 천문대의 신임 대장 자리를 맡았을 무렵 항성 천문학은 이와 같은 상황에 있었다. 1880년대에 피커링은 상황을 개선하기 위해 헨리 드레이퍼(Henry Draper) 가(家)와 그 외로부터 충분한 원조를 받아 두 가지 커다란 연구를 시작했다. 그는 케임브리지와 페루의 아레키파(Arequipa)에서 보이는 항성의 관측용으로 대물 프리즘의 스펙트럼 관측장치를 만들어 항성의 겉보기의 밝기(등급)를 결정하는 정확하고 일관성 있는 방법을 개발했다.

대물 프리즘(망원경의 대물렌즈 전면에 부착하는 얇은 프리즘)을 사용하는 것이 새로운 시도는 아니었다. 조셉 프라운호퍼(Joseph Fraunhofer)와 섹키의 두 사람도 스펙트럼을 얻는 효과적인 방법으로써 이미 사용하고 있었다. 그러나 피커링의 경우, 대물 프리즘을 광시야 천체사진의(廣視

野 天體寫眞儀)에 부착함으로써 한 번의 노출로 수백 개에 이르는 별의 스펙트럼을 손에 넣을 수 있었다. 이 방법으로 하버드대학 천문대의 옥내(망원경이 설치되어 있는 좁고 쌀쌀한 격리된 돔에 비하면 비교적 좋은 환경이었다)에서 직접 눈으로 음미함으로써 감광시킨 사진 건판으로부터 수천에 이르는 스펙트럼형을 얻게 되었다.

피커링의 연구는 플레밍(Wilhaminia P. Fleming)을 필두로 하는 여성들의 열성적이고 지칠 줄 모르는 도움으로 가능했다. 1890년까지 피커링과 플레밍부인은 최초의 『항성 스펙트럼의 헨리-드레이퍼 성표』를 출판했는데, 거기에는 1만 개 정도의 항성이 들어 있었다.

피커링은 수소의 스펙트럼선의 가시부를 기초로 해 알파벳에 의한 간단한 분류법을 고안했다. A형에서는 수소의 스펙트럼이 가장 강하게 나타난다. 분류형은 O, P, Q까지 있게 된다. 이것은 보다 나은 스펙트럼으로 개량되어 갔다. 1898년까지 피커링과 새로운 조수인(플레밍 밑에서 일했던) 캐넌(Annie J. Cannon) 등은 순서를 O, B, A, F, G, K, M으로 바꿔 놓아야 한다고 생각했다. 그 이유는 본래 O형과 B형 항성들은 유사한 헬륨 스펙트럼을 갖고 있고, 양쪽 모두 우주 공간에서 성운과 밀접하게 관련되어 있기 때문이었다. 순서를 역으로 하는 것은(1901년에 발표되었다) 분류법 중에서 매우 중요한 의미를 갖는다. 그 까닭은, 하버드대학에서 분류에 대해 연구하던 사람들에게 진화 개념의 중요성을 증명했기 때문이다. 따라서 하버드 분류법이 그 이후부터 상당히 정확한 온도분류법으로 여겨지게 된 것은 정확히 말해서 우연이라고 밖에 말할 수 없다. 하지만 이 분류법은 오늘에 이르기까지 줄곧 기준이 되고 있다.

그러나 피커링 팀이 분류해 온 수만 개의 항성 하나하나의 평균적인 내용은 아무리 보아도 엉성한 것일 수밖에 없다는 것은 그도 이미 알고 있었다. 항성 스펙트럼은 한 개의 대물 프리즘으로 분석하기에는 너무도 복잡한 것이었다. 따라서 정확한 항성 스펙트럼을 얻기 위해서는 허긴스나 보겔 등의 선구자들이 제창한 노선을 따라 면밀한 관측을 해야만 했다. 그러므로 피커링은 더 높은 분산 능력으로 소수의 밝은 항성만을 조사하려는 한 연구를 계획했다. 헨리 드레이퍼(Henry Draper)의 조카딸로 당시 천문학과 물리학을 익힌 소수의 여성 중의 한 사람인 안토니아 마우리(Antonia Maury)가 그 소임을 맡았다. 그녀는 1890년대 말에는 적기는 하지만 매우 양질의 항성 스펙트럼 샘플을 얻었고 그로부터 아주 세련된 분류 체계를 고안했던 것이다.

1897년에 마우리는 자신의 새로운 분류 체계를 제안했다. 이 분류 체계에는 22개의 숫자 그룹을 포함했으며, 스펙트럼선의 상대 강도와 선폭으로 이들 그룹 간의 많은 차이를 분류했다. 요컨대 그녀는 두 개의 중요한 세부 항목을 발견했던 것이다. 즉, 정상 스펙트럼(수소선의 구역폭)을 갖는 항성을 a와 b라 부르고, 특히 날카로운 수소선을 가지며 약간 높직한 금속선을 지닌 항성을 c와 ac로 명명했다. 그녀는 후에 이 두 개의 세부 항목을 그 성질상 'c'와 '비(非) c'로 분류했다. 마우리는 자신이 분류한 몇몇 숫자 그룹에 세부 항목이 존재하는 것은 '진화에 병행한 과정'이 존재한다는 것을 시사하는 것이라고 언급했다. 그러나 당시 그녀의 흥미있는 이 주장은 관심을 끌지 못했다. 실제로 헤르츠스프룽이 그녀가 발견한 두개의 세부 항목이 항성 자체의 물리적 특성에만 관련되는 어떤 것임을 밝히려는 연구를 시작하기 전까지 그녀의 연구는 무시되었다. 그러나 헤르츠스프룽의 연구는 1890년 이래 천문학 분야에서 관심이 높아진 스펙트럼의 공간 분포의 통계적 조사를 빼놓고는 제대로 평가될 수 없다.

스펙트럼의 공간 분포

섹키 그리고 몇몇 다른 사람들은 섹키의 제1 부류의 항성들이 다른 부류의 항성들보다 은하수면을 향해 응집해간다는 것을 오래전부터 알고 있었다. 1890년까지 이 응집은 휘선을 가진 항성에도 있다는 것이 알려져 있었지만 중요한 통계적 연구는 '헨리-드레이퍼 성도'가 나오면서부터 시작됐다. 통계적 연구에는 두 개의 주제가 있었다. 그것은 항성계의 구조 분석과 항성 자체의 성질의 규명이다. 어느 것이 가장 밝은 항성이고, 어느 것이 가장 어두운가? 어느 것이 가장 큰 반경을 가졌으며, 어느 것이 가장 작은가? 의심할 것도 없이, 다른 스펙트럼 부류에 있는 항성들의 평균 거리와 그 평균한 상대적인 겉보기의 밝기를 비교하고 분석하는 일로부터 그 항성들의 상대적인 실제의 밝기와 크기에 관한 통계적인 정보를 얻게 된다(다만 색깔이나 스펙트럼형의 함수가 되는 상대적 방사력(emittance)에 의해서 생기는 차이를 무시하는 경우). 상대적인 크기라고 하는 것은 상대적 연령을 의미한다는 것을 잊어서는 안 된다. 그 이유는, 생각할 수 있는 유일한 진화 방향은 그것이 어떤 진화설에 바탕하고 있든 간에 수축으로 향하기 때문이다. 그러므로 19세기에서 20세기로의 전환점에 있는 천문학자들에게 있어서 통계에 의한 연구 방법은 다른 스펙트럼형의 진화 단계에 대한 정보를 가져다 주는 것이었다.

최초의 항성분포의 연구는 역시 가장 간단한 것으로서 천구상의 위치와 스펙트럼형을 연관시키는 것이었다. 그러나 그 후의 연구에서는 시운동(視運動)도 역시 고려해 통계적으로 조사함으로써 평균 거리도 얻어졌다.

몽크(W. H. S. Monck)는 아일랜드 출신으로 잘 알려지지 않은 사람이지만 전설적인 캅테인(J. C. Kapteyn)과 나란히 평균 거리(따라서 평균적인 고유한 밝기)를 결정하기 위해 고유 운동을 스펙트럼과 연관시키는 방법으로 항성을 조사한 최초의 사람들 중의 하나였다. 1892년 몽크는 데이터를 비교하는 작업에 착수하려고 자리에 앉았을 때 스펙트럼형이(파랑에서 빨강으로) 진행함에 따라 고유 운동도 커지는 것을 발견했다. 다만 가장 붉은 별들의 그룹이 가장 큰 운동을 하는 것이 아니라 황색별들이 가장 큰 운동을 한다는 예외가 있었다. 그래서 몽크는, 황색 항성은 하나의 분류로서 태양에 가장 가까운 것임에 틀림없다고 결론지었다. 그래서 그는 태양은 태양형 황색 항성들의 작은 모임 안에 있을 것이라고 가정하게 되었다. 그러나 태양형 항성들의 거리와 평균 겉보기 밝기를 다른 스펙트럼 계열의 항성들과 비교해 본 결과 태양형 항성의 광도가 근본적으로 최소가 된다고 하는 사실에는 변함이 없었다. 이것은 태양보다 밝고 큰 적색 항성이 존재한다는 것을 의미했다. 1893년까지 몽크뿐만 아니라 캅테인도 역시 이와 같은 결론에 도달해 있었다. 이리하여 태양형 G항성 앞에 K형과 M형의 적색 항성을 배치함으로써 몽크는 그때까지 받아들여졌던 진화의 과정을 변경시켰던 것이다. 이것에 의해 그때까지 수용되고 있던 항성의 온도 이력은 실제상 쓸모없게 되어 버렸지만 그는 분명히 수축이라는 주장에는 따르고 있었던 것이다.

이듬해, 몽크의 친구인 고어(J. E. Gore)는 『우주의 여러 세계』라는 책 속에서 큰 크기의 붉은 항성들이 존재한다는 것을 제시했다. 색깔은 고려하지 않고 고유 운동과 밝기를 사용하여 이들 '거대한 별'(R. A. Proctor가 처음으로 사용한 말에서 인용하여)이라고 불린 항성인 아크투루스(Arcturus)의 경우처럼, 태양 지름의 약 8배, 또는 금성의 궤도 정도의 크기라는 것을 고어는 발견했다. 만약 고어의 계산이 맞다면 태양보다도 훨씬 큰 적색 항성이 있다는 것이 되는데, 그렇다면 태양형 항성이 냉각하여 수축함으로써 어떻게 이렇게 큰 적색 항성이 될 수 있을까? 이들 밝은 적색 항성은 적어도 황색이나 청색 항성 뒤에 이어질 수는 없을 것이고, 필연적으로 그 탄생에서부터 죽음에 이르는 별의 진화과정에서 매우 젊은 별이 아니면 안 된다. 고어는 자기의 발견이 록키어나 레인과 리터에 의해 지지받을 수 있었음에도 그들의 이론에 대해서는 언급하지 않았다. 나름의 연구에서 몽크는 거성의 가능성을 간단히 다루고 있지만 기초 데이터가 부족하다고 판단해 중요 문제로 취급하지는 않았다.

그 무렵에는 충분한 수의 스펙트럼이 수집되었지만, 측정 방법에 따라 항성의 거리와 광도가 다르게 얻어졌고 그리고 통계분석에 쓰일 수 있는 직접적인 삼각시차 방법의 수는 너무나도 적었다.

따라서 몽크는 헤르츠스프룽이 2, 3년 후(즉, 적색 항성이 비교적 큰 평균 밝기를 지니고 있는 것은 거성을 적색 항성 속에 포함시키고 있었기 때문이란 사실을 비로소 알았을 때)에 취했던 것과 같은 단계를 밟을 수가 없었다. 오늘날에 이르러서는 몽크와 캅테인의 샘플들은 적색 거성이라고 하는 매우 잘 보이는 별에 영향을 받고 있었다는 사실이 분명히 밝혀졌다. 적색 거성들은 우주공간에서는 극히 드물게 분포하지만 스펙트럼 사진으로 쉽사리 촬영될 수 있을 만큼 밝은 유일한 항성들이었다.

통계천문학에서 논의되었던 문제들을 해결하지 못한 채 1900년을 맞이했다. 스펙트럼의 여러 가지 분류 방법과 그 해석에 잇따라 제기되는 문제들이 많은 사람들을 괴롭혔다. 또 스펙트럼의 물리적인 의미에 대해서 일반적으로 견해의 일치를 보지 못했던 상황이 혼란을 더욱 부채질했다. 정상 스펙트럼 계열은 조성 원소에 따라 약간 다른 것도 있지만 항성들의 온도 이력을 나타내는 것이라고 줄곧 믿어져 왔었다. 그런데 1890년대 말경에 이르러서는 밀도라든가 대기압 같은 다른 물리변수도 주요인으로 반드시 고려해야만 했다. 항성 대기에 의해서 광역에 걸쳐 차폐되는(대기 밀도에 의존하는) 것이 제1요인이라고 생각한 사람들이 있었다. 그 중에는 유명한 윌리엄 허긴스가 있었다. 그는 1900년, 광범위하게 걸친 항성 대기에 의한 선택 흡수효과가 아마 청색 항성을 붉게 보이게 하는 원인이 될 만큼 충분히 큰 것이 아니겠는가 하고 제안했다. 적색 항성은 일생 중에서 가장 진화한 별로서, 밀도가 가장 크다고 그는 보고 있었다. 레인의 법칙에 따르면, 적색 항성은 또 가장 뜨거운 별일 것이라고 허긴스는 생각하고 있었다. 어떤 이유에서인지 항성들은 일생 동안 완전한 기체 상태인 채로 있다고 생각했던 것 같다. 이리하여 그는 적색 항성들은 실제 가장 뜨거운 항성들이지만 선택 흡수를 하는 대기 덕분으로 가장 차가운 항성들로 관측된다는 것을 설명하기 위해 차폐효과를 도입했던 것이다. 허긴스의 이 아이디어는 스펙트럼을 해석하는 데 있어 큰 혼란을 일으켰다. 요제프 슈테판(Josef Stefan), 빌헬름 빈(Wilhelm Wien), 막스 플랑크(Max Planck)들의 복사법칙을 항성에 적용하기가 훨씬 곤란한 상태로 된 것이었다.

아이너 헤르츠스프룽

다행스럽게도 이 상황으로 인해 덴마크의 젊은 광화학자(光化學者)인 아이너 헤르츠스프룽의 연구가 중단되는 일은 없었다. 1906년에 그는 첫무렵에 홍미를 가졌던 천문학상의 한 문제로서 아크투루스의 크기가 화성의 궤도 크기가 된다는 사실을 밝히기 위해 복사법칙을 적용했다. 그와 동시에 몽크와 캅테인의 통계적 연구들도 재고했다. 이렇게 착수한 연구로부터 최초의 '헤르츠스프룽-러셀'도가 만들어지게 된 것이다.

그러나 몽크와 캅테인은 발견했으면서도 개발할 수 없었던 것을 헤르츠스프룽은 어떻게 재발견할 수 있었을까? 최초로 통계적 연구를 시작했던 1905년에 헤르츠스프룽은 마우리의 분류체계를 접한 후 항성들 간의 스펙트럼을 결정하는 것이 무엇일까 하는 강한 의문이 생겼다고 기술하고 있다. 특히 그는 마우리의 스펙트럼에는 왜 세 항목(a, b와 c, ac)이 있는가를 알고 싶어했다. 그래서 그는 몽크와 캅테인이 전에 했듯이 서로 다른 스펙트럼형에 대해 상대 거리와 상대 광도를 구하기 위해 고유 운동을 통계적으로 조사하기 시작했다. 그러나 몽크나 캅테인과는 달리 마우리의 분류법을 길잡이로 사용했던 것이다.

최초의 분석에서 헤르츠스프룽도 다른 사람과 마찬가지로 다음 사실을 발견했다. 즉, 가장 큰 고유 운동을 하는 주요 스펙트럼 계급은 태양형이지 적색 항성형은 아니었다. 그러나 마우리의 체계에서 분류된 몇몇 그룹을 상세히 분석한 결과, 광도가 +5보다 밝은 적색 항성들은 모두 매우 작은 고유 운동을 하고 있고 거의 시차가 없으며, 큰 고유 운동이나 시차를 갖는 항성들은 거의가 어두운 적색이나 황색 항성들인 것을 알게 되었던 것이다. 헤르츠스프룽은 전자의 그룹에는 c형의 항성들이, 후자의 것에는 비(非) c형의 항성들이 포함되어 있는 사실에 특히 홍미를 가졌다. 그러나 그의 분석을 아주 곤란하게 만들어버린 것은 비교적 밝은 계급에서는 세항목(細項目)을 전혀 구분할 수 없었던 일이었다. 그러므로 이러한 결과를 얻기 위해서는 좀더 세련되고 간접적인 분석 방법을 고안해야 했다.

그럼에도 불구하고 마우리의 분류법에 고무된 헤르츠스프룽은 밝은 적색 항성들과 어두운 적색 항성들을 본질적으로 구별할 수 있는 방법

especially belongs to the stars with relative great reduced proper motions.

In the groups K and M the difference between absolute brightness of the stars is perhaps still greater and whatever may be the cause of such difference, it is a priori probable that there will be some marked distinction between the spectra of such stars, f. ex:

	magn.	parall.	diff. in abs. brightness		magn.	parall.	diff. in abs. brightness
α Aurigae	·21	·09	4·5	α Tauri	1·06	·12	5·9
α Centauri	·06	·76		61 Cygni	4·96	·30	
α Bootis	·24	·03	7·6	α Orionis	1·	·03	12·1
70 Ophiuchi	4·07	·17		Lal. 21258	8·5	·25	

Regarding the small reduced proper motions of the stars belonging to the divisions c and ac, I should like to mention, that υ Ursae majoris is the only ac-star for which a great reduced proper motion is found and this star also differs from

그림 4-3. 헤르츠스프룽이 피커링에게 보낸 1906년 3월 15일자 편지의 일부. 여기서 그는 비교적 붉은 부류에 있는 항성의 두 주계열(1897년에 제안된 마우리의 스펙트럼 분류의 「c」와 「비 c」)은 그 절대 광도가 비교적 크게 다르다는 것을 증명하고 있다. 그 표가 왼쪽에서 오른쪽으로 늘어서 있다(위쪽 편지는 하버드대학 기록사료 보관실 E. C. 피커링 컬렉션에서 전재. 아래쪽의 헤르츠스프룽의 사진은 예일대학 천문대의 도리트 호프라이트 씨의 후의에 의함).

을 고안했다. 이들 항성들은 어느 고유 운동과 밝기의 그룹으로 분류되는가에 의존하고 있다. 그는 이 방법을 확립한 후 황색 항성들의 모든 샘플이 어둡게 보이는 것은, 그 속에 포함되는 황색 거성들에 비교해서 황색 왜성들의 비율이 매우 크기 때문이라고 결론지었다. 이것은 황색 왜성들이 적색 왜성들보다 약간 밝다는 사실로부터 연유했다. 그러므로 전반적으로 보았을 때는 황색 왜성이 눈에 더 자주 띄는 것이다.

이 문제에 관한 최초의 논문을 그다지 알려지지 않은 독일의 사진 관계 학회지에 발표한 후에 헤르츠스프룽은 1906년 3월에 피커링에게 편지를 써서, 자신의 연구와 마우리의 세항목 체계가 결과적으로 내포하고 있는 중요성을 논했다. 즉, 마우리의 체계를 이번에는 세항목이 식별될 수 있는 곳에서라면 광도의 차이를 검출하기 위해 사용할 수 있을 것이라는 것이었다. 이 편지 속에서 그는 c형과 비c형 스펙트럼 간의 커다란 광도 차이를 설명하기 위해 이 두 가지 형을 조사해야 할 것이라고 어떻게 생각하게 되었는가를 기술하고, 그것을 설명하는 표를 기록하고 있다 (그림 4-3 참조).

1906년 헤르츠스프룽은 줄곧 연구를 계속하고 1907년에는 약간 다른 항성을 골라서 또 한 편의 논문을 발표했다. 이 논문에서는 가능한 믿을 수 있는 시차의 데이터를 도입함으로써 c형과 비c형 항성 간의 광도의 차이를 명확히 하려 했다. 그는 또 각 부류의 항성들의 공간 밀도를 논하고, 모든 부류의 거성은 모두 희박하다는 것을 분명히 규명했다. 이 제 2 논문으로 그 고장에서 헤르츠스프룽의 평판이 높아졌다. 그리고 칼 슈바르츠실드(Karl Schwarzshild)의 친구가 되었다.[4] 그 결과 슈바르츠실드가 포츠담(Potsdam)의 천체물리관측소의 소장이 되었을 때, 헤르츠스프룽은 천문학자 스탭의 한 사람으로서 그를 따라 괴팅겐으로부터 포츠담으로 옮겨갔던 것이다. 그러나 헤르츠스프룽의 논문과 편지가 피커링의 손에 있었음에도 불구하고 그는 아직 세계적으로 유명한 존재는 아니었다.

1908년에 최신 『하버드 연보(Harvard Annals)』를 한 부 받아본 헤르츠스프룽은 피커링이 자신의 1906년의 편지와 1905년의 논문을 진지하게 다루고 있지 않은 사실을 알고 적잖이 놀랐다. 이 잡지 속에는 마우리의 분광학적 표기법과 세항목이 재고되어 있지 않았기 때문이었다(마우리의 표기법과 세항목은 캐넌(A. J. Cannen)의 본래의 알파벳 분류체계에서 갈라져 기록되어 있었으나 1901년의 『하버드 연보』 이후 이것이 삭제되어 있었다). 1908년 7월 헤르츠스프룽은 피커링에게 편지를 써서[(5)] 매우 중요한 발견을 피커링이 명백히 무시한 점에 대해 유감의 뜻을 표명했다.

> "현재 채용되고 있는 스펙트럼 분류법은 마치 식물학에서 비유하면 꽃을 그 크기와 색깔로 분류하고 있는 것과 같다고 해도 무방할 것입니다. 그러나 항성 스펙트럼을 분류하는 데 있어 c 특성을 무시해 버린다는 것은 마치 동물학자가 고래와 물고기의 차이를 알고 있음에도 불구하고 이 둘을 함께 분류해 버린 것과 같다고 생각됩니다."

헤르츠스프룽은 마우리의 분류 체계를 부활시켜 큰 광도를 갖는 항성들을 동일시할 수 있기를 바라고 있었다. 8월 초에 예의를 갖춘 회신이 왔지만 피커링 자신은 회의적이어서, 자기 자신의 스펙트럼에 마우리의 세항목을 넣을 만큼 확신이 서지 않는다고 적혀 있었다. 마우리가 사용하고 있던 대물 프리즘의 스펙트럼은 선 스펙트럼 구조의 본질적인 차이를 결정하는 데에 충분한 분해능력 또는 기준화를 가질 수 없다고 피커링은 느끼고 있었기 때문이었다. 그 까닭은, 장치를 조금 변화시키는 것만으로 스펙트럼선의 모양이 쉽사리 바뀌어져 버리기 때문이었다. 마우리의 스펙트럼선의 차이는 슬릿 분광 사진기로 찍은 고품질의 스펙트럼을 통해서만 확증되는 것이라고 피커링은 믿고 있었다. 이것은 1901년에 처음으로 활자로 표명된 결론이었다.

피커링이 마우리의 세항목을 사용하는 데 매우 신중했던 것은 이해할 수 없는 일은 아니다. 당시 그의 주된 관심사는 일반 하버드 스펙트럼 분류 체계를 천문학계의 확고한 기반 위에 심어 놓는 데 있었다. 이 무렵 일반적으로 받아들여질 수 있었던 이렇다 할 만한 체계가 없어 피커링의 많은 연구 동료, 예컨대 조지 헤일(George Ellery Hale) 등은 섹키나 보겔의 낡은 체계를 여전히 사용하고 있을 정도였다. 이제까지 이렇게 저렇게 주장했던 많은 분류 체계가 일관된 것이 아니라는 사실을 그는 알고도 남음이 있었다. 그러므로 그 자신의 분류 체계는 되도록 간단하고 말끔한 것으로 만들려고 고심하고 있었다. 그럼에도 불구하고 17년이 지나 수만 개의 항성이 분류되었는 데도 아직 누구나 다 인정할 만한 표준 체계가 없었다.

그러나 이런 피커링의 답변에 헤르츠스프룽은 만족할 수 없었다. 스펙트럼선의 폭이 다른 것과 더불어 두 개의 세부항목 중의 스펙트럼선의 비(比)에도 다른 것이 있음을 알아챘기 때문이었다. 게다가 그가 피커링에게 보낸 회신에 적었듯이 그의 논점은 다음과 같은 것이었다.[6]

> "마우리가 c라고 명명한 항성들 중 어느 것도 고유 운동을 한다는 어떤 분명한 흔적이 없다는 사실은, 이들 항성들이 a와 b로 분류되는 항성과는 물리적으로 전혀 다른 것이라는 충분한 증거라고 생각합니다."

1908년 10월까지 새로 쓴 원고를 『Astronomische Nachrichten』에 제출하기 전에 헤르츠스프룽은 그것을 피커링에게 보냈다. 그는 슈바르츠실드에게는 피커링이 보인 태도에 대해 개인적으로 씁쓰레한 실망감을 표명하고는 있었지만[7], 피커링에게 대해서는 외교적으로 확고한 태도를 견지하여 피커링의 찬성을 얻든 말든 상관하지 않고 자신의 논문을 발표할 생각이라고 적고 있다. 그러나 만약 피커링이 코멘트를 준비할 마음이 있다면 헤르츠스프룽은 매우 환영했을 것이다. 『Astronomische Nachrichten』의 논문은 1909년에 출판되었으나 부분적으로는 이전의 연구와 같은 것, 또 그것을 확장한 것이었다. 이들 세 개의 논문에는 헤르츠스프룽-러셀도를 그리는 데에 충분한 데이터표가 들어있었지만 그림 자체는 그려져 있지 않았다. 그림이 나오는 것은 1910년과 1911년이 되어서였다.

피커링의 이 회의적인 태도를 그에 걸맞는 배경 속에서 살펴보기 위해서는, 그림이 개발되어 가는 과정에서 그가 어떻게 대처해 나갔는지, 그 전체적인 모습을 준비하지 않으면 안 되는데, 그러려면 설명의 중심을 그가 헨리 노리스 러셀의 연구를 지지하고 있었다는 쪽으로 옮겨가지 않으면 안 된다.

헨리 노리스 러셀

과학의 역사에 있어서는 지극히 중요하고 획기적인 발견이나 연구가 거의 같은 시기에 서로 다른 사람에 의해서 독립적으로 이루어지는 일이 흔히 있다. 그것은 대개의 경우, 시기가 좋았고, 필요성이 분명히 인식되어지고 있었으며, 발견이 '손이 닿는 곳까지' 와 있었는 데에 기인한다. 헤르츠스프룽-러셀도의 발견에 대해서도 그렇게 말할 충분한 근거가 있지만, 이 그림이 지니는 보편적인 성격상 본래 서로 다른 목적에 흥미가 있었던 연구자들에 의해 발견되었던 것이다.

러셀은 헤르츠스프룽이 받은 영향과는 전혀 다른 영향을 받아 이 그림과 그림의 이면에 숨겨져 있던 관계를 생각해낸다. 헤르츠스프룽은 마우리의 분류에 흥미를 가지고, 이것에 의해 적색 항성이 갖는 겉보기의 이상한 통계적 거동을 보다 잘 이해할 수 있지 않겠는가 기대하면서 그 분류가 지니는 의미를 해명하려 하고 있었다. 이에 비해 러셀은 본래 록키어의 저작으로부터 자극을 받아 진화론에 흥미를 가진 데서부터 이 문제에 부딪치게 되었던 것이다.

우수한 성적으로 프린스턴을 졸업한 후 몇 년(1902~05년)을 러셀은 케임브리지대학에서 연구하고, 힌크스(A. R. Hinks ; 케임브리지 대학 천문대의 주임조수)와 함께 이전에 시도됐던 최초의 사진 촬영에 의한 시차 측정계획 중의 하나를 추진했다. 이것은 확실히 하나의 시험적인 계획이었으나, 조사 대상으로 선발된 55개 항성들 중 21개가 록키어가 최근(1902년)에 발표한 항성 스펙트럼표의 것과 공통된 것이었다. 록키어는 자신의 표를 위해 가장 밝은 항성들만을 선정했었다. 한편, 힌크스와 러셀은 시차를 갖는 항성들의 선정 기준으로서 밝기는 그다지 고려하지 않았다고 말하고 있다. 그들은 시차를 가진 후보를 선정하는 데에 알기 쉽게 하기 위해 커다란 고유 운동과 이전의 시차 측정이라고 하는, 보다 실효성 있는 기준을 선정했다. 놀랍게도 이렇게 해서 그들이 선정한 항성들의 절반이 록키어의 표에 있었던 것이었다. 게다가 그들이 선정한 항성형들의 분포를 조사해 보면 록키어가 선정했던 항성들은 바로 둘로 분리된 록키어의 온도 아치(그림 4-2 참조)를 테스트해 보는 데에 가장 적합한 항성들인 것이 분명하다.

러셀이 록키어의 가설에 흥미를 가진 사실은 그가 1907년에 프린스턴대학에서의 강의를 위해 준비한 노트를 보면 알 수 있다. 1907년 3월 항성의 진화에 대한 강의에서 그는 처음으로 스펙트럼 분류에 대해 개설하고, 그로부터 두 가지의 가능한 진화과정을 음미하고 있는데, 분명히 록키어가 생각한 것이 좋다고 생각했던 것을 알 수 있다(그림 4-4 참조). 그러나 매우 흥미로운 것은 어째서 그가 보겔에 의해 처음 만들어진 고전론을 소개하려 했느냐는 점이다. 러셀은 그것을 미숙한 형태이기는 하지만 헤르츠스프룽-러셀도 중의 주계열과 매우 닮은 하강선으로 그려 보여 주었다. 유감스럽게도 러셀은 그의 좌표축에 이름을 붙여두지 않았기 때문에 1907년에 주계열 항성은 붉어짐에 따라 밝기가 감소한다는 것을 그가 알고 있었다고 단언할 수는 없다. 기껏 말할 수 있는 것은 이 스케치가 러셀의 예리한 직관력을 나타내고 있다고 할 수 있을 정도이다.

시차 연구를 충분히 활용하기 위해 러셀은 자신이 얻은 시차를, 기준이 되는 항성들의 있음직한 시차를 설명할 수 있도록 바꿀 필요가 있었다. 그 이유는, 눈에 의한 자오환(子午環) 측정들에 바탕한 시차에서는 지구상의 관측자에 대한 기본 위치와 기본 운동이 얻어지는 데 비해, 사진에 의한 시차에서는 배경으로 선정된 기준 항성들에 대한 운동만이 나타났던 것이다. 이들 배경이 되는 항성도 역시 그 자체의 시차운동을

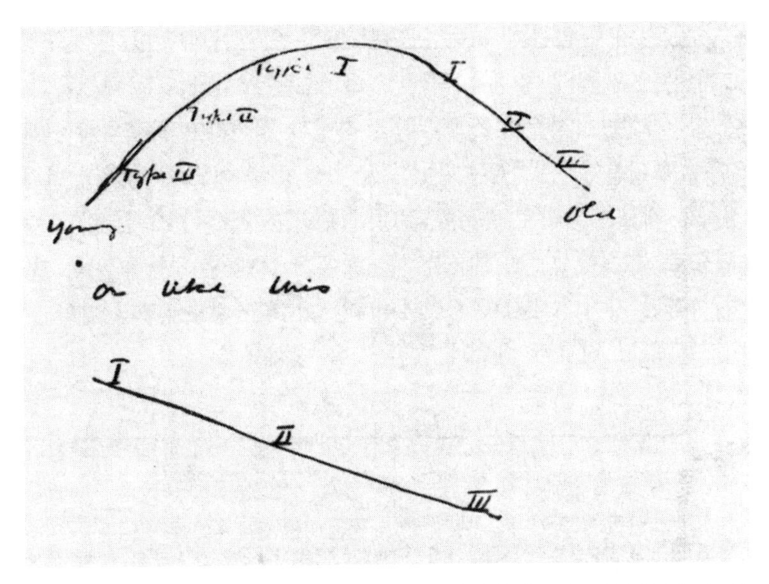

그림 4-4. 1907년 3월 14일자 러셀의 강의 노트. 상부의 곡선은 록키어의 견해를 나타내고 있다. 여기서 Ⅰ형은 청색 항성, Ⅱ형은 황색 항성, Ⅲ형은 적색 항성이다. 러셀의 두 번째 선은 고전적 냉각직선을 나타내며, 주계열로부터 기대될 만한 것과 매우 흡사하다. 러셀은 이들 두 곡선에 대해 다음과 같이 주석하고 있다. 「…… 몇 가지 사항은 제1의 가설 쪽이 옳은 듯이 보이지만 현상태로는 확실하지 않다」(프린스턴대학 도서관, 헨리 노리스 러셀 문서로부터 전재).

갖고 있을 터이므로 이 시차운동은 조사 대상인 항성의 실제 시차운동을 결정해 나가기 전에 고려해 두지 않으면 안 되는 운동일 것이다. 이것을 하기 위해 러셀은 밝기와 스펙트럼형에 바탕을 둔 고유운동을 통계적으로 도출한 캅테인의 이미 입증된 방법에 의존하게 되었다. 따라서 러셀은 스펙트럼과 광도를 필요로 했으며, 가장 알맞은 것을 하버드와 피커링으로부터 입수할 수 있었다.

러셀에게 접근한 것은 실제는 피커링으로서 그가 필요로 하는 것을 들어 알고 있었기 때문이었다.[8] 이것은 흥미롭다. 그 까닭은, 러셀과 피커링이 만날 때까지 피커링은 이미 헤르츠스프룽의 초기 논문을 받은 이후이어서, 왜 K형과 M형의 적색 항성들은(하나의 그룹으로서) 가장 큰 고유운동을 하지 않는가 하는 논거도 알고 있었기 때문이다.

그러나 1908년 4월 말에 피커링은, 하버드는 시차를 갖는 항성들과 기준이 되는 하는 항성들의 스펙트럼을 작성할 것이라고 러셀에게 시사한 뒤, 이렇게 덧붙였다.[9] "A형 항성과 K형 항성 중 어느 쪽이 가장 먼가를 결정하는 재료는 아마도 충분할 것입니다"라고. 러셀이 스펙트럼과 광도를 필요로 하는 항성들의 분류를 피커링에게 보낸 후 창안을 위한 긴 시간이 시작된 것이다. 1909년 9월까지 러셀은 피커링으로부터 거의 모든 데이터를 받고 비로소 다음과 같은 것을 찾아냈다.

> "…… 어두운 항성은 평균하면 더 밝은 항성보다도 비교적 불그스레합니다. 이 문제에 관해서 이전에는 어떤 증거가 있었는지 모릅니다.…… 나는 이 제안을 뒤엎거나 적색 항성이 평균하면 본질적으로 어두운 것(그 중의 몇몇은 확실히 그렇지만)이라고 말할 위험을 지금 범할 생각은 없습니다. 그러나 안타레스(Antares)와 오리온자리 α는 매우 밝고 그 평균값은 대단히 높은 것일 것입니다."

이와 같은 결론[10]은 헤르츠스프룽의 결론과 두드러지게 비슷한 것으로, 그렇기 때문에 피커링은 곧바로 헤르츠스프룽의 작업을 언급한 회신을 러셀에게 써야만 했었을 것이다. 회신을 썼다면 러셀이 더 직접적이고 믿을 수 있는 자료를 가지고 같은 결론에 도달했다고만 썼을 것이다. 그러나 피커링은 아무런 말도 하지 않았다. 그렇게 한 것은, 헤르츠스프룽이 마우리의 데이터를 사용했다는 사실에 매우 회의적이었으므로, 러셀을 그릇된 방향으로 유도하게 될 것을 두려워하여 이 문제는 혼자 가슴에 묻어두는 것이 좋겠다고 결심했기 때문이었을 것이다.

최초의 그림

항성들의 스펙트럼 또는 색깔과 그 항성의 고유 밝기 사이에 있는 기본적이고 경험적인 관계가 그림의 형태로 만들어지기 전에 헤르츠스프

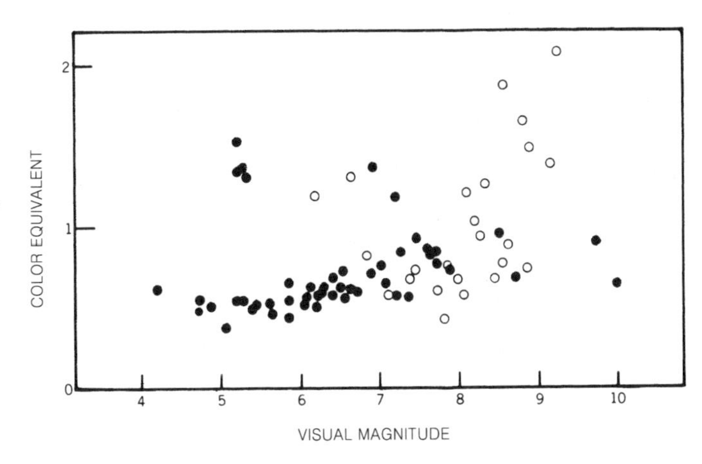

그림 4-5. 히아데스 성단에 대해 헤르츠스프룽이 발표한 최초의 그림 중의 하나. Potsdam Publications 22(1911)의 29쪽에 실렸던 것을 옮긴 것이다. 가로축은 시등급(視等級), 세로축은 헤르츠스프룽의 '색 당량(color-equivalent)', 즉 항성의 색깔의 척도이다.

룽과 러셀에 의해 독립적으로 확립되어 졌다는 것은 이제 확실한 상식이다. 만약 추측이 허용된다면 러셀은 1907년 초에 이 모델을 얻었고, 그리고 1909년까지에는 힘들이지 않고 그림을 완성할 수 있었을 것이다. 닐젠(A. V. Nielsen)에 의하면, 헤르츠스프룽은 1908년 초에 산개성단(散開星團)의 그림을 만들었으나 장치의 오차 때문에 발표를 보류하고 있었다 한다.[11]

최초로 출판된 최초의 헤르츠스프룽-러셀도는 플레이아데스(Pleiades) 성단에 대한 것으로, 1910년 6월에 로젠베르크(H. Rosenberg ; 헤르츠스프룽의 조수)가 쓴 논문 중에서 찾아볼 수 있다. 그로부터 얼마 지나지 않아 헤르츠스프룽 자신에 의해 그려진 플레이아데스 성단과 히아데스 성단의 그림도 발표되었다(그림 4-5 참조).

러셀이 슈바르츠실드로부터 헤르츠스프룽의 연구를 최초로 들은 것은 1910년 8월 하버드에서 열린 천문학자들의 모임 때였다. 그리고 1911년에 그는 피커링에게 편지를 보내, 헤르츠스프룽이 사용하고 있는 색 당량 대신 자기가 채용하고 있는 항성의 스펙트럼으로 헤르츠스프룽의 성단 그림을 그리는 편이 좋지 않겠는가 하고 제안했다. 1910년부터 1913년 말까지의(즉, 러셀도를 작성할 수 있게 되었을 때부터 실제로 그것을 했을 때까지) 시간이 경과된 첫 번째 이유는 그가 '거성'과 '왜성' 사이에서 발견된 커다란 광도차가 가지고 있는 의미를 생각하고 있었기 때문이다('거성'과 '왜성'이라는 용어는 피커링과 편지왕래를 하였을 때 러셀이 자기가 발견한 별을 표현하기 위해 만든 말이었다). 그 차이는 질량이나 부피에 의한 것이라고 생각되었다. 이 사이 러셀의 주된 연구 활동은, 그것이 부피의 차이라는 것을 분명하게 밝히는 일이었다. 그리하여 그가 먼저 착수한 것은 연성(連星)의 연구로, 그것은 그의 대학원생이었던 해로우 샤플리(Harlow Shapley)에 의해 수행되었다. 러셀은 처음 식연성(食連星)의 밀도를 결정하는 방법을 개발하고, 그동안 항성 밀도와 연성의 광도 감소에 줄곧 강한 흥미를 가지고 있었다. 1910년이 되자 극단적으로 밀도가 작은, 따라서 매우 큰 부피의 항성(즉, 질량이 아니라 크기가 거대한 것)이 존재한다는 강력한 증거를 입수했다. 1912년 내내 샤플리가 자신의 연성궤도 계산을 하는 동안 러셀은 모든 항성 사이에서 질량폭이 다른 물리 특성의 변화량에 비하면 매우 작다는 사실을 깨닫기 시작했다. 샤플리가 약 90개의 연성계를 조사한 것은 러셀의 최초의 결론을 입증하는 데에 도움이 되었다. 이 결론은 당시 다만 그 등장 시기를 기다리고 있을 뿐이었다. 그것은 1913년 6월이었다. 러셀과 미국 천문학자의 작은 그룹이 본에서 열리는 국제태양연합의 여름 회의에 참석하러 가는 도중 잠시 런던에 들렀을 때였다.

런던에 머물고 있는 사이 왕립천문학회는 러셀 일행을 초청해 최근의 연구성과를 듣고 싶어 했다. 러셀은 '항성의 스펙트럼과 다른 특성 간의 관계에 대하여'(수년 전부터 줄곧 준비했던 표제였다)라는 제목으로 발표했다. 관례적인 시간 제한 때문에 내용은 간결했지만 그의 논문은 2, 3개월 후에 인쇄물 형태로 간행되었다. 최초로 출판되었을 때에는 언급은 있었지만 그림 자체는 없었다.

러셀의 연구에 대한 반응론

러셀의 연구에 대한 최초의 반응은 좋은 편이었다. 에딩턴(Arthur Stanley Eddington)은 처음에는 러셀의 진화론적 사고 방식에는(수용하고 있던 학설에는 반하는 것이었으므로) 약간 마음이 걸렸지만, 편지 속에서는 강한 관심과 그 매력을 인정하고 있었다. 에딩턴이 러셀의 진화론(이것은 글자 그대로 록키어의 낡은 아이디어의 부활이었지만)을 어떻게 생각하고 있건 간에 러셀은 자기의 그림(그림 4-6 참조)의 가치가 크다는 것을 확신하고 있었고, 바로 출판하기를 원했다. 러셀은 런던에 있는 동안에 록키어를 만나 자기의 생각에 대해 토론했다. 록키어는 미국인이 가져다 준 뜻하지 않은 사태의 진전에 당연히 기뻐했다. 1913년의 이 모임에 대해서 언급한 록키어가 러셀에게 보낸 메모(프린스턴대학의 러셀 문서 속에서 발견되었다)에는 세 개의 불완전한 형태의 러셀도와 몇몇 스펙트럼 형의 평균 겉보기 등급을 나타내는 히스토그램(histogram)이 클립으로 집혀 있었다. 여기에 그 하나를 게재하겠

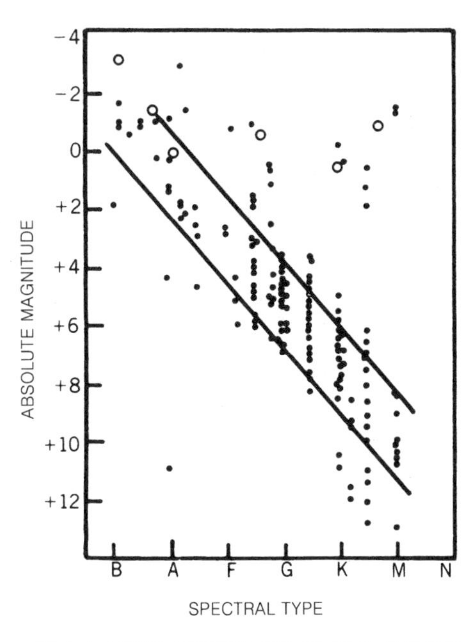

그림 4-6. 러셀의 1914년의 그림. 세로축은 절대 등급으로, 그의 시차 연구로부터 도출된 것, 가로축은 하버드 분류법의 스펙트럼 계급이다. 그림의 상부에 있는 큰 O은 그 시차가 확률 오차의 정도에 있는 밝은 항성들의 평균 절대 광도를 나타낸다. 이들 항성 모두는 매우 작은 고유 운동을 가지고 있으며 통계적으로는 멀리 떨어진 곳에 있는 샘플인 것을 나타내고 있다(H. N. Russell, "Relations Between the Spectra and Other Characteristics of Stars" in Popular Astronomy 22(1914)의 25쪽에 게재된 그림 4-1을 옮긴 것).

	O	B	A	F	G	K	M	N	R
	Oa-Oe	B0-B5	B8-A3	A3-F5	F5-G5	G5-K5	K5-M5	Na-Nb	Ra-R8
-6.0		2	1						
-4.5	1	5	2	2	1	1	1		
-3.0		5	5	1	1	5	3		
-1.5	3	29	29	4	7	17	7	1	
0.0	5	74	85	20	18	65	24		
+1.5	2	122	201	31	40	167	49	7	1
+3.0	2	140	522	89	72	418	120	11	2
+4.5	5	58	809	272	399	817	189	10	4
+6.0	3	50	855	469	448	1123	195	11	3
+7.5	1	25	465	396	806	844	92	7	3
+9.0		7	280	140	726	566	26	1	2
+10.5			68	16	377	331	9		
+12.0			7	6	47	115	12		
+13.5					5	16	7		
+15.0					1	4	2		
+16.5					1		2		
+18.0			1						

그림 4-7. 미발표의 러셀표. 러셀이 런던에 체류하고 있었을 때 록키어가 러셀에게 보낸 1913년 6월자 메모에 클립으로 집혀져 있었던 것. 러셀은 그가 록키어를 방문했을 때 분명히 이 그림을 갖고 있었다. 여기서 러셀은 각 등급과 스펙트럼 계급의 각 영역에서 발견된 항성의 수를 제시하려 하고 있다. 왼쪽 사진은 제1차 세계대전 전의 러셀이다(표는 프린스턴대학 도서관의 러셀 문서에서 전재. 사진은 미국물리학회 마가렛 러셋 에드몬드슨 컬렉션 소장).

다. 그 이유는, 이것이 아마 러셀이 발견한 것을 그림으로 나타내려한 최초의 시도라고 생각되기 때문이다(그림 4-7 참조).

헤르츠스프룽과 러셀이 그림을 발표한 지 수년 사이에 이 그림은 보다 세련되어졌다. 삼각시차와는 관계없는 방법으로 절대 광도를 결정할 수 있는 분광시차의 기술 개발과 적용은 거성과 왜성 사이의 큰 차이를 그림으로 나타내려 했던 이 그림의 본래의 역할을 강하게 뒷받침해 주었다. 1920년에 한 거성의 각지름이 마이컬슨과 피스(Francis Pease)에 의해 윌슨산에서 측정되었다. 그 각지름은 예측했던 값에 매우 가까운 것임을 알았다.

따라서 그림 자체는 경험적 사실인 채로 있으나, 그 해석은 과거 수년 사이에 급격히 변화했다.[12] 러셀은 거성군의 부분과 주계열을 동등하게 수축해가는 가스상의 천체들의 연속적인 일련이라고 보고 있었다. 거성인 동안은 완전기체로 행동하기 때문에 수축으로 인해 뜨거워진다. 그러나 주계열에서는 비교적 비압축성인 액체로 한번은 변화한다. 이로 인하여 이후의 수축은 냉각에 의해서만 생긴다.

주계열은 하나의 진화 궤도로 1920년대 중반까지 주장되었다. 진화에 있어서 거성의 위치는 1950년대 초까지 미해결인 채로 있었다. 헤르츠스프룽-러셀도의 현재와 같은 해석에 이르기까지 이론 천체물리학은 발달과 성숙을 거쳐야만 했다. 러셀의 시대의 항성은 순수하게 대류적이고, 충분히 혼합되며 수축만 할 수 있다고 여겨졌다. 이러한 19세기적 사고 방식을 바꾸는 데 필요했던 많은 진보들은 과거 65년 동안 항성천문학의 주류를 이루어 왔다. 러셀이 거의 이 모든 일에 관계되었던 점은 러셀을 추억하는 데 있어 찬사로 남을 것이다.

나의 연구를 도와준 프린스턴대학과 하버드대학 및 릭(Lick)천문대 기록자료보관실의 사료문서계 사람들에게 감사한다. 이 연구에 주로 사용된 자료는 AIP 물리학사센터에서 이용할 수 있었다. 레스터(Leicester)대학의 메도우즈(A. J. Meadows) 씨에 대해서는 헤르츠스프룽-러셀도의 역사에 관한 나의 연구에 흥미를 가져 주시고 지원해 주신 것에 특히 감사드린다.

참고문헌

(1) D. H. DeVorkin, "The Origins of the Hertzsprung-Russell Diagram" in *In Memory of Henry Norris Russell*, A. G. Davis-Philip, D. H. DeVorkin, eds. (Dudley Observatory Report No.13, Proceedings of IAU Symposium **80**, 1977)를 참조하기 바란다. 이 책에는 러셀의 과학에 바친 생애에 대해 그의 제

자, 연구 동료, 과학사가들의 회고록도 수록되어 있다. 이 논문에서 논한 테마의 배경이 되는 일반적인 지식에 대해서는 다음 문헌을 참조하기 바란다.
B. Z. Jones, L. G. Boyd, *The Harvard College Observatory*, Harvard (1971) ; A. V. Nielsen "The History of the HR Diagram" *Centaurus* **9** (1963), p. 219 ; D. Hermann "Ejnar Hertzsprung—'Zur Strahlung der Sterne'" *Ostwalds Klassiker* no. 255, Leipzig (1976) ; O. Struve, V. Zebergs, *Astronomy of the 20th Century*, Macmillan (1962).

(2) A. J. Meadows, *Science and Controversy — A Biography of Sir Norman Lockyer*, MIT (1972).

(3) S. Chandrasekhar, *Stellar Structure*, Dover (1957), p. 176-179를 참조.

(4) Nielsen 문헌 (1).

(5) 헤르츠스프룽이 피커링에게 보낸 편지(1908년 7월 22일자) Harvard Archives, E. C. Pickering Collection.

(6) 헤르츠스프룽이 피커링에게 보낸 편지(1908년 8월 17일자) Harvard.

(7) 헤르츠스프룽이 슈바르츠실드에게 보낸 편지(1908년 8월 26일자) Schwarzschild Papers Microfilm, American Institute of Physics Niels Bohr Library.

(8) Jones and Boyd 문헌 (1).

(9) 피커링이 러셀에게 보낸 편지(1908년 4월 22일자) Princeton University Library, Henry Norris Russell Papers.

(10) 러셀이 피커링에게 보낸 편지(1909년 9월 24일자) Harvard.

(11) Nielsen 문헌 (1) p. 241.

(12) 그 발견으로부터 시작되는 헤르츠스프룽-러셀도의 역사의 개설로는 B. W. Sitterly, "Changing Interpretations of the Hertzsprung-Russell Diagram, 1910-1940 : A Historical Note," in *Vistas in Astronomy* **12**, Pergamon (1970), p. 357.

Chapter 5

벨 연구소의 고체물리학 연구

과학이 산업에 미친, 그리고 산업이 과학에 미친 영향이 가장 잘 구현된 예는, 트랜지스터를 세상에 내놓은 벨 연구소에서 고체물리 그룹이 편성된 경위 말고는 더 좋은 예가 없을 것이다.

고체물리학은 최근 40년 동안에 극적인 발전을 이룩해 왔지만, 1920년대에는 '고체물리학'이라는 단어조차 사용되지 않았다. 그러나 고체물리학은 오늘날에 와서는 물리학 중에서도 가장 많은 사람들이 연구하고 있는 유일한 분야이다. 그 진보의 많은 부분이 산업계에서 이루어진 것이고 현재도 소수의 기업체 연구소가 이 분야의 상당한 부분에 공헌을 하고 있다.

이 글에서는 산업을 위해 설립된 벨 연구소에서 행해졌던 고체상태의 기초에 대한 연구의 시초를 소개하겠다. 이 연구소에서 현재의 반도체 전자학으로의 길을 여는 결정적인 진보가 있었기 때문이다.

이 진보에 촛점을 맞춤으로써 현대의 기초 물리학이 산업에 미치는 영향과 산업계가 현대의 특정 연구분야의 형성에 미치는 영향에 대해 살펴볼 수 있을 것이다. 벨 연구소의 고체물리 연구는 확대되어 가고 있던 전화산업에 필요했던 일련의 기술개발 과정들을 거치며 서서히 발전했다. 각 단계에서 법인(法人)조직의 확대 속에서 과학과 기술 간의 하나의 현저한 상호작용을 볼 수 있다. 다음의 네 단계를 살펴보자.

1875~1906년 : 새로 발명된 하나의 장치에 의해 하나의 산업이 탄생했다.

1907~1924년 : 산업의 발전으로 필요하게 된 기술적 요구가 기업 내부의 연구로 이어져 갔다.

1925~1935년 : 연구소 밖에서 시행되고 있던 과학 연구와의 교류로 몇몇 기본적 기술 연구가 다시 기초적 과학문제로 집약되었다.

1936~1945년 : 기술적인 문제의 초점이 과학의 기초로 집약됨으로써 과학적·기술적인 진보를 가져오게 되었다. 그 중에는 1947년에 최초의 트랜지스터를 세상에 내놓게 되는 유명한 고체물리 그룹이 있다.

이들 각 단계를 다시 한번, 더 자세히 살펴보기로 하자.
우선 전화가 발명된 때부터 시작하겠다.

전화 산업의 설립

1876년에 알렉산더 그레이엄 벨(Alexander Graham Bell)은 전기 진동을 이용하여 소리를 전송하는 방법을 가지고 특허를 얻었다. 또 1877년에는 말을 전달할 수 있는 자석식 전화기의 특허도 취득했다. 몇 달 후 최초의 전화가 가입자에게 대출되면서 전화 산업이 시작되었다.

회사가 성장하는 과정에서 전화의 제조, 설치, 보수는 새로운 기술상의 문제를 야기했다.[1] 그러나 초기 무렵에 직면했던 이러한 문제들은 과학적 교육이나 기초적 연구를 필요로 하지는 않았다. 당연히, 설립된 지 얼마 되지 않은 회사가 과학교육이나 연구 등을 원조하는 일은 없었으며, 심지어 벨의 기계 조수였던 토머스 웟슨(Thomas Watson)은 정규 교육을 전혀 받지 못한 사람이었다. 2, 3년 사이에 기술 요원이 늘어나자 웟슨은 과학자가 아닌 개발자 그룹에 편입되었다.

1880년대 및 1890년대의 전화에 관한 문제들의 대부분(예컨대 전화 신

그림 5-1. 해먼드 V. 헤이스(1907년)

호의 감쇠와 일그러짐, 혼선, 스위칭, 가로등이나 전차와 같은 다른 전기장치로부터의 잡음 등)은 당시 과학적으로 해명할 수 있었던 전자기 현상에서 원인을 찾을 수 있었다. 맥스웰의 전자기론이 출판된지 얼마되지 않았던 때였으므로 그 이론을 뒷받침해 줄 수 있는 실험들은 부족한 형편이었다(헤르츠에 의한 전자기파의 실험적 검증은 1888년이 되어서 이루어졌다).

기업 내 연구로의 결정적인 첫 걸음은 벨 시스템 최초의 박사학위 소지자인 헤이스(Hammond V. Hayes ; 하버드대학의 두 번째 물리학 박사학위 취득자)가 기술주임을 맡게 된 1885년에 일어났다. 그러나 1880년대에 헤이스가 거느린 소수의 스태프들은 수학 교육을 받지 못했었고, 그들이 직면한 공학상의 문제에 전자기 이론을 바로 적용할 능력이 없었다. 헤이스는 시간을 내 기사들에게 과학의 기초를 이해시키는 것보다 직접 실제 문제들에 접근하게 하는 것이 더 좋은 방법이라고 생각했다.

그러나 20세기를 맞이하기 전에 이미 헤이스는 대학 교육을 받은 과학자들을 고용하여 기술상의 문제를 연구하게 했다. 우선 1890년에 존스홉킨스대학에서 고등 수학이론을 배운 존 스톤 스톤(John Stone Stone)을 소리의 전송 연구를 위해 고용했다. 1897년에는 MIT에서 교육을 받고 5년간 박사 후 연구를 한 물리학자 조지 캠벨(George Campbell)을 전화통신상의 유도임피던스 역할을 규명하기 위해 고용했다. 1899년에는 하버드대학 출신의 에드윈 콜피트(Edwin Colpitts)를 교류 전류와 노면 전차에 의해 발생하는 전자기 유도의 간섭 연구 및 전력 수송 계통을 연구시키기 위해 고용했다.

프랭크 볼드윈 제위트(Frank Baldwin Jewett ; 후에 벨 연구소의 초대소장이 되었다)는 1904년에 캠벨 밑에서 송신기사로 일하기 위해 고용되었다. 제위트는 기술 스태프 중에서 당시 발전 과정에 있던 원자 물리학에 정통한 최초의 멤버로, 고용되기 전에는 MIT에서 물리와 전자공학을 가르치고 있었다. 시카고대학의 박사과정에 있었을 때 제위트는 마이컬슨(A. A. Michelson)의 연구 조수였고 밀리컨(Robert Millikan)의 절친한 친구이기도 했다. 밀리컨은 당시 젊은 물리학 강사였으며 전자 물리학에서 발견된 갖가지 새로운 발견들을 그에게 보여 주었다. 제위트와 밀리컨의 이 교제는 이윽고 벨 시스템 내에서 기초 연구를 시작할 때 결정적인 역할을 하게 된다.

이리하여 1907년까지, 교육을 받은 몇 사람의 과학자들이 회사에서 일하게 되었는데, 그들은 본래 기술자로서 고용된 것이지 결코 조직적인 기초 연구 계획의 일익을 담당하기 위한 것은 아니었다.

대륙 횡단

1907년, 20년 전에 말다툼 끝에 회사를 사직했던 시어도어 베일(Theodore Vail)이 사장으로 되돌아왔다. 당시 베일이 내린 두 가지 결정은 기초과학 연구의 설립 움직임에 주요한 영향을 주었다.

우선 첫 번째 결정은, 모든 기술자들을 하나의 과(課)로 통합시킨 일이었다. 새로운 기술과(이것은 최종적으로 벨 전화연구소로 발전했다)는 벨 시스템의 생산관리 부문을 맡고 있던 웨스턴 일렉트릭사의 한 과로 뉴욕시 웨스트가 463번지에 설립되었다. 헤이스는 퇴직하고, 베일은 신설된 과의 과장으로 카티(John J. Carty)를 임명했다. 카티는 얼핏 보기에는 시대에 역행하는 인물처럼 보였지만(그는 1879년에 남자 전화교환수로 입사했으며, 정규 과학 교육은 받지 못했다) 실제로는 새로운 흐름을 잘 아는 사람이었다. 그는 연구에 매우 열심인 사람으로, 이 무렵 전화 통신 방법에 대하여 일련의 훌륭한 기술상의 기여를 하고 있었다. 그 중에는 2선식 금속회로와 최초의 다중 전화교환대, 교락(橋絡)벨(Bridging Bell)

그림 5-2. 시어도어 베일(1915년)

및 중계코일식 중신(重信)회로(Repeating-coil phantom circuit)의 사용 등이 있다.

베일의 두 번째 결정은, 뉴욕에서 샌프란시스코까지 대륙을 횡단하는 전화선을 1914년의 파나마-태평양박람회에 맞추어 설치하는 일이었다. 그런데 얼마 후 이같은 전화선은 '중계기'(거리가 멀어지면 감쇠하는 전화신호를 증폭할 수 있는 장치)가 개발하지 않으면 불가능하다는 것을 알게 되었다. 그러나 그런 증폭기를 설계하려면 당시 회사 내의 누구도 알지 못했던 최신 전자(電子)물리학의 완벽한 이해가 필요했다.

1876년 보스턴~케임브리지까지의 약 2마일에서 시작하여, 1892년의 뉴욕~시카고 사이의 900마일, 그리고 1911년의 뉴욕~덴버 사이의 2100마일로 전화선이 뻗어감에 따라 감쇠는 더욱 심각한 문제로 등장했다. 1899년 초에 캠벨은 '장하 코일(cleading coil)'을 개발했다. 이것은 전화선의 유도임피던스를 증가시킴으로써 에너지 손실을 대폭 억제한 것

그림 5-3. J. 카티장군 (제1차 세계대전)

이었다. 이것이 개발되지 않았더라면 뉴욕~덴버 간의 전화선은 설치되지 못했을 것이다 (컬럼비아대학의 푸핀(Michael Pupin)도 역시 이 시기에 장하 코일을 발명하였으며 캠벨에 대한 특허권 소송에서 승리하였다. 그러나 회사가 푸핀의 특허를 사들였고 캠벨은 전화를 위한 장하 코일의 개발을 계속했다). 그러나 덴버보다 더 앞으로 뻗어 나가기 위해서는 전화 시스템에 또 하나의 증폭기를 첨가할 필요가 있었다.

허버트 슈리브(Herbert Shreeve)에 의해 설계된 진동판에 의한 기계적 증폭기가 1904년 초에 시험되었다. 증폭된 신호는 원형을 가지고 있었다고는 하나 심하게 일그러진 모양이었다. 슈리브의 중계기는 어떤 진동수에 대해서는 작동이 잘 되었지만 다른 진동수에 대해서는 그렇지 않았다. 장하 코일과 함께 전화선에 사용하자 신호는 거의 못 쓰게 되었다.

진동판보다 민감한 기능을 가진, 예를 들면 대전한 기체 입자라든가 자유전자와 같은 무엇인가가 필요했다. 그 생각을 발전시켜 나가기 위해서는 최신 전자물리학의 지식을 알아야만 했다. 그래서 1910년에 제위트는 대학원 시절의 친구인 밀리컨과 이 문제에 대해 협의했다. 밀리컨은 후에, 제위트가 자기에게 "자네의 전공에 정통하면서 박사학위를 취득하려고 하는 가장 우수한 젊은이들 중 한 사람이나 두 사람, 아니 세 사람 정도 추천해 달라"고 부탁하며 "그들을 뉴욕의 내 연구소로 데려가서 전화중계기를 전문으로 개발하게 하자"고 했다고 회고하고 있다.[2] 밀리컨은 그의 가장 우수한 대학원생이었던 해럴드 아놀드(Harold Arnold)를 추천했다. 이리하여 그는 1911년 1월에 웨스턴 일렉트로닉사의 기술과에 들어갔던 것이다.

최초의 연구 분야

석달 후에 벨 시스템은 최초의 연구 부문을 이 과의 한 부국으로 설립했다. 콜피트를 장으로 하는 새 그룹에는 '제일급의 연구소가 하는 연구'를 수행하라는 특별 명령이 하달되고, 제위트에게는 중계기라는 가장 긴급한 과제의 연구를 지휘하는 책임이 부여되었다.

이렇게 하여 하나의 양식(pattern)이 만들어져 가고 있었다. 이것은 이후 50년 간에 걸쳐 더욱 진전되었다. 즉, 벨 시스템은 계속 증가하는 기초 연구 계획을 확대하고 있던 기술력의 범위 내에서 지원하게 되었다. 통신 수요에 직접 관련되는 기업 내 연구에는 다른 회사나 개인으로부터 특허를 사들여야만 하는 것들은 피하도록 했다. 또 무선 연구의 경우는 기존의 벨의 특허를 보호하도록 했다.

더 기초적인 연구를 위한 경향은 성문화되어 있지는 않지만 분명히 하나의 새로운 방침에 의해 강화되었다. 그 방침이란 연구소의 소장은 벨 시스템 소유의 연구소에서 훈련을 받은 과학자들 중에서 택한다는 것이었다. 그러한 사람들은, 창조적인 과학자들이 원하는 것이 지적사고와 탐구의 자유이며, 공통된 문제를 연구하는 사람이라면 설사 그 사람들이 다른 회사 소속원일지라도 그 사람들과 대화할 수 있는 자유가 필요하다는 것을 알았다. 요컨대 과학자들에게는 대학 연구소에서 허용되는 자유에 필적할만한 것이 필요했던 것이다. 더 큰 규모의 과학 공동체 안에서의 적극적인 경쟁이 시장에서 우위를 유지하기 위해 필요한 과학의 최첨단 분야를 이해하기 위한 가장 효과적인 방법이라는 사실 역시 벨 연구소는 그 당시 인식하게 되었다.

증폭문제의 해결에는 1912년에 리 드 포레스트(Lee De Forest)가 미국전신전화회사에 3극 진공관을 도입한 것이 계기가 되었다. 3극 진공관은 미약한 신호를 증폭할 수 있었으나 전화전류에는 비교적 큰 전류가 필요했기 때문에, 그 결과 진공관 내의 기체가 전리되어 버렸다. 존 밀스(John Mills)가 회상한 바와 같이 "진공관은 푸른 안개로 가득해졌고, 전류가 매우 약해질 때까지 아무 말도 전달되지 않았다."(3) 이 문제는 아놀드가 리 드 포레스트의 3극관의 고진공형을 개발함으로써 결국 해결되었다.

최초의 대륙 횡단 전화선은 박람회에 맞추어 개통되었다. 1915년 1월, 뉴욕에서 벨은 샌프란시스코에 있는 이전의 조수에게 다시금 그 유명한 지시를 보냈던 것이다. "윗슨군, 이리로 오게. 자네가 해야 할 일이 있네." 윗슨은 이렇게 대답했다. "그곳으로 가려면 1주일은 걸릴 겁니다."

기초 연구의 정착

제 3 기(1925~35년)에는 회사의 방침으로 기초 연구가 확고하게 뿌리를 내렸다. 1925년에는 제위트를 소장으로 하는 하나의 새로운 회사(벨 전화연구소)가 웨스턴 일렉트로닉사의 기술과를 승계 받았다. 또 1925년에는 조직이 개편되었으나 새 연구방침을 변경하는 일은 없었다.

기초 연구는 벨 시스템 속에서 계속 확장되고 다각화되었다. 이 흐름은 진공관과(眞空管課)의 업무가 여실히 증명해 준다. 이 과는 본래 중계기의 초기 연구로부터 발전해 온 조직이었다. 1930년까지 이 과는 약 200명의 과학자와 공동 연구자들을 진공관 현상의 특수한 측면들 (그 중에는 열전자 방사와 고체와 전자의 상호작용이 포함되어 있었다)의 연구를 위한 하위 그룹으로 고용하였다. 1920년대 후반의 이러한 연구들로부터 발전해 나간 기초 연구의 예는, 잘 알려진 존슨(J. B. Johnson)과 해리 나

이퀴스트(Harry Nyquist)에 의한 열전자 잡음에 관한 연구와 해럴드 블랙(Harold Black)의 음의 피드백(negative feedback)이라는 중요한 연구, 또 전자의 파동적인 거동을 실험적으로 검증한 것으로 유명한 클린턴 데이비슨(Clinton Davisson)과 저머(Lester Germer)에 의한 실험이 있다(흥미롭게도 데이비슨과 저머는 그들이 한 실험이 양자역학과 관계가 있다는 것을 처음에는 알지 못했다. 오히려 그들의 실험은, 아놀드가 고진공관 개발에 관한 특허권 문제로 랭뮤어(Irving Langmuir)와 소송 중에 일어난 문제들을 이해하려고 한데서 나온 것이었다).[(4)~(5)] 이 시기의 기초 연구에 관한 다른 예들 중에는 리처드 보조스(Richard Bozorth)의 자기(磁氣)물질에 대한 연구가 있다.

이후 10년 간에는 벨 연구소의 연구자들과 국내 및 국외 여러 대학의 연구자들 간의 교류가 활발하게 전개되었다. 최신의 양자물리학이 벨 연구소의 연구과제로 포함되어 기초적 문제들에 강한 관심을 유발시켰다. 고체의 양자론(1926~33년 사이에 볼프강 파울리(Wolfgang Pauli), 베르너 하이젠베르크(Werner Heisenberg), 아놀드 좀머펠트(Arnold Sommerfeld), 펠릭스 블로흐(Felix Bloch) 등에 의해 발전했다)은 벨 연구소에서 그 후 몇 십년 간 고체 물리학에 일어나는 혁신에 토대를 마련했다.

고체물리학은 벨 연구소의 기술 연구(열전자 방사, 광전자 전류, 전도 등)에 적합하다는 것이 곧 인식되었다. 예를 들면, 월터 브래튼(Walter Brattain)과 조셉 베커(Joseph Becker)는 열전자 방사를 계산하기 위해 1928년 아놀드 좀머펠트와 로터 노드하임의 유명한 금속전자론을 이용했다.[(6)]

새로운 여러 가지 지식

양자론은 여러 방법으로 소개되었지만 그 중의 몇 가지는 당시의 산업계 연구소에서 찾아보기 힘든 방법들이었다. 그 중 하나는 벨 연구소의 활기에 넘치는 콜로퀴엄(colloquium) 시리즈였다. 이것은 '기고 논문과 최신 과학문헌에 대해 토론함으로써 과학의 진보를 개관하기 위해'

그림 5-4. 조셉 A. 베커와 C. J. 칼빅

1919년에 조직된 것이었다. 초기에는 콜로퀴엄의 대부분이 벨 연구소의 과학자들에 의해 진행되었다. 그러나 1920년대에는 세계 각지의 연구자들이 와서 물리학과 화학에 일어난 최신의 진보 상황을 이야기하게 되었다. 이 시기에 방문한 유럽의 저명한 사람들 중에는 뮌헨에서 온 좀머펠트가 있었다. 그는 1923년에 '원자구조'에 대해서, 1929년에는 '단일 원자 및 금속에 있어서의 광전효과'에 대해 이야기했다. 캐번디시연구소에서 온 어니스트 러더퍼드(Ernest Rutherford)는 1924년에 '원자핵에 관한 최근의 연구'에 대해서 이야기했다. 또 에르빈 슈뢰딩거(Erwin Schrödinger)는 취리히와 베를린에서 왔는데, 1927년에 '전자의 파동론'에 대해서 이야기했다. 베를린 및 프린스턴의 유진 위그너(Eugene Wigner)는 1932년에 '화학에 대한 양자역학의 응용'을 논했다. 그리고 슈투트가르트(Stuttgart)에서 온 파울 에발트(Paul Ewald)는 1936년에 '결정(結晶)의 성장과 결정의 완전성'에 대해 이야기했다.

같은 시기에, 다른 연구소들에서 벨 연구소의 콜로퀴엄에 온 유명한 미국인 과학자들은 다음과 같다. : 1925년에 밀리컨(Robert A. Millikan ; 캘리포니아공과대학), 1927년에 로버트 멀리컨(Robert Mulliken ; 뉴욕대학), 1928년에 에드워드 콘돈(Edward Condon ; 프린스턴대학), 1932년에 해럴드 유리(Harold Urey ; 컬럼비아대학), 1933년에 라비(I. I. Rabi ; 컬럼비아대학), 1936년에 존 밴 블렉(John Van Vleck ; 하버드대학).

1933년 12월에는 갓 발견된 '양전자'에 대한 심포지엄이 열렸다. 강연자에는 다음과 같은 사람들이 있었다. 벨 연구소의 칼 다로우(Karl K. Darrow)는 역사적 개관을 했고, 그레고리 브라이트(Gregory Breit ; 당시 뉴욕대학)는 디랙(P. A. M. Dirac)의 구멍이론(theory of holes)을 소개했고, 라비는 토론을 진행했다.

벨 연구소의 콜로퀴엄을 뒤에서 지원한 사람은 다로우였다. 그는 1917년 이래 벨 연구소의 스태프로 있었다. 여름철에는 특별히 유럽이나 미국의 주요 연구센터를 방문했으며 물리학회의 모임들에 참석했다. 벨 연구소로 와서 콜로퀴엄을 맡아달라고 다로우가 의뢰하면 대부분의 과학자들은 승낙했었다. 같은 시기에 다로우도 또한 '현대 물리학에서의 몇 가지 진보'라는 반쯤 일반을 상대로 한 연재를 「벨 시스템 테크니컬 저널」에 집필하여 물리학의 새로운 개념들의 보급에 힘썼다. 그 테마에는 다음과 같은 것들이 있었다. '파동과 양자(量子)'(1925년), '원자 모형'(1925년), '물질 · 복사 · 전기의 통계 이론'(1929년), '원자핵'(1933년). 이 연재는 널리 읽혀져 여러 번 큰 반응을 불러 일으켰다. 예컨대, 브래튼은 '매혹적인' 말로 쓰여진 다로우의 글을 읽고 벨 연구소를 알게 되었다고 단언했다.(7)

벨 연구소에서 새로운 지식에 접촉하는 또 하나의 방법은 개인적인 연구나 공부였는데, 아이러니컬하게도 세계 대공황 때문에 생겨난 방법이었다. 공황으로 인하여 1932년에는 벨 연구소 스태프의 작업 일수가 주(週) 5.5일에서 4일로 삭감되었기 때문이다(1934년에는 주 4.5일로 회복되었고, 1936년에는 5일로 되었다). 대개의 경우 여분의 시간은 각자 양자

물리학을 공부하거나 컬럼비아대학, 또는 다른 곳의 연구 코스를 이수하는 데에 쓰여졌다. 몇 가지 학습 성과는 보다 널리 연구소 안에도 보급되었다. 예를 들면, 브래튼은 1931년의 미시간 하계 심포지엄에서 좀머펠트의 금속전자론 강의에 참석했고, 벨 연구소로 돌아오자 자유 참가 형태로 그 이론에 대한 연속 강의를 했다.

그 무렵까지 다른 회사들 역시 자기 연구소에서 나온 성과의 응용을 모색하고 있었다. 연구 지도자들이 연구활동을 어느 정도로 공동의 사업으로 생각하고 있었는지는 약 20개 회사의 연구소 지도자들이 모이는 월례 합동 오찬회의 면모를 살펴보면 잘 알 수 있다. 참가한 지도자들은 제너럴 모터스사의 찰스 케터링(Charles Kettering), 이스트만 코닥사의 케네스 미스(Kenneth Mees), 제너럴 일렉트로닉사의 윌리스 휘트니(Willis Whitney), 그리고 벨 연구소의 제위트였다. 그들은 공유하고 있는 문제와 쟁점(爭點), 이를테면 조직, 인사, 특허, 회사의 연구에 대한 경제조건 등을 토론했다. 때때로 '산업용 연구의 지도자들'(이라고 그들 사이엔 불리고 있었다) 그룹은 서로의 연구소를 방문하기도 했다. 다른 연구소에 개인적으로 방문하는 전통도 역시 이 시기에 서서히 발전한 것이었다.

회사의 연구자들은 대학이 주최하는 행사에 자주 초청되었다. 예를 들면 1920년대 말부터 1930년대 초에 걸쳐 MIT는 전기공학과 내부에서 콜로퀴엄을 연속으로 하고 있었는데, 각종 제조회사, 경영회사, 공업기술회사(벨 연구소도 포함)의 사람들을 초청하여, 기초 과학이 어떻게 공업기술의 여러 문제에 응용될 수 있는가를 강의하게 했다. 1928년에는 벨의 메르빈 켈리(Mervin Kelly)가 이 시리즈 중에 '유선 전화에 사용되고 있는 진공관의 열전자 필라멘트'에 대해 이야기했다. 또 1936년에는 보조스가 '자성(磁性)합금에 관한 최근의 연구'에 대해 보고하였다. 1930년대 중반까지 벨 연구소의 기초 연구과제, 접근방법, 분위기 등은 대학 연구소와 매우 비슷했다.

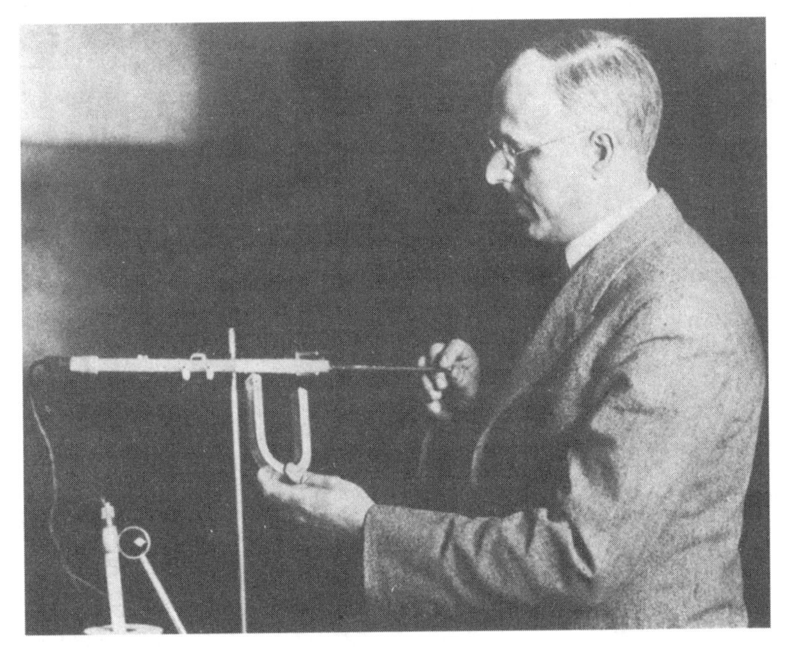

그림 5-5. 해럴드 D. 아놀드(1931년)

고체물리학 연구의 확립

제 4 기, 즉 트랜지스터의 개발로 전성기를 맞게 되는 고체물리학의 기초 연구의 확정은 1936년에 켈리가 연구책임자로 임명되었을 때 시작되었다. 켈리는 전임자인 아놀드나 제위트처럼 시카고대학(여기서 그는 밀리컨과 기름방울 실험을 했다)에서 물리학 박사의 학위를 취득했다. 또한 때는(1928~34년) 진공관과를 이끌었다. 켈리는 진공관을 사용하지 않는 증폭기의 잠재적 가치를 절감하고 있었다. 진공관은 부피가 크고 값이 비싼 데다 작동이 느리고 비교적 소음도 많으며 가끔 그 성능을 믿을 수 없을 뿐만 아니라 수명도 짧았다. 그는 1930년대 초에 고체물질의 특성에 기초한 증폭기를 개발하는 일에 흥미를 나타내었다고 한다.

벨 연구소의 스태프 중 몇 명의 연구원들은 이미 반도체의 증폭 특성을 조사하고 있었다. 이를테면 베커와 브래튼은 산화구리의 특성을 연구

그림 5-6. 클린턴 S 데이비슨과 메르빈 J. 켈리 (1951)

하고 있었지만 그들의 측정 결과가 의미하는 물리적인 원리를 충분히 이해하지 못했다. 1930년대에 베커와 함께 연구했던 레이먼드 시어스(Raymond Sears)는 당시를 이렇게 회상하고 있다.[8]

"베커는 산화구리 정류기에는 진공관과 비슷한 무엇이 있을 것이라고 줄곧 생각하고 있었습니다. 그 이유는, 한 방향으로의 전도(傳導)와 역방향으로의 전도가 비선형(非線形)적인 것이었기 때문입니다. 그러므로 조(Joe) 자신은 산화동의 산화물층 속에 전선의 그물을 박아 보기도 했습니다. 진공관의 내부와 같은 그리드를 만들려고 했던 것입니다. 나는 그것을 잘 기억하고 있습니다. 그리고 브래튼과 나는 그에게 이렇게 말해 주었습니다. '여보게 그런 식으로 해서는 안 되잖나. 어떻게 하면 잘 될 것인지를 확실히 이해하지 않으면 안돼'라고 말입니다."

브래튼이 1931년 미시간의 하계 심포지엄에 출석한 근본 동기는 열전자복사와 광전효과의 일함수(work function)에 대해 충분한 지식을 얻고 싶었기 때문이라고 말하고 있다.[(9)]

켈리는 고체 증폭기에 이르는 길은 고체의 기초 물리학을 보다 깊이 이해하는 데 있다고 확신하게 되었다. 그리고 1930년대 중반까지 기초 고체물리학에 초점을 맞춘 화학자, 물리학자, 야금학자로 편성되는 새로운 형태의 연구팀을 만들고 싶은 생각을 하기 시작한다.

보조스에 의하면 1933년부터 1936년까지 벨 연구소의 연구 책임자였던 올리버 버클리(Oliver E. Buckley)가 이에 대한 관심을 오래전부터 가지고 있었기에 아마도 켈리가 1936년에 이론물리학자인 윌리엄 쇼클리(William Shockly)를 고용할 수 있었을 것이라고 한다.(1952년에 버클리가 사장직을 물러난 후에, 벨 연구소와 미국 물리학회는 고체물리학 분야에 올리버 버클리 상을 설립했다. 이것은 다년간 기초 고체물리학 연구에 관심을 쏟은 버클리를 기념한 것이었다.)

MIT에서 쇼클리의 논문을 지도한 사람은 존 슬래터(John Slater)였으며, 당시 그곳은 미국의 2대 소장 고체물리학자 양성소 중의 하나였다. 다른 한 곳은 프린스턴대학이었다. 유진 위그너의 대학원생 중 몇 사람, 이를테면 존 바딘(John Bardeen), 코니어스 헤링(Conyers Herring), 프레더릭 사이츠(Frederick Seitz) 등은 고체물리학자의 제1세대로서 일익을 담당하고 있었다. 1930년대 초반에는 MIT와 프린스턴대학의 물리학과의 관계는 매우 가까웠다. 1940년대 중반의 벨 연구소의 지도적인 세 고체물리학 이론가들, 즉 쇼클리, 바딘, 헤링은 대학원 시절부터 잘 아는 사이였다.

벨 연구소에서 쇼클리는 맨 처음 진공관 현상을 연구하였으나 곧 하비 플레처(Harvey Fletcher)가 지도하는 새로운 연구그룹에 참가했다. 플레처는 당시 물리연구의 책임자로 있던 저명한 음향학 연구자였다. 후에 멤버의 한 사람이 된 조셉 버튼(Joseph Burton)은 이 그룹에 대해 최근 다음과 같이 언급하고 있다.[(10)] "…… 비교적 새로운 사람들의 그룹이었다. 울드리지(Dean Wooldridge), 타운즈(Charles Townes), 쇼클리, 닉스(Foster Nix) 등은 모두 어느 정도 현대 고체물리학을 공부한 사람들이었다." 이 그룹 중의 한 사람인 포스터 닉스는 금속과 합금의 현상에 관한 일련의 연구를 하고 있었고, 쇼클리가 합금의 질서·무질서 현상에 흥미를 갖게 된 것도 그의 덕분이었다. 쇼클리는 이리하여 MIT시절에 배운 기초 고체물리학에 더욱 접근해 갔다. 딘 울드리지(1936년에 연구소에 입사)는 이 무렵 2차 방출 이론, 자기 녹음, 텔레비전 연구를 하고 있었다. 찰스 타운즈(1939년 입사)는 얼마 후 레이더 폭격 조준기 연구에 관여하게 되었다.

닉스는 이 그룹에 대한 자신의 인상을 최근 다음과 같이 언급하고 있다.[11] "플레처 밑에서 켈리가 각각 개성적인 동료들을 모아 이 작은 그룹을 만들었을 때(그 중에는 쇼클리와 나, 울드리지가 있었다) 우리는 이런 말을 들었다. '자네들은 무엇이든 하고 싶은 일을 하게나. 자네들이 하고 싶은 일이라면 내가 모든 책임을 지겠네.'라고."

쇼클리와 닉스는 1936년에 조직된, 켈리가 승인한 비공식 연구그룹의 중심이 되었다. 이 조직은 고체 양자론에 이르는 또 하나의 중요한 과정이 되었다. 이 그룹에는 쇼클리, 타운즈, 닉스 그리고 울드리지 등이 있었고, 브래튼(주로 산화구리 정류기의 연구를 하고 있었다), 알랜 홀든(Alan Holden ; 전문은 결정(結晶)이었다), 애디슨 화이트(Addison White ; 유전체를 연구하고 있었다), 보조스(자성체를 연구하고 있었다), 또 하웰 윌리엄스(Howell Williams ; 보조스 밑에서 자석을 연구했다)도 있었는데, 이 그룹은 4년이 넘는 동안 매주 모임을 가져 당시 최신의 양자 고체물리학의 연구를 논의했다. 사용된 연구서 중에는 네빌 모트(Nevil Mott)와 존스(H. Jones), 모트와 로널드 구니(Ronald Gurney), 리처드 톨만(Richard Tolman)과 라이너스 폴링(Linus C. Pauling) 등의 저서가 들어 있었다. 제임스 피스크(James Fisk ; 처음에는 쇼클리와 핵분열 연구를 하고 있었다)와 버튼(광전자 방사를 연구하고 있었다)도 1939년에는 이 연구그룹에 참가했다.

트랜지스터

한편, 홈델(Holmdel)에 위치한 벨의 무선전화 연구소에서는 트랜지스터의 발명에 기초를 제공하는 하나의 중요한 사실이 발견됐다. 몇몇 연구원들은 어떤 종류의 실리콘 샘플들은 고주파 마이크로파의 효과적인 검파기가 된다는 사실에 주목했다. 이 연구원들 중의 한 사람인 러셀 올(Russell Ohl)은 순수한 실리콘 샘플을 만드는 데 흥미를 갖고 이 과제에 벨 연구소의 몇몇 야금학자들을 참가시켰다. 뜨거운 실리콘 주괴(鑄塊)를 식히는 동안에 잭 스캐프(Jack Scaff)와 헨리 시어러(Henry Theurer)는 최초의 실리콘 p-n접합을 만들어냈다. 이 실리콘에 빛을 쪼이면 상당한 광기전력 효과(光起電力効果)가 발생했다(이것은 1940년의 일이다).

켈리는 이 사실을 듣고, 여기에 고체 증폭기의 열쇠가 있을지 모른다고 생각했다. 브래튼은 다음과 같이 회상하고 있다.[9]

> "이 현상의 의미를 논의하기 위해 켈리의 연구실에 모인 자리에 베커와 내가 불려갔다. 아마 우리들이 반도체에 관해서 중요 사항을 알고 있는 물리학자라고 생각되었기 때문일 것이다……. 그리고 올(Ohl)이 실험해 보여준 것을 보고 우리는 매우 놀랐다. 우리가 이제까지 보아 온 광기전력 효과보다 적어도 2배 이상 큰 효과로, 밝기로는 실내등 정도였다……. 심지어 속임수가 아닌가 하고 생각했을 정도였다."

벨 연구소의 고체물리학의 연구와 트랜지스터로 향한 첫걸음은 제2차 세계대전이 발발할 무렵에는 확실한 진전을 보였다. 벨 연구소와 그 밖의 곳에서 이루어지고 있던 전시(戰時) 연구에서는 새로운 진전이 있었다. 예를 들면, 공명(共鳴)기술, 열중성자 산란, 개량된 계산방식 등으로서, 이것들은 전후에 기초적인 면에서 고체물리학에 이바지하게 되었다. 그리고 아마 고체 전자학의 진보에 가장 중요했던 것은, 극히 미량의 불순물을 함유한 큰 규모의 물질을 개발하는 데 많은 노력이 있었다는 점이다. 실리콘과 게르마늄은 잘 발달한 생산기술 때문에 전후 고체 물리학 연구의 원형이 되었다.

또 전쟁으로 인하여 국가 자원으로서 산업계의 연구와 대학에서의 학술연구가 전국적 규모로 재검토되게 되고, 그로 인하여 벨 연구소는 더욱더 회사 내의 기초 연구를 지원하게 되었다. 1949년 8월 25일자『뉴욕 타임즈』에 기고한 기사 중에서 버클리 사장은 자신의 자세를 다음과 같이 설명하였다.

> "과학적 정신을 짓밟는 또 하나의 확실한 방법은 위로부터 직접 간섭하는 짓이다. 잘 운영되고 있는 회사의 연구소장들은 모두 이 점을 잘 이해하고 있다. 또 '연구를 감독하는 사람'이 절대로 해서는 안 되는 일의 하나가 연구를 지시하는 일이며, 어떠한 관리위원회이건 거기서 결정한 연구방침을 따라서는 안 된다. 연구는 그 당사자가 하고 싶어 하는 방향에서만 효과를 거둘 수 있다. 진정한 목표가 정해져야 하고, 기초 연구의 경우는 이해라고 하는 목표가 ……. 연구의 감독자가 하는 역할은 팀을 편성하는 일, 설비가 충분히 갖추어져 있는가, 그들의 연구가 자유로이 수행될 수 있는가를 확인하는 일이다. 또 연구자를 위해 그들의 연구에 빼놓을 수 없는 연구의 교류를 보장해 주지 않으면 안 된다. 그리고 동시에 긴급히 처리하지 않으면 안 될 일이 생겨 연구자들의 연구가 방해되거나 옆길로 빗나가지 않도록 그들을 지켜주어야만 한다……."

1930년대 말부터 전시중 줄곧 벨 연구소의 기초 연구에 대해서 버클리와 켈리 사이에 오랜 논의들이 오갔다. 그 결과 켈리가 오랫동안 구상했던 연구원의 혼성그룹이 1945년 1월에 정식으로 인가를 받게 되었다. 이 그룹은 물리학자, 화학자, 물리화학자, 야금학자로 구성되어, 공동으로 고체물리학의 기초 연구를 수행한다는 사명을 지니고 있었다. 고체 연구 그룹의 주임은 화학자인 스탠리 모건(Stanley Morgan ; 1920년대 중반부터 벨 연구소에 재직)과 물리학자인 쇼클리 두 사람이 맡았다. 이 인가에는 모든 고체문제들에 모든 분야가 함께 대처해 나간다고 하는,

그림 5-7. 올리버 E. 버클리 (1952년)

켈리가 1930년대 꿈꾸었던 전망이 반영되어 있었다. 이리하여 진정한 고체물리학의 연구가 시작되었다.

동시에 또 다른 두 개 기초 연구 그룹도 설립되었다. 하나는 제임스 피스크를 소장으로 하여 전자역학의 기초 연구를 하는 것이고, 또 하나는 울드리지를 소장으로 하여 물리 전자학의 기초를 연구하는 것이었다. 피스크는 켈리에게 존 바딘(그는 이 무렵 이미 국내의 저명한 고체물리 이론가로 알려져 있었다)을 새로운 고체 그룹에 참가시키자고 제안했다. 그리하여 바딘은 1945년 그룹에 참가했다. 이듬해에는 코니어스 헤링이 새로운 물리 전자학 그룹에 고용되었다. 바딘과 헤링을 참가시킴으로써 벨 연구소는 지도적인 연구기관으로 실험 고체물리학뿐만 아니라 이론에서도 외부에 의존하지 않고 연구해 나갈 만한 규모가 되었다.

쇼클리 지휘하의 새로운 고체부문 한 분과에는 바딘, 브래튼, 실험 물리학자인 제럴드 피어슨(Gerald Pearson), 물리화학자인 로버트 기브니

(Robert Gibney), 그리고 회로 전문가인 힐버트 무어(Hilbert Moore)가 있었다. 이 분과는 실리콘과 게르마늄 반도체에 초점을 맞추어 연구를 시작했다. 1947년 12월 바딘과 브래튼이 최초의 점접촉형 트랜지스터를 발표했고, 이듬해에는 쇼클리가 최초의 접합형 트랜지스터를 개발했다. 1956년에 바딘, 브래튼, 쇼클리 등은 트랜지스터를 발명한 공으로 노벨상을 수상했다.

처음에는 필요성에서, 나중에는 계획적으로

이렇게 하여 연구 과정은 완결되었다. 처음에는 한 기계에 대한 회사의 관심에서 시작된 벨의 기초 연구 계획은 다른 기계의 발명으로 이어졌던 것이다. 이리하여 그 과정은 극적인 속도로 확장되었는데, 트랜지스터는 고체물리학의 재정 기반과 규모를 확대시켜, 고체 전자학 시대를 열어 놓았기 때문이었다.

자연과학으로의 접근방법에는 서로 다른 두 방법이 있다. 즉, 기술자들에 의한 좀더 구체적인 접근방법과 과학자들에 의한 좀더 추상적인 접근방법이 그것이다. 이 두 가지 방법의 훌륭한 통합이 벨 시스템에서 이루어졌다. 처음에는 필요에 의해 이루어졌던 이 통합이 나중에는 계획적으로 이루어진 것이다.

이 글은 다음의 세 논문에 발표한 연구를 요약한 것이다.

"The Emergence of Basic Research in the Bell Telephone System 1875~1915." Technology and Culture **22**, 512(1981) ; "The Entry of the Quantum Theory of Solids into the Bell Telephone Laboratories, 1925~40 : A Case-Study of the Industrial Application of Fundamental Science," Minerva **18**, 423(1980) ; and "The Discovery of the Point-Contact Transistor," Historical Studies in the Physical Sciences **12**, 41(1981).

이 연구는 사료문서(연구노트, 편지류, 기술메모 등을 포함)와 벨 연구소 과학자들과의 인터뷰 녹음 테이프에 바탕하여, 몇 개 기관의 협력과 원조 덕분으로 가능했다. 그 가운데서도 벨 연구소와 미국물리학협회(AIP)의 물리학사 센터에는 특히 많은 신세를 졌다.

참고문헌

(1) 예를 들면, 다음 책을 참조하기 바란다. *A History of Engineering and Science in the Bell System, The Early Years* (1875~1925) (M. Fagan, ed.), Bell Telephone Laboratories, Murray Hill, N. J. (1975).

(2) *Autobiography of Robert A. Millikan*, Prentice-Hall, New York (1950), p. 117.

(3) J. Mills, Bell Tel. Quart. **19**, 5 (1940).

(4) L. Germer, "The discovery of electron diffraction,"(미발표의 메모), 마이크로 필름, 리일 넘버 66, Archives for the History of Quantum Physics (아래 기관에 소장되어 있다. AIP (뉴욕), 미국철학회 (필라델피아), 닐스 보어 연구소 (코펜하겐), 캘리포니아대학 버클리교).

(5) R. Gehrenbeck, *Clinton Davisson, Lester Germer and the Discovery of Electron Diffraction*, 박사 논문 (미네소타대학, 1973년), 〈데이비슨과 거머의 발견에 대해서는 이 책의 제2권 6장을 참조할 것〉.

(6) W. Brattain, J. Becker, Phys. Rev. **45**, 696 (1934).

(7) A. 홀든과 W. J. 킹 (King)에 의해 1964년 1월에 이루어진 브래튼과의 인터뷰. Oral History Collection, AIP Niels Bohr Library, New York.

(8) L. 허드슨 (Hoddeson)에 의해 1975년 7월 14일에 이루어진 시어스(Sears)와의 인터뷰. Oral History Collection, AIP Niels Bohr Library, New York.

(9) C. 와이너에 의해 1974년 5월 28일에 이루어진 W. 브래튼과의 인터뷰. Oral History Collection, AIP Niels Bohr Library, New York.

(10) 1975년 6월 27일 L. 허드슨(Hoddeson)에 의해 이루어진 F. 닉스와의 인터뷰. Oral History Collection, AIP Niels Bohr Library, New York.

(11) 1974년 7월 22일 L. 허드슨(Hoddeson)에 의해 이루어진 J. 버튼과의 인터뷰. Oral History Collection, AIP Niels Bohr Library, New York.

Chapter 6

밴 블렉과 자기학

한 사람이, 결정장(結晶場) 이론, 상자성, 공명 분광학, 양자론의 연구를 통하여 한 인간으로서는 힘에 부칠 정도로 자기학을 큰 분야로 넓혀 놓았다.

몇해 전만 했어도 나의 표제안의 두 항목, 즉 밴 블렉(John H. Van Vleck)과 자기학은 굳이 구별할 필요가 없었을지도 모른다. 이 둘은 이론 물리학의 한 분야로서는 거의 같은 의미를 나타냈다. 그러나 현재 이 분야는 너무도 방대하게 되어 우리 세대가 처음 공부했을 무렵 블렉이 그랬듯이 한 사람이 모든 분야를 감당할 수 없을 정도다. 물리학자라면 누구나 자기학(磁性)에 관한 블렉의 업적을 몇 가지는 알고 있겠지만 그 전체를 평가하고 있는 사람은 거의 없을 것이라고 생각된다.

블렉은 저명한 수학자인 에드워드 버 밴 블렉(Edward Burr Van Vleck)의 아들이다. 블렉에 얽힌 이야기 중에서 사실이 아닌 것은 위스콘신대학의 수학과 건물 명칭이 그에게서 연유한 것이라는 이야기뿐이다. 그 건물은 그의 부친의 이름을 따서 붙여진 것이다. 또 블렉의 할아버지 존 먼로 밴 블렉(John Monroe Van Vleck)도 걸출한 수학자였다. 웨슬레이언(Wesleyan)대학의 천문대는 그의 조부의 이름을 따 블렉 천문대라 불리고 있다.

그림 6-1. 존 H. 밴 블렉. 하버드대학 수학 · 자연철학 홀리스(Hollis) 교수직. 사진은 1967년의 68세 생일날에 찍은 것. 1969년 6월에 퇴직

밴 블렉은 학사학위를 1920년에 위스콘신대학에서, 박사학위를 하버드대학에서 단 2년만에 23세에 취득했다. 1923년에 미네소타대학에 부임하여 1927년에 정교수가 되었다. 그해 애비게일 피어슨(Abigail Pearson)과 결혼했고 1년 후에 이론 물리학의 교수로서 그의 부친이 있는 위스콘신대학으로 옮겼다. 그리고 1934년에 하버드대학으로 복귀하

여 거기서 이듬해에 정교수가 되었다.

제2차 세계대전 중에는 하버드대학에서 무선연구소의 이론그룹 주임으로, 전후에는 물리학과장이 되어 1949년까지 근무했다. 그 후 공업과학·응용물리학의 초대 학부장이 되어 1957년까지 재임했다. 또 1951년에는 수학·자연철학의 홀리스 교수직에 올랐다. 그는 1969년 6월에 퇴임하여 1980년 10월 27일에 별세했다.

객원 교수

밴 블렉은 바쁜 일과에서도 틈을 내어 각각 다른 기회에 여덟 번이나 객원 강사로 근무한 적이 있다. 그 중에는 옥스퍼드대학의 이스트먼(Eastman) 교수직(영국에서는 가장 선망받는 지위의 하나이다. 그도 그럴 것이, 센트럴히팅 설비가 달린 집이 제공되는 교수직이기 때문이다)과 라이덴(Leiden)대학의 로렌츠 교수직(Lorentz Professorship)이 포함된다. 그는 또 미국물리학회(APS)의 평의원 및 회장, 미국 과학아카데미, 과학진흥협회, 이론·응용물리학 국제연합의 부회장 등을 역임했다.

그가 받은 갖가지 영예를 모두 열거할 생각은 없지만, 유례를 찾아보기 어려울 만큼 다국적에 이르고 있다는 사실만 기록해 두기로 하자. 그는 적어도 5개국 국립 아카데미의 외국 회원이다. 그 중에서도 그르노블(Grenoble), 파리, 옥스퍼드, 낸시(Nancy)대학은 그에게 명예 학위를 수여했다. 물론 하버드대학은 말할 것도 없다. 어쨌든 그는 하버드대학에서 자신의 학위를 받았으니까 말이다. 그는 케이스(Case)공과대학의 마이컬슨상과 APS랭뮤어상의 최초의 수상자이며, 1967년에는 전미국자연과학 기장(National Medal of science)도 수상했다(1977년에 이 논문의 저자와 공동으로 노벨 물리학상을 수상했다).

독자 여러분은 아마 "요즘 그는 무엇을 하고 있는가?"라고 질문할 것이다. 물론 많은 일을 하고 있다. 그는 지난 수년 간 줄곧 포접화합물(包接化合物; Clathrate compounds)에 대해 연구해 왔다. 이 포접화합물 안의 기체분자는 화학적으로 결합해 있는 것이 아니라 공동(空洞)이나 혹은 '우리(cage)' 속에 가두어진 것과 같은 결합 양식을 하고 있다. 그 때문에 이 기체분자는 자성적으로는 자유로이 행동할 수 있을 뿐만 아니라 그밖의 회전적 거동 등도 할 수 있다. 그는 또 희토류(稀土類)의 자성 연구도 하고 있다.

커다란 영향력

그러나 나는 그의 과거의 업적에 주목하겠다. 블렉은 자성 연구에 큰 영향을 미쳤다. 이 연구는 미시적인 관점에서 자성체의 참다운 특성을 정량적으로 이해하려는 시도로 볼 수 있다.

블렉의 최초의 연구는 초창기 양자론에 있어서 광학 스펙트럼과 분산 관계였다. 그리고 그의 최초의 저작[1]은 전에 씌어진 것 중에서 초창기 양자론의 가장 완전하고 정확한 해설서이다.

그러나 불행하게도 이 책은 새 양자론이 출현한 1926년에 출판되었다. 그는 이런 일에 동요하지 않고 새 양자론이 등장하자 곧 배워 응용했다. 그 당시 미네소타대학에서 그의 수업을 받았던 학생들은(그중에는 워커 블리크니(Walker Bleakney)와 월터 브래튼(Walter Brathain)도 있다.) 그들의 일생에서 가장 과학적인 자극을 받은 수업이라 기억하고 있다.

블렉은 연구 테마로 망설이지 않고 전기 감수율(電氣感受率)과 자화율(磁化率)을 선택했다. 그 이유는, 이 분야에 초창기 양자론을 적용해 많은 경우에 놀랄 만큼 좋은 결과를 얻고 있었으므로 새로운 이론을 적용하면 더 좋은 결과를 얻을 수 있을 것인가 여부를 확인하려 했던 것이다. 이와 같은 관점(지금의 우리에게는 그다지 절실하게 와닿지 않는 것이지만)을 지니고 있었기 때문에 그의 책[2]은 일관된 방향성과 통일성이라는 매우 긍정적인 의미를 지니고 있다. 덧붙여 말하면, 새로운 양자론의 적용은 이전의 이론의 경우보다 훨씬 좋은 결과를 준다고 결론짓고 있다. 한 가지 생각을 고전론, 초창기 양자론 그리고 새 양자론이라는 세 가지 언어로 고려할 수 있는 그의 능력은 그의 가장 훌륭하고 가장 이해하기 힘든 재능들 중 하나이다.

골격에 대한 살붙임

그의 저서로 되돌아가서, 그것을 다시 한번 읽어 보면 즐거운 마음에서 열중하게 된다. 블렉의 특이한 관점에 의해서 다른 사람이 생각해낸 기본적인 아이디어가 어떻게 해명되고, 그 골격에 어떻게 살이 붙여져 나가는지를 알 수 있을 것이다. 그 하나가 '하이젠베르크의 교환 해밀토니언'이라는 것이다. 베르너 하이젠베르크가 최초로 통계와 전자의 교환, 그리고 강자성 관계를 지적했고, 다음에 디랙(P. A. M. Dirac)이 수식으로 교환과 스핀 연산자의 스칼라 곱 간의 관계를 도입한 것은 사실이다. 그러나 우리가 현재 자성 절연체를 기술하는 데 사용하고 있는 JΣ(Si · Sj) 형태의 연산자는 본래는 밴 블렉에 힘입은 바 크다. 또 이 방법을 디랙-밴 블렉 벡터 모형(원자 · 분자 내에서 몇 가지 각 운동량 벡터의 복잡한 결합을 다룰 수 있는 방법)으로 확대한 것도 다름 아닌 밴 블렉이다. 또 펠릭스 블로흐(Felix Bloch)의 스핀파도 블렉이 설명하면 훨씬 더 명확하다.

베테(Hans A. Bethe)가 도입한 결정장(Crystal fields) 이론은 주로 군론(群論)의 어려운 연습문제 중 하나였으나 밴 블렉이 우리가 오늘날 사용하고 있는 것과 같은 형태로 만들었다. 각 운동량(이 경우 d 궤도전자의 궤도 각 운동량) 벡터에 다시 한번 작용하는 유효장이 그 예이다. 이 형태라면 왜 궤도 각 운동량이 어느 경우에 전혀 반응할 수 없는지가 명확해진다. 또 자화율은 '스핀만으로'(궤도 각 운동량의 '동결'-평균값이 제로가 되는-이라고 하는 유명한 개념) 주어진다.

오늘날의 관점에서 이 책을 재점검해 보면 두 가지 점이 인상적이다. 즉, 그는 반강자성(反强磁性) 및 결정장(Crystal fields)의 공유결합을 사용한 설명이라고 하는 두 가지 예를 들어, 앞으로 10년이나 또는 그 정도 사이에 커다란 진보(블렉 자신도 자주 이에 참여하게 되었지만)가 있을 것임을 여러 차례 매우 명확하게 암시하고 있는 사실이다.

블렉은 교환적분 J의 부호가 마이너스일 때 질서상태의 가능성을 간과했기 때문에 반강자성 이론에 있어서 수년 동안이나 루이스 닐(Louis

그림 6-2. 1930년 브뤼셀에서 열린 제6차 솔베이회의에서 밴 블렉은 유일한 미국인이었다. 사진 후열 세 번째가 그다. 앞줄에 앉아 있는 사람들은 왼쪽에서 오른쪽순으로 테오필 드 돈더(Theophile del donder), 피터 제만(Pieter Zeeman), 피에르 위스(Pierre Weiss), 아놀드 솜머펠드(Arnold Sommerfeld), 마리 퀴리(Marie Curie), 폴 란주벵, 알베르트 아인슈타인, 오윈 리처드슨, 블래스 캐브레라. 닐스 보어, 완더 해스, 뒷줄은 E. 헬젠, E. 헨리오트, 줄 버차펠트, C. 만네백, 아메이 코튼, 자크 에레라, 모토 스테른, 오귀스트 피칼드, 웰터 겔라츠, 찰스 다윈, P. A. M. 디랙, 한스 바우어, 피터 카피차, 레온 브릴루앙, 헨드릭 크래머스, 피터 디바이, 볼프강 파울리, 야코프 돌프만, 밴 블렉, 엔리코 페르미, 베르너 하이젠베르크

Neel)과 레브 란다우(Lev D. Landau)를 앞지를 수 없었다고 말하고 있다. 즉, 이 효과의 정확한 이론은 닐과 란다우의 아주 애매한 이론이 제기되고 나서 6, 7년 후인 1940년에 블렉의 논문으로 겨우 완성되었던 것이다.

주요한 공헌

자성에 대한 블렉의 가장 중요한 공헌으로 여겨지는 것은 자기(磁氣) 이온의 배위자(配位子)에 대한 약간 약한 공유결합으로부터 생각해낸 결정장 이론을 들 수 있다(이에는 몇 가지 꽤나 후회할 만한 우여곡절이 있었다). 이것은 다시 주목을 받기까지에는 15년이나 걸렸지만 그가 자기 책 속에서 예시했던 것을 얼마 후 말끔한 형태로 완성시킨 것이었다.

물론 그의 책 속에 들어 있는 많은 유익하고 중요한 사항들에 대해서는 아직 언급하지 않았다. 밴 블렉의 상자성이 그 하나이다. 또 하나 덧

붙이고 싶은 것은 그의 책은 결코 '시대에 뒤떨어진 것'이 아니었다는 점이다. 즉, 어떠한 주제에 대해서는 그릇된 설명을 하거나, 또는 받아들이려고 하지 않고 더 많은 고찰을 위해 미해결 문제로 그것들을 남겨둔 것이다. 특기할 만한 그의 기여는 매질 내에서 맥스웰의 식이 의미하는 바를 실제의 원자·분자와 미시적인 전자기장을 사용하여 명확하게 설명한 점이었다.

나의 서가를 둘러보면 블렉의 또 하나의 경력을 엿볼 수 있다. 그것은 마이크로파 분광학, 공명 분광학 분야의 기원에 관한 일본인의 발췌 논문의 컬렉션이다. 이들 기초적인 여러 논문들은 블렉에 의해 쓰여진 것은 아니지만 거의 모두가 블렉의 조언과 아이디어(물론 이것들은 지금도 우리가 이용하고 있는 것이다)의 지원에 감사의 뜻을 표하고 있다. 밴블렉이 네덜란드의 저온 그룹과 교류하고 있었다는 것은 스핀-스핀, 스핀-격자, 자기벡터 완화의 본성을 이해하는 데 있어서 가장 중요한 요소였다고 할 수 있다. 그는 이들 개념을 전후 전파분광학에 도입한 주요 인물이었다.

이바 월러(Ivar Waller's)의 모멘트법을 스핀-스핀 완화에 응용하여 교환 격감화라는 중요한 현상을 지적한 그의 훌륭한 여러 논문들은 매우 중요하다. 또 크래머(kramer)의 시간반전 축퇴(degeneracy ; 전자가 홀수개 있을 때는 언제나 자유 스핀을 갖는다는 것)라든가, 궤도 축퇴의 존재하에 어느 계의 변형이라고 하는 양-텔러 효과(Jahn-Teller effect) 등의 난해한 개념이 자성에 있어서 중요하다는 것을 그가 인정한 것도 주목할 만하다.

정보와 자극

전쟁중이나 전후를 통해서 가장 인상적이었던 것은, 매우 중요한 새로운 연구 분야에 대해 사정을 잘 아는 사람으로서의 그의 역할과 그 분야에 대한 자극제로서의 그의 역할이었다. 당시 어느 모임에서 그와 잡담을 하고 있노라면 실험가들이 계속 찾아와서 이야기가 중단되곤 했다.

그들은 자기들이 막 얻은 실험 결과에 대한 의견을 들으러 온 것이었다.

그의 긴 연구 경력 중에서 세 가지 독립된 업적들이 눈에 띈다. 이것들은 모두 오늘날의 문제에도 적용되는 것으로, 그 중 두 가지 업적은 두 가지 타당한 견해 사이에서 즐겨했던 중재자로서의 역할이다. 즉, 두 가지 접근 방법으로부터 얻어지는 결과가 공통된 것이라면 결국 두 접근 방식이 양립할 수 있다는 것을 강조했던 것이다.

최초에 이러한 조정 노력이 이루어진 것은, 현재의 이른바 '양자화학'이라 불리는 분야가 시작된 무렵이었다. 슬레이터 파울링(Slater-Pauling) 원자가 결합의 아이디어(현재는 흔히 Heitler-London의 이론이라 불리운다)와 헌드 멀리컨(Hund-Mulliken) 분자 궤도라고 하는, 해를 건너서 각각 노벨상을 수상한 두 아이디어가 화학 결합의 해석이라는 점에서 표면적으로 대립해 있었다. 밴 블렉은 이 대립이 절대적인 것은 아니라고 역설했을 뿐만 아니라, 어느 결과의 설명에서 이 두 가지 아이디어가 모두 쓰일 수 있다는 것을 실제로 제시하는 중요한 역할을 했다. 이들 중에서 가장 중요한 것의 하나는 탄소가 정사면체 결합을 하고 있다는 것을 제시한 일이다. 나의 견해로는 현재까지 이 중요한 사실을 타당하게 논한 유일한 것은 이 시기에 『저널 오브 케미컬 피직스』에 발표되었던 그의 여러 논문 안에 있다고 생각한다.

양립될 수 있는 결론

또 하나의 예는 1930년대 이후에 그가 쓴 일련의 논문과 평론 속에서 볼 수 있는 것으로, 강자성의 국소(local) 스핀 모델과 편력(itiueracy) 모델은 대립할 필요성이 없다는 것을 역설하고 유사한 많은 결과를 제시했다. 사실 현재 우리가 스핀파를 편력(itinerant) 모델의 집단적 들뜸으로 이해하거나, 금속과 절연체에서의 스핀 현상의 본성으로 이해하고 있는 사실로 미루어 이것은 유일하게 가능한 견해로 기록되야 할 것이다. 완전한 편력(itinerant)과 완전한 국소는 모두 매우 드물며, 자성 현상은 어느 한쪽 관점에서만 보아서도 안 된다. 코니어스 헤링(Conyers Herring)이 유명한 평론 중에서 적절하게 기술한 바와 같이, 어떻게 혼합해서 자신의 칵테일을 만드느냐 하는 문제이다.

밴 블렉의 마지막 공헌은, 요즘 은하계 우주간의 수산기(水酸基) 메이저 효과(hydroxyl-maser effects)와 위성통신 같은 광범위한 분야에서 결실을 맺었다. 이것은 흥미진진한 온갖 복잡한 상태의 분자 스펙트럼에 관한 그의 오랜 세월에 걸친 연구의 결과로서, 수산화물 스펙트럼에 대해 우리가 알고 있는 것은 람다 2중항에 대한 그의 연구에 바탕하고 있다. 스펙트럼의 밀리미터 파장의 어느 영역대에서의 대기의 불투명도를 설명한 것도 그의 산소에 대한 계산의 결과였으며, 대기가 불투명하지 않다면 이 파장 영역의 파동은 위성통신에 있어서 이상적인 것이 되었을 것이다.

교사로서 또 인간으로서

또 교사로서의 블렉, 한 인간으로서의 블렉의 측면도 있다. 그에 얽힌 이야기들의 대부분은 사실이다. 그는 일본 목판화의 일대 컬렉션을 소장하고 있다. 그의 부친으로부터 상속받은 것으로, 그 대부분이 프랭크 로이드 라이트(Frank Lloyd Wright)로부터 입수한 것이었다. 그는 또 그다지 알려지지 않은 철도 시간표에 관하여 오랫동안 세계적인 전문가이기도 했다.

전에 그가 뉴욕에서 벨 연구소로 갈 때 포비 스노우(Phoebe Snow)의 마차를 탄 것도 사실이다. 내가 하버드대학을 졸업했을 무렵 블렉은 벨 연구소까지 피비 스노우 마차를 타고 다녔는데, 벨 연구소 사람들의 주선으로 한 번 탄 적이 있었는데 매우 즐거웠다. 또 멕시코의 『Annals of the National University of Tucuman』지에 두 편의 논문을 발표했던 것도 사실이다.

시험대에 올려졌던 학생들

그의 대부분의 제자들은 그가 수업에서 모두에게 대답을 요구하던 버

그림 6-3. 1925년 미네소타대학에서. 밴 블렉(2열째 왼쪽에서 두 번째)이 왼쪽의 조셉 밸러섹(Joseph Valasek), 오른쪽의 존 테이트(John tate) 사이에 앉아 있다. 이 사진에는 윌리엄 부츠타(J. William Buchta ; 후열 왼쪽에서 여덟 번째), 엘머 허친슨(Elmer Hutchinson ; 후열 왼쪽에서 아홉 번째), 워커 블리크니(Walker Bleakney ; 후열 왼쪽에서 열 번째)가 보인다.

그림 6-4. 1929년 위스콘신대학에서. 하이젠베르크(맨 앞줄 중앙)가 물리학과의 스태프들과 함께 모습을 보이고 있다. 밴 블렉은 그의 왼쪽에 앉아 있다. 사진에는 레란드 하워드(Leland Howarth ; 후열 왼쪽에서 일곱 번째), 앨버트 화이트포드(Albert Whiteford ; 후열 오른쪽에서 두 번째)도 보인다.

릇을 기억하고 있다. 그 전형적인 예는, 그가 교실에 들어서자마자 '교묘한 트릭이란 어떤 것인가?'로 강의를 시작했던 날이다. 또 군론(group theory) 과정의 일도 생각난다. 이 수업에서는 어려운 문제를 계속 풀게 함으로써 군론을 이해하게 했다. 한 번은 그가 흑판에 DOOCS라는 문제를 낸 적이 있었다. 그것이 'OCS 분자를 풀이하라(DO)'는 뜻이라는 걸 이해하기까지에는 한참 동안 시간이 걸렸다.

문제는 대개 다 짧은 것이었지만 그 힌트라는 것이야말로 터무니 없이 길어서, 우리는 문제를 풀고 나서 힌트를 읽는 쪽이 유익하다는 것을 금방 알아챘다. 그 이유는, 문제를 풀고 나서 힌트를 읽으면 아주 새로운 직감을 얻는 경우가 많았기 때문이다. 하기야 우리같이 평범한 사람들에게는 이런 방법으로 문제가 풀리는 일은 좀처럼 없었지만 말이다.

밴 블렉의 강의를 듣고 아무것도 얻는 것이 없었다고 말하는 사람은 본 적이 없다. 대개는 많은 것들을 배워갔다. 그의 제자들의 리스트는 너무 길고 저명한 사람들뿐이므로 그 중에서 공평하게 몇 사람의 이름을 거론하기는 곤란하다. 그래서 생각나는 대로, 이를테면 로버트 서버(Robert Serber), 존 바딘(John Bardeen), 하비 브룩스(Harvey Brooks) 등의 이름을 거론하는 것으로만 그치겠다.

밴 블렉은 한 분야의 기초를 쌓아올렸다. 그 분야는 한 세대에 해당하는 물리학자들이 분주히 활동하고 있다. 이 분야의 많은 사람들은 그에게서 영향을 받았다. 이 작은 글은 그러한 그에게 우리의 감사의 마음을 표하려고 쓰여진 것이다.

참고문헌

(1) Van Vleck, *Quantum Principles and Line Spectra*, National Research Council, Washington (1926).
(2) Van Vleck, *Theory of Electric and Magnetic Susceptibilities*, Clarendon Press, Oxford (1932).

Chapter 7

해럴드 유리와 중수소의 발견

중성자의 존재가 알려지기 이전에, 화학, 핵물리학, 분광학, 열역학을 종합함으로써 중수소의 존재가 예언되고 검출되었다.

해럴드 클레이턴 유리(Harold Clayton Urey)가 수소의 무거운 동위원소가 존재한다는 결정적인 증거를 포착한 것은 1931년의 감사절 날이었다. 유리의 중수소 발견은 간단한 핵 모델과 열역학 모델을 사용하여 결실을 맺은 하나의 일화이다. 그러나 이것은 또 놓쳐버린 기회와 실수의 일화이기도 하다. 이 실수들은 발견의 과정에서 결정적이고도 긍정적인 역할을 했다는 점에서 매우 흥미롭다. 질량 2의 수소를 검출하게 된 이론 연구와 실험 연구의 특징을 살펴보면, 50년 전에 했던 물리와 화학의 방법을 잘 알 수 있다.

조지 M. 머피(George M. Murphy)와 내가 유리와 함께 중수소의 발견을 보고한 논문[(1)~(3)]을 공저했는데, 이 연구를 제안하고 계획을 세우고 지휘한 사람은 유리였다. 따라서 수소의 무거운 동위체를 발견함으로써 노벨상이 유리에게 주어진 것은 당연한 결과이다.

여기서는 우선 발견으로 이끈 연구를, 그 당시 이해되었던 형태로 살펴보고, 그런 다음에 이후의 명확한 지식으로만 이해할 수 있는 몇몇의 연구활동들을 살펴본다. 이런 논급에서 나의 기억에 남아 있는 발견

그림 7-1. 유리와 인디애나주 시골 초등학교의 교사. 고교를 졸업한 후 그는 여기서 교편을 잡았다. 그는 몬태나주립대학에 입학하기 전 인디애나주와 몬태나주의 공립 초등학교에서 3년간 교편을 잡았다(교사의 사진은 AIP 닐스 보어 도서관 유리컬렉션으로부터).

에 얽힌 이야기와 이해에 도움이 될 만한 몇 가지 에피소드를 덧붙여 보겠다.

유리의 경력

유리는 매우 결실 있고 흥미진진한 인생을 살다 1981년 1월 5일 87세로 작고했다. 그는 과학에 관하여 매우 폭넓은 관심을 가졌던 화학자로서 18~19세기의 자연철학자를 방불케 하는 면이 있었다.

한편, 머피[(4)]는 뉴욕대학의 화학과 주임 교수로 줄곧 재직했으며 1968년에 작고했다.

유리는 1893년에 인디애나주의 농가에서 태어나 어린 시절에 가족과 함께 몬태나주의 자영 농장으로 옮겨가 살았다. 그는 고교를 졸업하고 3년간 공립 초등학교에서 교편을 잡았고, 그 후 동물학을 주전공으로, 화학을 부전공으로 하여 몬태나주립대학교에 입학했으나 대학생으로 생활하기에는 경제적으로 어려움이 많았다. 학기 중에는 천막에서 기거하며 공부했고, 여름 동안은 선로공으로 북서부 철도 선로의 부설 현장에서 일했다.

유리는 1917년에 이학사로 졸업했지만, 이 무렵은 전쟁 때문에 화학자가 필요했던 시기였다. 그는 필라델피아에 있는 바레트(Barrett) 화학약품회사에서 전시물자와 관련된 일을 했다. 전쟁이 끝나자 몬태나주립대학교에서 2년간 화학을 가르쳤고, 1921년 캘리포니아대학 버클리교에 화학과 대학원생으로 입학하여 화학열역학의 대가 길버트 루이스(Gilbert N. Lewis)의 지도로 연구했다. 대학원생으로서 유리는 분광학의 데이터로부터 열역학적 성질들을 계산하는 분야의 개척자였다. 1923년에 박사학위를 취득하고 이듬해에는 미국-북유럽재단 특별 연구원으로 코펜하겐의 닐스 보어 물리학연구소에서 지냈다.

코펜하겐에서 돌아와서 그는 존스홉킨스대학교의 교수가 되었다. 그는 화학과에 소속되어 있었으나 물리학과에서 교수와 대학원생을 위해 매주 정기적으로 열리는 '저널' 모임에 출석하여 토론에 참가했다. 이 모임에서 나는 물리학과의 한 대학원생으로서 유리와 알게 되었던 것이다. 유리는 존스홉킨스대학교에 재직 중에 아서 루아크(Arthur E. Ruark)와 공저로 고전적인 교과서 『원자 · 분자 · 양자』를 집필했다. 이 책은 영어로 쓰여진 원자 구조에 관한 최초의 포괄적인 교과서였다. 나는 저자들의 부탁을 받아 책 전체의 교정을 보기도 했다.

유리의 연구는 화학과 물리의 교량 역할을 하였다. 1929년에 그는 컬럼비아대학교의 화학과 부교수의 자리에 앉았다. 또 1933년부터 1940년까지 미국물리협회(AIP)에서 간행하는 『저널 오브 케미컬 피직스』의 설립 편집주간이 되기도 했다. 전기 책인 『미국의 과학자』가 연구원 동료들로부터 인정받고 있는 과학자를 선정했을 때 유리는 물리학 분야에서 선발되었다. 중수소가 발견되고부터 불과 3년 후인 1934년 유리는 노벨 화학상을 수상했던 것이다.

중수소 발견 이전

1913년에 아서 램(Arthur B. Lamb)과 리처드 에드윈 리(Richard Edwin Lee) 등(뉴욕대학에서 연구하고 있었다)은 순수한 물의 밀도의 매우 정밀한 측정값을 보고했다.[(5)] 그들의 측정값은 2×10^{-7}g/cm^{3}의 정밀도를 갖고 있었으나 최고의 정제기술과 온도조절에 의해서 조심스럽게 만들어진 몇 개의 물 샘플에서는 8×10^{-7}g/cm 정도까지 밀도의 변화가 있었다. 그래서 그들은 순수한 물은 일정한 값을 갖지 않는다고 결론지었다.

우리는 물이 여러 가지 동위체의 혼합물로 이루어져 있고, 상이한 증기압을 가지며, 그럼으로써 증류에 의해서 분류(分留)할 수 있음을 알고 있다. 램-리의 관찰이 흥미로운 것은, 동위체의 특성에는 뚜렷한 차이가 있다는 것을 최초로 보고한 실험이었기 때문이다. 이것은 동위체의 존재가 확인된 최초의 실험이라 할 수 있다(동위체의 존재는 영국의 프레더릭 소디(Frederick Soddy)와 독일의 카시미르 파얀스(Kasimir Fajans)가 1913년에 각각 주장하였다). 만약 램과 리가 증류에 의해서 물을 차례로 분류하여 천연수를 서로 다른 분자량을 갖는 것들로 분별했다고 한다면 어떠한 결과가 되었을까?

그로부터 20년도 지나지 않은 동안에, 동위체는 아직 중수소가 발견되기도 전부터 활발한 연구 분야가 되어 있었다. 동위체 연구에 의해서 1930년 이후 핵물리의 급속한 발전이 시작된 것이다. 당시는 아직 미발견의 동위체, 특히 수소를 포함하는 가벼운 원소의 동위체를 찾아내려는 시기였고, 유리 역시 바로 그것을 찾아내려고 한 사람이었다.

나는 1929년에 유리와 조엘 힐데브랜드(Joel H. Hildebrand ; 버클리대학의 저명한 화학교수)와 나눈 이야기를 아직도 기억하고 있다. 그것은 숙박하고 있던 호텔에서 우리가 참석하고 있던 워싱턴의 과학회의 회의장으로 향하는 택시 안에서였다. 유리가 힐데브랜드에게 버클리에서 무엇인가 새로운 연구가 이루어졌느냐고 물어보자 그는 윌리엄 지오크(William F. Giauque)와 헤릭 존스턴(Herrick L. Johnston)이 산소에는 원자량이 17과 18인 동위체가 있으며, 원자량 18인 동위체가 많다는 것을 방금 발견했다고 대답했다. 그들의 논문(6)은 얼마 후 『저널 오브 더 아메리칸 케미컬 소사이티』에 실리게 되었다. 또 힐데브랜드는 "이제 더 중요한 원소 중에서 동위체를 발견할 수는 없을 것이다"라고 덧붙였다. 그의 견해에 유리는 "아니야, 수소라면 그렇게 단언할 수는 없을 것이다"라고 대답했다. 이것은 중수소를 발견하기 2년 전의 일이었다. 유리는 이 한 마디를 잊어버렸지만 나는 기억하고 있다.

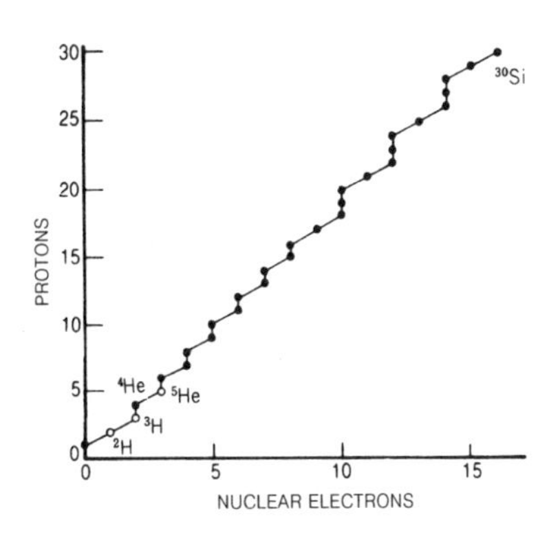

그림 7-2. ^{1}H에서 ^{30}Si까지의 원자핵의 양성자 수 대 핵내 전자 수. 그래프는 유리가 수소의 무거운 동위체를 찾게 되는 패턴을 제시하고 있다. 흰 점은 1931년(그래프가 작성되었을 때)에는 미발견의 원자핵을 나타내고 있다.

당시 다음과 같은 의문에 대해 해답이 모색되었다. 어찌하여 동위체가 존재하는가? 무엇이 동위체의 수와 존재비, 그리고 질량비(packing fractions)를 결정하는가?

유리는 다른 사람과 마찬가지로 이미 알려져 있는 동위체의 그래프를 만들어 동위체의 존재에는 어떤 관계가 있는가를 나타내려 했다. 그림 7-2의 도표는 유리가 작성한 그래프의 하나이다. 당시 중성자는 아직 발견되지 않았고 1932년에, 즉 중수소 후에 발견되었다. 그래프는 원자핵이 양성자로 성립된다고 하는 이론에 바탕을 두고 있으며, 여기서 세로 좌표는 양성자 수를 나타내고 가로 좌표는 핵내 전자수를 나타낸다. 양성자 수가 원자핵의 질량 수이고 핵내 전자 수는 양성자 수로부터 그 원소의 원자번호를 뺀 것이다. 유리의 그래프에서는 1931년까지 그 존재가 알려진 ^{1}H에서 ^{30}Si까지의 원자핵을 검은 점으로 나타내고 있다. 흰 점은 1931년까지는 아직 발견되지 않은 원자핵을 나타내고 있다. 그래프의 지그재그 모양의 선을 그 형태를 유지하여 ^{1}H까지 그으면, 선의 모양을 끝까지 연결하기 위해서는 ^{2}H, ^{3}H, ^{5}H의 원자가 존재해야 할 것이라고 유리는 생각했다.

그는 이 그래프의 사본을 자기 연구실의 벽에 붙여 놓았다. 헬륨 5의 동위체는 존재하지 않는다. 또 이 지그재그선에 의하면 헬륨 3은 존재하지 않는데 이것은 후에 발견되었다. 이 그래프는 오늘날에 와서는 단순히 역사적인 의미밖에 지니고 있지 않지만 유리에게 있어서는 수소의 무거운 동위체를 찾아내는 동기가 되었다.

예측과 증거

1931년(중수소를 발견한 해)에 캘리포니아 대학 버클리교의 물리학 교수인 레이먼드 버지(Raymond T. Birge)와 릭(Lick) 천문대의 도널드 멘젤(Donald H. Menzel)은『피지컬 리뷰(Physical Review)』에 당시 적용되고 있던 원자량을 결정하는 두 가지 방식, 즉 물리적 방식과 화학적 방식에 관련된 산소의 동위체 존재비에 대하여 편집자에게 보내는 글[(7)]을 발표했다. 물리적 방식에 의한 원자량은 질량분석기로 결정되는 것으로, ^{16}O인 동위체의 원자량을 정확히 16으로 설정하고, 이것을 바탕으로 하여 측정한다. 화학적 방식에서는 원자량을 일괄하는 수법으로 결정한다. 즉, 자연에 존재하는 산소의 동위체 ^{16}O, ^{17}O, ^{18}O의 혼합물의 원자량을 16으로 설정하고, 이것에 바탕하여 원자량의 값이 정해졌다. 따라서 이 두 가지 기준에서는 단일 동위체나 단일 원소의 원자량은 다를 수 밖에 없다. 물리적 방식에 의할 때의 원자량 수는 약간 많아졌다.

그러나 1931년에 이 두 가지 방식으로 구해진 수소의 원자량은 실험오차 내에서는 같은 값이었다. 화학적 방식에 의한 값은 1.00777 ± 0.00002였다. 질량 분석기에 의한 값은 캐번디시 연구소의 프랜시스 애스턴(Francis W. Aston)이 측정했었는데 1.00778 ± 0.00015였다. 이들 두 원자량의 측정값이 거의 일치하는 사실에서, 통상의 수소에서 동위체의 혼합 비율은 ^{1}H가 높은 농도인 데에 비해 무거운 동위체의 농도는 낮다고 결론지을 수 있다고, 버지와 멘젤은 지적했다. 물리적 방법에서 원자량이 보다 크지 않았던 이유는 질량 분석 방법에서는 가벼운 동위원소만을 관찰했기 때문이다.

그들은 무거운 동위체에 ^{2}H라는 기호를 붙였다. 아마도 이 기호가 문헌에 나타난 것은 이것이 최초일 것이다. 무거운 수소의 원자량을 2로 가정하고, 버지와 멘젤은 그 존재비를 물리적 방법의 수소 1의 원자량과 화학적 방법의 수소동위원소의 보통의 혼합물의 원자량이 같다고 가정하여 계산했다. 이리하여 그들은 ^{1}H에 대한 ^{2}H의 존재량이 4500분의 1이라는 것을 얻어냈다.

『Physical Review』의 1931년 7월 1일호를 받아든 지 하루 혹은 이틀도 지나지 않아 유리는 수소의 무거운 동위체가 정말로 존재하는지를 결정하는 실험을 생각해내고, 그것을 실행할 계획을 세웠다.

유리(Urey)와 머피(Murphy ; 컬럼비아대학에서 연구하고 있었다)는 발머(Balmer) 계열의 스펙트럼선을 사용하여 수소와 그 동위체를 분광학적으로 확인했다. 원자 스펙트럼은 우드(Wood's) 방전관을 사용하여, 이른바 블랙 스테이지(black stage)에서 발생시켰다. 블랙 스테이지라는 것은, 수소의 분자 스펙트럼에 대한 수소의 원자 스펙트럼을 가장 강하게 여기시키는 전류와 전압의 구성을 이른다. 그들은 스펙트럼을 21피트(역자 주 : 이 값은 원문 그대로지만 상식적으로 생각하여 너무 크기 때문에 무엇인가 잘못된 것 같다)의 회절격자를 사용하여 차수(次數)가 2인 곳에서 관측했다. 분산은 1.3 옹스트롬 매 밀리미터였다. 거기서 예측된 오차는 **표 7-1**에 보인 숫자처럼 1mm의 오차였다. 중수소 스펙트럼선의 진공에서의 파장은 발머(Balmer) 계열의 식

$$1/\lambda_H = R_H(1/2^2 - 1/n^2) \quad n=3,\ 4,\ 5 \quad \cdots\cdots (1)$$

$$R_H = (2\pi^2 e^4/h^3 c)\ M,\ M_H/(Me+M_H)$$

와 원자의 여러 상수인 '가장 좋은' 값을 사용하여 계산되었다. 수소와 중수소의 발머 α스펙트럼선은 파장이 1.8 옹스트롬 차이가 났고, β스펙트럼선은 1.3 옹스트롬만큼, γ스펙트럼선은 1.2 옹스트롬만큼 파장이 차이가 났다. 수소에 대한 중수소의 밀도는 사진 건판에 찍혀진 H와 D의 스펙트럼선의 세기가 같아질 때까지에 소요된 시간을 비교함으로써 결정되었다. H_β와 H_γ의 노출시간은 약 1초였다.

표 7-1. 계산된 발머 계열의 파장

스펙트럼선	$\lambda(^1H)$ [Å]	$\lambda(D)$ [Å]	$\Delta\lambda(^1H-D)$[Å]	
			계산값	측정값
α	6564.686	6562.899	1.787	1.79
β	4862.730	4861.407	1.323	1.33
γ	4341.723	4340.541	1.182	1.19
δ	4102.929	4101.812	1.117	1.12

표의 그림은 본문의 식(1)에서 $M_H=1.007775$ g, $M_D=2.01363$ g, $Me=5.491\times10^{-4}$ g, $R_H=109677.759$ cm^{-1}로 산출되었다.

유리와 머피는 실린더 수소를 사용하여 계산으로 구한 D_β, D_γ, D_δ의 위치에 아주 희미한 스펙트럼선을 발견했다. 스펙트럼선이 희미했던 것은 통상적인 수소 중의 중수소의 농도가 낮았기 때문이었다. 그러나 이 스펙트럼선은 불순물에 의해서 생긴 새로운 스펙트럼선일 가능성도 있었고, 비교적 강한 수소의 발머 스펙트럼에 의해서 생긴, 회절격자에 의한 고스트선일 가능성도 있었다.

결정적인 증거

유리는 이 중요한 발견에 대해 우선권을 주장하기 위해 출판을 서두르지는 않을 생각이었다. 이 '새로운' 스펙트럼선이 무거운 동위체에 기인하는 것이 확실하며, 불순물 때문도 고스트 때문도 아니라는 사실을 확정하는 증거를 얻기까지는 발표를 계속 연장하려고 결심했었다. 우드

방전관에 채운 수소 중의 중수소의 농도를 증가시키고, 수소의 발머선에 대하여 중수소의 발머선의 강도를 증가시킴으로써 결정적인 증거가 수중에 들어올 것이라고 생각했다.

유리는 중수소의 농도를 증가시키는 몇 가지 다른 방법을 신중히 검토하고 나서 액체인 H_2와 HD의 증기압 사이에 예상되는 차를 이용할 수 있는 증류법을 결정했다. 그는 H_2의 3중점(14K, 여기서는 H_2의 액체상태와 고체상태는 평형상태로 되어 있고 같은 증기압을 갖고 있다)에서의 고체의 H_2와 HD의 증기압을 통계적, 열역학적으로 계산해 보았다. 이 계산은 고체의 디바이(Debye) 이론과 고체의 제로점 진동 에너지(디바이의 표기로 $9R\theta/8$)에 바탕하는 것이었다. 14K에서 증기압이 계산된 비 ($P(HD)/P(H_2)$는 0.4로서, 고체의 H_2와 HD의 증기압 차이가 매우 크다는 것을 나타냈다. 이에 근거하여 유리는 20.4K(H_2의 비등점)에서 액체의 H_2와 HD의 증기압 차가 꽤 크게 될 것을 예상했던 것이다.

유리는 워싱턴에 있는 국립표준국으로 나를 찾아와서는 수소의 무거운 동위체 탐색에 참가할 것을 권했다. 그것은 5, 6리터 분량의 액체 수소를 2 cm^3 남길 정도까지 증발시켜, 그 남은 액체 수소를 유리 플라스크에 증발시킨 다음 분광 분석을 위해 철도 급송편을 이용하여 컬럼비아대학으로 보내자는 것이었다. 1931년 그 당시는 5, 6리터나 되는 양의 액체 수소를 손에 넣을 수 있는 곳은 합중국에서는 두 연구소밖에 없었다. 하나는 워싱턴의 국립 표준국이었고 다른 한 곳은 캘리포니아대학 버클리교의 지오크(Giauque)의 실험실이었다. 나는 기꺼이 협력했다. 나는 국립표준국에서 액체수소를 증류시켜 무거운 동위원소가 밝혀질 기체의 샘플을 준비했다.

내가 유리에게 보낸 최초의 샘플은 1기압하 20K에서 증발시킨 것이었으나 중수소에 기인하는 스펙트럼선의 강도에 분명히 알 수 있을 만한 증가는 발견할 수 없었다. 이것은 예상 밖이었다.

다음 번 샘플은 약간 낮은 온도(H_2의 3중점, 즉 수은기압 53밀리미터에서 14K)에서 증발시켰다. 이 온도에서는 H_2와 HD의 증기압의 상대적인 차가 20K일 때보다도 커지고 또 중수소가 농축되는 속도도 더 빨라질 것이라고 예상했었다.

결과는 중수소의 발머(Balmer)선의 강도가 6, 7배로 증가하는 것으로 나타났다. 이것을 바탕으로 하면 통상의 수소 스펙트럼 중의 중수소에 기인하는 선 스펙트럼은 진정한 중수소선이라고 결론지을 수 있었다. 그러나 결정적인 증거가 된 것은 D_{α}선(가장 강한 D의 발머선)의 사진 건판의 상이 발머계열 스펙트럼의 이론이 예측했듯이, 부분적으로 분리된 한쌍이란 사실을 발견한 것이다.

H와 D의 발머계열 선의 상대강도 측정 결과 유리는 통상의 수소에서는 4500개의 가벼운 원자당 1개의 무거운 원자가 있다고 계산했다. 후의 측정에서 6500개에 대해 약 1개가 된다는 것을 밝혔다.

실패의 코미디를 해명

이제는 유리에게 보내진 최초의 증류수소에서는 왜 중수소의 농도가 예상했던 증가를 보이지 않고 심지어 작은 감소까지 보였는지 그 이유가 명확하다. 이것은 H와 D를 분리하는 전기분해 방법의 발견으로 설명할 수 있게 되었다. 이 방법은 국립 표준국의 주임 화학자 에드워드 위시번(Edward W. Washburn)에 의해 고안되어, 1932년 4월의 우리 논문[3]이 출판된 직후 위시번과 유리에 의해 실험적으로 확증된 것이었다.[8]

유리가 중수소를 농축시키는 여러 가지 방법을 검토했을 때 그 중에는 전기분해법도 포함되어 있었다. 그러나 그가 이 방법을 컬럼비아대학의 연구 동료로서 전기화학의 세계적 권위자이기도 했던 빅터 라머(Victor Lamer)와 의논했을 때 라머는 전기분해로 수소 동위체를 분리하는 것은 가망이 없다고 보았었기 때문에, 유리는 전기분해법은 제쳐 두고 증류법을 택했던 것이다. 라머의 의견으로는 실온에서 전지의 두 전극에서의 동위체의 평형 농도차는 매우 작고, 그러므로 동위체의 분류는 아주 근소한 것이 될 것이라는 것이었다.

위시번은 이 상황에 대해 다른 견해를 갖고 있었다. 그는 수소 동위체의 원자량의 상대차가 큰 사실에 착안했다. 수소 동위체의 경우의 상대차는 다른 어떤 원소의 동위체의 경우보다 지극히 컸다. 따라서 수소의 동위체는 다른 원소의 동위체의 경우와는 다르게 행동할 것이라고 위시번은 생각했던 것이다.

경험주의자인 위시번은 옳았다. 수소 동위체는 전기분해로 비교적 쉽게 분리되었다. 그러나 이 사실은 중수소가 발견되고서야 겨우 인식되었다.

유리를 위해 우리가 액화하고 증류한 수소는 전기분해에 의해 생성된 것이었다. 유리용의 최초의 샘플을 만들기 전에 전기분해식 기체발생기를 완전히 분해해서 깨끗이 하고 새로 준비한 수산화나트륨 용액을 채웠다. 중수소는 발생기의 전해액 속에 농축하기 때문에 방출되는 최초의 수소 기체에는 중수소가 적었다. 이렇게 해서 발생한 수소 가스 중의 중수소의 농도는 전해액 속의 중수소의 농도의 약 6분의 1이었다. 따라서 통상의 수소 중의 중수소의 농도의 약 6분의 1이 되었다. 중수소가 부족한 액체 수소를 증류함으로써 H의 농도에 비해서 D의 농도가 증가하여, 첫번째 샘플에서는 통상의 수소 중에 들어 있는 중수소의 원래의 농도 정도로까지는 되었던 것이다.

전기분해가 진행됨에 따라 그에 소비된 만큼의 물이 채워졌다. 전해액 중의 중수소 농도는 발생기로부터 중수소가 나가는 비율과 가해진 물에서 들어오는 중수소의 비율이 평형을 이루는 점까지 증가했다. 따라서 전기분해식 기체발생기가 얼마간 작동하면 동적 평형에 도달한다. 그러므로 우리가 유리를 위해 만든 두 번째와 세 번째의 샘플용으로 발생기로부터 생성한 수소는 대체로 중수소의 통상 농도로 되어 있었다. 이 수소를 액화해서 5, 6리터의 양을 2cm^3만큼 남을 때까지 증발시켰을 때 잔류 액체 속의 중수소의 농도는 약 6배로 증가해 있었다.

전기분해 중에 동위체의 분류(分留)를 지배한 원리를 잘 이해하지 못했던 라머의 실수, 유리에게 보낸 최초의 샘플에서 중수소의 농도를 증가시키지 못한 실패를 부주의한 방법 탓으로 돌리려했던 나의 실수, 이러한 '실수의 코미디'는 여기서 막을 내리기로 하자. 만약 우리가 담당했던 정제 과정의 부분을 분석했었더라면 전기분해에 의한 중수소의 농축을 발견했을지도 모른다. 만약 라머가 좀더 이해력이 있었더라면 유리는 전기분해에 의해서 중수소를 그 자신이 농축시켰을 것이고 중소소의 발견에 내가 나설 상황은 결코 없었을 것이다.

결과 보고

중수소가 발견되고 나서 유리가 그 보고를 하려 했을 때 매우 현실적인 한 가지 문제에 직면했다. 그 문제는, 제2차 대전 이전의 연구상황의 특징적인 점이었다. 컬럼비아대학에서의 유리의 연구와 국립 표준국에서의 우리의 연구(나는 이 곳 저온 실험실의 주임으로 재직하고 있었다)는 정부의 어떠한 연구 지원금도 없이 이루어지고 있었다. 당시의 실험 연구는 그저 있는 재료로 임시 변통할 정도였으며, 실제 거의가 손수 만든 장치를 사용하여 이루어지고 있었다. 과학 연구를 지원하는 합중국 정부의 지원금 정책은 제2차 세계대전부터 시작되었던 것이다.

대전 전에는 과학관계 회의에 참석하기 위해 여비를 마련하는 것이 하나의 큰 문제였다. 유리는 내게 전화를 걸어, 1931년 12월 튤레인(Tulane)대학에서 열리는 미국물리학회(APS) 회의에 출석하기 위한 여비를 마련할 수 없을 것 같으므로(그는 이 학회에서 중수소의 발견을 보고하는 논문을 발표할 예정이었다) 내가 여비를 마련하여 대신 발표해 줄 수 없겠느냐고 타진해 왔다. 나는 그 일로 라이먼 브리그스(Lyman J. Briggs ; 국립 표준국의 연구 · 시험부서의 부서장)을 만나야 했다. 브리그스(그는 곧 국립표준국장이 되었다)는 사리에 밝은 동정심 많은 물리학자였다. 보고하게 되어 있는 연구를 알고는 나의 출장을 위해 자금을 조달해 주었다.

한편 컬럼비아대학의 저명한 물리학자 버겐 데이비스(Bergen Davis)는 유리가 당면한 문제를 전해 듣고 컬럼비아대학의 학장 니콜라스 머

레이 버틀러(Nicholas Murray Butler)를 만나러 갔다. 버틀러는 유리의 여비를 마련해 주었다. 이리하여 우리 두 사람은 APS 학회에 출석하기 위해 툴레인대학으로 향했다. 그리고 유리는 10분간 논문[(1)]을 발표했다. 그 후 몇 달 동안 우리는 더 자세한 논문[(2)]을 피지컬 리뷰지의 편집자에게 보냈고, 더 장문의 논문[(3)]으로 만들어 『피지컬 리뷰』에 발표했다.

후일 APS 학회에서 나는 버지에게, 버지와 지오크는 어찌하여 그들이 예언했던[(7)] 중수소의 존재를 더 연구하지 않았느냐고 물었던 일이 생각난다. 유리와 내가 했듯이, 액체 수소를 대량으로 증류하여 무거운 동위체를 농축시켰더라면 그들도 중수소의 존재를 실증할 수 있었을 것이다. 지오크는 이 실험에 딱 들어맞는, 매우 성능이 좋은 대용량의 수소 액화장치를 가지고 있었다. 그러나 버지의 대답은, 세심한 주의를 기울이지 않으면 안 되는 다른 중요한 연구에 쫓기고 있었기 때문이라고 했다. 그의 대답을 내가 유리에게 전하자 유리는 "버지가 그토록 연구하지 않으면 안 되었던 그 중요한 연구란 도대체 무엇이었단 말인가?"라고 평했다.

이 일에 관하여, 레이먼드 버지의 아들인 로버트 버지(Robert W. Birge ; 물리학자)의 1981년 5월 6일자의 편지를 여기에 인용하겠다.

"아버님의 생애에 대한 여러 가지 자료를 읽어보면 왜 아버님께서 중수소의 농축을 하지 않았는지 알 듯합니다. 아버님은 장치의 제작자이기보다는 분석가였다고 생각하고 있습니다. 그러므로 아버님은 아마 중수소의 농축이라는 방법은 생각도 못했을 것입니다. 당시 몇 사람이 중수소선을 스펙트럼 속에서 찾아내려 했었다고 아버님은 말씀하셨습니다. 그러나 그분들(유리, 브리크웨드(Brickwedde), 머피)이 최초로 발견했던 것입니다. 당신께서도 아시다시피, 중요한 점은 중수소(의 농도)를 높일 수 있다고 분명히 이해하고 있었던 분은 유리였던 것입니다. 아버님과 유리는 평생 동안 친구였습니다."

동위체 현상의 발견으로 1921년도 노벨 화학상을 수상한 영국의 화학자 프레더릭 소디(Frederick Soddy)는 중수소가 수소의 한 동위체라는 이론을 받아들이지 않았다. 소디는 천연 방사성 원소의 동위체를 연구하고 있었다. 그런 원소의 원자량은 크고, 그 동위체의 상대적인 질량차는 작은 것이었다. 이러한 동위체에서는 화학적 성질에는 차이가 나타나지 않아 화학적으로 분리할 수가 없었다. 소디가 동위체라는 말을 만들었을 때 그는 같은 동위체 종류는 화학적으로는 분리 불능이라는 사실도 포함하여 정의한 것이다. 이 정의는 1932년에 중성자가 발견되기 이전까지는 일반적으로 인정되고 있었다.

그러나 중성자가 발견되자, 동위체는 원자핵에 같은 수의 양성자가 있지만 중성자의 수가 다른 원자의 일종이라고 정의되었다. 그럼에도 불구하고 소디는 동위체의 기준으로 화학적으로 분리 불가능하다는 점을 고집했고, 그 때문에 중수소를 수소의 한 동위체로 인정하기를 거부했던 것이다. 소디에게 있어서 중수소는 다른 원자량을 갖는 수소의 일종이지 수소의 동위체는 아니었다.

행운의 오류

중수소가 발견되고 나서 4년 후에 애스턴(Aston)은 물리적 기준에서 수소 1의 원자량에 대해 1.00778이라고 하는, 그가 전에 질량분석기로 측정한 값(1931년의 짤막한 보고[7]에서 버지와 멘젤이 이용한 값)은 잘못이었다는 것을 보고했다.[9] 물리적 기준의 수정값은 1.00813(이것은 화학적 기준에서는 1.0078의 값에 대응한다)으로, 당시 받아들여지고 있던 화학적 기준의 수소 원자량(1.00777)의 값과 일치했다. 이렇게 되자 수소의 무거운 동위체가 있을 필요성이 없어졌다. 따라서 버지와 멘젤의 결론은 아무 의미도 없게 되었다. 사실 만약 애스턴의 수정값에 바탕한다면 버지와 멘젤은(만약 있었다고 하더라도) 수소의 가벼운(무거운 쪽이 아니라) 동위체가 존재한다고 결론지어야 했을 것이다.

수소의 무거운 동위체라고 하는 버지와 멘젤의 예언은 수소 원자량의 두 개의 잘못된 값에 바탕한 것이었다. 즉, 애스턴의 질량 분석에 의한 값과 화학적 방식에 의한 값(이것도 또 약간 커져야 할 것이다)이다. 우리는 원자량을 결정할 때의 실험 오차가 두 방식에서의 원자량의 차이보다 더 큰 것이었다고 결론짓지 않을 수 없다.

유리가 실험 계획을 입안하고 있었을 때는 이것을 알지 못했다. 유리의 노벨상 강연 원고가 교정 중에 있던 1935년에 애스턴은 처음으로 그의 수정값을 발표했던 것이다. 유리는 인쇄된 노벨상 강연에 다음과 같이 첨가했다.

부 기

이(노벨상 강연[10]) 원고가 작성된 후에 애스턴은 그의 질량 분석에 의한 수소(H)의 원자량을 1.0078이 아니라 1.0081로 수정했다. 이 수소의 질량으로는 버지와 멘젤의 이론은 성립되지 않게 된다. 하지만 이 패러그래프(유리의 노벨상 강연의 3째절)에서 한 논의는 설사 그것이 지금은 틀린 듯이 보이더라도 확고부동한 것임을 굳이 인정하고 싶다. 왜냐하면, 이 예언이 중수소의 발견에 있어서 중요했기 때문이다. 만약 이 예언이 없었더라면 우리는 아마 중수소를 찾아내려고 하지 않았을 것이고 그 발견도 약간은 늦어졌을지도 모른다.

말할 나위도 없지만, 유리와 그의 공동 연구자들은 이런 류의 잘못이 저질러진 것을 크게 기뻐했다. 애스턴은 이 일이 주는 교훈이 도대체 무엇인지 모르겠다고 했다. 그렇다고 해서 그는 사람들에게 의도적으로 잘못을 범하라고 조언한 것은 아니었다. 아마도 유일한 과제는 오직 연구를 계속하는 일이라고 생각했을 것이다.

발견의 충격

물리학이나 화학분야의 노벨상은 현재 진행하고 있는 연구나 과학사상에 중요한 변화를 가져온 실험적 또는 이론적인 연구에 대해서 주어

NOBEL AWARD GOES TO PROFESSOR UREY

Columbia Scientist Gets the 1934 Chemistry Prize for Discovering 'Heavy Water.'

ACHIEVEMENT WAS HAILED

Seen as of Especial Value in Cancer Study—Has Proved Great Spur to Research.

Wireless to THE NEW YORK TIMES.

STOCKHOLM, Nov. 15.—The Nobel Prize in Chemistry for 1934 was awarded today to Professor Harold C. Urey of Columbia University because of his discovery of "heavy water."

The chemistry prize for 1933 will not be awarded. It was also announced that there would be no prize in physics for this year.

Achievement Was Hailed.

Dr. Harold Clayton Urey won a position in the forefront among scientists by his discovery of "heavy water," which has been hailed by scientists the world over as ranking among the great achievements of modern science.

The Willard Gib Meda Chicago section Chemica Dr.

Ossip Garber Studios.

WINS NOBEL PRIZE.
Professor Harold Urey.

DEFENSE TO SUBPOENA LINDBERGH FOR TRIAL

Betty Gow Also to Be Summoned as Witness—Fight Planned to Release Hauptmann Funds.

Special to THE NEW YORK TIMES.

FLEMINGTON, N. J., Nov. 15.—Colonel Charles A. Lindbergh and Betty Gow, wh 's first son's urse, will de- ise

OG. FO

Con S

DIVOI

Mrs. Th

Spe BUF ment sions o by Ogd Treasu in add welfa busin ation He der St times o in times would be Speak Mrs. C dent urge prol birt unf

그림 7-3. 1934년도의 노벨 화학상 수상을 보도한 신문 기사. 1934년 11월 16일 발행의 기사(저작권은 The New York Times가 소유.)

지는 것으로 알려져 왔다. 유리가 1934년도의 화학 수상자로 선정되었다고 발표된 것은 뉴 올리언스(New Orleans)에서 10분 동안 중수소 발견의 논문을 발표한 지 채 3년도 되지 않아서였다(최근에는 독일의 J. G.

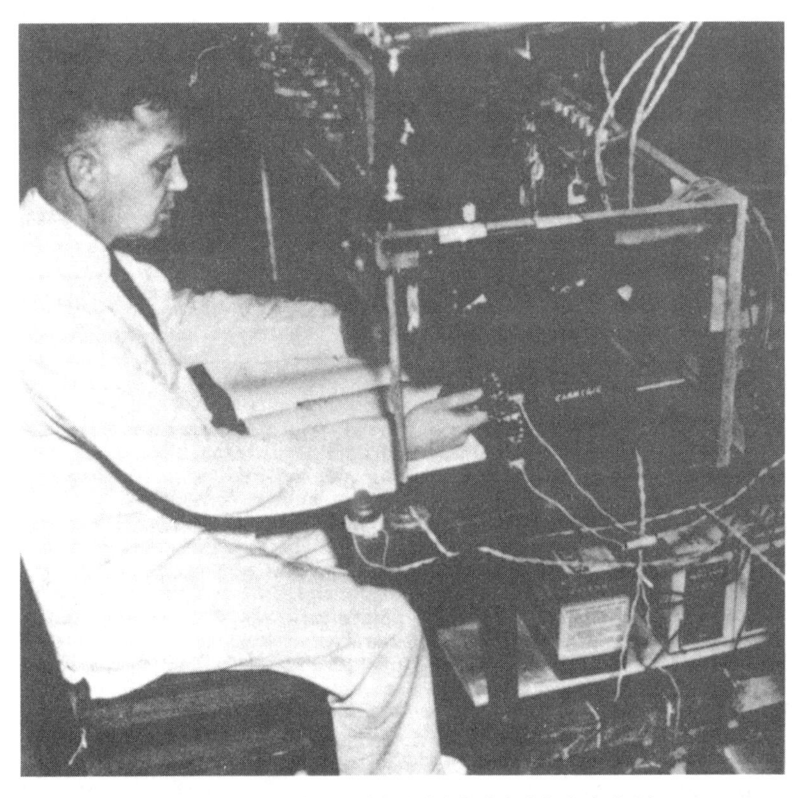

그림 7-4. 중수소를 발견한 후 질량 분석계의 제어장치 앞에 앉은 유리(사진은 King Features Syndicate의 후의에 의함).

Bendorz와 스위스의 K. A. Muller가 고온 초전도체의 발견으로 논문이 발표된 지 불과 1년 반만에 1987년도 노벨 물리학상을 수상했다). 이 이례적인 빠른 수상으로 중수소와 관련된 연구가 활성화되었다. 발견 후 2년 사이에 중수소와 그 화합물(중수도 포함)에 대한 또는 그에 관련된 논문은 100편 이상이 출판되었다. 이듬해인 1934년에도 다시 100편 이상[11]의 논문이 발표되었다.

중수소를 추적원(tracer)로 사용함으로써 수소를 포함한 화학 반응의 과정을 추적할 수 있게 되었다. 이 방법은 복잡한 생리학적 과정의 연구나 의화학에 있어서, 예컨대 지방조직의 파괴나 콜레스테롤 대사 등에 특히 유효했다.

또 중수소의 발견으로 원자핵 충돌 실험에서 새로운 투사체(중양성자) 하나를 얻었다. 중양성자가 수많은 가벼운 원자핵을 새로운 방식으로 붕괴시키는 데에 두드러진 효과가 있음이 증명되었다. 중양성자(양성자 1개와 중성자 1개)는 가장 간단한 복합 원자핵이므로 그 구조 연구와 그 양성자－중성자 상호작용의 연구는 핵물리학에 있어서는 매우 중요한 것으로 다루어졌다.

대부분의 초기 연구 논문은 물리적, 화학적 성질의 동위체 간의 차이를 다루고 있었다. 물리적 및 화학적 성질의 원자 질량에 대한 의존성을 설명한 여러 이론은 실험적으로 검증되었다. 이와 같은 연구는 특히 흥미롭다. 그것은, 중수소가 발견되기 이전에는 화학적 성질이 일반적으로 핵외전자의 수와 그 배치(같은 원소의 동위체에서는 같아지는 양)에 의해 결정된다고 생각했기 때문이다. 화학적 성질은 원자핵의 질량에 의해서도 영향을 받는다(아주 근소한 정도이지만)는 것은 아직 인식되고 있지 않았다.

동위체의 초기 그래프에서 시작한 유리의 중수소 연구에 관해서 생각할 때 워싱턴의 미국 과학아카데미 정면에 있는 아리스토텔레스의 그리스어 비문이 생각난다.

> "진리의 탐구는 어렵기도 하고 쉽기도 하다. 이렇게 말하는 것은, 분명히 어떤 사람도 진리를 완전히 체득할 수는 없지만, 또 진리를 전혀 깨닫지 못하는 일도 없기 때문이다. 그래도 각자가 조금씩 자연에 대한 지식을 증가시켜 나가면 집적된 사실 전체로부터는 어떤 심원한 것이 생기는 것이다."

이 이야기를 마침에 즈음하여 내가 중수소 발견에 얽힌 30년대 초기의 사건을 회상하는 데 있어 나의 아내 브리크웨드(Langhorn Howard

Brickwedde)가 크게 도움이 되어 준 것을 특별히 감사한다. 이 글은 1981년 4월 22일에 메릴랜드주 볼티모어에서 열렸던 미국 물리학회 물리학사 분과창립회의에서 발표한 논문을 바탕으로 하고 있다.

참고문헌

(1) 툴레인(Tulane) 대학에서 열린 제33회 미국물리학회 연회 (1931년 12월 29~30일). 발표 논문의 개요는 Phys. Rev. **39**, 854. Urey, Brickwedde and Murphy abstract #34.
(2) H. C. Urey, F. G. Brickwedde, G. M. Murphy, Phys. Rev. **39**. 164 (1932).
(3) H. C. Urey, F. G. Brickwedde, G. M. Murphy, Phys. Rev. **40**, 1 (April 1932).
(4) 중수소 발견에 얽힌 흥미로운 해설은 다음 기사를 참조하기 바란다.
G. M. Murphy, "The discovery of deuterium," in *Isotopic and Cosmic Chemistry*, H. Craig, S. L. Miller, G. J. Wasserburg, eds., North-Holland, Amsterdam (1964년 유리의 70세 생일에 즈음하여 헌정된 것).
(5) A. B. Lamb, R. E. Lee, J. Am. Chem. Soc. **35**, part 2, 1666 (1913).
(6) W. F. Giauque, H. L. Johnston, J. Am. Chem. Soc. **51**, 1436, 3528 (1929).
(7) R. T. Birge, D. H. Menzel, Phys. Rev. **37**. 1669 (1931).
(8) E. W. Washburn, H. C. Urey, Proc. Nat. Acad. Sci. US **18**, 496 (1932).
(9) F. W. Aston, Nature **135**, 541(1935) ; Science **82**, 235 (1935).
(10) H. Urey in *Nobel Lectures in Chemistry, 1922~41*, published for the Nobel Foundation by Elsevier, Amsterdam (1966).
(11) Industrial and Engineering Chemistry, News Edition **12**, 11(1934).

Chapter 8

젊은 날의 오펜하이머

친구나 동료들과 교환한 편지를 통해, 그리고 그 자신과 다른 사람들의 회고 등을 통해서 한 위대한 물리학자이며 공인(公人)이었던 인간의 성장과 인물상을 조명해 보자.

제2차 세계대전 전에 저명한 물리학자였던 존 로버트 오펜하이머(John Robert Oppenheimer)는 로스 알라모스 핵무기 연구소의 전시(戰時)소장이 되었고, 전후에는 원자 에너지에 대해 정부에 영향력을 지닌 조언자가 되었으나 매카시의 시대 동안 그는 관심에서 멀어졌다. 그래서 이 이야기는 신화 내지는 드라마와 같은 것이 되었다.

여기에서는 폭탄이라고 하는 현실적인 무게와 명성, 사회적 책임의 부담으로부터는 아직 자유스러웠던 시절의, 거의 알려지지 않은 오펜하이머의 모습, 즉 학문, 놀이, 교우, 그리고 물리를 하며 두각을 나타내기 시작하는 모습을 엿보기로 하자.

오펜하이머는 같은 시대의 많은 사람들에게 있어서는 총명한 과학자이자 헌신적인 사회 봉사자였으며, 그의 미덕은 결점을 가리고도 남을 훌륭한 인간이었지만, 다른 사람들에게 있어서는 적절한 판단력이 결여된 사람, 인간관계와 사회적인 자세에 있어서 때로는 교활하고 아니꼬운 사나이로 비쳤다. 그의 실제 공헌은 물리학자로서의 그의 평판에는 걸맞지 않는 것으로 보였다. 오펜하이머는 종종 복잡한 인간으로서 묘

그림 8-1. CERN PHOTO(1962) 닐스 보어 도서관으로부터

사되고 있다. 그러나 복잡성은(그 자체) 성격의 특징은 아니다. 그렇게 보이는 것은 오히려 그를 보고 만나는 사람이 갈피를 못잡고 있었다는 것을 의미한다. 오펜하이머가 젊은시절에 쓴 편지로부터 확신을 가지고 말할 수 있는 것은, 그가 젊었을 때조차도 그를 에워싼 세계나, 그 세계로부터 선택한 것, 또 그와 관계된 사람들은 그리 단순하지가 않았으며, 또 간단히 틀에 끼워넣을 수 있는 것이 아니었다는 사실이다. 오펜하이머의 인간성이 많은 사람들의 관심의 대상이 되었을 때에도 그는 줄곧 고고함을 지켰는데, 그것은 대중의 눈을 피하려는 내향적 자아를 암시하고 있었다. 사람들은 그의 이런 성격에 대해 매력적으로 느끼거나 불쾌해하는 두 가지 중 하나의 반응을 보였다. 그는 생애를 통해서 때로는

쾌도난마식의 특별한 재능을 보였지만, 다른 때에는 해결을 찾는 데 더듬거리기도 하고 모호한 화술과 행동을 자행했다. 이것이 다른 사고방식을 가진 사람들을 헷갈리게 하여 적대감을 자아내게 했던 것이다.

오펜하이머라는 인물은 일정한 틀에 고정시키기 어렵고, 우선 해야할 일과 교우관계에서는 선택력을 지니고 있었다. 수리물리학이라는 난해한 분야에도 정통해 있었지만, 작은 사회인 상아탑 바깥으로부터는 결코 인정을 받으려 하지 않았고, 그의 숭배자들조차도 예측하기 힘들고 까다로운 사람으로 생각했었다. 그런 인물이 1945년 8월에 일본에 투하하여 전쟁의 형태와 국제관계에 큰 변혁을 가져온 원자폭탄 제조 프로젝트에 자제심을 가진 책임자가 되었던 것이다. 오펜하이머의 다음번 직무인 공격병기 어드바이저와 미국 원자력정책의 주요 발안자로서의 임무도 마찬가지로 예기치 못했던 일이었다.

왕복 서한

우리는 1922년에 오펜하이머가 하버드대학에 입학한 때부터 로스 알라모스 원자무기 연구소의 소장직을 사직한 1945년까지의 그의 편지를 많이 수집해 왔다. 이들 편지는 한 시대의 사건과 그 시대가 갖는 성격 형성에 적잖은 역할을 한 오펜하이머를 이해하는 데 도움이 된다. 편지를 보충하기 위해 우리는 오펜하이머 자신은 물론 그와 같은 시대를 살았던 많은 사람들의 인터뷰도 이용했다. 특히 양자물리학사 사료(1)를 위해 1963년에 토머스 쿤(Thomas Samuel Kuhn)에 의해 이루어진 오펜하이머와의 인터뷰는 유익한 정보원(情報源)이 되었다.

167통의 편지와 인터뷰, 그밖의 사료로부터 발췌한 것을 정리하여 1980년에 하버드대학 출판부에서 출판했다.(2) 여기에서는 1926년부터 1939년 사이의 것을 발췌해서 수록한다.

처음에는 그의 친구들에게, 나중에는 일반 사람들에게 있어서 오펜하이머의 매력의 한 부분이 되었던 것은, 그가 일반적으로 생각하고 있는 것과 같은 과학자의 이미지를 노골적으로 드러내 놓지 않는 점에 있었다. 즉 냉정하고 객관적이며 합리적인, 따라서 인간적인 연약성을 초월한 이미지, 과학자 자신이 개인적인 경력을 조심스럽게 자제하며, 깔끔한 결론을 내기 전에는 아무런 혼란도 없었던 듯한 표정을 취함으로써 길러 온 과학자의 이미지를 밖으로 드러내 놓지 않았던 것이 하나의 매력이었다. 오펜하이머의 여린 성격, 상처받기 쉬운 마음, 사리를 즐기며 사람을 사랑하는 넓은 도량, 이러한 점이 초기의 편지에는 뚜렷이 넘쳐흐른다. 감수성이 강한, 이따금씩 갈팡질팡하는 젊은이가 차츰 자신을 쌓아가며, 특히 사람들과의 교제를 잘 소화해냄으로써 물리의 세계에서 유대를 강화하고 친구의 폭을 넓혀 나가는 과정에서 충족감을 발견해 가는 양상을 엿볼 수 있다.

후기의 편지에서는 1930년대의 물리학에서 오펜하이머의 역할이 뚜렷해진다. 이 시기에 그가 즐겨 과학의 스타일이라고 주장했던 그의 물리적 해설이 동료와 학생들에게 영향을 끼쳤다. 이러한 편지로부터 추측할 때 오펜하이머의 어떤 특징이라고 할 수 있는 카리스마성을 겸비한 지도자상은 하룻밤 사이에 이루어진 것이 아님을 알 수 있다—향락주의와 금욕주의가 매력적으로 뒤범벅이 된, 어른으로 성장해 가는 과정에서 괴로움에 몸부림치면서 자란, 남에게 대한 동정심에서 종종 완고한 회의주의가 억제되고 있는 점, 강한 자제심 등을 편지에서 알 수 있다. 그러나 조숙한 하버드대학생이었고, 케임브리지대학과 괴팅겐대학의 대학원생도 되었다. 취리히대학에서는 포스트 닥터로서 연구 경험을 쌓은 그는 양자물리학의 새로운 세계에 자신이 안주할 장소를 얻었으나 거기에는 뛰어난 이론물리학자, 그리고 출세한 전시 지도자로의 원형이 있었다. 우리가 그 소재를 확인한 전쟁 전의 편지류의 대부분은 과학에 대해 쓰여진 것이었다. 그 편지 중의 몇 통에서는 그의 주위에서 점차 밝혀져 가는 새 물리학을 이해하고 확장시켜 나가는 흥분과 차츰 자기 능력에 자신을 쌓아가는 오펜하이머의 심정을 감지하게 된다. 또 다른 편지에는 양자역학이론 특유의 어려운 문제를 풀려고 하는 시도 속에서의 좌절감이 나타나 있었다. 수학은 물리적 실재의 기본적 성질을 밝히는 것을 약속하는 강력한 도구였다. 또 수학은 그와 같은 세대의 다른 젊은 이론물리학자들이 말하거나 쓰거나 하는 국제어이기도 했다.

괴팅겐(Göttingen)

오펜하이머는 1925년에 하버드대학의 화학과를 최우등으로 졸업하자 캐번디시 연구소에서 연구하기 위해 케임브리지로 건너갔다. 이곳에서의 나날은 그리 즐거운 것이 아니었으며, 실험물리학의 연구도 좌절되고 말았다. 1926년 그는 막스 보른(Max Born)으로부터 괴팅겐으로 와서 연구를 계속하지 않겠느냐는 권유를 받고 그에 응했다.

돌이켜 보면 이 해는 오펜하이머에게 있어서는 '물리학에 발을 들여놓은' 해였다. 그는 쿤과의 인터뷰에서 다음과 같이 말했다.(1)

"내가 케임브리지대학에 왔을 때 직면한 문제는 누구도 그 해답을 알 수 없는 과제를 연구하는 것이었습니다. 그러나 나로서는 그런 문제와 맞설 생각은 없었습니다. 케임브리지대학을 떠날 때도 나는 아직 그 과제에 어떻게 부딪쳐야 할지 잘 몰랐지만, 그것이 내가 할 일이라는 것은 이해하고 있었습니다. 이것이 그 해에 일어난 변화였습니다. 그것은 케임브리지라는 곳이 있었다는 것, 그곳에 있던 사람들의 염려가 컸고, 특히 파울러(Ralph H. Fowler) 선생의 이해와 친절은 잊을 수가 없습니다. ······ (괴팅겐대학으로 가려고 결심하기까지) 나는 모든 면에서 내 자신에게 몹시 불안을 느끼고 있었지만 가능하다면 이론물리학 쪽으로 나가려고 명확히 생각하고 있었습니다. ······ 아무것이나 하겠다는 생각은 아니었습니다. 그저 사무적으로 다음 일을 주문하는 정도의 가벼운 마음이었습니다. 실험실로 돌아가지 않아도 된다는 점에 정말로 한숨 놓았습니다. 나는 컨디션이 좋지 않았고 아무와도 잘 어울리지 못하고 있었습니다. 즐거운 일이라곤 전혀 없었습니다. 그저 단순히 뭔가를 해야 한다는 생각밖에는 머릿속에 없었습니다."

새로운 물리학에 몸을 바치려는 정열적인 행동을 성취시키는 일이 그의 개인적인 딜레마나 연구상의 딜레마를 해결하는 데에 도움이 되었던 것이다. 비참했던 케임브리지대학에서의 1년 동안 오펜하이머는 최상의 자기 치료사로서뿐만 아니라 이론물리학자로서의 모습을 나타냈던 것이다.

오펜하이머가 괴팅겐으로 간 것이 시험적인 일이었다는 것은 1963년의 그의 회상에서는 이미 잊혀지고 만 것 같다. 어쨌거나 케임브리지대학을 떠난다는 것을 학술연구위원회에 알릴 때 그는 케임브리지와의 관계를 끊지는 않았다(편지의 번호는 앞에서 말한 우리 책에 붙여져 있는 것).

편지 51, R. E. 프리스틀리 앞

케임브리지 (영국)
1926년 8월 18일

근계.

저는 내년도의 2학기나 3학기를 괴팅겐대학에서 지내고자 학술연구위원회에 허가를 신청합니다. 소생의 지도교수 조셉 톰슨 경(Sir Joseph Thomson)은 현재 케임브리지대학에는 계시지 않지만, 이곳에서의 저의 연구는 만족할 만한 것이며, 괴팅겐에서 하려는 연구는 여기서 착수한 것의 연장이라는 점을 교수이신 어니스트 러더퍼드 경이 귀 위원회에 대해 보증해 주신다고 하셨습니다. 또 러더퍼드 교수로부터는 괴팅겐대학에서는 교수이신 막스 보른 박사의 지도를 받을 예정이며, 보른 교수는 저의 연구에 특별히 관심을 가지고 있다는 취지를 귀 위원회에 통지하라는 충고를 주셨습니다. 그리고 저는 괴팅겐대학에서의 연구가 끝나는 대로 케임브리지대학으로 돌아갈 예정입니다.

경구
J. R. 오펜하이머

괴팅겐대학에서 보낸 1926~27년은 오펜하이머의 인품과 연구의 성과 면에서 그의 청춘시절만큼이나 중요하다. 지난해 겨울에 있었던 우울상태에서 벗어나(보른 밑에서) 박사 학위를 취득했고, 그 다음 해 포스트 닥터 연구 지원금도 획득했다. 더욱 중요한 점은 새로운 이론적 개념의 발전에 참여한 주된 사람들과 토론하거나, 이 연구에 대한 그 자신의 독창적인 공헌 등으로 물리학계에서 그가 처한 입장이 변화된 점이다.

그림 8-2. 1926년이나 1927년 경의 오펜하이머.

자세한 부분들은 이미 기억에서 멀어진지 오랜 뒤에도 그는 괴팅겐에서의 체험은 잊지 않았다. "케임브리지대학이나 하버드 대학에서는 도저히 생각할 수 없었던 일이지만, 괴팅겐에서는 공통된 관심과 취향을 가졌고, 물리학에서는 보다 많은 공통된 흥미를 가진 사람들이 모인 작은 공동체에서 나는 그 일익을 담당하고 있었습니다. 그 일은 내가 한 강의나 세미나보다는 잘 기억하고 있습니다. 보른의 강의에는 출석했을 테지만 잘 기억이 나지 않습니다. 나 역시 한두 개 정도의 세미나를 했을 뿐인데도 그것 역시 기억나질 않습니다. 리처드 쿠란(Richard Courant)을 만났습니다. …… 괴팅겐에 온 베르너 하이젠베르크(Werner Heisenberg)도 처음으로 만났습니다. 또 그레골 웬첼(Gregor Wentzel)과 함부르크인지 괴팅겐에서 볼프강 파울리(Wolfgang Pauli)도 만났습니다. 이런 사람들을 만남으로 해서 내게 중요한 어떤 일이 일어나기 시작했습니다. 즉, 나는 그들과 대화를 나누게 된 것입니다. 그들은 내게 서서히 어떤 감각을 심어 주었던 것으로 생각됩니다. 그리고 더욱 점진적으로 물리학을 보는 눈을 열어 주었답니다. 이 모든 것은 만약 내가 방안에만 갇혀 있었더라면 …… 결코 손에 넣을 수 없는 것이었습니다."(1)

이 시기에 다른 물리학자들과 교환한 현존하는 오펜하이머의 편지에는 물리를 이해하기 위한 노력에 관한 단편적인 견해밖에는 볼 수가 없다. 개개의 편지에는 그의 연구의 단편이 언급되어 있어, 이 단편들을 이해하고 오늘날 그것을 정확하게 조망하는 일은 제자들에게 있어서도 어려운 과제이다. 그는 몇 가지 아이디어를 금방 버려 버렸다. 그 이유는, 그것이 틀렸거나 모두의 이해를 얻지 못했기 때문이다. 그밖의 것은 과학잡지에 발표되었다. 출판물의 형태로 남겨진 연구의 대부분은 오늘날에 와서는 쓸모없는 것들이다. 10년 이상이나 지난 다른 과학문헌과 마찬가지로 새로운 실험상의 발견과 이론공식의 출현으로 낡아 버린 것이다.

로버트 서버(Robert Serber ; 오펜하이머의 제자의 한 사람으로 친한 공동연구자의 한 사람이기도 했다)는 최근에 다음과 같이 회상하고 있다.

"현재는 분명한 것일지라도 당시 그것을 연구했던 사람들에게는 분명한 것이 아니었습니다. 일단 대답을 알고 나면 이제까지의 문제는 모두 사라져 버리는 것입니다. 당시 악전 고투했던 문제도 오늘날에 와서는 없어지는 것입니다. 그러나 그 대신 현재는 또 다른 문제가 제기됩니다."(3)

에드윈 켐블(Edwin Kemble ; 하버드대학 재학시 오펜하이머의 물리학 교수의 한 사람이었다)에게 보낸 편지를 통하여 당시 괴팅겐대학의 과학자들의 주목을 끌고 있던 특정 문제에 오펜하이머도 얼마나 열중해 있었던가를 알 수 있었다.

이 편지와 그 뒤에 이어지는 다른 물리학자들에게 보낸 편지에 의해서 그가 양자역학의 수학언어에 차츰 통달해 가는 양상과 흥미의 범위가 확대되어 가는 것을 볼 수 있다. 또 이 편지를 통하여 과학자들이 잡담을 나누거나 그들이 관련된 문제에 대한 해답을 제안하는 따위의, 과학자들의 형식에 구애되지 않는 의사소통 방식의 생생한 모습을 엿볼 수 있다.

편지 53, 에드윈 C. 켐블 앞

괴팅겐 물리학연구소

1926년 11월 27일

친애하는 켐블 선생님

정성어린 편지 매우 감사합니다. 파울러 선생님과는 자주 만날 일이 없어졌기 때문에 허락도 없이 선생님의 편지에서 한 구절 빌려 파울러 선생님에게 보내는 편지에 인용했습니다.

이번 학기는 괴팅겐에서 보내고 있습니다. 여기는 무척 좋은 곳이어서 선생님도 마음에 꼭 드시리라 생각합니다. 현재도 많은 미국인 물리학자가 여기에 와 있고, 그 중의 몇 분은 내년 봄까지 체류할 모양입니다. 저는 3월까지 여기에 있을 예정입니다. 그리고 나서 케임브리지로 돌아갑니다. 선생님과는 괴팅겐이나 케임브리지의 어디선가에서 만나뵈었으면 합니다. 대부분의 이론물리학자들이 양자역학을 연구하고 있는 것 같습니다. 보른 교수님은 '단열 원리'에 관한 논문을 출판하셨습니다. 또 하이젠베르크는 '요동'에 관한 논문을 발표합니다. 아마 가장 중요한 아이디어는 파울러 선생님의 것입니다. 그는 슈뢰딩거의 통상의 사이함수(Ψ-functions)는 특수한 경우뿐이고, 이 특수한 경우(분광학적인 경우)에만 우리가 바라는 물리적인 정보를 제공한다고 말하고 있습니다. 그는 정준변수(正準變數)의 어떠한 집합이 독립된 것으로서 선택된 경우의 사이 풀이를 생각하고 있습니다.

그러나 이에 대해서는 저보다 선생님께서 더 잘 알고 계실 것입니다. 이곳 사람들은 또 양자역학을 분자에 응용하려고 열심히 노력하고 있습니다. 하지만 현재로서는 유일한 시도인 알렉산드로프(Alexandrow's)의 H^{+2} 이온에 관한 논문은 완전히 틀린 것이라 생각합니다.

저는 얼마동안 비주기현상의 양자론을 연구했습니다. 이 새로운 이론에서는 특별한 가정을 설정하지 않아도 연속 스펙트럼의 강도 분포를 구할 수 있습니다. 이것을 간단한 쿨롱 모형에 적용하면 사실, X선의 흡수 법칙에 대해 매우 좋은 근사가 얻어집니다. 예를 들면, K전자에서는 1 전자당의 흡수는 $\lambda\alpha Z^3$의 식이 됩니다. 여기서 α는 (한계점 가까이를 제외하고) 2.5~3.1 사이에 있습니다.

보른 교수님과 제가 연구하고 있는 또 하나의 문제는, 예를 들면 원자핵에 의한 알파입자의 굴절법칙입니다. 이에 대해서는 별 진전이 없지만 곧 잘 되리라 생각하고 있습니다. 해본 결과, 이 이론은 분명히 입자역학에 바탕한 고전이론 만큼 간단하지는 않습니다.

브리지먼(Bridgman) 교수님에게도 안부 전해 주십시오. 그리고 편지를 주신 데 대해 거듭 감사드립니다.

J. R. 오펜하이머

11월 말에는 오펜하이머도 캐번디시연구소로 돌아올 가능성을 아직 버리지 않고 있었으나, 보른과의 공동 연구가 잘 진행되고 성과도 있었기 때문에 그는 곧 괴팅겐 대학에서 학위를 취득하기로 결심했다. 켐블에게 보낸 편지에서도 기술한 바와 같이, 오펜하이머는 자기가 영국에서 시작한 양자론을 연속 스펙트럼에서의 전이에다 적용하는 연구를 계속하고 있었다. 이 연구는 1927년 봄에 괴팅겐대학으로부터 박사학위가 수여된 학위논문 속에 정리되어 있다. 그동안 그는 또 산란(散亂)을 설명하기 위해 양자역학을 이용하기도 했다. 이론물리학에 대한 그의 한 가지 중요한 기여는, 분자의 양자론에 관한 보른과의 공저 논문이었다. 그리고 오늘날에도 '보른-오펜하이머 근사'는 사용되고 있다.

보른이 오펜하이머를 호의적으로 보고 있었다는 사실은 매사추세츠공과대학의 학장 스트래튼(S. W. Stratton)에게 보낸 1927년 2월의 편지 속에 기록되어 있다.

"이곳에는 많은 미국인들이 있으며, 그 중 다섯 사람은 나와 함께 연구하고 있습니다. 그 중의 한 사람인 하버드대학과 영국의 케임브리지대학에서 수학한 오펜하이머 군은 대단히 우수합니다. 다른 네 사람은 평균을 넘지 못하지만 오펜하이머 군뿐만 아니라 다른 몇 사람도 다음 학기 중에 박사학위를 취득하리라고 생각합니다."(4)

괴팅겐에서 물리학 이외에 경험한 여러 가지 측면에 대해 오펜하이머는 복잡한 시점으로 회상하고 있다.

“이 사회는 매우 풍요롭고 따뜻하여 내게는 유익한 곳이었습니다. 그러나 여기는 매우 비참한 독일의 무드 …… 비통하고 암울한 무드가 감돌고 있었습니다. 불만과 분노, 그리고 나중에 커다란 참사를 가져오게 되는 온갖 요소가 그곳에는 있었다고 말해야 할까요. 그리고 나는 그것을 통감했습니다.”(1)

에드윈 켐블은 6월에 괴팅겐을 방문했을 때 하버드의 미운 오리새끼가 차츰 백조의 모습으로 변화해 가고 있는 것을 그의 동료인 라이먼(Theodore Lyman)에게 이렇게 얘기하고 있다.

“오펜하이머는 우리가 하버드에서 보았을 때에 생각했었던 것보다 훨씬 우수하였습니다. 그는 새로운 연구를 매우 재빠르게 생각해내고, 이 곳의 소장 수리물리학자들에 비해서도 손색이 없을 정도입니다. 그러나 유감스럽게도, 그가 논문을 쓸 때 자기가 말하고 싶은 바를 명확하게 표현하는 일이 무척 벅차다는 하버드 시절부터의 약점을 보른도 지적하였습니다.”(5)

버클리와 캘테크

하버드대학, 캘리포니아공과대학(통칭 캘테크) 및 유럽의 몇 개 대학교에서 포스트 닥터의 연구를 하고 나서 1929년 오펜하이머는 캘리포니아대학 버클리와 캘테크의 겸임직을 승낙했다. 그는 어느 대학에서도 양자론의 최신 진보에 가장 통달한 대가로 간주되었으며, 곧 이론물리학의 주도적 입장에 있던 이들 대학에서 영향력을 지닌 교수가 되고 지도자가 되었던 것이다. 그는 후에 다음과 같이 회고하고 있다.

“전체적으로는 단순한 일이었다고 생각합니다. 내가 버클리에서는 완전하게, 캘테크에서도 거의 완전하게, 이것이 도대체 무엇인가를 이해하고 있는 유일한 인간이라는 것을 알게 된 것입니다. 나의 고등학교 영어 선생님이 눈치채신 나의 재능, 즉 전문적인 것을 설명하는 재능을 발휘한 것입니다. 나는 학파를 만들려고 하지 않았고 제자를 발견하려고도 하지 않았습니다. 실제는 내가 좋아하는 이론을 남에게 전달하는 인간

그림 8-3. 버클리에서 1930년대 중반 경의 엔리코 페르미, 어네스트 O. 로렌스와 함께 있는 오펜하이머(AIP 닐스 보어도서관의 후의에 의함.)

으로서, 혹은 계속 공부해 나가야 할 이론을 사람들에게 전하는 인간으로서, 또 아직 잘 이해되지는 않지만 매우 내용이 풍부한 이론을 남에게 전달하는 인간으로서 출발했던 것입니다. 내가 가르치는 방법은 보통 수업에서 하는 방법이 아니고, 또 여러 가지 직업을 준비하는 학생에게 가르치는 방법도 아니었습니다. 먼저 학부의 교수, 스태프, 동료 모두에게 해설하고 나서 이것이 어떤 것이며, 지금까지 배워 온 것이 무엇이었는가, 해결되지 않은 문제는 무엇인가 등을 듣고 싶어하는 사람이라면 누구에게나 가르치는 방법인 것입니다."[(1)]

오펜하이머가 재직했던 무렵의 버클리의 학부 교수 중에는 어니스트 로렌스(Ernest O. Lawrence)가 있었다. 그는 학과를 핵물리 연구의 중심지로 만들려고 노력했었다. 그와 오펜하이머는 가까운 친구가 되었다. 로렌스에게 보낸 편지에는 시대 분위기의 단면이 어느 정도 반영되어 있다. 이 편지는 뉴올리언스에서 개최된 미국물리학회 회의(미국과학진흥협회의 회의도 동시에 열렸다)가 끝난 후 오펜하이머와 로렌스의 부친이 패서디나(Pasadena)로 가는 도중에 쓰여진 것이었다. 오펜하이머의 동생인 프랑크도 크리스마스 휴가로 뉴올리언스에 머물고 있었다(프랑크는 여덟 살 아래로, 당시 존스홉킨스대학 2학년에 재학하고 있었다).

편지 79, 어니스트 O. 로렌스 앞

텍사스

1932년 1월 3일(일요일)

경애하는 어니스트 군.

이 편지는 매우 시시콜콜한 쓸데없는 메모이지만, 뉴올리언스에서 자네와 보낸 시간이 극히 짧았던 데에 대한 사과의 마음으로 쓴 것일세. 그리고 여러 가지로 마음을 써 주었는 데도 그 때 충분히 보답하지 못한 데에 대한 감사의 마음도 전하고 싶었기 때문이네. 동생은 자네를 만난 일을 무척 기뻐하고 있네. 하지만 시간이 거의 없었던 점에 대해서는 애석하게 생각하고 있네. 동생으로부터 말씀 잘 전해 달라는 것과 이번 여름에 자네가 오는 것을 얼마나 고대하고 있는지 전해 달라는 부탁이 있었네. 우리는 즐거운 휴일을 함께 보냈네. 그리고 프랑크가 물리를 일생의 목표로 삼는 일에 대해서는 최종적인 결말이 났다네. 그토록 많은 물리학자가 한자리에 만나는 것을 목격하자 그들에게 매료되어 존경하지 않을 수 없게 된 것이며, 그들의 연구에 크게 매력을 느끼지 않을 수 없었던 것일세. 화요일에 조지 울렌벡(George Uhlenbeck)과 L. H. 토머스 등이 참여한 생화학과 심리학의 합동 분과회는 상당히 시끌벅적하고 정말 걸작이었네. 이 학회에서는 양쪽 과학 모두 꽤나 신용을 떨어뜨렸더군…….

이번 주, 학기가 시작되기 전에 실험이 많이 진전되었으면 좋겠네. 학기가 시작되기까지에 큰 자석(로렌스가 건설중인 사이클로트론용)이 준비되었으면 하고 생각하는 것은 지나친 욕심일까. 하지만 계약자는 아마 그 때까지는 완성할 것으로 믿네. 만약 무엇인가 사소한 이론적인 문제로 급한 해답이 필요하게 되거든 프랭클린 칼슨(J. Franklin Carlson)이나 레오 네델스키(Leo Nedelsky)에게 문의하게. 만일 그들도 모른다면 내게 생각할 기회를 주게. 만약 데이비드 H. 슬로언을 만나거든 완쾌를 기원한다고 전해 주게. 그리고 그리운 마을 버클리에도 안부를.

멋진 크리스마스 선물 정말 감사하네. 모든 일이 잘 되기를. 그럼 이만.

로버트

쿤(Kuhn)과의 인터뷰 가운데서 오펜하이머는 이 무렵에 자신이 변해간 상태를 다음과 같이 털어놓았다.

"변화라는 것은 …… 유럽의 각 중심지나 하버드, 캘테크 등에서 공부하고 남의 해설을 듣는 인간에서, 스승으로부터는 이미 거의 아무것도 배울 것이 없어지고, 그 대신 문헌이나 자기 자신의 연구로부터 배워 나가는 인간으로, 그리고 달리 할 사람이 없으므로 해야 하지 않으면 안 될 설명이 산더미처럼 있는 인간으로 변화해 나갔다고 생각합니다. 이 변화는 갑자기 일어난 것은 아니었다고 생각합니다. 일 주일 동안에 세 시간을 강의하고, 두 시간을 세미나나 다른 강의를 하는 생활 속에서는 물리를 공부하거나 다른 일을 할 시간이 충분히 있었고, 나도 전과 그다지 변화가 없는 인간이었습니다. 즉, 시간을 보내는 방법에 대해서는 아직도 학생 기분에서 완전히 벗어나지 못하고 있었습니다…….

'강의를 한다는 것은' 에너지를 소모하는 것입니다. 매우 큰 에너지이지만 책을 조사할 필요가 거의 없었으므로 요컨대 항상 신선한 강의가 되게끔 유의하고, 보다 명확하게, 보다 알찬 내용으로 하려고 마음을 썼습니다. 크게 변한 것이라고 하면, 내가 이제는 병아리가 아니고 자기 처신을 자신이 결정할 수 있는 인간으로 되어 있었던 것이라고 생각합니다……. 어떤 면에서는 아직 미숙한 점이 있었지만 조금은 어른이 되어 있었습니다. 또 만약 생활을 위해 좀더 일찍 교단에 서지 않으면 안 될 형편에 처해 있었더라면 내게는 더 좋았을 것이라고 생각합니다. 그렇게 되었다고 하더라도 물리에 대한 흥미를 잃었으리라고는 생각하지 않으며, 내게 있어서는 먼저 무엇을 배우고 싶은가를 결정할 필요성을

깨닫게 했을 것입니다."[(1)]

동생을 끔찍이 생각하는 마음

오펜하이머는 그의 동생에게 많은 장문의 편지를 썼다. 자기 생활을 알리거나 충고를 하며 동생과 여러 가지 아이디어를 교환하기도 했다. 여름마다 뉴멕시코주 산타페 근교의 북부 페이커스(Pecos) 골짜기에 있는, 형제가 페로 캘리엔티(Perro Caliente ; 핫도그를 스페인어로 직역한 말)라고 이름붙인 오펜하이머 일가의 목장에서 함께 즐겁게 지냈다. 프랑크는 존스홉킨스대학에서 공부했으며 3년만인 1933년에 졸업했다.

프랑크는 로버트의 충고에 따라 생물학을 배우기 시작했으나 물리학에 더 매력을 느끼고 있는 자신을 깨달았던 것이다.

편지 83, 프랑크 오펜하이머에게

버클리

1932년 가을 무렵(일요일)

사랑하는 프랑크에게

지금까지 내가 이렇게 편지를 거른 적도 없었지만, 너와 함께 그렇게 즐겁게 지낸 적도 또 없었구나. 나는 이 여름 너와 함께 지낸 멋진 추억에 잠겨 있다. 네가 했던 말, 동작, 즐겁게 지낸 추억에 잠겨 있는 일로 해서 만약 내가 이번 휴가를 너와 함께 보내려는 마음이 없거나, 그런 계획을 생각하고 있지 않다면 너의 멋진 편지에 회답을 쓰지 못했을 것이다. 그건 이번 크리스마스에 관해서인데…… 도중에서 서로 만나자는 나의 제안이 어처구니없는 일일지 모르지만 뉴멕시코는 어떻겠니? 거기서는 우리 둘이 겨울에 만난 적이 없을 뿐더러 편히 쉴 수 있을 것이고, 너가 서해안까지 오기보다는 멀지도 않을 거야. 적어도 나는 모두가 함께 모여서, 아버지에게 어울리는 즐거운 시간을 만들어야 한다고 생각한다. 네가 하고 있는 과목은 문제가 없으리라 생각한다. 하지만 한 가지 슬픈 일은, 네가 하고 있는 과목의 범위는 내가 이론물리학 입문에서 가르치

그림 8-4. 오펜하이머와 로렌스. 1932년 이전에 뉴멕시코주 Cowles 부근에 있는 오펜하이머가 페로 캘리엔터(Perro Caliente)를 방문했을 때(몰리 B. 로렌스 씨의 후의에 의함)

고 있는 범위와 똑같다는 점이다. 이런 멋진 과목은 내게서 배우면 될텐데, 하는 거만하고 단호한 희망을 갖고 있단다. 네가 배우고 있는 세 가지 과목을 하나로 합쳐야만 도움이 될 거야. 즉, 함수론, 벡터 해석, 퍼텐셜 이론 중의 어느 하나를 깊이 이해하기 위해서도 불가결한 것이란다. 아마 네 자신이 서로를 관련지을 수 있겠지만, 내년 여름까지 확실히 자기 것으로 소화시킬 수 있게끔 강의 노트를 한 벌 보내겠다. 너의 학습계획에서 이렇게 큰 부분을 이론물리학이 차지하고 있다는 사실에 대해서는 물론 짐작하고 있으리라 생각되지만 나는 굉장히 복잡한 심정이야. 이론물리학은 이 세상에서 가장 즐거운 값어치 있는 학문이고, 네가 그것을 즐기고 있다는 것만으로도 기쁜 일인 데다 이 멋진 학문을 언제나 너와 함께 나누어 가질 수 있으리라는 사실도 또한 기쁘기 한량없다. 다만, 내 마음에 걸리는 것은 너의 진로가 암시하고 있는 것뿐이다. 네가 이론물리학을 선택한 동기가 물리학 그 자체에만 있는 것이 아니고, 또 물리가 좋아서만도 아닌 듯한 것이 내 마음에 걸린단다. 그것은 너 자신이 후회할지도 모를 직업에 점점 깊이 빠져들 가능성이 있다는 점이란다. 그러므로 나는 이것을 빨리 걷어치우기를 바라지만 그렇게 할 수 있는 사람도 너밖에 없다는 것을 알고 있다.

존스홉킨스대학의 생물학은 어설프다고 생각된다. 이것은 여러 관계자로부터 들은 바 있다. 그렇다고 해서 다른 중요한 학문(어려운 어학 등)에도 아무런 흥미를 느끼지 않겠지. 너에게는 벡터나 코시의 정리를 공부하는 일밖에 남아 있지 않을지도 모르겠다. 하지만 넓은 마음을 가져주기를 간절히 바란다. 모든 지적(知的) 분야에 대해서, 혹은 학문 이외의 세상사에 골고루 흥미를 길러 나간다면 정신생활에 없어서는 안 될 지성의 싱싱함을 상실하는 일은 없을 것이고, 하고 싶은 일(그것이 어떤 것이든)을 선택할 때도 참된 선택이 될 것이다. 그것은 이치에 맞는 자유로운 것이라고 할 수 있을 거다.

마침 어제 나는 바다 건너편의 마린(샌프란시스코만의 북쪽 후미진 곳에 있는 동네)에 있었단다. 잔뜩 흐린 날씨에 바다로부터 짙은 안개가 흘러오고 있었지. 위험이 많은 곳에 있는 작은 등대는 배경을 이룬 산들과 바다로 나가는 안개의 층에 의해서 세상과 동떨어져 있는 것 같았다. 바로 그 일에 타고난 재능을 가진 것 같은 부지런한 등대지기만이 이런 곳에서 생활할 수 있으리라고 생각했다. 반면 그런 사람들의 존재가 나에게는 이상하게 생각되는구나. 왜 그 사람들은 다른 직업을 선택하지 않을까…….

연구는 잘 진행되고 있다. 좋은 성과를 얻었다는 것이 아니라, 연구가 잘 진행되고 있다는 말이다. 공부에 열성적인 학생들이 많다. 나는 원자핵이니 중성자니, 그리고 붕괴현상 연구에 바쁘단다. 불완전한 이론과 이치에 맞지 않는 여태까지의 이론을 뒤엎을 만한 실험 사이를 잘 절충하려고 쩔쩔 매고 있는 중이야. 로렌스의 실험쪽은 아주 잘 진행되고 있단다. 그는 모든 형식의 원자핵을 붕괴시키고 있지만, 얼핏 보기에 에너지가 100만 볼트 정도로밖에는 하고 있지 않는다. 나는 통상적인 세미나 외에 원자핵의 세미나를 열고 있다. 이 큰 혼란 속에서 무엇인가 질서 있는 것을 만들려고 시도하고 있지만 별로 진전이 없다. 전자와 전자가 충돌할 때의 방사 연구에 대해 작년 여름에 쓴 논문을 보충하고 있으나 중성자와 앤더슨의 양전기를 띤 전자에 대해서가 고민거리다. 또 원자물리학에서 아직 약간 남아 있는 문제를 처리하고 있다. 이론면에서는 잠시 동안 소강상태가 되리라 생각하고 있으나, 이론이 진전됐을 때는 매우 참신하고 정말 멋진 것이 될 거야. 나는 지금 라이더(Ryder)와 함께 『카쿤탤라(Cakuntala)』를 읽고 있다(라이더는 버클리의 산스크리트 교수로, 오펜하이머는 그로부터 산스크리트의 초보수준을 배우고 있었다). 이번 우리가 만날 때는 이 굉장히 멋진 시의 몹시 서투른 번역 때문에 괴로울 거야…….

곧 회답해 주어라. 그리고 휴가를 어떻게 계획하는 것이 가장 좋겠는지, 그것만이라도 내게 알려 줘. 하나님이 보호할 거야. 풍요롭고 즐거운 날이 되기를.

로버트

'불완전한 이론과 이치에 맞지 않는 이제까지의 이론을 뒤엎을 만한 실험……'이라는 오펜하이머의 코멘트는 1932년의 일련의 중요한 연구 성과를 배경으로 하여 바라보아야 할 것이다. 이 연구의 성과로 물리학계의 관심의 표적이 원자핵과 우주선 연구에 집중되었다. 1월에는 컬럼비아대학의 해럴드 C. 유리가 수소의 무거운 동위원소(중수소)를 발견했고, 2월에는 캐번디시 연구소의 제임스 채드윅(James Chadwick)이 원자핵의 새로운 입자인 중성자의 존재를 증명했으며, 4월에는 존 코크로프트(John Cockcroft)와 E. T. S. 월턴(Walton ; 두 사람 모두 케임브리지연구소)이 인공적으로 가속시킨 양성자를 가벼운 원소인 원자핵에 충돌시킴으로써 그것을 붕괴시켰고, 8월에는 캘테크에서 칼 앤더슨(Carl D. Anderson's)이 촬영한 우주선의 비적(飛跡)사진이 양전기를 지닌 전자인 양전자의 존재를 제시했다. 그로부터 얼마 후 버클리에서도 어니스트 로렌스와 그의 제자인 스탠리 리빙스턴(Stanley Livingston), 밀턴 화이트

(Milton White)가 그들의 새 입자가속기인 사이클로트론을 사용하여 원자핵을 붕괴시켰다. 이러한 발견과 기술로 이론가들에게는 큰 자극적인 도전을 받는 다시 없는 기회가 주어졌던 것이다.(2)

프랑크는 존스홉킨스대학을 졸업하자 로버트의 발자취를 뒤따르듯이 캐번디시 연구소에 들어갔다. 여기서 그는 형도 관심을 가졌던 테마인 핵물리학과 관련된 문제를 연구했다. 로버트는 이러한 점과 다른 문제에 대해 프랑크에게 편지를 썼다.

편지 93, 프랑크 오펜하이머에게

파사데나
1934년 6월 4일

사랑하는 프랑크에게.

오랫동안 너에게 편지를 쓰지 못했구나. 나는 고맙다는 인사를 해야 할 점이 많은 것 같다. 그리고 너의 편지에 대해 여태까지 몇 달째나 편지를 쓰지 못한 것을 너는 참아 주었으니 그 보상으로서도 긴 편지를 쓰는 수밖에 없겠다.

방사선 계열의 준위(準位)에 대한 각운동량 양자수에 대해서 가모프가 한 일을 알고 있니? 세세한 점에서는 틀린 부분이 있지만 기본적으로는 옳다고 생각되는구나. 나 자신은 아직도 참담한 상태에 있는 양전자 이론의 현상을 어떻게든지 타개하려고 필사적인 노력을 하고 있는 중이다. 푸리(Furry)와 나는 또 하나의 논문을 발표할 생각이지만, 이것이 끝나면 잠시 동안 이 문제에 대해서는 잊어버리고 싶다. 우리는 모두 매우 고되게 일을 하고 있다. 만약 네가 여기에 있다면 얘기하고 싶은 자질구레한 일이 많단다. 그리고 그저 대화를 나누기만 했더라도 나는 이 자질구레한 일에 대해서 생각이 나는 대로 충분한 판단을 내릴 수가 있었을 거란다. 너도 분명히 알고 있듯이, 이론물리학은 뉴트리노(neutrinos)라는 유령의 출몰, 모든 증거에 반하는, 우주선은 양성자라고 하는 코펜하겐쪽의 확신, 절대로 양자화할 수 없는 보른의 장의 이론, 양전자에 관한 발산의 곤란, 그리고 어느 것이나 정확한 계산이 완전히 불가능한 점 등…… 굉장한 물건이야.

2주일 안에 나는 차로 앤 아버(Ann Arbor)로 가서 거기서 3주간 지내며 양전자를 해명할 예정이다. 가모프는 그 곳에 있을 것으로 믿는다. 그리고 울렌벡(Uhlenbeck)도. 틀림없이 즐거운 일이 될 거야. 그들은 나에게 내년에는 프린스턴으로 오지 않겠느냐고 권했다. 프린스턴에는 디랙(Dirac)도 올 것으로 믿는다. 그리고 하버드에 정착하지 않겠느냐고도 말했다. 하지만 나는 권유를 모두 사양했다. 나는 지금의 일로도 충분하다고 생각하고 있으며, 이곳에서라면 내가 도움이 될만한 인간이라고 아주 자연스럽게 믿을 수 있는 데다, 맛좋은 캘리포니아 와인으로 물리학이라는 학문의 냉엄함과 인간의 지성의 힘이 부족함을 위로할 수 있으니까 말이다.

로버트

핵분열 (Nuclear fission)

버클리에서 핵분열 소식을 들었을 때의 반응을, 당시 화학과의 강사였던 글렌 시보그(Glenn T. Seaborg)는 후에 다음과 같이 언급하고 있다.

"1939년 1월의 세미나에서……중성자를 동반한 우라늄의 분열에 관한 새로운 결과를 흥분하면서 논의하고 있었던… 일을 기억하고 있습니다. 오펜하이머가 그 때만큼 흥분하고 또 아이디어에 넘친 모습을 본 적이 없습니다."(6)

핵분열 연구의 뉴스와 그 때에 방출될지도 모를 막대한 양의 에너지에 대한 관심이 오펜하이머의 좋은 친구였던 조지 울렌벡에게 보낸 편지의 초점이었다.

그와 동시에 오펜하이머는 일반 상대론과 핵물리학을 천체물리학에 응용하는 연구도 하고 있었다. 중성자별과 중력 수축에 관한 그의 연구가 중요한 것이었다는 것은 1960년대와 1970년대가 되어 중성자별, 펄서(Pulsars), 블랙 홀 등의 실존성이 천문학의 새로운 연구기술에 의해서 확립되었을 때에 밝혀졌다. 이 연구와 '메조트론(mesotron)·(뮤온)'의 방사능에 관해서 줄곧 품고 있었던 홍미에 관해서도 이 편지 속에 언급되어 있다.

편지 106, 조지 울렌벡에게

버클리

1939년 2월 5일

친애하는 조지에게.

당신의 멋지고 환영할 만한 장문의 편지에 바로 회답을 쓰고 싶었습니다. 얼마나 기쁜 마음으로 편지를 받았는지 그 심정을 전하고 싶었기 때문입니다.

여기에도 또 폭발하는 U(우라늄)의 증거가 더 있습니다. 차동전리함(差動電離函) 속에 굵은 비적이 기록되어 있었고, 매우 낮은 압력의 안개상자 속에서 중성자를 충돌시킨 U박(箔)으로부터 되튀는 양성자의 안개와 희미한 알파입자의 비적을 가로질러 매우 뚜렷한 비적이 보이고 있습니다. 또 아벨슨(Philip H. Abelson)은 반감기 72시간이며, 화학적으로는 Te에 이어지는 것으로서 X선을 방사한다는 것을 증명하며, 미분 임계흡수로부터 이 X선이 요오드의 K알파선과 약간의 K베타선이라는 것을 입증했습니다. Te 뒤에 남은 방사능으로부터 I를 화학적 방법으로 분리했습니다. 우리도 물론 1그램당 10^{18} ergs의 에너지에 대해서 생각하고 있습니다. 분열 후의 남은 조각들은 만약 그들의 전하분포가 비정상적이기만 하다면 매우 들뜬 상태에 있을 것입니다. 그 약간의 에너지는 복사의 형태로 방출되겠지만 중성자쪽으로도 갈 것이라고 기대해도 좋을 것입니다. 그래서 $10cm^3$의 우라늄 중수소 화합물(포획되지 않을 정도로 중성자를 느리게 할 만한 무엇인가가 필요합니다)로도 잘 될 것이라 생각해도 결코 빗나간 기대는 아닐 것이라 생각합니다.

당신이라면 잘 설명해 주시리라 생각되지만, 물리학에 대해서 하고 싶은 말이 많습니다. 하지만 편지로서는 아마 다 말할 수는 없을 것입니다……. 여기에서는 핵 에너지원을 다 써 버린 아주 무거운 질량에 대한 정적인 풀이와 비정적(非靜的)인 풀이에 대해서도 연구하고 있습니다.

그림 8-5. 버클리 국제회관의 만찬회에서(1933년경). 오펜하이머와 함께 있는 사람은 우젠슝(吳健雄) 여사와 에밀리오 세그레(에밀리오 세그레 씨의 후의에 의함.)

그것은 아마도 중성자로만 이루어진 핵으로 붕괴한 오래된 별입니다. 결과는 아주 별난 것이지만 조금만 더 하면 일부분이 완성될 것이므로 여기서는 일부러 이것에 대해서는 쓰지 않겠습니다. 나는 점점 메조트론 붕괴를 믿으라고 스스로에게 타이르고 있습니다. 하기야 이 붕괴현상에 대해서 우리가 최초에 생각하고 있었던 2년 전에 비하면 실험 사실은 그다지 좋아지지는 않았지만 말입니다. 파사데나의 동료들은 내년 여름에 4000미터나 떨어져 있는 두 개의 저수지 속에서 전리함을 사용한 정말로 멋진 실험을 해 주겠노라고 약속하였습니다.

또 두 가지가 더 있지만 다시 곧 편지를 쓰겠습니다. 이번에 처음으로 우리는 올해 6월에 좀 일찌감치 페로 캘리엔티(Perro Caliente)로 갈 생각입니다. 그 곳은 그 무렵이 가장 좋은 계절입니다. 비도 오지 않고 산꼭대기에는 눈이 남아 있지만 그밖에는 초록색입니다. 이렇게 하면 어떨까요. 당신과 엘스가 함께 온다면, 언제 어디서든지 당신들을 환영한다는 것을 기억해 주셨으면 합니다.

엘스에게 나의 마음으로부터의 인사를 전해 주십시오. 그녀의 관대함으로 해서 오랫동안 겨울잠을 자고 있던 편지 왕래를 다시 할 수 있었습니다. 그녀에게 건강에 유의하라고 말씀해 주십시오. 그렇게 하면 그녀

그림 8-6. 요트를 이용한 원거리 여행. 취리히호수에서(1930년경). 오펜하이머, I. I. 라비(Rabi), H. M. 모트스미스(Mottsmith)와 볼프강 파울리(루돌프 파이엘스 촬영, AIP 닐스보어 도서관의 후의에 의함)

도 내년 6월에는 승마를 할 수 있게 될 테니까요.

그럼 다시 또.

로버트

에이벨슨은 버클리에서 박사학위를 취득하려 하고 있었다. 그는 방사선 실험실의 조수로 있었는데, 핵분열 뉴스가 버클리에 전달되었을 때, 자신이 박사학위 논문을 위해 하고 있는 실험이 그 발견과 연관이 있을지도 모른다는 것을 즉각 감지했다. 그는 후에 다음과 같이 술회하고 있다.[7]

"내가 일보 직전까지 와 있었는데 큰 발견을 놓쳐 버렸다는 것을 깨달았을 때 거의 넋을 잃고 말았다."

오펜하이머가 핵분열 연구에 관련을 맺게 된 것은 처음에는 아주 우연한 계기였으며 그것도 이론면에서였다. 1941년이 되어 비로소 전쟁 수행을 위한 거국일치 태세에 참여하게 되어, 버클리의 고속 중성자 연구의 부장으로 출발했다. 1943년에 로스 알라모스 연구소가 오펜하이머를 소장으로 하여, 그가 이전에 즐거운 휴가를 보냈던 곳에서 그리 멀지 않은 산타페를 내려다 보는 언덕에 설립되었던 것이다. 이 지위에 취임한 것은 사인(私人)으로서의 오펜하이머의 종말을 뜻하고 있었다.

로스 알라모스와 그 이후

> "앞으로 30년 우리가 살게 될 세상은 몹시 불안하고 괴로움에 찬 것이 되리라고 생각하지만, 그러한 세계로 나가는 것과 그러한 세계가 되지 않게 하는 것 사이에 가능한 타협은 그리 많을 것으로는 생각되지 않는다."
>
> 로버트 오펜하이머
> 프랭크 오펜하이머에게, 1931년 8월 10일

제2차 세계대전이 발발하자 로버트 오펜하이머는 징용되어 1942년에 원자폭탄을 개발하기 위한 미합중국 프로젝트 중 고속 중성자 연구 전체의 조정자가 되었다. 1942~43년 사이에 핵무기 연구의 대부분은 맨해튼계획으로 통합되었고, 오펜하이머를 연구소장으로 하는 과학연구소가 로스 알라모스에 건설되었다.

전후 오펜하이머는 프린스턴의 고등연구소 소장의 자리를 수락했다. 그는 정부 관계의 공무도 계속하여 원자력에 관한 권고를 하거나, 원자력위원회(AEC)에 대한 일반 자문위원회의 의장으로도 일했다. 길고 긴 논의를 짤막하게 요약하는 재능과 복잡한 전문적인 문제를 명확하게 진술할 수 있는 능력으로 말미암아 그는 많은 자문위원회의 중요한 멤버가 되었다.

1950년대에 이르러서 그는 이미 매우 존경받는 인물이 되었다. 전시 중의 비길 데 없는 활동과 평화시 국가를 위한 아낌 없는 활동으로 칭송을 받았다. 그러나 그러는 동안에 합중국의 정치적 상황은 변했다. 1954년에는 AEC가 오펜하이머에 대한 비밀사항 취급 허가를 일시 정지시키고 특별위원회를 소집하여, 1930년대 후반의 그의 좌익활동(이것은 전쟁이 시작되었을 때에는 불문에 부쳐져 있었다)을 들어, 그에게 극비 정보를 다루게 하는 것은 현명한 일이 아니라는 고발을 받아 들였던 것이다. 게다가 그의 전후 처사에 대해서 또 하나의 고발이 제기되었다. 그것은 AEC가 자문위원회의 만장일치로 결정한 수소폭탄 개발 기금계획의 반대 권고를 거절했을 때, 이 계획에 대한 오펜하이머의 무성의에 영향을 받아 몇몇 과학자가 이 계획에 참여하기를 주저했다는 것이었다.

장기간에 걸친 청문회 끝에 위원회와 AEC는 오펜하이머의 비밀사항 취급 허가를 취소하기로 가결했다. 오펜하이머의 견해를 많이 들어왔던 많은 정치가와 과학자가 집권자의 가치와 우선시하는 것들에 더 부합하는 조언을 하는 사람들로 교체되었다. 오펜하이머에 대한 투표 결과는 권력의 교체를 의미했다. 그러나 오펜하이머의 신용을 실추시키려는 의도는 심한 비난을 받았기 때문에 충분한 효력을 발휘하지 못했다.

청문회는 오펜하이머에게는 하나의 커다란 고통이었지만 이 냉엄한 시련에도 그는 놀랄 만큼 잘 견뎌냈다. 이 일로 해서 그는 패배감에 사로잡혀 틀림없이 모욕감을 느꼈을 것이라고 생각하는 사람이 있을지 모르지만 AEC의 평결 후에도 그는 그 고결성을 유지하며 어떠한 원성이나 고언도 입에 담는 일이 없었다. 1963년에 그는 원자 에너지에 대한 눈부신 공헌으로 AEC의 엔리코 페르미상을 수상했다. 존슨 대통령이 수여할 때 그는 다음과 같이 답사했다.

"대통령 각하, 오늘 이렇게 수여하시는 데는 약간의 동정심과 다소의 용기가 필요했을 것이라고 생각합니다. 그러나 이렇게 하신 것은 우리들 모두의 미래에 대해 기뻐해야 할 조짐이라고 생각됩니다."

전후, 그는 계속 이론물리학을 연구했으나 발표된 논문의 양으로 미루어보면 전보다는 발표수가 대폭 줄어들었다. 그러나 그는 "항상 사람들을 고무시키기 위해서, 토론을 하기 위해서, 사람들의 여러 가지 아이디어에 귀를 기울이기 위해서 거기에 있었던 것이다."(8) 물리학자에게 있어서 그는 촉매의 역할을 하였으며 비평가가 되었고, 학회를 조직했으며, 젊은 과학자들에게 용기를 주어 새로운 아이디어를 신장시키려 했다(그는 또 자신의 견해와 다른 것에 대해서는 곧잘 참지 못했지만).

일반 대중에 대해서는 원자력 시대의 해설자가 되었고, 과학의 문화적 가치의 대변자가 되었다.

악성 인후 종양으로 수술을 받지 않으면 안 되게 되어 1966년에 연구소를 퇴직하였으나 친구와 연구 동료들과의 교류 및 조직 단체와의 관계는 가급적 유지하고 있었다. 1967년 2월 18일, 로버트 오펜하이머는 62세를 일기로 프린스턴에 있는 자택에서 숨을 거두었다.

T. 폰 페스터

참고문헌

(1) 토머스 쿤에 의한 로버트 오펜하이머와의 인터뷰(1963년 11월 18일). Archive for History of Quantum Physics, AIP Niels Bohr Library 및 그 밖의 곳에도 소장되어 있다.
(2) *Robert Oppenheimer : Letters and Recollections*, Alice Kimball Smith, Charles Weiner, eds., Harvard U. P., Cambridge Mass. (1980), 페이퍼백판, 1981년.
(3) Charles Weiner에 의한 Robert Serber 와의 인터뷰(1978년 5월 25일), AIP Niels Bohr Library.
(4) Born으로부터 Stratton에게 보낸 편지(1927년 2월 13일) Institute Archives and Special Collections ; MIT Libraries. K. Sopka의 박사논문. "Quantum Physics in America"(하버드대학, 1976년)에서 인용.
(5) Kemble이 Lyman에게 보낸 편지(1929년 6월 9일), Harvard University Archives. 참고문헌 (4)의 K. Sopka에서 인용.
(6) G. T. Seaborg, in I. I. Rabi *et. al., Oppenheimer*, Scribner's, New York (1969), p. 48.
(7) P. H. Abelson, in *All in Our Time : The Reminiscences of Twelve Nuclear Pioneers*, J. Wilson, ed., Bulletin of the Atomic Scientists, Chicago (1975), p. 28.
(8) H. Bethe, Science **155**, 1081 (1967).

Chapter 9

마리아 괴페르트 마이어

−두 분야의 파이오니어−

마리아 괴페르트 마이어는 1930년부터 시작하여, 후에 노벨상으로 이어지기까지 그동안 그녀가 쌓아올린 갖가지 중요한 업적에도 불구하고 상근 교직을 얻기까지에는 30년이나 걸렸다.

1963년에 노벨 물리학상을 수상한 마리아 괴페르트 마이어는 이 분야에서 상을 받은 역사상 두 번째 여성이었다(첫 번째 여성은 마리 퀴리로, 마이어보다 60년이나 전에 수상했다). 또 과학부문에서 노벨상을 수상한 역사상 세 번째 여성이기도 하다(1935년에 마리 퀴리의 장녀인 이렌느 퀴리가 화학분야에서 수상하였다). 이 같은 업적은 그녀가 어릴 적부터 이미 활기에 넘치는 과학적 분위기 속에서 성장한 데서 비롯된다. 그러한 분위기는 그녀의 가정과 그것을 에워싼 대학 사회 모두에 존재했던 것으로, 그러한 사회로부터 그녀는 과학을 지향하는 뜻을 더욱 굳히는 기회를 얻었고, 수학과 물리학의 훌륭한 교사와 학자들의 지도 아래 그녀의 뛰어난 재능을 키우는 기회를 얻을 수 있었다. 그녀의 풍요롭고 고상한 생애를 통하여, 과학은 줄곧 그녀의 활동의 중심 테마가 되었으며, 그것이 결국에는 원자핵의 구조를 이해하기 위한 커다란 기여, 즉 원자핵의 스핀-궤도 결합의 각(殼)모형으로 결실을 맺었던 것이다.

그림 9-1. 마리아 괴페르트 마이어 (닐스 보어 도서관의 후의에 의함)

괴팅겐 시절

마리아 괴페르트는 1906년 6월 28일에 상 실레지아(Upper Silesia ; 당시는 독일령이었으나 현재는 폴란드 땅)의 카토비츠에서 프리드리히 괴페르트와 그의 아내 마리아(결혼 전의 성은 볼프)의 외동딸로 태어났다. 1910년에 집안이 괴팅겐으로 이사하여, 거기서 프리드리히 괴페르트는 소아과 교수가 되었다. 마리아는 결혼하기까지 인생의 대부분을 그 곳에서 보냈다.

그녀는 1930년 1월 19일에 화학자인 조셉 E. 마이어와 결혼하여 마리아 앤(현재의 Maria Mayer Wentzel)과 피터 콘래드를 낳았다. 마리아 괴페르트 마이어는 1933년에 미합중국 시민이 되었고, 1972년 2월 20일에 세상을 떠났다.

아버지의 학문적 지위와 그가 거주한 곳(괴팅겐) 모두가 그녀의 인생과 경력에 큰 영향을 끼쳤다. 그녀는 특히 아버지가 직계로 7대째 대학 교수인 것을 가문의 큰 자랑으로 여겼고, 그 아버지로부터 인간적인 큰 영향을 받았다. 어머니보다 아버지에게 더 관심이 있었던 것은 "뭐니뭐니해도 아버지가 과학자였기 때문이었다."[1]라고 그녀는 고백했다. 그녀는 아버지로부터 보통 여자(즉, 전업 주부)가 되지 말라는 말을 듣고 있었던 것이다. 그러므로 그녀는 애초부터 평범한 여자가 될 생각은 없었다.

괴팅겐으로 이사한 것은 분명히 그녀의 모든 교육 체계에 큰 영향을 미치게 되었다. 게오르기아 아우구스타(Georgia Augusta)대학은 단순히 '괴팅겐'으로서 잘 알려져 있지만 그녀가 성장하던 무렵에는 수학과 물리 분야에서 특히 평판이 높았고, 따라서 그녀의 주위에는 수학과 물리학 분야에서 저명한 인사들이 많았다. 데이비드 힐베르트(David Hilbert)는 바로 이웃에 거주하여 가족 모두와 친구 사이였다. 막스 보른(Max Born)은 1921년에 괴팅겐으로 왔고, 제임스 프랑크(James Franck)도 그 후 얼마 되지 않아 괴팅겐으로 왔다. 이 두 사람은 괴페르트 집안의 친한 친구들이었다. 리처드 쿠란(Richard Courant), 헤르만 바일(Hermann Weyl), 구스타브 헤르글로츠(Gustav Herglotz), 에드먼드 란다우(Edmund Landau) 등은 수학 교수였다.

수학과 물리학 분야의 이와 같은 대가들이 있음으로 해서 자연스럽게 매우 유능한 소장 연구원들이 이 대학으로 모여들었다. 마리아 괴페르트는 여러 해에 걸쳐 많은 사람들과 만나고 알게 되었다. 그들은 아서 홀리 콤프턴(Arthur Holly Compton), 막스 델브뤼크(Max Delbrück), 폴 디랙(Paul A. M. Dirac), 엔리코 페르미(Enrico Fermi), 베르너 하이젠베르크(Werner Heisenberg), 존 폰 노이만(John Von Neumann), 로버트 오펜하이머(J. Robert Oppenheimer), 볼프강 파울리(Wolfgang Pauli), 라이너스 폴링(Linus Pauling), 레오 실라드(Leo Szilard), 에드워드 텔러(Edward Teller) 그리고 빅톨 바이스코프(Victor Weisskopf) 등이었다. 조셉 마이어가 제임스 프랑크(James Franck)와 공동으로 연구하기 위해 괴팅겐에 오게 되었고 거기서 마리아와 만나 결혼하게 되었다.

마리아 괴페르트는 일찍부터 수학에 매료되어 있었으므로 대학에 진학할 채비를 계획하고 있었다. 그러나 괴팅겐에는 여자를 위해 대학 수험을 준비해 줄 만한 공립기관이 없었다. 그래서 프라우엔스투디움(Frauenstudium)이라 불리우는 여성 참정권론자들에 의해 경영되고 있던 소규모 사립학교에 입학하기 위해 그녀는 1921년에 공립학교를 퇴학했다. 이 학교에서는 대학의 입학 허가를 희망하고 있는 약간의 여자들에게 입학에 필요한 시험을 준비시키고 있었다. 그러나 그녀가 3년간의 전과정을 마치기 전에 학교는 폐교가 되고 말았다. 준비가 중도되었음에도 불구하고 그녀는 바로 대학 입학시험을 치루어 시험에 합격하고 1924년 봄에 수학과 학생으로 입학 허가를 받았다. 한 학기를 영국의 케임브리지대학에서 보낸 것을 제외하면 그녀의 대학생활은 거의 모두 괴팅겐에서 보냈다.

1924년에 그녀는 막스 보른으로부터 그의 물리학 세미나에 참가하라는 권유를 받았으며, 그 결과 그녀의 흥미는 수학에서 물리학으로 옮겨갔던 것이다. 마침 그 무렵은 양자역학이 크게 발전해가고 있던 때로, 괴팅겐은 그 중심지의 하나였다. 실제로 당시 괴팅겐은 '양자역학이 펄펄 끓어오르는 곳'으로 일컬어지고 있었다고 한다. 그와 같은 상황 속에서 마리아 괴페르트는 물리학자로서의 면모를 갖추었다.

막스 보른의 제자로서, 수학의 기초가 충분히 다듬어져 있는 이론물리학자로서 그녀는 양자역학을 이해하는 데 필요한 수학개념을 잘 터득하고 있었다. 이전에 배운 수학교육 때문에 그녀의 초기 연구는 수학적 색채가 짙었다. 그러나 물리에 수학을 쓰지 않는 제임스 프랑크식 방법의 영향도 나중에는 뚜렷이 나타나기 시작했다. 실제로 그녀의 학위논문을 읽어 보면 이 단계에서 이미 프랑크의 영향을 엿볼 수 있다.

그녀는 1930년에 논문을 완성하여 박사학위를 취득했다. 그 학위논문은 2광자(二光子) 과정의 이론적인 취급에 대해 쓰여진 것이었는데, 몇 년 후 유진 위그너(Eugene Paul Wigner)는 그 논문을 '명확함과 구체성의 최고 걸작'이라고 평한 바 있다. 그 논문이 쓰여진 당시는 이론의 결과와 실험 결과를 비교할 수 있는 가능성은 극히 적은 것으로 보였으나, 많은 해가 지난 후에는 원자핵물리학과 천체물리학 분야에서 실험적으로 지극히 흥미로운 문제가 되었다. 현재 레이저와 비선형 광학(非線形光學)이 발달한 결과, 이들 현상은 더욱 커다란 실험적 관심사가 되고 있다.

존스홉킨스 시절

학위를 취득한 다음 그녀는 결혼을 하여 볼티모어로 옮겨갔다. 그 곳에서 그녀의 남편인 조셉 마이어는 존스홉킨스대학의 화학과에 자리를 얻었다. 대공황이 엄습한 당시의 상황에서 그녀가 상근직을 얻을 기회는 극히 제한되어 있었다. 당시는 연고자 고용금지 규칙이 엄격했기 때문에 존스홉킨스에 전임 자리를 고려해 달랠 수도 없었다. 그런 상황 속에서도 물리학과의 교수들이 보잘 것 없는 조수 자리나마 변통해 주었기 때문에 그녀는 대학의 시설을 이용할 수 있게 되었고, 물리학과 건물 안에 연구할 수 있는 장소도 마련하였다. 또 대학 내의 과학활동에 자진하여 참여했다. 그 조수직을 맡은 지 몇 년 후에야 대학원생을 대상으로 몇 개 과목의 강의를 맡는 기회가 생겼다.

당시 물리학과의 자세는 실험연구에 비해 이론물리쪽에는 그다지 치중하지 않는 경향이었지만 그래도 물리학과에는 우수한 이론가 칼 헤르츠펠트(Karl F. Herzfeld)가 있었다. 그는 대학원에서 이론물리의 전과정을 강의하고 있었다. 헤르츠펠트는 고전론, 특히 운동론과 열역학의 제1인자였으나 화학물리학 분야에 특히 관심이 있었다. 이 분야는 조셉 마이어가 가장 흥미를 갖는 분야이기도 했으므로 마리아는 남편과 헤르츠펠트의 지도에 의해, 또 그들의 영향을 받아 이 분야에 적극적으로 관여하게 되었다. 이리하여 그녀의 물리학 지식은 더욱 심화하고 확장되어 갔다.

그러나 그녀는 이 분야에만 머물지 않고 존스홉킨스대학의 학과에 있는 여러 인재를 활용했다. 더욱이 존스홉킨스대학의 실험가들 중에서도 학과장으로 있던 R. W. 우드와 단기간 연구를 함께 하기까지 했다. 학과의 또 한 사람의 멤버로, 그녀와 많은 공통된 관심을 가지고 있었던 사람은 게르하드 디크(Gerhard Dieke)였다. 수학과에는(당시 그곳은 무척 활기에 넘쳐 있었다) 프랜시스 머나간(Francis Murnaghan)과 오렌 윈트너(Auren Wintner)가 있어 그들과 특히 깊이 사귀었다. 그래도 역시 마리아에게 가장 큰 영향을 준 존스홉킨스의 교수 멤버는 그녀의 남편과 헤르츠펠트 두 사람이었다. 그녀는 이 대학에서 초기에 헤르츠펠트와 공저로 수많은 논문을 썼을 뿐만 아니라 생애에 걸쳐 친한 친구가 되었다.

양자역학의 급속한 발전은 그녀가 다루고 있던 화학물리 분야에까지 깊은 영향을 미치고 있었다. 이론화학물리학이 결과적으로 얻은 풍요로움과 폭의 너비는 무한히 큰 것이었다. 그녀는 그 상황을 잘 이용할 수 있는 적절한 조건하에 있었다. 그것은 존스홉킨스대학에는 그녀를 따를 만큼 양자역학을 숙지한 사람이 아무도 없었기 때문이었다. 그래서 그녀는 헤르츠펠트의 제자인 알프레드 스클러(Alfred Sklar)와 함께 유기화합물의 구조에 관한 선구적인 연구에 특별히 관계하게 되었다. 그리고 이 연구에서 그녀는 군론(群論)과 행렬역학의 수법이라는, 자기가 간직하고 있던 수학의 전문 지식을 활용했다.

볼티모어로 이사 온 초기에, 그녀는 1931~33년 여름에 괴팅겐으로 귀향하여 은사인 막스 보른과 연구를 함께 했다. 첫 여름에는 『물리학 핸드북』에 '결정의 역학적 격자이론'이라는 논문을 함께 완성했다. 또 1935년에는 이중 베타 붕괴(beta-decay)에 관한 중요한 논문을 발표하여, 학위 논문에서 사용한 방법을 전혀 다른 일에 직접 적용해 보였다.

후에 제임스 프랑크가 존스홉킨스의 학부 스태프로 참가하여 마이어 집안과 다시 옛정을 되살리게 되었다. 또 볼티모어 시절의 뒷부분에는 에드워드 텔러가 워싱턴 DC에서 가까운 조지워싱턴대학의 학부 교수로 부임하였으므로 그로부터 이론물리의 최첨단을 지도 받기를 그녀는 기대하고 있었다. 비슷한 무렵, 조셉 마이어와 공저로 『통계역학』(1940년 출판)이라는 책의 집필을 하기도 했다.

그녀의 최초의 제자로서, 연구과제로 무엇을 선택했으면 좋겠는지 상의하러 갔을 때 그녀는 내게 (마침 당시에 활기를 띠기 시작한) 원자핵물리학이야말로 신출내기 이론가가 도전해 볼 만한 가치가 있는 유일한 분야라고 일러 주었다. 할 수 있을 만한 연구과제에 대해 텔러의 조언을 듣도록 그녀는 나를 텔러에게로 데려가 주었다. 그 결과 우리의 공동연구는 원자핵물리학 분야에서 이루어지고, 그녀에게 있어서는 이 분야의 첫번째 발표가 되었다. 원자핵 자기모멘트에 관한 나의 학위 논문 주제도 텔러의 조언으로 골라낸 것이었다. 그녀는 내가 논문을 완성할 때까지 줄곧 지도해 주었고, 원자핵물리학의 이 문제에 그녀의 장기인 양자역학의 테크닉을 응용하도록 제안해 주었다. 이 분야에 대한 그녀의 두 가지 침범은 제2차 세계대전 이후까지 원자핵 구조의 물리학에 관한 그녀의 유일한 활동이 되었다.

그녀는 양자역학에 대해 보른의 영향을 크게 받고 있었으므로 접근방법은 슈뢰딩거의 파동방정식보다 행렬역학을 선호했다. 그녀는 특정한 문제의 답을 얻기 위해 매우 빠르게 행렬을 연산했고, 대칭성의 논의를 이용하기도 했다. 이 재능이 원자핵의 각모형에 관한 후의 연구에서도 크게 이바지하여 그것이 노벨상으로 이어졌던 것이다. 일반적으로는 물

그림 9-2. 괴페르트 마이어와 그의 남편 조셉 마이어는 1930년에 결혼했다. 당시 마리아는 스물네 살이었고 조셉은 스물여섯 살이었다. 마이어는 캘리포니아대학 샌디에이고 본교의 화학과 명예교수였다.

리 이론이, 구체적으로는 양자역학이 물리학의 제반문제를 해결하기 위한 도구라고 그녀는 생각하고 있었던 것 같다. 철학적인 측면이나 이론구조 등에는 별로 흥미가 없었던 것이다.

대학원 과정을 가르칠 때 그녀의 강의는 잘 정리되었으며, 전문적이고 간결했다. 그리고 물리적 해석의 배경에는 거의 시간을 할애하지 않았다. 이론물리의 방법에 대한 그녀의 수완에는 거의 모든 대학원생들이 압도되어 그녀를 무척 두려워하는 마음까지 품었다고 한다. 그와 동시에 학생들 사이에서는 이 젊은 과학자 커플은 '조지와 마리아'로 알려져, 학생들 눈에는 낭만적인 것으로 비쳐지기도 했다. 그래서 두 사람이 1939년에 컬럼비아대학으로 부임하기 위해 존스홉킨스대학을 떠날 때 학생들은 모두 크게 낙담했다고 한다.

컬럼비아 생활

컬럼비아대학에서 조셉 마이어는 화학과의 부교수로 임명되었으나 마리아 마이어의 대우는 존스홉킨스대학 때보다 더 못했다. 물리학과장인 조지 페그램(George Pegram)이 그녀에게 연구실을 변통해 주었지만 일자리는 얻지 못했다.

이 무렵 마이어 일가는 해럴드 유리(Harold Urey)와 그의 가족들과도 가깝게 지냈다. 후년, 그들은 언제나 함께 붙어다니는 것으로 생각될 만큼 마리아의 생애를 통해 줄곧 관계가 지속되었다. 윌라드 리비(Willard D. Libby)와도 좋은 친구가 되었고, 또 이 컬럼비아대학에서 엔리코 페르미의 영향을 최초로 받게 되었다. 페르미와는 합중국에서의 최초의 여름(1930년)에 미시간대학의 특별 하기 물리학 강좌에서 이미 만난 적이 있었다. 마이어 일가는 컬럼비아대학에 있는 동안에 I. I. 라비와 제럴드 재카라이어스(Jerrold Zacharias)와도 자주 만났다.

페르미가 당시 아직 발견되지 않았던 초우라늄 원소의 원자가 각구조(原子價 殼構造)를 예측해 보면 어떻겠는가를 제안했을 때 그녀는 이 문제의 해명을 위해 그 자리에서 재능을 발휘하기 시작했다. 그리고 원자의 전자구조의 아주 간단한 페르미-토머스 모형을 사용하여, 이들 원소가 새로운 화학적 희토류 계열을 형성할 것이라고 결론지었다. 이것은 매우 단순한 특정 모델을 이용했음에도 불구하고 결국 정상적인 화학적 행동을 놀라우리만큼 정확하게 예측했던 것이다.

1941년 12월에 그녀는 진정한 의미에서 최초의 일자리를 얻었다. 그것은 사라 로렌스 칼리지에서 과학을 가르치는 반나절 근무의 일자리였다. 그녀는 종합 과학과정을 준비하여 강의를 시작했다. 그것은 최초의 강의 때부터 줄곧 발전시켜 온 것이다. 사라 로렌스에서는 전시중에도 줄곧 비상근으로 가르치고 있었다.

1942년 봄에 해럴드 유리가 두 번째의 일을 권해왔다. 그는 원자폭탄 제조의 일익을 담당하여, 자연상태의 우라늄으로부터 우라늄 235의 분리를 전문으로 하는 연구 그룹을 설립하고 있었다. 이것은 최종적으로는 컬럼비아대학의 대용 합금재(SAM) 계획으로서 알려지게 되었다. 그녀는 이 두 번째의 반나절 일도 응낙했다. 이 일로 해서 화학물리의 지식을 활용할 수 있는 기회가 생기게 되었다. 그녀의 연구에는 불화우라늄의 열역학적 성질에 관한 것과 광화학 작용에 의해서 동위원소를 분리하는 이론에 대한 연구가 포함되어 있었다. 다만, 광화학 작용에 의한 분리과정은 당시 실용화에까지는 이르지 못했다(훨씬 후에 레이저가 발명되고서야 겨우 그 가능성이 나타났다).

에드워드 텔러는 불투명도 계획(Opacity Project)이라 일컬어지는 컬럼비아대학의 한 프로그램에 그녀가 참가할 수 있도록 했다. 이 계획은 초고온 아래에서의 물질과 복사(輻射)의 성질에 관계되는 것으로서, 열핵병기의 개발에 관련된 것이었다. 그 후 1945년 봄에 그녀는 로스 알라모스에 몇 개월 체재하도록 초대를 받아 거기서 텔러와 친히 연구할 기회를 얻었다. 그녀는 그를 세계에서 가장 선구적인 공동 연구자의 한 사람으로 생각하고 있었다.

시카고 시절

1946년 2월 조셉이 시카고대학의 화학과와 새로 설립된 원자핵연구소의 겸직 교수가 되었으므로 마이어 일가는 시카고로 옮겨갔다. 당시 대학은 연고자 고용금지 규칙에 따라 부부가 함께 학부 내에 일자리를 얻는 것이 허용되지 않았지만 마리아가 연구소에서 물리학의 무보수 교수 지위를 얻었으므로 대학의 여러 활동에 전면적으로 참가하는 기회를 얻었다.

텔러도 역시 시카고대학에 자리를 얻었으므로 불투명도 계획(Opacity Project)을 그곳으로 옮겨, 마리아 마리어가 그 연구를 계속할 수 있게 했다. 전쟁이 한참이던 때에 최초로 원자핵의 연쇄반응을 연구하기 시작했던 이 대학의 야금연구소에 전쟁이 끝난 뒤에 아직 남아 있던 설비가 이 계획을 위해 제공되었다. 그녀는 야금연구소의 고문으로 위촉되었으므로 이 계획에 계속 참가할 수 있었고, 컬럼비아대학에서 옮겨 와 시카고대학의 대학원생이 된 몇몇 학생들이 그녀의 지도 아래 연구를 했다.

야금연구소는 1946년 7월 1일에 아르곤(Argonne) 국립연구소가 새로 설립된 원자력위원회의 후원으로 설립되었으므로 이에 길을 터 주는 형태로 그 모습을 갖추었다. 그녀는 새로 설립된 이 연구소의 이론물리학 부문 상급 물리학자(반나절 근무)라는 고정직을 권유받자 그것을 쾌히 수락했다. 아르곤 연구소의 주된 관심사는 원자핵물리학이었는데, 그녀는 그 분야에 대한 경험이 거의 없었으므로 그 테마로 자신이 무엇을 할 수 있을 것인가를 배우고자 그 기회를 기꺼이 받아들였던 것이다. 시카고에 거주하는 동안 그녀는 비상근직을 계속했다. 그동안 대학의 무보수직에도 근무했다. 일생 중 가장 알찬 시기에 아르곤에서의 신분은 그녀의 연구를 경제적으로 지원하는 원천이 되었다. 이 기간에 핵물리학 분야에 원자핵 각모형이라는 중요한 공헌을 할 수 있었던 것이며, 그로 인해 노벨상을 획득했던 것이다.

당시 아르곤 국립연구소의 임무는 기초과학의 연구와 함께 원자력의 평화적 이용을 개발하는 데 있었으므로 그녀는 거기서 응용연구에도 관계하게 되었다. 그녀는 액체 금속증식로에 대한 임계문제의 해답을 전자계산기로 얻어 낸 최초의 사람이었다. 이 계산을 (몬테 카를로법을 이용하여) ENIAC용으로 프로그램했던 것이다. ENIAC은 최초의 전자계산기로서 애버딘(Aberdeen)실험장의 탄도조사 연구소에 설치되어 있었다. 이 연구의 개요는 1951년에 공고되었다 (미국 상무부, 응용수학, 시리즈 12권 19~20쪽).

그녀는 아르곤에서 연구하는 한편, 시카고대학에서 강의를 하고 위원회에서 일을 거들며, 학생들의 논문을 지도하거나 원자핵연구소(현재 엔리코 페르미 연구소로 알려져 있다)에서의 연구활동에 참가하면서 스스로 지원한 역할을 계속 수행해 나갔다. 대학측은 일류 물리학자와 화학자들을 이 연구소에 끌어들였다. 그 중에는 텔러와 마이어 부부뿐만 아니라 페르미, 유리, 리비 등이 있었다. 그레고르 웬첼(Greggor Wentzel)은 후에 물리학과와 연구소의 스탭이 되어 마이어 집안과 급속히 가까워졌다. 그 결과 마리아 앤이 웬첼가의 아들과 결혼하게 되어 양가가 결합하게 되었다.

오랫동안 천문학과에 적을 두고 있던 수브라마니안 찬드라세카르(Subrahmanyan Chandrasekhar)도 역시 연구소로 들어왔다. 젊고 매우 총명한 물리학자들이 이 연구소에 들어옴으로 해서 연구소의 분위기는 크게 활기를 띠기 시작했다. 여러 가지 점에서 옛날의 괴팅겐을 상기시키는 고양된 분위기에다, 그녀의 은사인 동시에 친구이기도 한 제임스 프랑크도 이미 화학과의 일원이 되어 있었다.

연구소의 여러 활동으로 미루어 지도적 입장에 있던 사람들의 관심이 어떤 것이었는가를 알 수 있다. 그것은 원자핵물리학과 화학으로부터 천체물리학에 이르기까지, 또 우주론에서부터 지구물리학에 이르기까지 실로 넓은 범위에 걸친 것이었다. 연구소의 학제(學際)적 성격은 과거 그녀 자신의 폭넓은 연구활동과도 잘 합치되어 시카고 시절은 그녀의 다양한 연구경력의 정점이 되었다. 그녀는 연구를 계속하면서 화학물리의 초기 연구의 몇 가지를 우선 완성하여 발표하는 일에 전념하고 있었다. 그 중에는 제이콥 비겔라이센(jacob Bigeleisen)과 함께 한 동위체 교환 작용에 관한 연구도 포함되어 있었다. 비겔라이센은 컬럼비아대학의 다른 연구에서도 그녀와 공동으로 연구한 적이 있었는데 이번에는 연구소의 특별 연구원이었다. 그녀는 동시에 원자핵물리학에도 관심을 갖기 시작했다.

각모형

연구소에서 논의되었던 수많은 테마 중에는 화학원소의 기원에 관한 문제가 있었다. 특히 이 테마에 흥미가 있었던 텔러는 마리아 마이어에게 원소의 기원을 설명하는 우주론적 모형의 공동 연구를 제의했다. 이 모형을 테스트하기 위해 필요한 데이터를 추적하는 사이에 그녀는 원소의 동위체 존재비의 분석에 관여하게 되었다. 그리하여 동위체 존재비가 높은 원소에 핵 내의 중성자나 양성자의 특정수와 결부된 규칙성이 있다는 것을 발견했다. 얼마 후 그녀는 자신과 같은 견해를 월터 M. 엘세써(Walter M. Elsasser)가 1933년에 이미 설명한 사실을 알았다. 그러나 그녀쪽이 더 많은 정보를 입수할 수 있었고 보다 확실한 실험사실뿐만 아니라, 그 효과를 더욱 보강하는 사례도 알고 있었다. 이들 특정수는 결국 '마법수'(위그너가 만든 말이다)라고 불리게 되었다.

그녀는 원소의 동위체 존재비 외에 그것들의 결합에너지, 스핀, 자기모멘트 등의 정보를 조사해 보았다. 그러자 이들 마법수가 어떠한 점에서 매우 특별한 것이라는 증거가 속속 발견되어, 마법수가 원자핵 구조를 이해하기 위해서 매우 중요한 것이라는 결론에 도달했다. 그들은 원자구조에서의 안정 전자각(安定電子殼)과 비슷한 핵 내의 안정 '각'이라는 아이디어를 제안했으나 당시의 상식적인 견해는 핵 내의 각구조를 전적으로 부정하는 형편이었다. 그 이유는, 원자 내에 전자를 포획하고 클롱력이 원거리 작용력인데 비해서 핵력은 근거리 작용이기 때문이다. 또 각구조의 양자역학이라는 간단한 사고방식에 마법수가 적합하지 못했다는 어려움도 있었다.

마리아 마이어는 각구조를 지원해 주는 증거, 이를테면 원자핵의 베타붕괴의 성질이라든가 4중극(四重極) 모멘트 등을 더욱 조사할 것을 고집하고, 또 양자역학에 의해서 어떻게든 핵 내 입자를 설명하려 하였다. 그녀는 이 일로 해서 페르미로부터 크게 격려를 받았으며, 그와 많은 논의를 거듭했다. 또 그녀의 남편도 강력한 지지자였으며, 이 테마에 관해서 줄곧 그녀의 청문에 응해 주었다. 그는 많은 점에서 물리학자보다 이러한 현상을 다루는 방법을 잘 익힌 화학자였던 만큼 그 나름의 지도를 해 주었던 것이다. 그녀가 직면하고 있던 핵의 행동 규칙성을 체계화하는 일은 화학에 있어서 원자가 이론의 고전적 발전을 촉진했던 화학적 행동의 체계화와 매우 비슷한 것이었다. 이 원자가 이론은 기본적으로 파울리의 배타율로 설명할 수 있었다.

문제 해결의 열쇠가 되는 "스핀-궤도결합의 조짐은 없는가?"라는 질문을 그녀에게 한 사람은 페르미였다. 그녀는 곧 이것이야말로 자기가 찾고 있던 해답이라는 것을 깨달았다. 핵의 스핀-궤도결합의 각모형은 이렇게 해서 탄생했다.

그림 9-3. 괴페르트 마이어와 동료들. 남편과 칼 헤르츠펠트와 함께(위쪽 사진), 막스 보른과 함께(왼쪽 사진), 로버트 아트킨스(맨 왼쪽의 사람)와 엔리코 페르미(가운데 키 작은 사람)와 함께(아래 사진).

스핀-궤도결합이 수의 규칙성을 유도한 원인이라는 것을 재빠르게 간파할 수 있었던 것은 그녀가 양자역학을 수학적으로 잘 이해하고 있었기 때문이며, 특히 회전군(回轉群)의 수의 표현에 대한 그녀의 탁월한 능력이 가져다 준 결과였다. 열쇠가 되는 수의 관계를 신속히 결정하는 이 재능은 가장 인상적인 것이었다. 페르미는 자기의 질문이 문제 해결의 열쇠라는 것을 간파한 그녀의 재간에 놀라움을 금치 못했다.

조셉 마이어는 이 에피소드에 대해 다음과 같이 논평하고 있다.

"페르미와 마리아가 그녀의 연구실에서 대화를 나누고 있었을 때, 페르미에게 장거리 전화가 걸려와 그는 방을 나가려다 문 가까이에서 되돌아보며 '스핀-궤도결합은 어떨까'라고 물었다. 페르미는 10분도 채 안 되어 돌아왔는데, 마리아는 그에게 세세한 설명을 퍼부어 대기 시작했다. 당신도 기억하겠지만 마리아는 흥분했을 때 쉴새 없이 말을 쏟아놓는다. 그러나 페르미는 언제나 여유 있게 질서정연한 설명을 요구한다. 페르미는 미소를 지어보이면서 다음과 같이 말하고 나갔다. '내일 당신이 좀 진정되면 내게 잘 설명해 줘요.'"

그녀는 스핀-궤도결합 모형의 발표를 준비하는 중에 다른 설명방법을 시도하고 있는 다른 물리학자들의 논문이 있다는 것을 알았다. 그래서 그녀는 예의상 『피지컬리뷰』의 편집자에게 그 논문과 같은 호에 실도록 그녀의 짤막한 논문을 보류해 주도록 부탁했다. 결과적으로 오토 핵셀(Otto Haxel), 한스 D. 옌센(Hans D. Jensen), 한스 E. 쥐스(Hans E. Suess)들의 마법수에 관한 논문이 앞서 발표되게 되었다. 그들의 논문은 한호 뒤져서 실리게 된 그녀의 논문과 거의 같은 해석의 것이었다. 옌센은 하이델베르크에서 독자적으로 연구하고 있었으나 각구조의 설명에 스핀-궤도결합이 중요하다는 것을 마리아와 거의 동시에 깨닫고 그 결과를 논문으로 쓰게 되었던 것이다.

마리아와 옌센은 당시 서로 면식이 없었고 1950년에 그녀가 독일을 방문하기까지는 만난 적이 없었다. 1951년 두 번째로 독일을 방문했을

그림 9-4. 연구소의 동료들 중에는 해럴드 유리(위의 사진), 에드워드 텔러(아래 왼쪽 사진), 한스 옌센(아래 오른쪽 사진)이 있었다.

때 두 사람은 스핀-궤도결합 각모형을 공동으로 더 깊이 해명하기로 뜻을 모았다. 이것은 매우 가치 있는 과학상의 노력의 시작이 되었을 뿐만 아니라 친밀한 우정의 시작이 되기도 했다. 그것은『원자핵 각구조의 기본이론』(1955년)이라는 책의 출판으로 결실을 맺었다. 이 테마에 대한 공헌으로 그들은 1963년도의 노벨상을 나누어 갖게 되었던 것이다.

1954년에 페르미가 세상을 떠나자 그녀에게 많은 자극을 주었던 원자핵연구소의 다른 멤버들도 시카고를 떠났다. 텔러는 일찍이 1952년에, 리비는 1954년에 그리고 유리는 1958년에 그곳을 떠났다. 그녀와 남편이 캘리포니아대학 샌디에고 분교로 옮겼을 때 그녀는 그곳의 물리학 교수로 1960년에 전임 자리를 얻게 되었다.

아무에게도 의존하지 않고 대학의 정교수 자리를 얻은 그녀는 무척 기뻐했다. 그리고 이 대학에 편성되어 있던 최신의 제휴적인 과학자 그룹으로부터 계발되기를 기대하고 있었다. 그러나 샌디에이고에 도착한 지 얼마 후 그녀는 병에 걸렸다. 그리고나서 줄곧 그녀는 건강이 좋지 않았다. 그럼에도 불구하고 그녀는 계속 가르쳤고, 각모형을 발전시켜 해명하는 일에 적극적으로 대처했다. 그녀가 마지막으로 출판한 것은 옌센과 공저로 쓴 각모형의 개설이며, 1966년에 출판되었다. 1972년 초에 세상을 떠날 때까지 그녀는 가능한 한 물리에서 손을 떼지 않았다.

이 작은 논문은 Biographical Memoirs 50, The National Academy of Sciences(1979)에 실린 것을 수정한 것이다.

참고문헌

(1) Joan Dash, *A Life of One's Own* (New York : Harper and Row, 1973), p. 231.
(2) *Ibid.*

Chapter 10

필립 모리슨의 프로필

맨해튼 계획, 이론물리학, 천체물리학에 대한 필립 모리슨의 과학상의 공헌은 높이 평가되고 있다. 그는 또 일반 사람들에게 과학을 이해시키는 일에도 기여했으며, 군비축소 지지자로서도 가장 마음을 쓰고 있는 한 사람이기도 하다.

최근 MIT의 부속연구소 교수 필립 모리슨(Philip Morrison)이 뉴욕 공예대학에서 시그마(Sigma)와 카이(Xi)에 관한 강연을 하였을 때 많은 분야의 사람들이 청강을 했다. 출석자들은 물리학자, 화학자, 공학자들이었다. 그들은 1950년대 적색분자에 대한 숙청 선풍에서 모리슨이 시종일관 저항한 사실로 말미암아 그를 숭배하고 있었다(1953년 미국의 어느 뉴스회보는 그를 가리켜 '학계를 통틀어 가장 죄상이 큰 친공산주의 경력자의 한 사람'이라고 지명하여 비난했다). 출석한 사람들은 그의 서평(書評), 영화, 기사, 교과서의 애독자이기도 했다. 이처럼 청강자가 다방면의 계층이었다는 것은 곧 모리슨의 경력이 다방면에 걸친 것이었다는 것을 증명하는 것이다.

모리슨은 어학에 재능이 있고, 광범위한 지식을 지녔으며, 다른 분야로부터 얻은 식견을 통합하여 한 가지 테마에 초점을 맞출 수 있는 사람이었으므로 학계로부터 높이 평가받고 있었다. 그는 대중에게 과학을 해설하고 계몽하는 책을 쓰는 일에 많은 시간을 썼기 때문에 과학 이외의 사람들에게도 그 존재가 알려져 있었다. 일찍이 과학사가인 앨리스

그림 10-1. 필립 모리슨

킴밸 스미스(Alice Kimball Smith)가 말했듯이[1] 그는 '보기 드물게 강한 감수성'을 지니고 있었다.

그의 경력에는, 1940년대에 로스 알라모스와 히로시마(廣島)에 갔던 일, 1950년대에 매카시즘의 세례를 받은 일, 1960년대의 평화운동, 그리고 1945년부터 현재까지 이어지는 군비 억제운동 등을 들 수 있다.

그의 학력은 피츠버그에서 시작되었다. 그곳에서 그는 교육을 받고 카네기공과대학으로 갔다. 맨 처음 그는 무선공학에 흥미를 가졌으나, 나중에 물리학을 전공했고 다시 캘리포니아대학 버클리 분교의 로버트 오펜하이머 밑에서 이론물리학의 박사과정 연구를 계속했다. 두 사람은 의견이 잘 맞았다. 모리슨은 오펜하이머를 존경하고 있었는데, 그에 대해서 모리슨은 오늘날 다음과 같이 술회하고 있다.

"우리들 거의가 오펜하이머에 대해 한 가지 어렵게 생각한 일이 있었다. 그에 대해서는 모든 일을 신중히 진척시키지 않으면 안 되었다. 즉, 자신이 안고 있는 문제를 너무 자세하게 그와 상의해서는 안 된다는 점이다. 그렇지 않으면 그가 먼저 그 문제를 풀어 버릴지도 모르기 때문이었다."

맨해튼 계획

전쟁이 발발했을 때 모리슨은 마침 일리노이대학의 어버나분교에 나가고 있었다. 그는 맨해튼 계획에 고용되어 페르미와 일하기 위해 시카고로 가서 1944년까지 그곳에 머물렀다. 그리고 핸포드(Hanford) 원자로의 설계 연구에서 중성자 증식실험 그룹의 책임자가 되었다.

이어서 1944년에는 로버트 베이커(Robert Bacher)가 거느리는 로스 알라모스에서의 연구에 새로이 배속되었다. 그는 로스 알라모스에서는 로버트 프리슈(Robert Frisch)를 장으로 하는 그룹에서 일했다. 프리슈는 그의 숙모인 리세 마이트너(Lise Meitner)와 함께 수년 전부터 핵분열을 연구하고 있었다. 로스 알라모스에서의 일은 그가 시카고에서 익힌 일의 연장이었다. "두 개의 폭탄에 사용하기 위해 주원자로에서 생성되어 로스알라모스로 수송되는 분열물질, 플루토늄과 우라늄의 중성자의 행동을 시험하기 위해 작은 임계 집합체를 만들었다. 우리의 임무는 이 물질의 연쇄반응을 연구하는 일이었다."

모리슨과 그의 그룹은 여기서 후에 페이만이 "용의 꼬리를 간질렀다"고 묘사한 유명한 실험을 했던 것이다. 모리슨은 다음과 같이 언급하고 있다.

> "이렇게 많은 재빠른 중성자를 포함한 연쇄반응을 일으킨 적은 일찍이 아무도 없었다. 원자로에서의 연쇄반응은 모두 부분적으로 늦어진 중성자에 의해 달성되고 있었다. 그렇지 않으면 전혀 손을 댈 방법이 없었기 때문이다. 한편 폭탄은 물론 제어할 수 없는 빠른 즉발 중성자에 의해 만들어진다."

모리슨은 제어할 수 있는 상태에서 제어할 수 없는 상태로 이행시키는 방향으로 경험을 쌓아 나가는 일에 종사하고 있었다. 이것은 반응을 단순히 계(系) 본래의 안정성에 맡기는 것이 아니라, 적극적으로 제어하여 반응을 부분적으로 억제시키는 상태를 유지하는 것을 의미했다. "우리는 신중하게 계를 이행시켰지만 너무도 빠른 변화 때문에 우리의 소망대로 할 여유는 전혀 없었다. 그리고 거의 폭발 직전까지 가 버렸는데, 위기일발의 시점에서 반응을 정지시켰다. 이를 가리켜 페이만은 '마치 용의 꼬리를 간질렀다'라고 표현했는 데 사실 그러했다."

『우주를 교란시킬 것인가』[(2)]에서 프리먼 다이슨은 로스 알라모스 정신을 가리켜 "어떠한 개인적인 시샘도 갖지 않고, 과학에 있어서 위대한 일을 성취시키려는 대망을 공유하고 있었다"고 말하고 있다. 모리슨에게 있어서, 그 동기는 과학에 있었던 것이 아니라 독일에 승리하는 데 있었다고 그는 말하고 있다.

> "내 그룹에서는 두 명이 죽었습니다. 우리는 중요한 전투를 눈앞에 둔 전선의 병사 같은 심정이었습니다.

애당초 우리는 독일에 꽤 뒤지고 있다고 생각했습니다. 진위는 어떠했던 간에 우리는 이 무서운 무기가 독일 사람들의 수중에 있다는 우려에 사로잡혀 있었습니다. 우리는 독일 과학자를 무척 존경하고 숭배하며 두려워하고 있었습니다. 왜냐하면 그들은 우리들 스승의 스승이었으며 연구 동료들의 스승이기도 했기 때문입니다.

우리는 자신들을 1940년의 영국처럼 침입해 오는 적군 앞을 가로막고 있는 한 소대라고 느끼고 있었습니다. 우리는 과연 독일인들을 물리칠 수 있을 것인가? 처음에는 이러한 공포에 가까운 책임감이 있었습니다만, 마지막에는 그들을 물리친 현실에 차츰 기분이 상기되었습니다. 그러나 이것은 과학의 문제가 아니라 하나의 승리였습니다. 나는 이 일을 생생하게 기억하고 있습니다."

모리슨은 시카고에서의 존 휠러의 이야기를 통해 그 당시의 분위기를 전해주었다.

"정오가 되어 12시의 종이 울리면 우리는 대개 근처의 간이 식당으로 점심을 먹으러 갔는데 휠러에게는 말을 걸지 않기로 했다. 그는 종이 울리자마자 가지고 온 도시락과 프린스턴대학의 노트를 끄집어내어 자신의 '진짜 연구'를 시작하는 것이었다. 그는 정직한 사람이어서 근무 시간에는 결코 그 공부를 하지 않고 점심시간에만 했었다. 그리고 그 태도는 로스 알라모스에서도 변하지 않았다."

급한 일에 대한 몰두는 철저했다. 폭탄에 관한 일이 절정에 도달할 때가 되어서야, 모리슨은 일본인에 대해 어떻게 폭탄을 사용하면 좋을지를 생각했다.

"옥신각신 말썽이야 있겠지만 적절한 조건을 갖출 수 있으리라고는 생각했다. 이를테면 내가 생각한 것은 다른 사람과 비슷한 것으로, 사전에 경고를 해 둔다는 것이었다."

그러나 명확한 경고라곤 아무것도 하지 않은 채, 폭탄은 알라모고도(Alamogordo)에서 7월 16일에 실험되고 8월 6일 히로시마에 투하되었다. 모리슨은 다음과 같이 말하고 있다.

그림 10-2. 로버트 오펜하이머(왼쪽)와 W. A. 스티븐스 소령, 1944년 5월. 원자폭탄의 실험장을 선정하고 있는 장면.

"군 당국은 어떠한 검증실험도 비현실적이라 하여 기각했다. 사막이 불타 그을러진 자국을 보여준다 해도 일본은 결코 전쟁을 단념하지 않을 것이라고 군 당국은 생각하고 있었다. 원자폭탄은 이제까지의 어떠한 메시지와도 비교할 수 없는, 일본인을 동요시키는 매우 강력한 정치적 의사 표시라고 믿고 군부는 이미 결정해 놓고 있었다. 그러므로 합중국은 일본에 대해 어떠한 경고도 하지 않았다. 이것은 하나의 도의적 실패라고 나는 생각하고 있다."

모리슨은 로스 알라모스의 과학자들이, 자신들이 제작하고 있던 폭탄의 의미를 문제삼지 않은 점에 놀랐을까? "아니 전혀 놀라지 않았다. 그 점에 대해서는 실험실 안에서 수없이 많이 논의되었다. 물론 시카고의 메트래브스(Met Labs ; 우라늄 분열 연구를 비밀로 하기 위해 '야금연구소'라 불리던 연구소의 약칭)에서 하고 있던 것보다 눈에 띄지는 않게 하였지만 우리는 거의 강박적인 책임감에 사로잡혀 있었고, 상사들도 우리의 주의가 산만해지지 않도록 늘 마음을 쓰고 있었다."

트리니티 기지에서의 실험 후 모리슨은(플루토늄 심의 설계와 최종적인 배치 임무가 있었기 때문에) 다시 장치를 준비하여, 이번에는 마리아나 군도로 가기 위해 짐을 꾸렸다. 일본에 원자폭탄이 투하되었을 때 그는 티니안 섬에 있었다. 이 섬에서 히로시마와 나가사키(長崎) 폭격을 위해 비행기가 출항했던 것이다.

그는 전후 히로시마를 처음 방문한 미국인 중의 한 사람이었다. "자신이 할 수 있는 가장 유익한 일은, 역사의 증인으로서 모든 과정을 체험해 보는 일이라고 일찍부터 결심하고 있었다." 토머스 파렐(Thomas Farrell) 장군(Lesile Groves장군의 보좌관)의 초청으로 모리슨은 일행 12명 속에 끼어 에놀라 게이(Enola Gay) 호에서 투하된 원자폭탄의 효과를 측정하기 위해 피폭 후 꼭 31일만에 히로시마를 방문했다. 맥아더가 상륙한 이튿날에 그들 일행은 요코하마에 도착했다. 그리고 맥아더를 따라 도쿄(東京)로 갔다. 다니엘 랑(Daniel Lang)과의 인터뷰에서[(3)] 모리슨은 다음과 같이 말하고 있다.

"히로시마의 파괴상태에 내가 맨 처음 큰 충격을 받은 것은…… 비행기로 도쿄에서 히로시마로 날아갔을 때였다. 처음 우리는 나고야(名古屋), 오사카(大阪), 고베(神戸) 상공을 날아갔다. 그곳들은 모두 보통의 폭격을 당한 곳이어서 온통 바둑판 모양으로 되어 있었다. 폭탄이 투하된 곳은 적갈색 부분으로 되어, 파괴되지 않은 부분의 회색 지붕과 푸른 식물이 뒤섞여 있었다. 다음에 우리는 히로시마 상공을 선회했는데, 그곳은 다만 하나의 거대하고 평탄한 적갈색 흔적이 있을 뿐, 녹색도 회색도 없었다. 지붕도 식물도 뿌리째 없어졌기 때문이었다."

모리슨은 가이거 계수기와 로리첸 검전기(Lauritzen electroscopes)를 휴대하고 통역, 안내원, 경찰관의 보호를 받으면서 시내를 순회했다.

"폭탄은 우리가 의도했던 폭심, 즉 히로시마 상공에서 정확하게 폭발했었으며 거기서 측정할 수 있었던 방사능은 최소의 것뿐이었다."

군비 억제

전후, 합중국으로 돌아온 모리슨은 국제적 군비 축소운동의 한가운데에 있었다. 이 운동의 지지자들은 다방면에 걸쳐 운동을 펴 나가고 있었다. 그들의 활동 무대는 경비가 견고한 정부 청사에서부터 청문회와 상원위원 회관의 기자 회견장에까지 미쳤다. 메시지는 암호 텔레타이프로 전파되고, 보도기관으로는 성명문이 급송되었다. 그들은 대령들과 정찰대의 전문가들과도 논쟁했다. 하원의원과 보도기자들을 설득하기도 했다. 이 운동에 참가한 대다수의 과학자는 맨해튼 계획 과학자회, 로스알라모스 과학자연합, 오크리지 과학자연합, 시카고 원자과학자 모임 등의 조직 멤버였으며 그들은 1954년 가을 워싱턴에서 모였다. 이 회합에 의해서 결국, 미국과학자연합(FAS)이 조직되었다. 연합은 1964년 1월에 모리슨을 행정위원회의 멤버로 하여 발족되었다. 모리슨은 연합체 본래의 목적을 다음과 같이 말하고 있다.

> "우리는 어느 사이에 보도기관으로부터 원자과학자로 불리게 되었지만, 폭탄 제조기술의 상세한 부분은 충분한 억제력을 행사할 수 있는 세계적인 권위에 인도하고 싶었다. 이 세계적 규모의 권위를 설립함으로써 우리는 핵군비 확장 경쟁을 회피할 수 있는 길을 찾고 있었다."

연합체는 합중국만이 원자폭탄을 계속 독점하기가 불가능하다는 것을 확신하고 있었다. 연합체 멤버는 세계적 규모의 원자력 권위를 어떻게 수립할 것인가라는 리포트를 작성하기 위해 워싱턴에서 직원도 봉급도 없이 일했다.

> "맨해튼 계획의 과학자 전원은 그 당시부터 현재에 이르기까지 지니고 있는 책임감(실제로 책임이 중대하다)에 직면하기 위한 두 가지 상이한 방법을 찾아낼 수 있었던 것 같다.
>
> 그 하나는『인사이더(內部者)』로 활동하는 방법이다. 오펜하이머는 명쾌하고 설득력이 있으며, 놀라우리만큼 분석적이어서, 비밀리에 장군들 및 외교관들을 움직여 현실이 갖는 의미가 어떠한 것인지를 알리기 위해 헤아릴 수 없는 수많은 방법을 시도했다. 실라드는 잠시도 전화에

서 떨어진 일이 없을 만큼 로비스트에게 긴 전화를 했는데, 끝내는 그 자신이 민완 로비스트가 되었다. 두 사람 모두 정부 안에서 행동하여 권력을 가진 사람, 법률을 만들어서 통과시킬 수 있는 사람들에게 그들의 계획안을 개인적으로 제시했다.

그밖의 남은 무리들은 젊은 데다 그다지 명성도 없고 힘도 가지고 있지 않는 우리들이었다. 우리의 방법은 반체제 운동이었다. 그것은 생각보다는 행동을 우선하는 방법이었다. 윌리엄 히긴보탬(William Higinbothem), 조셉 러시(Joseph Rush), 루이스 리데나워(Louis Ridenour), 존 심프슨(John Simpson), 그리고 워싱턴의 다른 많은 사람들은 옛집인 연구소로 돌아왔거나 대학으로 한꺼번에 되돌아온 3천명의 과학자들을 향해서 공공연히 설명하거나 글을 썼다. 혹은 이 계획에는 전혀 관여하지 않았지만 우리에게 동의하는 물리학자와 화학자들을 향해서도 이야기하거나 글을 썼다. 이렇게 하여 『원자과학자들』은 등사판 설명서와 팜플릿으로 넘쳐나며 어지러운 초라한 임대 사무실로부터 여론의 소용돌이 속으로 뛰어든 것이다."(4)

모리슨은 또 다음과 같이 논평하고 있다.

"상호 억제(저지)는 1946년의 시점에서 전망이 없었다. 당시의 과학자들은 진정한 안정상태라는 것을 찾고 있었다. 준안정적 상태라는 것은 안정되지 않은 바위 위에서 숨을 죽이고 앉아 있지 않으면 안 되는 것과 같은 것이었다."

모리슨은 여유 있는 마음과 뛰어난 웅변술이 인정되어 이 시기에 여러 가지 역할을 했다. 그는 원자과학자 회보에서 일했고, FAS 정책의 초안을 작성했으며, 원자폭탄 정책에 대한 공청회의 주된 증언자로 출석하기도 했다. 원자폭탄연구소, 실험장, 조립공장을 발견하는 방법에 대한 보고서도 작성했다. 그러나 국제적 규모의 권력으로서 충분한 억제가 어떻게 가능한가를 모리슨이 아무리 끈기 있게 설명한들(실제 '충분한 억제에 의해서'가 의미하는 것을 몇 번이나 설명한들) 그들은 폭탄을 적에게 인도하고 싶어한다는 비난을 받을 뿐이었다.

1946년 이후 과학자들의 국제적인 군비 억제 운동이 쇠퇴함에 따라 모리슨이 예언했던 군비 확장 경쟁은 활기를 띠기 시작했다. 1946년부터 코넬대학에 적을 두었던 모리슨은 과학자에 대한 일반 대중의 환호의 소리가 시들해지기 시작했음에도 불구하고 국제적인 군비 억제를 위한 투쟁을 계속했다.

매카시즘

얼마 후 그는 자기 자신을 보호하지 않으면 안 될 입장에 처했다. 카네기공과대학의 학부 학생 때 모리슨은 공산당에 입당했고, 당시 자유분방한 사고와 사회주의적 분위기로 유명했던 캘리포니아대학 버클리 분교의 대학원에 진학했을 때도 당원이었다. 1941년이 되자 모리슨은 탈당하였지만 정치활동은 그대로 계속하였다. 그리고 코넬대학에서는 평화운동과 급진적인 지식인 활동에 깊숙이 관계했었다. 그의 경우는 가담한다는 사실보다도 행동 쪽에 더 활기찬 면이 있었다. 일련의 연설과 여러 곳에 얼굴을 내놓음으로써 모리슨은 50년대를 통하여 가장 정치적으로 활발한 과학자의 한 사람이 되었다.

이 무렵에는 그를 파면하려는 움직임이 수없이 많았다. 우익진영의 뉴스회보인 'Counterattack'[5]는 1953년 3월호에서 "코넬대학은 모리슨에 대해 어떤 조처를 취했는가?"라는 문제를 제기하고 "무위 무책이었다"고 비난했다. 그 시도가 의도대로 진척되지 못했던 이유는 모리슨이 놓여 있는 입장 때문이었다. 사립학교인 코넬대학은 공립학교만큼은 압력을 가하기 어려웠다. 그래도 코넬대학에는 상당한 압력이 가해진 결과 그는 부교수에서 정교수로의 승진이 오랫동안 억제되었고, 물리학과는 모리슨이 승진하기까지는 다른 어떠한 사람의 승진 수속도 제출하지 않을 것이라는 항의까지 하기에 이르렀다.

그의 승진문제는 마침내 코넬대학 이사회의 의제로 상정되었다. 이 무렵에도 모리슨은 "로젠버그 부부(원자력 스파이사건으로 이들은 1953년에 처형되었다)에 동정적인 언동을 취하고 있다"는 일련의 비난 공격을 받고 있었으나 이사들은 모리슨의 지성과 기개에 매료되어 결국 그의 승진을 승인했다.

모리슨은 또 윌리엄 제너(William Jenner) 상원의원의 국내 보안 소위원회에도 소환되었다. 여기서 그는 자기 자신에 관한 사항과 다른 사람의 이름을 들먹이지 않고 젊었을 때 공산당과의 관계 등을 솔직하게 진술했다. 그러나 이에 만족할 수 없었던 소위원회는 그를 더욱 추궁하려 했다. 이를테면 특별한 비밀사항의 취급 허가라는 명목으로 다른 물리학자를 소환했다. 그 물리학자는 놀라기는 했으나 비밀사항 취급허가를 필요로 한다는 사실에 별로 기분 나빠하지는 않았다. 그러나 소환에 응하여 참석한 결과, 위원회는 그 본인에게는 전혀 관심이 없다는 것을 알고 어리둥절했다. 그들은 단지 그로부터 모리슨에 관한 사항을 알아내기 위해 그와 같은 기회를 이용했을 뿐이었다.

MIT로 옮겨가기까지 모리슨은 코넬대학에 19년간이나 재직했다. 코넬대학에서 모리슨은 사회적 행동파로서뿐만 아니라 교사로서도 유명했다. 코넬대학에서 모리슨의 동료였던 다이슨은 다음과 같이 얘기하고 있다.

"필립은 타고난 교사였다. 학생을 어떻게 지도해야 할지 모를 때에는 그 학생을 필립에게 보냈다. 그는 무한한 인내심을 가졌다.

다이슨의 말을 빌리면, 모리슨은 물리학과 대학원생의 절반 정도를 돌봐줬을 정도라고 한다. 모리슨은 원생들과 몇 시간 대화하여 그들이 다룰 만한 연구과제를 찾아 주었던 것이다.

천체물리학

모리슨은 코넬대학 재직시에 이론물리로부터 천체물리로 흥미가 바뀌어가기 시작했다. 그는 다음과 같이 술회하고 있다.

"나는 늘 천체물리에 많은 흥미를 갖고 있었다. 대학원생이었을 때 천체물리학 문제에 대한 몇 개의 소논문을 오펜하이머와 발표했었다. 그럼에도 불구하고 코넬대학에서 1952년에 안식년을 얻을 때까지는 실제로 핵물리학자가 되려고 했었다."

휴가중에 모리슨은 브루노 로시(Bruno Rossi) 문제의 몇 가지를 연구하려고 결심했다. 로시의 연구는 로스 알라모스에 함께 있었던 무렵부터 알고 있었다.

"우주선(宇宙線) 분야의 다른 많은 과학자들과 함께 연구했던 연고로 나는 1950년대 초에는 천문학 쪽으로 끌리기 시작했다. 우주선을 연구하는 무리들은 언제나 이 자연현상을 고에너지 입자원으로 이용해 왔다. 예를 들면 중간자는 우주선 속에서 처음으로 발견된 것이다. 그러나 50년대 초반부터 가속기가 우주선과 경합할 수 있을 정도로 강력해지기 시작했다. 이리하여, 가속기의 개량이 거듭됨에 따라 우주선은 이미 경쟁상대가 되지 못했다. 그래서 물리학 본래의 관점에서 볼 때 이미 흥미의 중심은 우주선 자체가 아니라, 우주선은 어디서부터 오느냐 하는 문제로 쏠리게 되었다. 우주선의 근원은 처음에는 태양계 안이라고 생각되었고, 다음에는 태양계 바깥으로 옮겨졌다. 이런 관심은 나와 다른 과학자들을 점점 더 깊이 천문학 쪽으로 끌어 들였다."

모리슨은 우주선의 근원에 대한 연구가 마음에 들었다.

"이 연구에 대해서는 스스로도 매우 높이 평가하고 있었고, 1950년대에 우주선 연구의 전문가였다고 나는 자부했었다. 당시 나는 우주선은 단일 근원이 아니라 고도로 계층적인 근원에서 오는 것이라고 주장했다."

모리슨의 주장은, 다른 장소에서는 다른 우주선이 생성되고, 우주선의 극단적인 에너지 집중상태는 M87 전파은하(電波銀河) 가까이에 있는 퀘이사 모양의 천체에서 유래하는 것이 아닐까 하는 것이었다.

코넬대학에서 모리슨은 옛 친구이자 후원자이기도 했던 한스 베테(Hans Bethe)와 함께 연구했으며 1956년에는 공저로 『기초 원자핵이론』이라는 교과서를 썼다. 베테는 오늘날 다음과 같이 술회하고 있다.

"그것은 유익하고 즐거운 공동 작업이었다. 그는 아직 틀을 갖추지 못한 많은 아이디어를 갖고 있었다. 그의 천재적인 면은 물리의 많은 다른 부분을 이어 맞추는 것이었다."

그 한 예로 베테는 암석 속의 헬륨 동위체의 방사선 붕괴 원인에 관한 모리슨의 주장을 인용했다. 모리슨은 다음과 같은 이론을 전개했다.

"헬륨 4에 대한 헬륨 3의 비율은 암석 속에서보다 대기 속에서 매우 크다. 그것은 암석 속에서는 주로 방사선이 원인으로 작용하여 헬륨 4가 생성되는 데 비해, 대기 속에서는 우주선에 의해서 질소가 붕괴되는 결과로 생성된 헬륨 3이 비교적 많이 포함되기 때문이다."

"이처럼 두 가지 정반대되는 점, 이를테면 우주선과 지구상의 방사능을 결부시켜서 온천 같은 곳에서 채집된 샘플의 조성 결정을 하는 것이 필의 독특한 통찰력인 것이다."

모리슨은 본질적으로 다른 요소를 관련짓는 재능뿐만 아니라 여러 가지 가설에 도전하기를 주저하지 않는 것으로도 잘 알려져 있다. 이전부터 폭발하는 은하의 한 예로 지적되었던 M82에 대한 그의 해석은 이러한 특성을 잘 보여주는 구체적인 예이다. 모리슨의 주장은, 우리가 목격하는 것은 폭발이 아니라, 오히려 은하가 그 속을 통과하고 있는 은하간의 먼지구름이며, 그 때의 상호작용에 의해서 생기는 여러 가지 특성이 폭발로 해석되는 것이 아닐까 하는 것이었다.

"M82는 외관상 마치 작은 퀘이사의 형태로 폭발하고 있는 것처럼 보이지만 실제는 전혀 그렇지가 않다는 것이 명백하다고 생각된다"고 모리슨은 논평하고 있다. 하나의 점모양(点狀) 중심(어떤 장치의 모든 일을 하는 엔진)이 있는 것이 아니라 중심의 물체는 은하 전체의 핵으로서, 수천 광년의 지름을 가지며 그 속에서는 수백, 수천, 아니 무수한 신성이 급격히 형성되고 있다는 것이다.

"급격한 항성의 형성은 여러 가지 점에서 마치 퀘사모양 천체가 존재하는 듯한 활동상태를 만들 수 있습니다. 그러나 이 경우 에너지는 본질적으로는 중력적인 것이 아니라 핵에너지적인 것으로 되는 것입니다."

MIT의 이론 천체물리학자인 파울 조스(Paul Joss)는 모리슨의 연구에 대해 다음과 같이 논평하고 있다.

"M82의 경우에나 그의 초신성 모형에서나 모리슨은 검증이 가능한

그림 10-3. 은하의 중심 핵에 관한 바티칸회의(1970년). 모리슨과 이름이 밝혀지지 않은 사제(司祭), 도널드 오스터브록, 마틴 리스, 에드윈 살페터.

모형을 제안하기 때문에 우리도 그것을 비판할 수가 있고, 또 우리에게 도전하거나 재고를 요구하는 것이다."

모리슨의 초신성 모형은 '폭발의 원인이 무엇인가'는 그다지 걱정하지 않고서 초신성으로부터 오는 가시광을 설명하려는 시도였다. 그의 이론의 중심이 되는 개념은 초신성으로부터 관측되는 빛은 두 개의 부분으로서 이루어진다는 것이었다. 두 개의 부분이라는 것은, 곧바로 직접 관측자에게 도달하는 광자와 적어도 한 번은 상호작용을 받아서 ㄱ자 형태의 경로를 통해서 오는 광자를 말한다. 본래의 폭발이 아주 짧은 시간에 일어나므로 조금더 먼 ㄱ자 형태의 경로에 의한 작은 지연도 중요하게 된다. 간단한 기하학의 논의로부터 2차 방사점(즉, 초신성으로부터의 빛이 흡수되고, 다음에 형광의 형태로 재방사되는 장소)의 궤적은 초신성의 폭발점과 관측자의 위치를 두 개의 초점으로 하는, 잇따라 퍼져나가는 일련의 타원형을 형성한다. 형광 효율은 통상적으로 100분의 1 이하이므로 폭발의 총에너지는 지구상에서 가시영역에 검출되는 에너지의 100~1000배의 크기가 된다.

조스는 이렇게 말하고 있다.

"모리슨의 초신성 연구는 그가 천체물리학에 준 영향의 매우 좋은 예이다. 그는 기초적인 가정에 주목하여 '우리는 왜 이것을 확신하고 있는가?'라고 묻는 방법을 택하고 있다. 예를 들면 초신성에 대해서는 하나의 표준적인 모형이 있었다. 이것은 소박한 의미에서는 옳은 지 모른다. 즉, 초신성은 거대한 항성이 급격히 폭발해서 생성되고, 그 결과 대량의 물질이 항성 간에 흩어지고 다량의 전자기 복사가 생겼다고 가정하는 것이다. 그러나 필은 만약 크기가 태양 정도인 항성을 생각하고, 그것이 폭발했다고 가정한다면 그만큼 많은 양의 가시광이 나오지 않는다는 사실을 깨달았다. 하지만 초신성에서 오는 에너지는 태양광도의 10^{10}에서 10^{11}배나 된다. 만약 이것이 흑체로부터의 복사라고 생각한다면, 그 에너지는 가시광으로서가 아니라 X선으로서 방출될 것이다. 방사 면적의 크기가 증가해 가는, 폭발하는 물질의 팽창을 생각하더라도 그 설명을 구제하기는 어렵다. 그 이유는, 가시광이 나올 만한 크기(본래의 크기보다 몇자리수가 더 큰 크기)로 물질이 팽창하기까지 그 물질은 거의 방사하지 않게 될 정도로 단열적으로 냉각되어 있기 때문이다. 따라서 가시광이 오는 이유는 생각했던 것만큼 간단한 것이 아니다. 모리슨이 생각한 것은 매우 구체적인 모형이었다. 그것은 논쟁을 불러일으킬 만한 것이었지만 그다지 큰 문제는 아니었다. 중요한 것은, 이 모형이 올바른지, 어떤지를 시험할 수 있는 모형이었던 점이다. 따라서 그 모형으로부터 구체적인 예측이 가능하였으므로 천체물리학자들도 초신성 현상에 대하여 그들이 생각하고 있던 기초적인 가설 중 몇 가지는 재고하지 않을 수가 없게 된 것이다."

가르치는 일

모리슨은 1964년부터 MIT에서 재직하고 있다. 맨 처음에는 프랜시스 프리드먼 객원교수직이었지만 1965년부터는 학부의 상근 교수가 되었다. MIT로 옮겨온 것은 교육 이론에 대한 모리슨의 관심이 한몫을 했다.

"제럴드 재카라이어스(Gerald Zacharias)가 나를 대학으로 초빙했다. 그는 과학교육에 큰 관심을 갖고 있었으므로 내가 같은 관심을 갖고 있다는 사실을 그는 알고 있었다."

MIT는 교육혁신의 중심지였고, 모리슨은 물리과학 연구위원회(PSSC)와 발족 당시부터 관계를 갖고 있었으므로 위원회가 편찬한 중등학교용 교과서 『물리학』의 공동 저자이기도 했다. 모리슨은 또 코넬대학의 돈 홀콤(Don Holcomb)과 함께 학부 학생용의 물리학 교과서 『아버지의 시계』도 저술했다. 이 책은 별로 널리 쓰이고 있지는 않지만 일반인을 대상으로 한 물리학 입문서로서 선생들이 특히 주목했던 책이다. 아마도 이것은 모리슨이 과학적인 논의를 역사, 예술, 철학과 연관시켜 서술하고 있기 때문일 것이다.

모리슨은 그의 연구생활 중에서 줄곧 통속적인 기사와 과학영화 또는 월간 『사이언티픽 아메리칸』에서의 서평 등을 통해서 일반 사람들에게 과학을 알기 쉽게 해설해 왔다. 과학의 온갖 분야에 걸친 서평은 특히 잘 알려져 있다. 100년 전 찰스 다윈은 과학자인 로버트 브라운(Robert

Brown)에 대해 다음과 같이 쓰고 있다.(6) '그는 자신이 잘 이해할 수 없는 것을 쓰고 있는 사람에게는 상대가 누구이건 가리지 않고 비웃음을 퍼부었다. 나는 휴웰(Whewell)의 『귀납과학의 역사』를 그의 면전에서 칭찬했을 때의 일을 기억하고 있다. 그는 이렇게 대답했다. "흥, 그렇겠지. 그는 굉장히 많은 책의 머리말을 잘 읽은 게로군."라고.' 모리슨도 마찬가지로 비웃음을 사기 쉬운 타입의 사람이지만 그가 매월 『사이언티픽 아메리칸』에서 하고 있는 신랄한 서평에 대해서 그러한 논평을 하는 사람은 거의 없었다. 우리는 그가 온갖 것에 흥미를 갖는 박식가라는 사실을 알고 있다. 왜냐하면 모리슨은 매월 그에게 보내 오는 500권의 책을 어쨌든 다 읽고 나서 그 중에서 특히 재미있고 유익한 것을 몇 권 골라 서평을 쓰고 있기 때문이다.

"내가 하는 일은 내용이 무엇인가를 읽어 보고 그 알맹이를 꺼내 보이는 일이라고 생각한다. 『사이언티픽 아메리칸』의 서평란이 다른 잡지의 서평란과 다른 점인 동시에 좋은 점은 모든 '중요한' 책을 서평할 필요는 없다는 것이다. 저명한 저자의 작품이라고 굳이 서평을 해야 할 필요는 없다.

그 대신 모리슨은 일반인을 대상으로 잘 쓰여진 책이라든가, 입문서 정도의 책을 몇 가지 선택하여 서평을 쓴다. 서평은 진솔하고 공평하며, 때로는 원래의 책보다 더 재미가 있을 정도여서 모리슨을 열중시키는 지적 에너지가 반영되어 있다. 또 그의 서평은 그가 거의 책장을 넘기는 속도로 빠르게 책을 읽을 수 있는 특수 기능의 산물이라고도 할 수 있다.

모리슨의 서평, 책, 영화를 통해서 강조되고 있는 것은 솜씨 있게 정리된 결론이라든가 작자의 인간성이 아니라, 사실 그 자체이다. 모리슨은 다음과 같이 말하고 있다.

"과학영화에서 중요한 점은 사실을 보여 주는 일이다. 하지만 매스컴의 인간은 말이나 분위기를 믿는 경향이 농후하다."

모리슨은 이 차이를 여실히 보여 주는 에피소드를 말해 주었다. 모리슨이 자신의 걸작이라고 생각하고 있는 영화 『우주로부터의 속삭임』 속에서는 적어도 100년 전의 실험을 꾸미고 입증하는 데 전체 내용의 반을 할애하고 있다. 예를 들면, 흑체 복사의 가장 중요한 특성 중의 하나를 해설하기 위해 관객은 접시나 돼지저금통이 꽉 채워진 노(爐)를 보게 된다. 그것들이 점점 가열되다가 마침내는 형태마저 없어지게 된다. 맨 처음에 접시가 사라지고, 다음에 돼지저금통이 녹고, 끝내는 관객에게는 아무런 흥미도 없는 단조로운 공간만이 남는다. 제작 총감독이 그 필름을 보자마자 "자넨 150년 전에 발견된 것에 모든 시간과 돈을 쏟아부었단 말인가. 그런 케케묵은 짓 따위를 해서 무슨 소용이 있느냐"라고 외쳐댔다.

모리슨은 다음과 같이 논평하고 있다.

"무릇 개인적인 관점에서 과학을 바라보는 한, 또는 과학영화가 사실을 전혀 무시하고, 제멋대로의 개념과 직감을 뒤섞어서 과학의 역사를 표현하는 사람을 해설자로 삼는 한, 화제는 늘 버뮤다의 마의 삼각해협과 하늘을 나는 원반 이야기로 귀착될 것이다. 이런 이야기는 듣는 것만도 싫증이 난다. 만약 당신이 무언가 가설을 만들었다고 할 때, 그 이유를 설명하지 않는다면 사람들은 당신의 신념에 의한 것이 옳은지, 그른지를 확인할 수가 없다. 따라서 근거가 바뀌어지면 사람들은 언제라도 다른 가설로 옮겨 탈 수 있다. 그래서 다른 가설이 나타나고 당신의 가설은 배척되고 만다. 이것이 천지 창조설을 주장하는 사람들이 진화가 없는 한결같은 시간을 주장하는 것에 찬성할 때의 방법인 것이다. 그들에게 있어서 그것은 가설 대 가설일 뿐인 것이다."

모리슨은 젊었을 때부터 본질적으로 급진적인 면이 있었고, 그것은 현재도 변화가 없다. 그는 1945년부터 현재에 이르기까지 줄곧 핵무기 억제운동에 깊이 관여하고 있으며, 2년 전에는 그의 부인과 보스턴지구의 네 명의 연구동료와 더불어 『우리나라 방위의 대가 – 군사비에 대한 새 전술』이라는 책을 출판했다. 이 책의 목적은, 더욱 늘어나는 병기 거래에 쐐기를 박자는 것이며, 모리슨의 말대로 '10년마다 점점 예리하고 무거워져 가는 전 인류의 머리 위에 매달린 열 핵병기라는 칼'을 경감하는 일이었다. 필자들은 국가가 인권보장을 유지하기 위해 얼마나 예산을 쓰고 있는가를 일별하고 있다. 그리고 '만약의 경우에 대비한 전면 핵공격에까지 이르지 않는 검소한 군사구조'를 구축하기 위한 육해공군의 축소계획을 제안하고 있다. 필자들이 논하고 있는 바에 따르면, 전면 핵공격에 대해서는 어떠한 방위도 설립될 수 없고 전쟁의 저지만이 유일한 해결책이라고 말한다.

이 책의 효과는 어느 만큼이나 있었을까? 모리슨은 다음과 같이 평하고 있다.

"펜타곤은 관심을 보였고 워싱턴의 서점에서도 아주 잘 팔렸다. 평화운동가들에게도 인기가 있었다. 그러나 우리는 지금 러시아인의 키가 10피트나 되는 듯이 느껴지는 시기에 살고 있다. 정부는 우리가 제창하고 있는 핵병기 삭감을 고려하고 있는 것으로는 보이지 않는다. 사실은 오히려 그 반대이다."

모리슨은 현재까지 정치투쟁 때와 마찬가지로 변화없는 열의로 방위체제에 대한 일언 거사(一言居士)의 태도를 철저히 견지하고 있다. 그의 공격 목표의 하나는 공군이다. 그에 의하면, 공군은 이미 무용지물이 되었다고 한다.

"물론 그것을 인정하고 싶지 않은 공군은 더욱 저돌적인 태도로 임하고 있다. 공군은 온세계에서 가장 거대한 군사 산업기구로서, 자신의 무용지물화를 막을 수 있는 모든 일에 매달려 있다. MX방식은 이에 꼭 들어맞는 예다. 이 방식의 주된 가치는 공군으로 하여금 전략 미사일 거래를 계속할 수 있도록 하는 데 있다."

모리슨은 핵무기에 계속 깊은 관심을 가지고 있다. 그는 다음과 같이 말한다.

"원자로에 대해서는 항의의 소리가 목청 높이 외쳐지고 있는 데도 원폭에 대해서는 아무런 항의의 외침도 없다는 것은 미국인의 정치적 활동에서 하나의 커다란 실책이다. 나는 이 실패가 문제를 바꿔치기한 것과 어느 정도 관계가 있다고 생각하고 있다. 즉, 일반 사람들로서는 폭탄문제를 대처할 수가 없기 때문에 그 관심을 공격하기 쉬운 원자로에 돌린 것이다. 한 가지 일에는 주의를 기울이지 않고 또다른 한 가지 일에는 분별없는 주의를 기울이는 것은 가장 삼가야 할 중대한 현상이다. 그러나 1981년 여름 이후 결정적인 변화가 있었다."

모리슨의 가장 인상적인 특징의 하나는 일반 대중을 대상으로 과학에 대한 글을 쓰는 일에 크게 노력하고 있다는 점이다. 왜 그런 일을 하는 것일까? 그는 이렇게 대답한다.

"한 가지 이유는 내가 단지 그런 능력을 갖고 있기 때문이라고 생각한다. 하지만 그뿐만이 아니라, 내가 공부하여 과학자로서 살아온 사회와 계속 연대성을 유지해 나가야 한다고 강하게 느끼고 있기 때문이기도 하다. 사회가 우리에게 요구하고 있는 의무의 하나는 그 사람이 간직하고 있는 재능을 사회에 알려야 한다는 것이다. 왜냐하면 그것은 자손에게 물려줄 수 있는 문화 유산이기 때문이다. 미래의 사람들은 그 정보를 필요로 하기 때문이다."

참고문헌

(1) A. K. Smith, *A Peril and a Hope : The Scientists' Movement in America, 1945～47*, U. of Chicago P., Chicago (1965).

(2) F. Dyson, *Disturbing the Universe*, Harper & Row, New York (1979).

(3) D. Lang, *From Hiroshima to the Moon : Chronicles of Life in the Atomic Age*, Simon & Schuster, New York (1959).

(4) P. Morrison, Scientific American **213**, September 1965, p. 257.

(5) "Counterattack : Facts to Combat Communism", 6 March 1953, American Business Consultants, Inc., 55 West 42 Street, New York.

(6) C. R. Darwin, *Autobiography of Charles Darwin, 1809–1882*, Norton, New York (1969).

Chapter 11

사이클로트론의 역사 I

1959년 5월 1일, 워싱턴 DC에서 개최된 미국 물리학회 봄철 연차 총회의 일환으로 고 어니스트 올랜도 로렌스(Ernest Orlando Lawrence)의 업적을 기념하여 사이클로트론의 역사에 관한 초대 강연이 있었다. 이 글은 그때의 리빙스턴(Livingston's) 교수의 강연을 바탕으로 정리한 것이다. 그날 또 한 사람의 강연자는 E. M. 맥밀런으로, 그에 의한 기술과 설명도 이 책에 수록되어 있다(12장 참조).

현재 사이클로트론으로서 알려진 자기공명 가속장치의 원리는 1930년 캘리포니아대학의 어니스트 로렌스 교수가 N. E. 에들레프센(Edlefsen)과 함께 『사이언스』에 게재된 짤막한 논문을 통하여 제창하였다.[(1)] 그는 1928년의 비데뢰(R. Wideröe)의 실험으로부터 이 착상을 얻었다. 이 비데뢰의 장치에서는 직선상에 배치한 두 개의 관 모양의 전극 사이에 진동 전기장을 건 다음, 이들 전극 속에 나트륨과 칼륨의 이온을 통과시키면 이온은 가해진 전압의 2배로 가속되도록 되어 있었다. 이것이 초기의 선형 가속기이다.[(2)] 로렌스 교수는 1953년에 내게 당시를 회상하면서 이 아이디어의 유래에 대해 말해 주었다.

1929년 초여름, 로렌스 교수는 캘리포니아대학 도서관에서 새로 도착한 잡지들을 여기저기 읽고 있었다. 그리고 『*Archiv für Elektrotechnik*』에 실려 있는 비데뢰의 논문을 읽었을 때 사이클로트론의 아이디어를 착상했다. 로렌스는 이 공명원리(共鳴原理)의 응용 가능성에 대해 여러 가지로 생각한 결과 전극 사이의 전기장을 다시 이용하기 위해 자기장을 걸어 입자의 궤도를 원형으로 굽혀 입자를 제 1 전극으로 되돌아오게 한다는 한 가지 발상을 얻었다. 그는 운동방정식으로부터 회전 주기는 일정하다는 것을 알았고, 그 결과 진동 전기장과의 공명으로 입자를 무한히 가속할 수 있는 '사이클로트론 공명'의 원리를 발견했던 것이다.

로렌스는 이 아이디어가 형성되던 초기에 다른 연구자들과 이에 대해 토의했던 것 같다. 이를테면 토머스 존슨이 내게 말한 바에 따르면, 그 해 여름 필라델피아의 바톨(Bartol)연구소에서 열린 어느 회의 기간 중 로렌스는 존슨과 제스 빔스(Jesse W. Beams)와 함께 이 아이디어에 대해 논의하고, 이 아이디어를 더욱 상세화시켜 나갔던 것이다.

1930년 봄, 로렌스에게 이 착상을 시도해 볼 첫 기회가 생겼다. 당시 버클리대학의 대학원생으로서 학위논문을 완성하고 6월의 심사를 기다리고 있던 에들레프센(Edlefsen)에게 실험장치의 제작을 의뢰하였다. 이리하여 에들레프센은 연구소에 있던 작은 자석을 사용하여 내부에 고주파(약 10 kHz에서 300 GHz 정도를 말한다) 전압을 걸 수 있는 속이 빈 전극 두 개와 주변에 차폐되지 않은 탐침전극 한 개를 설치한 유리로 만들어진 진공 용기를 제작했다. 탐침(探針)으로 검출된 전류는 자기장의 세기에 따라서 변화하고 폭넓은 공명 봉우리를 볼 수 있었다. 그들은 이 봉우리를 수소 이온의 공명 가속에 의한 것이라고 해석했다.

그러나 로렌스와 에들레프센이 관측했던 것은 진짜 사이클로트론 공명은 아니었다. 진정한 사이클로트론 공명은 그로부터 조금 지난 후에 관측되었다. 하지만 이 논문은 가속의 원리를 맨 처음 공표한 것이었고, 이 원리는 그로부터 얼마 후 옳다는 것이 확인되었으며 그 후의 모든 사이클로트론 발전의 기초가 되었던 것이다.

박사 논문

1930년 여름, 로렌스 교수는 당시 실험 연구생으로서 버클리 분교의 대학원생이었던 나에게 공명 가속문제를 다루어 보라고 제안했다. 나는 처음 에들레프센의 결과를 확인하는 일에 힘을 쏟아, 그가 관측한 폭넓

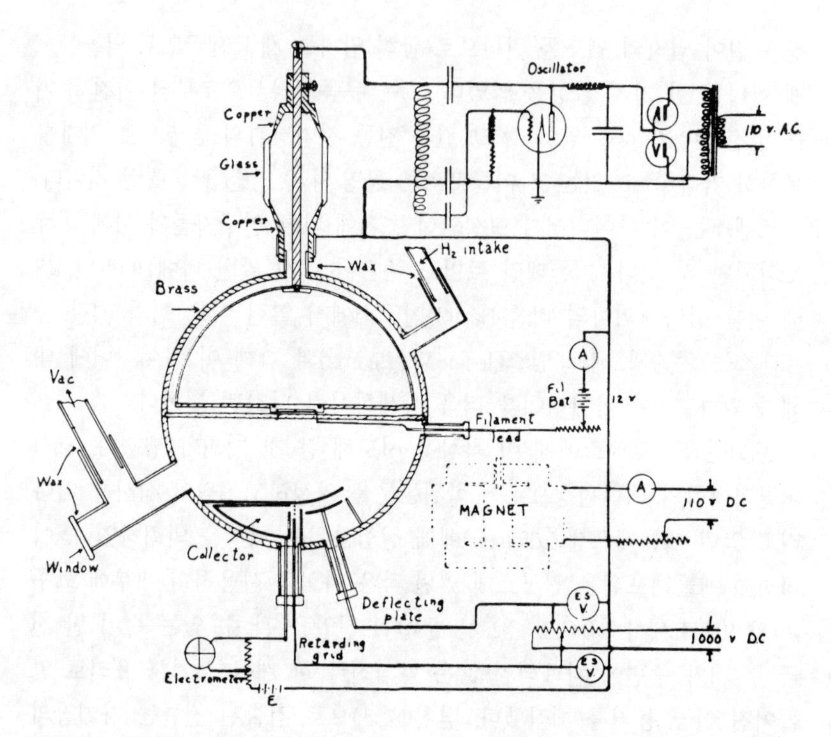

그림 11-1. 최초의 사이클로트론 진공 용기(M. S. 리빙스턴의 박사 논문에서, 캘리포니아대학, 1931년 4월 14일).

은 봉우리는 아마 잔류가스 속의 질소 이온과 산소 이온의 1회 가속이 원인이라는 것을 규명했다. 이들 이온이 자기장에 의해 구부려져 진공 용기의 끝에 있는 차폐되지 않은 전극에 부딪혔던 것이다.

나는 사이클로트론 공명의 연구를 계속하여 이 원리의 정당성을 실증하기로 했다. 이 연구에 대해 나는 1931년 4월 14일자의 박사 논문에서 결과를 보고했다.[3] 이 논문은 출판되지는 않았으나 캘리포니아대학의 도서관에는 보존되어 있다. 이 때에 사용한 전자석은 극의 지름이 4인치의 것이었다. 그림 11-1은 이 논문에서 따온 각 구성 요소의 배치로서, 이 배치는 현재도 모든 사이클로트론의 기본적인 특징으로 되어

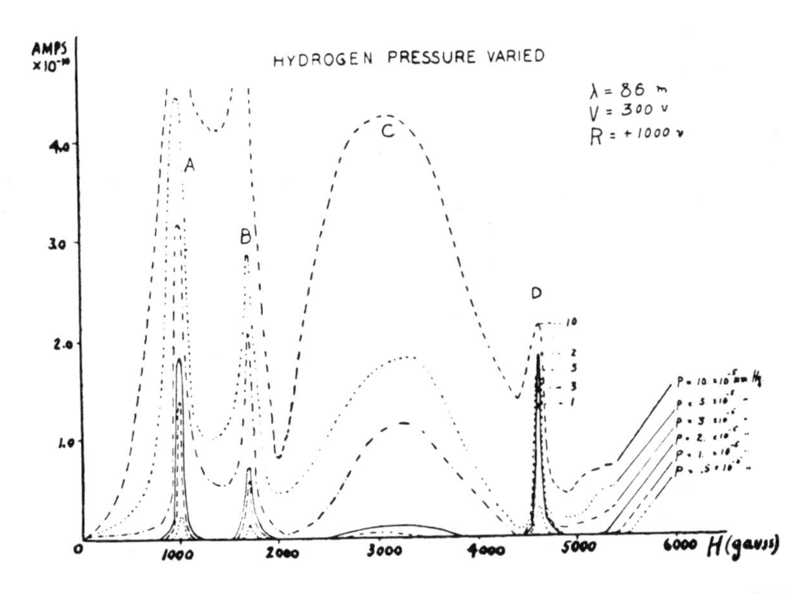

그림 11-2. 컬렉터에 있어서의, 전형적인 자기장에 대한 전류의 곡선 에너지 13000 eV의 공명 H_2^+ 이온(D의 봉우리)과 수소가스의 압력을 바꾼 경우의 강도의 변화를 나타내고 있다(리빙스턴의 박사 논문에서).

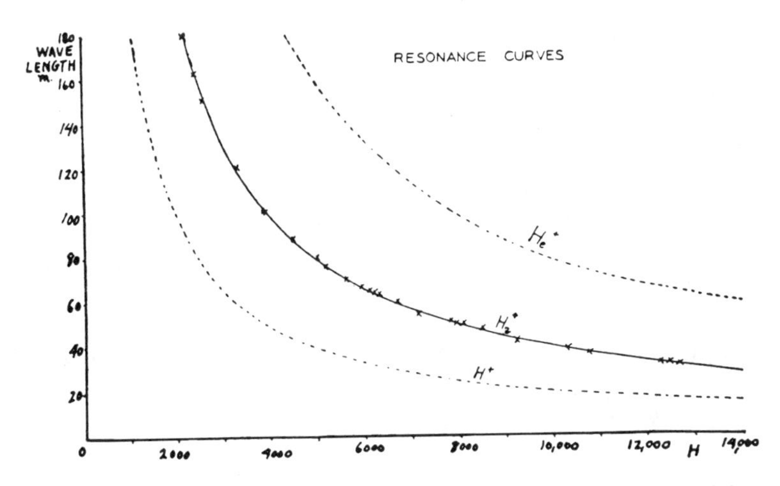

그림 11-3. H_2^+ 이온에 대한 사이클로트론 공명의 실험값(리빙스턴의 박사 논문에서).

있다. 진공 용기는 놋쇠와 구리로 되어 있었다. 이것과 이후의 몇몇 모델에서는 'D'는 하나밖에 사용되지 않았다(D란 사이클로트론에서 사용된 D자 모양의 고주파 전극). 후에 에너지를 높이려고 했을 때에 고주파 전극에 알맞은 더욱 효율적인 전기회로가 필요하게 되었다. 진공관 발진기로부터는 일정 주파수로 1000볼트까지의 전압이 전극에 공급되고, 또 이 주파수는 유도코일을 감는 수에 따라서 바뀌게 되어 있었다. 수소 이온(처음에는 H_2^+, 나중에는 H^+)은 중앙에 놓여진 텅스텐선의 음극으로부터 방사되는 전자가 용기 속의 수소가스를 전리하는 것으로써 생성된다. 공명을 일으켜서 용기의 끝까지 도달한 이온은 차폐된 컬렉터에서 관측된 후, 편향용(偏向用) 전기장 속을 통과하도록 되어 있다. 실험의 결과 검출된 전류에는 그림 11-2와 같은 자기장이 H_2^+ 이온과 공명을 일으키는 곳에서 예리한 봉우리를 보였다. 이 전형적인 공명 곡선의 그림은 박사 논문에서 따온 것이다. 그림에는 이 밖에 H_2^+ 이온의 조화(調和) 공명주파수 3/2, 5/2 공명의 피크도 그에 비례한 낮은 자기장의 곳에서 볼 수 있다. 또 전기장의 주파수를 바꾸어가며 실험한 결과 그림 11-3과 같이 주파수, 자기장의 넓은 범위에 걸쳐 공명이 관측되었다. 이것은 공명원리의 정당성을 결정적으로 증명한 것이었다.

이들 연구에서 사용된 작은 자석은 최대 자기장 5200가우스로 파장 76미터 또는 주파수 4.0MHz에서 H_2^+ 이온과의 공명을 일으켰다. 이 작은 장치로도 160볼트라는 최소 전압을 D에 걸어준 경우 최대 13000eV까지의 에너지를 갖는 이온을 얻을 수 있었다. 이것은 약 40회전 또는 80회의 가속에 해당한다. 13000 가우스의 자기장을 만들 수 있는 더 강한 자석을 잠시 빌어와서, 그것을 사용하여 공명곡선을 넓혀 에너지 80000eV의 수소 이온을 생성할 수 있었다. 이 목표가 달성된 것은 1931년 1월 2일이었다.

그림 11-4. 캘리포니아대학의 1.2 MeV H^+ 사이클로트론.[4]

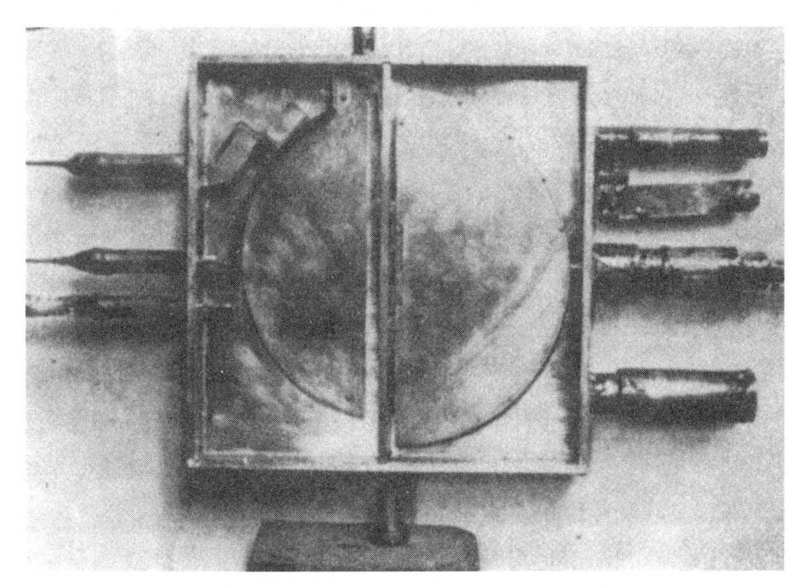

그림 11-5. 11인치의 자극면과 1.2 MeV 사이클로트론의 진공 용기.[4]

최초의 1메가 전자볼트 사이클로트론

그 후 로렌스는 연구의 역점을 이 에너지의 장벽을 돌파하는 일로 바로 옮겼다. 1931년 봄, 그는 국가연구평의회에 신청하여, 원자핵 연구에 이용할 수 있는 에너지로까지 가속 가능한 장치를 개발하기 위해 약 1000달러의 연구비를 획득했다. 나는 연구를 계속하기 위해 박사과정을 이수하는 도중에 캘리포니아대학의 전임 강사로 취임했다. 1931년 여름부터 가을에 걸쳐 로렌스의 지도 아래 나는 지름 9인치의 자석을 설계, 제작하고 그것을 사용하여 실험을 했다. 그 때는 에너지 0.5MeV의 H_2^+ 이온이 얻어졌다. 다음에 극의 지름을 늘려 11인치로 했더니 이번에는 1.2MeV로 가속된 양성자를 얻었다. 과학사상 이와 같은 에너지를 가진 이온이 인위적인 가속으로 생성된 것은 이것이 처음이었다. 또 이 때 표적 위치에서 이용 가능한 이온선의 세기는 약 0.01 μA였다. 이러한 연구의 진전과 결과는 『Physical Review』에 로렌스와 리빙스턴의 초록과 논문으로서 3회에 걸쳐 게재되었다.[(4)] 그림 11－4와 11－5는 이 최초의 실용적인 사이클로트론의 사이즈와 일반적인 배치를 보인 것이다.

물론 이 이외의 점에도 로렌스는 관심을 갖고 있었고 또 연구소의 다른 학생도 지도하고 있었다. 밀턴 화이트(Milton White)는 최초의 사이클로트론을 사용하여 연구를 계속하고 있었고, 데이비드 슬로언(David Sloan)은 당시 고출력 진공관과 기술 수준 등에 한계가 있었음에도 불구하고 수은 이온과 나중에는 리튬 등 중이온에 대한 일련의 선형 가속기를 개발했다. 슬로언은 또 웨슬리 코츠(Wesley Coates), 로버트 손튼(Robert Thornton), 버나드 킨제이(Bernard Kinsey)와 공동으로 진공용기 속의 고주파 코일을 사용한 공명 변압기를 개발했고, 그것을 개량하여 100만 볼트급의 것을 만들어냈다. 그는 잭 리빙구드(Jack Livingood), 프랭크 엑스너(Frank Exner)와 함께 이 장치를 전자가속기로 만들려고 오랫동안 노력했다. 나는 사이클로트론 진동자(振動子) 문제를 해결함에 있어 몇 번이나 조력해 준 데이비드 슬로언에게 여기서 다시 한번 감사의 뜻을 밝혀야겠다.

고전압 경쟁

이 업적의 의의를 이해하기 위해서는 세계의 과학적 상황이라는 견지에서 바라보지 않으면 안 될 것이다. 1919년에 러더퍼드가 라듐과 트륨으로부터 자연으로 방사되는 알파 입자에 의해 질소 원자핵을 붕괴시킬 수 있다는 것을 실증했을 때 물리학에 새로운 시대가 도래했다. 이리하여 인간은 처음으로 원자핵의 구조를 바꿀 수 있게 되었다. 그러나 그것은 매우 적은 양에 대한 것이었고, 게다가 5~8MeV라는 자연 방사성 물질의 막대한 에너지력을 빌려오는 이외에는 방법이 없었다. 1920년대에는 X선 기술이 발달하여 100~200킬로볼트의 장치가 제작되었다. 그러나 코로나 방전이라든가 절연 파괴가 발생하기 때문에 전압을 대폭 승압하는 데에는 한계가 있어 수백만 볼트라는 것은 실현 불가능한 일로 생각되었다.

물리학자는 인공적 가속 입자의 장래가 유망하다는 것을 인식하고 있었다. 1927년 왕립협회에서의 강연에서 러더퍼드는 원자핵을 붕괴시키기에 충분한 에너지의 가속기를 만들 수 있을 것이라는 희망을 피력했다. 그 후 가모프, 또 콘돈과 거네이(Gurney)는 1928년에 당시 새로운 파동역학(이것은 원자과학 분야에서 성과를 높이게 되지만)을 사용하면 하전 입자가 원자핵의 퍼텐셜 장벽을 파고들 수 있다는 것을 제시했다. 그들의 이론에 따르면 500킬로볼트나 그 이하의 에너지로 충분히 가벼운 원자핵의 붕괴가 일어난다. 보다 현실적인 이 목표는 달성될 수 있을 것 같았다. 1929년경 필요한 가속장치를 개발하기 위해 몇 개의 연구소에서 실험이 시작되었다.

고전압을 겨냥한 이 경쟁은 몇몇 다른 방향에서 출발했다. 케임브리지대학 캐번디시 연구소의 코크로프트(Cockroft)와 월턴(Walton)은 러더퍼드의 강한 권유에 따라 그 무렵 이미 어떤 종류의 X선 장치로 성과를 거두고 있던 전압 증배기(電壓增倍器)의 기술을 확장하는 방법을 선택했다. 반 데 그래프(van de Graaff)는 정전기학에서 오래 전부터 알려져 있는 현상을 이용하여 고전압을 얻기 위한 새로운 형태의 대전(帶電) 벨트식 정전 발전기를 개발했다. 다른 연구자는 오일 절연코일을 사용한 테슬라 코일 변압기(Tesla Coil transformer) 혹은 여러 개의 콘덴서가 병렬로 축전되고, 직렬로 방전되는 서지 발전기(surge generator)에 의한 방법을 탐구했고, 또 다른 어떤 연구자들은 절연시킨 받침대 위에 세로로 겹쳐 쌓은 변압기를 사용했다.

이 경쟁에서 최초로 성공을 거둔 사람은 코크로프트와 월턴이었다.[5] 그들은 1932년 약 400킬로볼트의 에너지를 가진 양성자에 의한 리튬의 붕괴를 보고했다. 나는 이것이 가속기의 역사 중에서 최초의 중대한 의의를 갖는 사건이며, 실험 원자핵 물리학의 실질적인 출발점이라고 생각하고 싶다.

위에서 제시한 모든 방법과 기술에서는 에너지에 공통된 기본 한계가 있었다. 즉 유전체와 가스의 절연파괴 때문에 유효하게 이용할 수 있는 전압에는 실제로 한계가 있는 것이다. 이 한계점은 기술의 발전, 특히 고압가스 절연정전 발전기의 기술에 의해 향상되기는 하였으나 여전히 기술의 한계는 남아 있었다. 사이클로트론은 절연파괴로 인해 전압에 한계가 존재한다는 문제를 공명 가속의 원리에 의해 피해 나갔다. 이것은 고전압을 쓰지 않고 큰 입자 에너지를 얻는 방법을 제공했던 것이다.

사이클로트론, 처음으로 원자를 분열

앞절에서는 주제에서 벗어나 당시의 기술 수준을 논급했는데, 이제까지의 설명으로 11인치 버클리 사이클로트론으로 얻을 수 있는 1.2MeV의 양성자가 왜 그렇게도 중요했는지를 잘 알 수 있다. 이 작은, 더구나 다른 것에 비해 별로 값도 비싸지 않은 장치로 원자를 분열시킬 수가 있다는 것이 로렌스의 목표였다. 그러므로 내가 공명을 일으키도록 자석을 조정하여 검류계의 지침이 흔들려서 100만 볼트 이상의 이온이 컬렉터에 부딪히고 있는 것을 눈금을 통하여 알았을 때, 그것을 어깨 너머로 들여

다보고 있던 로렌스가 기쁜 나머지 덩실덩실 춤을 추었던 것은 무리가 아니다. 이 이야기는 곧장 연구소 안에 퍼졌고, 우리들은 그날 하루 종일 열성적인 견학자들에게 100만 볼트의 양성자를 보여주느라 바빴다.

고작 40만eV의 양성자로 리튬을 붕괴시켰다고 하는 코크로프트와 월턴의 결과를 실은 『왕립협회 회보』지를 받아보았을 때 나는 우리의 결과의 확인작업은 거의 하지 않고 입자선의 강도를 높이기 위한 장치의 개량에 힘을 쏟고 있었다. 그 당시 우리는 붕괴를 관측할 만한 적절한 기기를 갖지 못했다. 로렌스는 친구이자 전의 동료이던 예일대학의 도널드 쿠크세이(Donald Cooksey)에게 곧 와달라는 편지를 보냈고, 그해 여름에 쿠크세이는 프란츠 쿠리(Franz Kurie)와 함께 버클리로 왔다. 그들은 붕괴 관측을 위해 필요한 계수기 등 기기의 개발에 협력했다. 이렇게 하여 케임브리지로부터의 뉴스를 접한 지 수개월만에 우리들의 손으로 그것을 시험해 볼 준비가 갖추어졌다. 축을 돌리면 이온선에 부딪히는 위치로 가져갈 수 있는 지지대 끝에 여러 가지 원소의 표적을 놓았다. 계수기는 찰칵거렸고, 우리는 붕괴를 관측했던 것이다. 최초의 결과는 1932년 10월 1일 로렌스, 리빙스턴, 화이트에 의한 코크로프트와 월턴의 업적의 검증으로서 지상에 발표되었다.[6]

27인치 사이클로트론

내가 실용 가속기로서 11인치 기기를 완성하기 꽤 이전에 로렌스는 다음 단계의 계획을 궁리하고 있었다. 그의 목표는 의욕적이었지만 그것을 뒷받침할 재원이 부족했고 더구나 좀처럼 손에 들어오지 않았다. 목표를 달성하기 위해 그는 다방면에서 절약을 강요당하고 또 수많은 대용품을 이용하지 않으면 안 되었다. 그는 폐물인 풀센 아크 자석(Poulsen arc magnet)에 사용되고 있던 45인치 자석심을 구해 왔는데, 그것은 연방 전신회사로부터 기증된 것이었다. 극 부분의 두 철심을 사이클로트론용으로 대칭되게, 그리고 극면이 평탄하게 가공했다. 처음에는 극면의 지름을 27.5인치로 가늘게 했으나 수년 후에는 이것을 34인치로

그림 11-6. 바깥으로 끄집어낸 진공 용기와 5MeV의 D^+를 만들어낸 27인치 사이클로트론.(7)(8)

넓혀서 더욱 높은 에너지를 얻을 수 있게 되었다. 코일은 가느다란 구리를 층으로 감고 냉각을 위해 오일 탱크 속에 담갔다(그 탱크는 오일이 새기 때문에 코일 사이에서 작업을 할 때 우리는 머리카락이 오일로 더러워지지 않도록 종이로 만든 모자를 썼다). 자석은 1931년 12월, 옛 방사선 연구소 안에 설치되었다. 그것은 캘리포니아대학 물리학동 옆의 낡은 창고 형식의 건물이었으며 오랫동안 사이클로트론과 기타 가속기에 관한 연구 활동의 중심이었다. 그림 11-6은 변형을 위해 바깥으로 꺼내 놓은 자석과 진공 용기의 사진이다.

늘어나는 자재와 부품값을 치루는 데에도 나름대로의 연구가 필요했다. 물리학과의 공작실은 끊임없이 들어오는 가공 의뢰로 감당 못할 상태가 계속되었다. 대학원생들도 솔선하여 부품을 설치하는 기술자를 도와서 일했다. 나는 전임 강사로서의 임기가 끝났지만 다음 해에는 로렌스의 주선으로 연구조수로 취임하여 사이클로트론 개발을 계속하는 동시에 슬로언이 설계한 샌프란시스코 대학병원의 1MeV 공진변압기형

그림 11-7. 27인치 사이클로트론용 진공 용기.(7)(8)

X선 장치의 설계와 설치를 감독하게 되었다.

27인치 기기용 진공 용기는 방사선 모양으로 몇 개의 주둥이가 달린 놋쇠 고리의 위와 바닥에 자극면을 마주 보게 쇠판 '뚜껑(lids)'이 부착되어 있었다. 그림 11-7이 바로 그것이다.

처음에는 밀봉용 밀랍과 로진(rosin ; 송진에 테레빈유를 증류한 후의 잔류 수지)을 섞어서 부드럽게 한 것을 진공 밀봉용으로 사용하였지만 마지막에는 개스킷 밀봉으로 전환했다. 초기 모델에서는 절연된 D형의 전극을 한 개만 사용했고, 맞은편에는 'dummy D'라고 불리는, 홈을 새긴 막대를 기저(基底) 전압이 되도록 고정시켜 놓았다. 막대 배후의 공간에는 어느 반지름(용기의 중심으로부터의 거리)의 곳에도 컬렉터를 설치할 수 있었다. 먼저 작은 반지름의 위치에서 입자선을 관측하고, 자석에 금속을 끼워 조정한 후 선의 강도가 최대가 되게 했다. 그런 다음 용기를 열어 컬렉터를 더 큰 반지름의 위치로 이동시키고, 거기서 다시 조절과 금속 끼우기 작업을 계속했다. 이렇게 고생한 결과 입자선을 모으기 위해서는 중심으로부터 떨어져 나감에 따라서 자기장을 약하게 할 필요가 있다는 것을 터득했다. 우리들이 너무 낙관적으로 지나치게 큰 반지름 위치에 컬렉터를 설치했을 때는 더 작은 반지름의 위치로 '전략적 철수'를 하여 입자선을 회복시켰다. 결국 우리들은 실용적인 반지름으로서는 10인치가 최대라는 결론에 도달하고, 보다 높은 에너지를 달성하기 위해 D를 대칭적으로 2개 설치했다. 이러한 경험이 축적됨에 따라 하루하루 기술이 개선되고 새로운 부속 장치가 첨가되었다. 1MeV 양성자로부터 5MeV의 중양성자를 만들어 내기까지의 발전에 대해서는 리빙스턴이 1932[(7)]년에, 로렌스와 리빙스턴이 1934년[(8)]에 『피지컬 리뷰』에 보고한 바 있다.

여기서 27인치 사이클로트론에 대해 에드윈 M. 맥밀런이 정리한 초기 발달의 간단한 연표를 인용하기로 하자 (이보다 이전의 연구소 기록 노트는 분실된 것 같다). 예를 들어 이 기록에 의하면,

1932년 6월 13일 ……… 반지름 16cm, 파장 28m, 1.24MeV의 H_2^+ 이온선

1932년 8월 20일 ……… 반지름 18cm, 파장 29m, 1.58MeV의 H_2^+ 이온

1932년 8월 24일 ……… 조절을 위해 실폰 벨로스(Sylphon bellows; 진공용기 속의 가동 부분에 쓰이는 주름상자 장치)를 필라멘트에 장착

1932년 9월 28일 ……… 반지름 25.4cm, 파장 25.8m, 2.6MeV의 H_2^+ 이온

1932년 10월 20일 ……. 두 개의 D를 탱크 안에 장치하고, 반지름은 10인치(25.4cm)에 고정

1932년 11월 16일 ……. 4.8MeV의 H_2^+ 이온. 이온전류 10^{-9}A

1932년 12월 2~5일 … 가이거 계수기를 사용한 붕괴연구용 표적상자를 설치하고, 장기간에 걸쳐 일련의 실험을 시작

1933년 3월 20일 .... 5MeV의 H_2^+, 1.5MeV의 He^+, 2MeV의 $(HD)^+$. 중수소 이온을 처음으로 가속
1933년 9월 27일 .... D^+를 입사한 타깃에서 오는 중성자를 관측
1933년 12월 3일 .... 자석전류 자동제어 회로를 설치
1934년 2월 24일 .... 중양성자를 입사한 C 속에 방사능을 관측
3MeV의 D^+이온, 이온선의 전류는 0.1μA
1934년 3월 16일 .... 1.6MeV의 H^+이온, 이온선의 전류는 0.8μA
1934년 4~5월 .... 5MeV의 D^+이온, 이온선의 전류는 0.3μA

그것은 바쁘고 홍분에 넘치는 나날이었다. 그 밖에도 몇몇 소장 과학자들이 그룹에 참가하여, 어떤 사람은 계속하여 사이클로트론의 개량에 협력했고, 또 다른 사람은 연구용 기계와 계기를 개발했다. 말콤 핸더슨(Malcolm Henderson)은 1933년에 와서 계수 기기와 자석 제어회로를 개발했고 또 오랜 시간을 들여 새나옴을 수리하고 사이클로트론의 발달에도 공헌했다. 프란츠 쿠리도 연구진에 참가했고, 선형 가속장치와 공진 변압기의 연구를 계속하고 있던 잭 리빙구드와 데이비드 슬로언도 필요할 때는 늘 사이클로트론 문제에 협력해 주었다. 에드윈 맥밀런은 연구실험의 기획을 세우거나 설계를 할 때의 중심 인물이었다. 그리고 또 우리 일동은 텔레시오 루시(Telesio Lucci) 중령에게 마음속 깊이 고마움을 느꼈다. 그는 이탈리아 해군의 퇴역 군인으로서 우리 연구소의 자칭 연구조수로 되어 있었다. 실험 결과가 나오기 시작하자 그 검토와 이론적 해석에 대해서는 오펜하이머의 힘에 의지하는 바가 매우 컸다.

사이클로트론으로 중양성자를 처음 사용했던 무렵은 특히 홍분에 찬 시기였다. 화학과의 G. N. 루이스(Lewis) 교수는 전기분해에서 남은 산으로부터 20%의 중수소를 함유하는 중수를 농축하는 데 성공했고, 우리는 그것을 전기분해하여 이온원이 될 가스를 손에 넣었다. 최초의 이온선을 조정하고 나서 얼마 지나지 않아 리튬 표적으로부터 자연방사능 속에서는 이제까지 발견된 적이 없는 도달거리가 긴 고에너지의 알파

입자가 관측되었다. 이것은 Li^6의 (d, p)반응에 의한 것으로서 도달거리는 14.5 cm이다. 이와 같은 결과는 1933년 루이스, 리빙스턴, 로렌스에 의해 발표되어, 중양성자 반응 연구에 광범위한 진전을 촉진하게 되었다. 입사 입자로서 중양성자를 사용한 경우 중성자가 더욱 큰 강도로 관측되었으며, 그것도 여러 가지 형태로 이용되었다.

우리는 어려움에 부딪치기도 했다. 용기 또는 탱크의 진공을 유지하기 위한 밀봉의 수리가 끊임없이 문제를 야기했고, 또 이온선의 필라멘트에도 약점이 있어 부단한 개량이 요구되었다. 그리고 로렌스는 경우에 따라서는 매우 열중할 수 있는 인물이었다. 나는 어느 날 밤 필라멘트를 교체하고 탱크를 다시 밀봉하기 위해 밤중까지 작업한 일을 기억한다. 이튿날 아침 나는 신중하게 시운전을 한 다음 사이클로트론을 조정하여 새로운 선 강도의 기록을 달성했다. 그날 로렌스는 아침에 연구소로 나왔을 때부터 썩 좋은 기분으로 흥분해 있었다. 그는 환성을 지르면서 필라멘트에 흘리는 전류를 높여 나갔고, 최고 강도의 새 기록이 세워질 때마다 큰 소리를 질렀다. 그러다가 끝내 전류를 너무 올려서 필라멘트를 태워먹고 말았다.

이 분야의 연구에 관해서 우리의 경험이 부족했던 점과 연구소의 모두가 급한 책무에 절박감을 느꼈던 탓도 있어 실패도 경험했다. 중성자는 채드윅(Chadwick)에 의해 1932년에는 이미 확인된 바 있다. 1933년까지 우리는 중양성자를 쬐인 모든 표적으로부터 생성된 중성자를 관측했다.[(10)] 그것들은 표적의 종류에 따르지 않는 에너지의 현저한 유사성을 보여 주고 있었고, 또 각 표적으로부터 중성자와 더불어 일정 에너지의 양성자 무리가 생성되었다. 이와 같은 사실이 지금에 와서는 이미 잊혀진 실패의 원인이었다. 중성자의 질량을 계산할 때 원자핵의 장속에서 중양성자가 양성자 1개와 중성자 1개로 붕괴된다는 가정을 사용했던 것이 바로 그 실패의 한 요인이었다. 양성자 무리가 갖는 공유의 에너지로부터 중성자의 질량이 산출되었으나 그 값은 채드윅이 정한 것보다 상당히 낮았다.[(11)] 그 후 곧 워싱턴 DC의 투베(Tuve), 하프스

태드(Hafstad), 달(Dahl)이 연구용으로 완성, 실용화한 최초의 정전 발전기를 사용하여 이들 양성자와 중성자는 D(d, p)반응과 D(d, n)반응에서 오는 것이며, 이온선에 의해 '본래의' 모든 표적 속에 축적되는 중수소 가스가 이 경우의 표적으로 되어 있다는 것을 보여 주었다. 우리들은 애석한 마음을 다스리면서 앞으로는 보다 세심한 주의를 기울여 나가기로 다짐했다.

일이 잘 되어 가슴 설레이는 순간도 여러 번 있었다. 1934년 초반의 어느 날(2월 24일), 『*Comptes Rendus*』지를 휘두르면서 연구소로 달려온 로렌스가 우리에게 파리의 퀴리와 졸리오(Joliot)가 유도 방사능을 발견했노라고 흥분조로 알려 주었을 때의 일을 회상한다. 그들은 자연 알파 입자를 붕소나 그 밖의 가벼운 원소에 쬐임으로써 그것을 발견했던 것이다. 그리고 그들은 중양성자를 탄소와 같은 다른 표적에 충돌시켜도 마찬가지의 방사능을 생성할 수 있으리라고 예언하였다. 마침 그 때 사이클로트론 속에는 표적 휠(Wheel)이 있어, 기름을 친 연결부분을 움직이면 각 표적을 이온선에 맞힐 수 있게 되어 있었고, 더구나 새로이 도입한 밀봉기구에는 얇은 운모 창문이 붙어 있어 중양성자 입사에 의한 도달거리가 긴 알파 입자는 이 창을 통해서 관측되었다. 가이거 첨침(尖針) 계수기와 계수회로도 손앞에 있었다. 우리는 발진기의 ON/OFF에 사용하는 2중극 나이프 스위치의 한쪽 끝에 계수기의 스위치를 접속하여 알파 입자를 1분간만 날아가게 했다. 우리는 즉시 이 계수기의 스위치를 끊고 표적 휠을 돌려서 표적을 탄소로 바꾼 다음 계수회로를 조절하여 5분간 표적을 조사(照射)했다. 이 때 발진기의 스위치가 끊어지고 계수관의 스위치가 들어가자 계수관은 똑딱똑딱하며 계속 울렸다. 우리는 퀴리와 졸리오의 성공 소식을 들은 지 30분도 채 못되어 유도 방사능을 관측한 것이다. 이 결과는 핸더슨, 리빙스턴, 로렌스에 의해 1934년 3월에 최초로 발표되었다.[12]

나는 1934년 7월에 연구소를 떠나 로렌스의 사이클로트론 그룹에서 파견된 최초의 전도자로서 코넬대학에(그리고 후에는 MIT에) 부임했다.

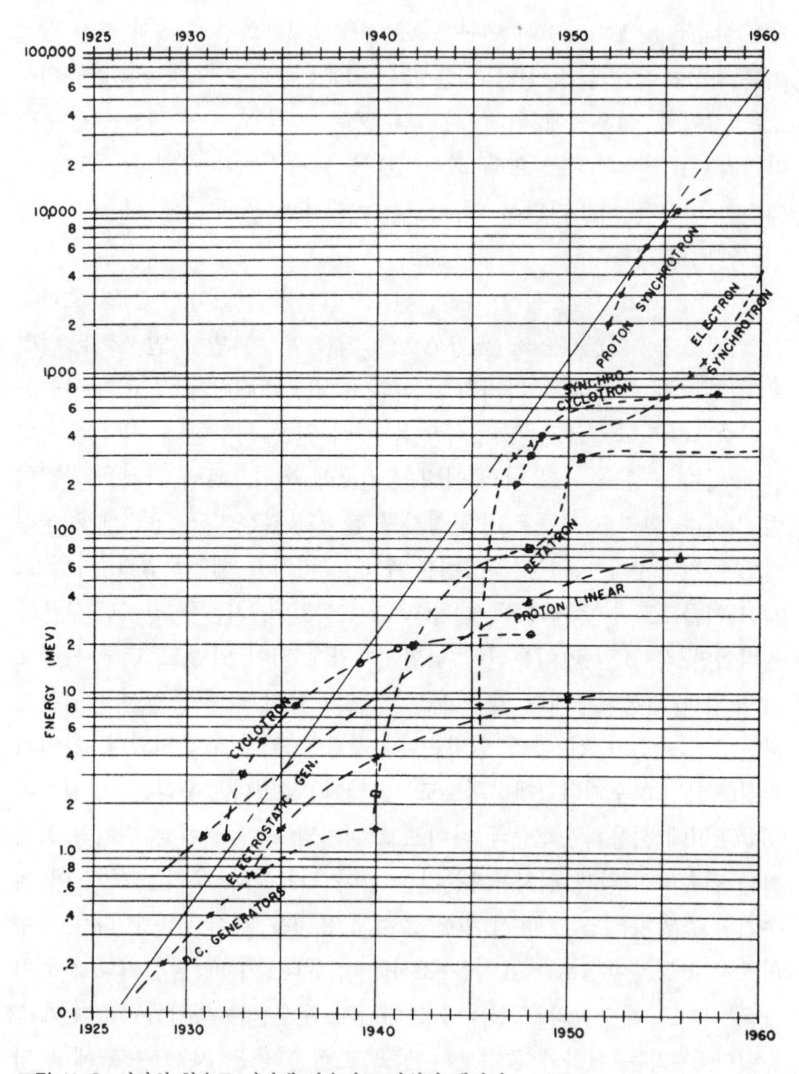

그림 11-8. 시간의 함수로 나타낸 가속기로 달성된 에너지

에드윈 맥밀런은 나의 견습기간 중 몇 달간 함께 있었으며 그 후에도 그곳에 남아 노벨상을 수상하고, 결국에는 로렌스 교수의 뒤를 이어 로

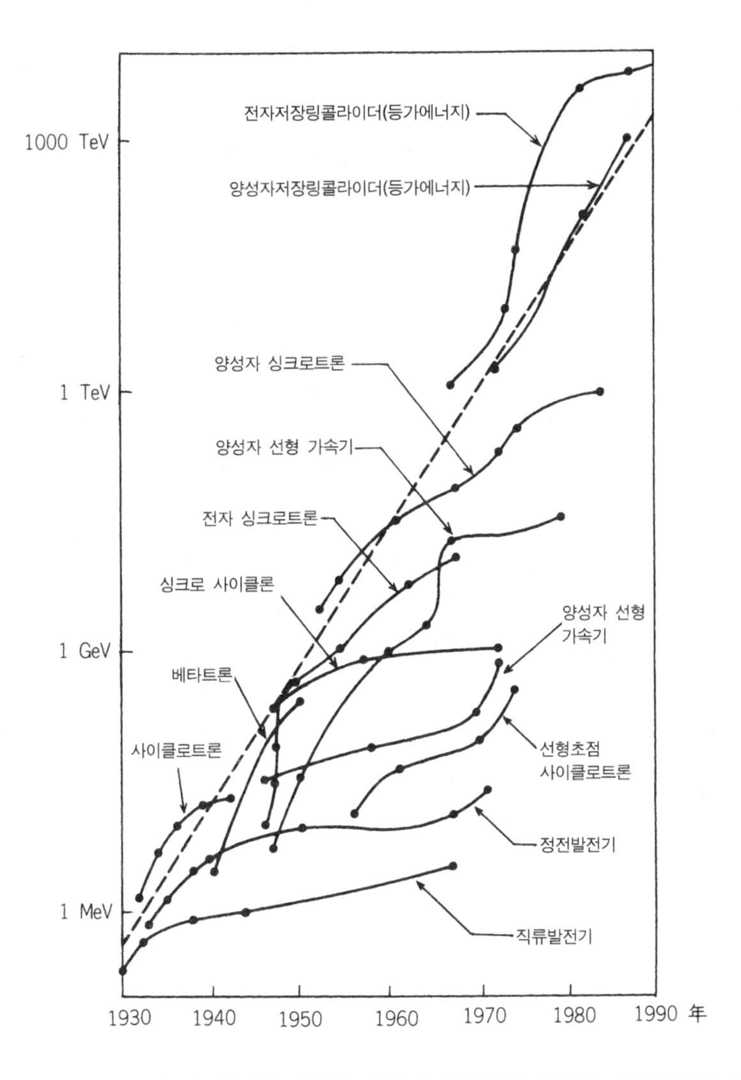

그림 11-9. 1930년 이후의 가속기에 의한 입자선의 에너지의 진보. 각각 한 계통에 속하는 기술에는 결국 한계가 있는데, 이들 '리빙스턴 곡선'을 전체적으로 평균을 내보면 (점선) 잇따라 도입되는 새 기술에 의해 끊임없는 지수함수적인 신장을 유지하고 있는 것을 알 수 있다. 단위 볼트당 비용 저하의 속도보다 우리의 욕구 증가가 빠르기 때문에 이전의 장치에 비해서 최근의 가속기는 훨씬 값이 비싸다. 고정 표적 가속기인 저장링콜라이더의 경우 질량중심계의 에너지에 대응되는 고정계의 에너지(등가에너지)로 선을 그렸다.

렌스 교수가 창설한 연구소의 소장이 되었다. 나머지 이야기는 맥밀런이 말해줄 것이다(4장 참조).

하지만 내가 여기서 장래 전망에 대해 언급하지 않고, 앞으로 달성될 중요 항목을 지적하지 않는다면 로렌스 교수의 정신에 위배될 것이다. 그래서 최근에 와서 나는 그림 11-8에 보인 것과 같은 가속장치로 얻어진 입자에너지의 시간적인 신장을 가리키는 그래프를 정리해 보았다. 급격히 증가하고 있는 곡선을 보여 주기 위해 에너지 쪽은 로그눈금으로 되어 있다. 곡선은 각 형의 가속장치에 대해 달성된 새로운 볼트 수와 그 날짜를 그래프에 표시한 것으로서, 가속장치의 에너지 신장을 나타내고 있다. 사이클로트론은 성공을 거둔 최초의 공명 가속기로서 현재에도 보다 세련된 형태로 발전을 거듭하고 있는 동기식 가속기의 선구가 되었다. (log E) 대 (시간)의 곡선을 전체적으로 평균을 내보면 거의 직선으로 되어 있고, 이것은 에너지가 6년마다 10배씩 증가했으며, 실용 가속장치가 처음 만들어진 무렵부터 보면 전체적으로 1만 배를 넘는 지수함수적인 증가를 하고 있다는 것을 의미한다. 종착점은 아직 보이지 않는다. 이 선을 1960년, 1970년까지도 연장시켜 보고 싶어진다면, 당신은 버클리 방사선연구소의 에너지 배가정신을 참된 의미에서 깨닫고 있는 것이다. 그것은 우리의 독특한 지도자인 로렌스 교수가 고무시킨 정신이다(참고로, 최근호의 『PHYSICS TODAY』에 실린 논문 [A. M. Sessler, "New Particle Acceleration Techniques", *Phys. Today* 41(Jan. 1988) 26-36]의 리빙스턴 곡선을 그림 11-9에 제시했다).

참고문헌

(1) E. O. Lawrence and N. E. Edlefsen, Science **72**, 376 (1930).
(2) R. Wideröe, Arch. Elektrotech. **21**, 387 (1928).
(3) M. S. Livingston, "The Production of High-Velocity Hydrogen Ions without the Use of High Voltages." PhD thesis, University of California, April 14, 1931.
(4) E. O. Lawrence and M. S. Livingston, Phys. Rev. **37**, 1707 (1931) ; Phys.

Rev. **38**, 136 (1931) ; Phys. Rev. **40**, 19 (1932).

(5) Sir John Cockcroft and E. T. S. Walton, Proc. Roy. Soc. **136A**, 619 (1932) ; Proc. Roy. Soc. **137A**, 229 (1932).

(6) E. O. Lawrence, M. S. Livingston, and M. G. White, Phys. Rev. **42**, 150 (1932).

(7) M. S. Livingston, Phys. Rev. **42**, 441 (1932).

(8) E. O. Lawrence and M. S. Livingston, Phys. Rev. **45**, 608 (1934).

(9) G. N. Lewis, M. S. Livingston, and E. O. Lawrence, Phys. Rev. **44**, 55 (1933) ; E. O. Lawrence, M. S. Livingston, and G. N. Lewis, Phys. Rev. **44**, 56 (1933).

(10) M. S. Livingston, M. C. Henderson, and E. O. Lawrence, Phys. Rev. **44**, 782 (1933) ; E. O. Lawrence and M. S. Livingston, Phys. Rev. **45**, 220 (1934).

(11) M. S. Livingston, M. C. Henderson, and E. O. Lawrence, Phys. Rev. **44**, 781 (1933) ; G. N. Lewis, M. S. Livingston, M. C. Henderson, and E. O. Lawrence, Phys. Rev. **45**, 242 (1934) ; Phys. Rev. **45**, 497 (1934) ; M. C. Henderson, M. S. Livingston, and E. O. Lawrence, Phys. Rev. **46**, 38 (1934).

(12) M. C. Henderson, M. S. Livingston, and E. O. Lawrence, Phys. Rev. **45**, 428 (1934) ; M. S. Livingston and E. M. McMillan, Phys. Rev. **46**, 437 (1934) ; M. S. Livingston, M. C. Henderson, and E. O. Lawrence, Proc. Natl. Acad. Sci. US **20**, 470 (1934) ; E. M. McMillan and M. S. Livingston, Phys. Rev. **47**, 452 (1935).

Chapter 12

사이클로트론의 역사 II

리빙스턴 박사가 앞의 11장에서 설명해 주었듯이 우리가 버클리에서 로렌스 교수의 지도 아래 활동했던 기간은 몇 달간 중복되기 때문에 사이클로트론의 발전에 관해서 우리 두 사람도 연속되는 일화를 피력할 수 있을 것으로 생각한다. 내가 그의 연구소에서 연구하기 시작한 것은 1934년 4월이지만 그 이전부터 르 콘테홀(Le Conte Hall)에서 분자선 문제를 연구하기 위해 버클리에 와 있었다. 그런 까닭으로 내게는 그 무렵의 방사선 연구소에 대한 두 가지 해묵은 추억이 있다. 하나는 거기서 일하게 되기 전에 이따금 방문했던 장소로서의 추억이고, 다른 하나는 거기서 일했던 장소로서 추억이다. 꽤나 옛날 일처럼 생각되지만 거기서 있었던 일들을 생생하게 기억하고 있다. 작업 방법은 전체적으로 현재 대부분의 연구소에서 실행하는 방법과는 상당히 달랐다. 우리는 모든 일을 사실상 스스로 처리했다. 전문 기술자가 없었기 때문에 측정기기는 스스로 설계해야 했고, 공작실에 제출하는 설계도도 스스로 만들었으며, 기계를 움직이는 일도 대개는 스스로 했다. 데이터도 스스로 뽑았고, 계산과 논문도 모두 스스로 썼다. 이제는 사정이 완전히 변했다.

슬라이드 1

슬라이드 2

모든 사람이 자기가 담당하고 있는 일만 하게 되었고, 기계의 조작 운전 규모도 더욱 거대화되는 동시에 내용도 전문화되고 있다. 이러한 현대적 방법은 보다 많은 성과를 거두고 있지만 옛날 방식이 훨씬 더 즐겁지 않았을까.

이 해설을 준비함에 있어 나는 말보다도 사진 쪽이 더 흥미있으리라고 생각했기 때문에 사진을 중심으로 이야기를 진행하기로 하겠다. 이들 사진을 훑어보면서 그 사진에 얽혀 있는 사연과 여러 가지 사건, 유쾌한 에피소드 등을 회상해 보고자 한다.

그럼 먼저 27인치 사이클로트론의 또 한 장의 사진에서부터 시작하자. 이것은 1934년 스탠(스탠리 리빙스턴)과 나, 두 사람 모두 연구소에 재직했을 무렵의 장치이다 (슬라이드 1). 리빙스턴 박사와 로렌스 교수가 찍혀 있다. 이 장치는 스탠이 보여준 사진 (11장의 그림 11－6)의 장치와 같은 것이지만 이 사진은 27인치 진공용기를 포함하여 전부 완전히 조립된 장면이다. 다음 사진은 제어 테이블을 향해 있는 로렌스 교수인데, 이것을 보면 어떤 식으로 장치를 운전하고 있었는가를 알 수 있다 (슬라이드 2). 이 장치는 당시 원자핵 연구의 주요 도구였는데, 이것은 그 제어실이다. 뒤쪽의 스위치판은 자석 제어와 관련된 것이고 또 입자선의 전류는 검류계로 측정하여 관측했었다.

사용한 실험장치를 보여 줄 만한 삽화로서 그 무렵, 1935년 초반의 출판물에서 사용한 그림이다 (슬라이드 3). 이것은 중양성자를 사용하여 알루미늄을 붕괴시키려는 실험이다. 당시 중양성자는 듀톤(deutons)이라 불리고 있었다. 소문에 의하면 어니스트 러더

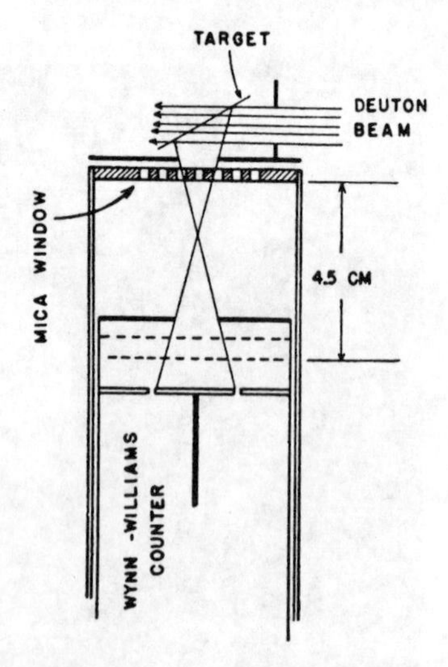

슬라이드 3 진공 속의 조사 충격실험용 표적. 스크린, 계수관의 배치.

퍼드는 이 듀톤이라는 이름에 반대했다고 한다. 그는 이 이름의 어감이 마음에 들지 않았지만 자신의 이니셜 E. R.을 넣는다면 좋다고 승낙했다고 한다 (이 이야기는 미심쩍기는 하지만 적어도 이런 식으로 전해지고 있다는 것만은 사실이다).

어쨌든 이 듀톤이 사이클로트론 진공용기 속으로 들어온다. 이 상자는 원통관이며 사이클로트론 용기의 놋쇠로 만들어진 벽 측면에 안쪽을 향해서 납땜되어 있다. 진공용기 속의 입자선은 알루미늄박의 얇은 표적을 통과하게 되어 있었다. 이 경우의 2차 입자는 양성자이고, 이것은 (d, p)반응의 보기였다 (그 무렵에는 이렇게 적는 방법은 없었지만). 2차 양성자는 운모 창문, 아주 구식의 운모 창을 통해서 바깥으로 나와 거기서 전리상자형 계수기로 들어가 계측된다. 우리는 양성자의 에너지를 원통관 속에서 단지 계수기의 위치를 앞뒤로 이동시켜 도달거리를 바꾸어 측정하였다. 대기 속에서의 도달거리를 측정하여 그 무렵 하고 있던 방식으로 도달거리 곡선을 그려 나갔다. 이것은 물리학상 피할 수 없는 연구의 일부로 생각하고 있었다. 이것은 출판되었지만 오늘날에 와서는 아무도 이토록 번거로운 방법을 택하려고는 생각하지 않을 것이다.

그러면 다시 사이클로트론 그 자체의 발전담을 계속하기로 하자. 사이클로트론을 이용하는 데 있어 그것을 특징짓는 주된 두 가지 파라미터는 입자의 에너지와 강도이다. 앞에서 본 슬라이드 1에 함께 찍혀 있는 낡은 진공 탱크에서는 에너지가(중양성자로서) 대체로 3MeV까지였다. 1936년에 슬라이드 4에 보인 새로운 용기가 건조되었다. 리빙스턴이 보여준 용기와 비교해 보면 많은 변화가 있음을 알 수 있다. 예를 들면 D용의 두 절연체는 파이렉스(내열 유리의 상표 이름)로 만들어졌고, 가장자리 끝부분이 맞물림쇠와 볼트로 맞물려 있지만 이전의 장치에서는 밀랍으로 고정되어 있었다. 구조는 전체적으로 더 튼튼하게 되었지만 아직도 고풍스러움이 여전하다. 중앙부를 보면, 당시 아직도 사용되고 있던 필라멘트 타입의 이온 원천(Source)이 눈에 띈다. 한쪽 구석에 유리로 만들어진 액체 공기 트랩(진공장치 중간에 있으며 기름 등의 특정 분자를 포

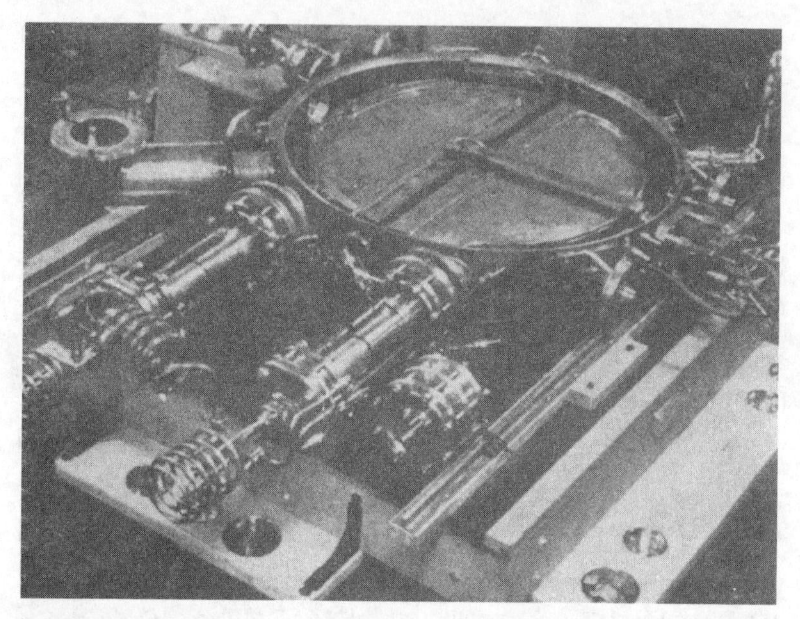

슬라이드 4

획하는 기구)이 보이는데, 그것이 매우 파손되기 쉬운 골칫거리였다. 수시로 사람이 이것에 부딪쳤는데, 그럴 때는 탱크를 끄집어내어 깨어진 유리를 제거하고 전부를 다시 완전하게 조립하지 않으면 안 되었다. 하지만 이 새로운 탱크를 사용함으로써 중양성자로 이제까지보다 높은 6 메가 전자볼트에 이르는 높은 에너지와 큰 전류를 얻을 수 있게 되었고, 새로운 형식의 실험을 해볼 수 있게 되었다.

연구소가 생물분야 연구에 흥미를 갖기 시작한 것도 대체로 이 무렵이며 이것은 현재까지 계속되고 있다. 실제로 이것을 시작한 사람은 존 로렌스인데, 그는 어니스트 로렌스의 동생이며 우리가 하고 있는 일에 의학적으로 흥미로운 사항이 있는지를 보기 위해 1935년 연구소로 왔다. 그 때 생물학 실험이 시작되었다.

나는 처음 쥐에 중성자를 쬐었을 때의 일을 기억하고 있다. 쥐를 작은 새장에 넣어 사이클로트론 탱크 측면에 고정시킨 다음 잠시 동안 그대로 놓아 두었다. 그 때는 강도가 충분하지 못했기 때문에 물론 아무 일도 일어나지 않았다. 그 후 중성자가 쥐에게 미치는 영향을 관찰하는 실험이 진지하게 시도되었다. 이렇게 하여 실시된 최초의 실험에서는 파울 에버솔드(Paul Aebersold)의 설계로, 슬라이드 3에서 보인 사이클로트론 탱크의 벽에 끼워 넣은 관 속에 쥐를 둘 수 있게 배치했다. 이렇게 하면 어느 정도의 강도가 얻어질 정도로 쥐를 표적에 충분히 접근시킬 수 있었다. 이 때 쥐는 죽어 버렸다. 이것은 당시 강렬한 인상을 남겨 주었다. 로렌스 방사선연구소에 근무하는 사람들이 끊임없이 방사선에 주의하게 된 것도 아마 이 때문일 것이다. 그 얼마 후에 누군가가 쥐에게 공기를 공급하는 환기장치의 스위치를 잊어버리고 넣지 않았기 때문에 쥐가 산소 결핍으로 죽었다는 것을 알았다. 하지만 이것은 당시 매우 극적인 사건이었다.

인류에 관한 방사성 추적자(방사성 트레이서)의 실험도 거의 이것과 같은 무렵에 시도되었다. 내 기억에 의하면 인공적으로 만들어진 방사성 동위원소를 어떤 형태로 인류에게 최초로 사용한 것은 조셉 해밀턴(Joseph Hamilton)의 초기 실험이라 생각된다. 그 때 그는 매우 원시적인 방법으로 혈액의 순환시간을 측정했다. 실험을 받는 사람은 나트륨염의 형태로 물에 녹인 어떤 방사성 나트륨을 마신 후 가이거 계수기를 손에 잡았다. 따라서 방사성 나트륨이 손까지 오면 계수기가 계수하기 시작했다. 몸 속의 나트륨에서 나오는 감마선이 계수기에 영향을 미치지 않도록 손은 납상자에 넣게 되었다(감마선은 도달거리가 길다). 슬라이드 5의 그림은 그 상태를 보인 것이다. 이 그림은 화가인 해밀턴 박사의 부인이 그린 것으로 생각된다. 납상자의 내부가 보이는데, 상자 속의 손이 가이거 계수관을 잡고 있는 것을 알 수 있다. 방사성 나트륨을 넣은 비커는 그려져 있지 않지만, 피험자가 지금 막 그것을 마셨다고 하자. 그러면 그 후 불과 2, 3초도 되지 않아 계수기가 반응을 보이기 시작하고 몇 분 뒤에는 평형상태에 이른다. 이와 같은 관찰로 혈액의 순환시간을 알 수 있다. 이것은 물론 (d, p)반응의 원시적인 실험에서 보여줬던 물리

슬라이드 5

학에서의 단순한 시작과 똑같은, 참으로 단순한 시작이다. 또 치료에의 이용, 이를테면 암치료에 중성자를 사용하는 일도 얼마후 단순한 형태로 시작되었다. 그 후 이들 연구는 계속되어 성과를 쌓아 나갔다. 오늘날에 와서는 총칭하여 방사선 의학이라 불리는 분야가 있는데, 그 시초는 바로 이 시점까지 거슬러 올라간다.

1936년에 또 하나의 각광을 받은 것은 이 해 세계 최초로 자연발생 방사성핵종(물론 그 당시에는 핵종이라는 말은 없었지만 지금은 이렇게 불리고 있다)을 인공적으로 만들어 내려고 한 일이다. 그 무렵에는 아직 모든 사람들이 인공적인 방사성 물질이 자연 발생하는 것과 같은 상태일 것이라고 믿지 않았기 때문에 이 실험은 매우 고전(古典)이라 해도 좋지 않나 생각된다. 잭 리빙구드(Jack Livingood)는 약 6MeV 에너지를 갖는 사이클로트론의 중양성자선 속에 소량의 비스무트를 첨가했다. 이렇게 하면 (d, p) 반응으로 비스무트의 동위원소 라듐 E가 만들어지고, 다시 그것이 폴로늄으로 붕괴되는데, 6MeV의 에너지는 상당한 양의 (d, p) 반응을 얻기에 충분하였다. 이렇게 하여 얻어진 것의 반감기와 에너지는 모두 자연계의 라듐 E 및 폴로늄과 일치했기 때문에 모두 크게 기뻐했다. 이제까지는 먼 존재였던 주기율표 속의 핵종에 하전 입자 붕괴실험을 통하여 도달한 것은 이것이 처음이었다.

그 다음에 우리가 하려 했던 것은 입자선을 탱크 바깥으로 끌어내는 일이었다. 장래 입자선을 추출하는 장치를 이용할 시기가 올 것으로 예상했던 것이다. 그래서 콧구멍실험(콧구멍으로부터 입자선을 끄집어내는)

이라 불리는 이들 실험이 실시되었다. 이 때도 역시 슬라이드 3에서 본 장치의 한쪽 측면에 작은 창을 달아, 입자선이 이 놋쇠관의 지름을 약 2인치를 가로지르도록 하여 관 안에서 대기 속으로 입자선을 꺼낼 수는 있다. 그러나 이것은 대기 속이기는 하나 입자선이 관의 벽으로 되돌아가 버리기 때문에 진정한 의미에서 탱크 바깥은 아니다. 입자선을 바깥으로 잡아내기 위한 나머지 방법으로는 입자가 자기장의 끝까지 나오는 데에 필요한 지름 방향의 변위가 가능하도록 편향용 전기장을 세게 하고, 편향판을 다소 바깥으로 이동시켜야 한다. 이제부터 보게 되는 슬라이드는 그러한 의미에서 최초로 입자선이 탱크 바깥으로 꺼내졌을 때의 것이다. 나는 최초의 일을 아주 잘 기억하고 있다. 처음 실험했을 때에는 입자선이 탱크 끝을 완전하게 넘어가지 않았다. 그것은 입자선이 거의 접선방향을 향해서 오기 때문에 탱크 벽의 두께 부분에서 제지되었기 때문이다. 그래서 나는 입자선이 바깥으로 나올 수 있도록 탱크 벽의 두께를 깎아내어 사이클로트론의 측면을 빙글 돌아가게끔 홈을 새기기 위해 거의 반나절 동안 줄질을 했다. 이렇게 얻어진 입자선이 다음 사진이다 (슬라이드 6). 구리로 만들어진 부속기구가 있는데, 코 모양을 하고 있어 그런 의미에서는 어김없는 콧구멍이다. 이 기구는 탱크 측면에 고정되어 있고, 입자선은 이 콧구멍을 통해서 바깥으로 나오게 되어 있다. 또 탱크 측면에는 도달거리를 가리키는 미터 자가 붙어 있었다. 조금 지난 약 2개월 후에 입자선은 더욱 긴 거리 (자석 안을 거의 4분의 1주 회전할 정도)를 진행할 수 있게 되었다(슬라이드 7). 이것으로 입자선이 창으로부터 나와 사이클로트론 장(場)의 바깥쪽으로 나오는 경로를 알 수 있다. 이것은 오늘날 이용하고 있는 입자선 추출방법의 시조라고 해도 될 만한 것으로, 그 무렵에 비하면 현재의 방법은 매우 세련된 예술적인 것이라 할 수 있다.

지금까지 이야기한 것은 모두 27인치 사이클로트론에 관한 것이었다. 그런데 내가 전적으로 버클리에서의 연구 업적만을 언급하고 있는 점에 대해서 다소 변명해 두기로 하겠다. 이 강연은 사이클로트론의 역사를

슬라이드 6

슬라이드 7

논급하고 있음에도 불구하고 왜 버클리만을 다루고 있는가. 우선 첫 번째로, 어느 시기까지는 이 버클리밖에는 사이클로트론이 없었다. 따라서 사이클로트론의 역사는 유일하게 이 한 곳에서 만들어졌다. 두 번째로

슬라이드 8

이 강연은 로렌스 교수의 업적을 기리기 위한 것이며, 그가 일했던 곳이 또 버클리이다. 그러나 역시 1936년, 1937년경이 되자, 사이클로트론의 지식에 관해서 세계의 다른 지역으로부터 반응과 의견이 들어오게 되었다. 1936년 말에는 버클리 외에도 세계 곳곳에 20개의 사이클로트론이 있었다. 그 결과 기술도 널리 보급되어 많은 부분, 이를테면 개량된 이온 원천, 고주파계 장치 배열의 개량, 자석 제어회로 등, 온갖 종류의 것이 외부로부터 들어오게 되었다. 그리고 물론 그 이후 줄곧 사이클로트론의 발전은 실로 국제적인 문제로 부각되었다. 하지만 여기서는 계속하여 버클리에서 촬영한 사진을 살펴보기로 하겠다.

슬라이드 8은 37인치 사이클로트론인데 사용되고 있는 자석은 27인치 때와 같은 것이다. 지름을 작게 제약했던 낡은 자극면의 판을 들어내고 반지름이 더 큰 자극과 슬라이드 8에서 보는 것과 같은 새로운 탱크만 장치하면 그것으로 되었다. 이것은 1937년 후반의 것인데, 장인기질 같은 것을 보여주고 있다. 여러분은 상단부 주위에 죽 늘어선 개스킷이라든가 깨끗하게 기계 가공된 표면, 그리고 용접과 볼트, 개스킷으로 설치되어 있는 다양한 것들을 눈치챘을 것이다. 이것은 개량형의 표준 디자인, 건조 양식이다. 하지만 몇몇 부분에서는 여전히 구식의 냄새가 난다. 내가 보기에는 위쪽의 탱크 코일은 약간 구식인 느낌이 든다. 우리는 아직 단순한 공진회로와 두 개의 D, 그리고 발진기에 느슨하게 결합되어 공명회로를 이루는 인덕턴스를 사용하였다. 이 지름이 커진 자극과 개량 설계된 탱크를 사용하자 중양성자의 에너지는 8메가 전자볼트에까지 이르렀다. 에너지는 더욱 상승하고 전류도 100마이크로 암페어에까지 도달하게 되었다. 이것은 당시로서는 막대한 전류였다. 실험도 세련되기 시작했다. 알바레스(Alvarez) 박사가 중성자에 비행시간법을 도입한 것은 1938년이었다. 그 무렵에는 게이트로 제어되는 검출기를 갖고 있었으므로 사이클로트론의 입자선을 조정함으로써 속도 측정과 지정된 에너지 영역을 뽑아내는 데 있어 비행시간을 이용할 수 있었던 것이다. 이것이 비행시간법의 탄생이었다.

사이클로트론 부품을 이용하여 세그레(segré)와 페리에(Perrier)가 최초의 인공원소, 테크네튬을 발견한 것도 마침 이 시기였다. 아시다시피 입자선이 D로부터 바깥으로 나오는 곳에는 편향판이 있고, 편향판에 바로 인접한 D의 경계부분은 금속의 얄팍한 판으로 만들어져 있었다. 이 판은 입자선의 주어진 궤도 반지름이 D의 안쪽이 되느냐 바깥쪽이 되느냐를 결정하기 위한 것이다. 입자선을 바로 보고 정면에 해당하는 금속판의 가장자리 부분에는 많은 충돌이 일어나기 때문에 항상 내구성이 높은 금속으로 만들어져 있고, 이 경우에는 몰리브덴이 사용되고 있었다. 낡은 탱크를 떼내어 폐기하고 (이제 방금 보인) 새 탱크(슬라이드 8)를 부착했을 때 낡은 몰리브덴 조각을 세그레가 달라고 하기에 그에게 주었다. 그는 당시 이탈리아에 있었는데 페리에의 협력 아래 중양성자를 쬐인 이 몰리브덴 속에 새로 만들어진 원소인 테크네튬이 포함되어 있다는 결정적인 증거를 포착했던 것이다. 사이클로트론 해부학상 이 특정 부분(이 특정 부품)이 대량의 충돌을 받지 않았더라면 이 새 발견은 상당히 늦어졌을 것이다.

이 시기에 시작된 또 하나의 사항은 이론 연구자들이 사이클로트론에 흥미를 갖게 된 점이다. 아시다시피 이전에는 사이클로트론은 하나의 실험 기술이었고, 사이클로트론에서 일을 하는 사람들도 자기들이 하고 있는 일에 대해 다소의 지식은 갖고 있었다고는 하나 속속들이 다 알고 있는 것은 아니었다. 잘 가동하는 방법이나 그 이유를 차분히 생각해 보기 위해 일을 멈추는 경우는 없었다. 사이클로트론이 정확히 가동하고 있는 것은 알고 있었고, 그것으로 충분했던 것이다. 그러나 이 무렵이 되자 베테(Bethe)와 로즈(Rose)가 처음으로 사이클로트론 에너지의 상대론적 한계를 지적했고, 조금 후에는 L. H. 토마스가 이 상대론적 한계에 대하여 하나의 해결책을 고안했다. 그런데 이 해결책을 실험 연구자가 이해하기에는 다소 어려운 측면이 있었으므로 이 방법은 오랫동안 사장된 채로 있었다. 물론 현재에는 모든 사람들이 토마스형의 사이클로트론이나 FFAG 기계(어떤 의미에서는 토마스 사이클로트론의 극단적인 예)를 만들기를 원한다. 따라서 토마스의 업적은 현재에는 대단한 것이다. 단지 초기에는 사람들이 그것을 심각하게 생각하지 않았기 때문에 오랫동안 묵혀져 있었다. 게다가 1937년경의 사이클로트론 에너지에는 상대론적 효과와는 별도로 크기와 예산상의 요인 등, 한계가 있었다. 상대론적 효과로 인한 한계는 실제로 문제가 되기 이전에 이미 생각되어졌던 것이다.

그런데 얼마 후 버클리에서 최초로 진짜 전문 엔지니어가 설계한 60인치 사이클로트론이 등장했다. 세계 각국에는 몇 개가 있었지만 버클리에서는 이것이 최초의 것이었다. 이 이야기를 하기 전에 일종의 과도기로서 1938년경에 촬영한 사진(슬라이드 9)을 보여 드리고자 한다.

이 사진으로부터 몇 가지 점을 관찰할 수 있다. 첫 번째, 사람들이 사이클로트론 주위의 방사선을 차폐하는 데 신경을 쓰기 시작한 것을 알 수 있다. 사용하고 있는 것은 5갤런짜리의 함석 깡통으로, 차폐를 위해 이 깡통에다 물을 가득 채워 사이클로트론 주위와 위에다 그저 쌓아 놓았을 뿐이다. 사실은 이 사진의 함석 깡통은 본래는 전부 사이클로트론 위에 얹어 놓았던 것이다. 그런데 점점 누수가 심해지고, 위에서 뚝뚝

슬라이드 9

떨어져 내리는 물방울을 견딜 수 없게 된 일하는 사람들이, 깡통을 밑으로 내려놓고 그것이 다시 본래의 장소로 되돌아가지 않게 발로 차서 움푹 들어가게 만든 것이다.

두 번째로, 이 사진을 통하여 우리들이 일했던 건물, 옛 방사선연구소가 어떤 모습이었던가를 알 수 있다. 이것을 거론하는 데는 약간의 감상에 젖게 된다. 그것은, 내가 이 회의에 참석하기 위해 버클리를 출발했을 때, 굉장히 큰 공사용 굴삭기로 마지막으로 남아 있던 옛 방사선연구소의 벽판을 부수고 있었기 때문이다. 우리는 여태껏 벽판의 일부를 역사적 기념물로 어떻게든 보관해 왔었다. 다른 것은 이제 모조리 없어져 버렸다. 세 번째로 볼 수 있는 것은 여기에 찍혀 있는 인물이다. 그는 연구소에서 처음으로 고용한 전문 엔지니어인 빌 브로벡(Bill Brobeck)이다. 이것은 가속기의 설계와 건조에 보다 전문 기술적인 접근이 도래했었다는 것을 의미하는 것이다.

슬라이드 10 (좌에서 우, 위에서 아래 순서로) A. S. Langsdorf, S. J. Simmons, J. G. Hamilton, D. H. Sloan, J. R. 오펜하이머, W. M. Brobeck, R. Cornog, R. R. Wilson, E. Viez, J. J. Livingood, J. Backus, W. B. Mann, P. C. Aebersold, E. M. 맥밀런, E. M. Lyman, M. D. Kamen, D. C. Kalbfell, W. W. Salisbury, J. H. 로렌스, R. Serber, F. N. D. Kurie, R. T. Birge, E. O. 로렌스, D. Cooksey, A. H. Snell, L. W. Alvarez, P. H. Abelson.

슬라이드 11

그러면 이제부터 1938년에 촬영한 바탕을 시작으로 60인치 사이클로트론에 대해서 조금 이야기하겠다. 이 사진에는 막 장치한 자석과 그 당시의 방사선연구소 과학관련 스태프가 모두 찍혀 있다 (슬라이드 10). 중앙에 로렌스 교수가 당시 물리학과장이었던 버지(Birge) 교수(왼쪽)와 쿠크세이(Cooksey) 박사(오른쪽)들과 함께 있는 것이 보인다. 이 회의장에 계시는 분들 중 이 사진 속에 찍혀 있는 분은 불과 몇 분에 불과할 것입니다. 이러한 낡은 사진을 보고 세월의 흐름이 우리에게 미친 영향을 목격하게 되면 언제나 적잖이 놀라게 된다.

이것은 조립한 지 얼마 되지 않는 60인치 사이클로트론이다 (슬라이드 11). 이 장치에서는 설계상 수많은 훌륭한 개량과 변경이 구현되었는데, 가장 중요한 한 가지 개량은 다른 곳에서 개발되어 이곳으로 가져온 것이었다. 즉, 유리제품의 절연체를 전혀 사용하지 않고 D에 각각 지지봉(이것이 동축 공진회로의 중심 도체가 된다)을 부착하고, 이것을 사용하여 전체가 진공 속에 들어가 있는 공진 시스템을 구성한다는 착상이다. 오른쪽에 있는 두 개의 탱크가 이 D 지지봉을 떠받치고 있다. 고주파 전력의 인입선 속을 제외하고 이 시스템에는 절연체가 사용되지 않고 있다. 전력 인입선은 오른쪽으로 비스듬히 구리로 만든 실린더를 타고 내려와 있다. 자석을 떠받치는 천장틀의 맨 위에 얹은 원형 탱크 속에는 오일 밑에 편향판용 전압 공급장치와 정류전압 공급장치도 들어 있다. 그리고 여기에 찍혀 있는 사람이 누구인지는 여러분도 잘 아실 것으로 믿는다. 자석코일 위에는 돈 쿠크세이, 데일 코어슨(Dale corson), 어니스트 로렌스, 로버트 손튼(Robert Thornton), 존 박커스(John Backus), 윈필드 솔즈베리(Winfield Salisbury), 루이스 알바레스(Luis Alvarez)가 자석코일 위에 있고, D 지지봉 탱크 위에 있는 사람이 나다.

이제, 여기서 물리학자가 언제나 근엄하지만은 않다는 일면을 소개하겠다. 내가 찍은 슬라이드를 보기 바란다. 조립 이전의 60인치 사이클로트론의 D 지지봉 탱크 속에서 라슬레트(Laslett), 손튼(Thornton), 박커스(Backus)가 포즈를 잡고 있다 (슬라이드 12). 슬라이드 **13**은 60인치 사

슬라이드 12

슬라이드 13

이클로트론의 제어실 모습이다. 이제서야 우리는 이것저것 끌어다 모아 억지로 만든 것이 아닌, 당당하게 설계된 제어 테이블을 손에 넣은 것이다. 제어 테이블에 있는 사람은 로렌스 교수와 그의 동생인 존 로렌스이다. 그는 의학분야의 일을 처음 시작하여 현재도 로렌스 방사선연구소에서 그 일을 계속하고 있다.

이제 우리는 1939년까지 와 있다. 핵분열은 이미 이전에 발견되었다. 여기서 지적해 두어야 할 것은, 60인치 기기가 다른 새로운 자석을 가지고 크로커연구소라는 새 건물로 옮긴 후에도 옛 37인치 사이클로트론은 아직 가동하고 있었다는 점이다. 따라서 이제부터 내가 말하는 것 중의 몇 가지는 이 장치로 행해졌고, 도중에 약간 중단 기간은 있었지만 1946년에 싱크로 사이클로트론 원리의 최초의 모형시험에 사용될 때까지 옛 37인치기는 가동되고 있었다. 그러나 핵분열이 발견되었을 때는 연구소의 전원이 곧장 시류를 좇아 핵분열에 관계된 실험을 생각하게 되었다. 안개상자와 계수기를 사용한 것, 그리고 되튐(recoil) 실험과 그와 유사한 온갖 일이 이루어졌다.

1940년, 초우라늄 원소가 처음으로 생성되었다. 그 때 사전 준비를 위한 몇 가지 실험은 37인치 기기로 하였지만 생성을 한 것은 60인치 사이클로트론이었다. 모든 동위원소 추적자 중에서 가장 중요하다고 생각되는 탄소 14가 등장한 것도 이 시기였다. 카멘(Kamen)과 루벤(Ruben)이 최종적으로 이것의 존재를 확인했다. 탄소 14는 오랫동안 사람들이 찾고 있던 것이었다. 나 자신도 한때 이 연구에 힘을 쏟았지만 별로 성과를 거두지 못했다. 질량 3의 동위원소인, 소수 3과 헬륨 3도 그 무렵에 발견되었으나 헬륨 3은 사이클로트론을 그 때까지와는 다르게 이용하여 발견되었다. 그것은 이 장치를 사이클로트론으로서보다는 질량 분석기로 이용했던 것이다. 즉, 장치를 전하 2, 질량 3인 입자의 공명점에 맞추어 두었다. 어떤 입자가 공명을 일으켰다고 하면 그것은 틀림없이 헬륨 3인 것이다. 이 일은 알바레스(Alvarez)에 의해 이루어졌다.

그 무렵 최대의 사건이라고 하면 로렌스 교수의 노벨상 수상이었다.

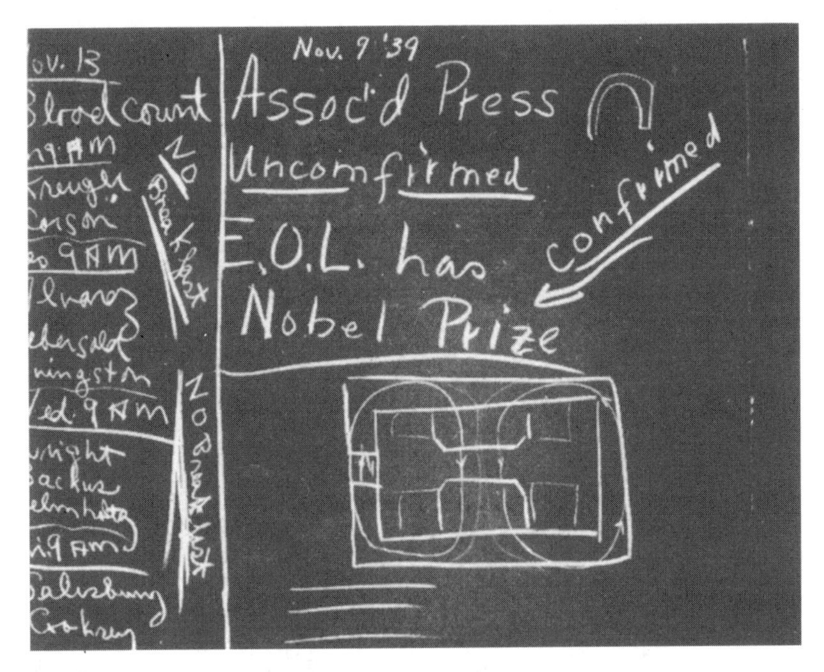

슬라이드 14

누군가 선견지명이 있는 사람이 (쿠크세이라고 생각되지만) 그 때의 흑판을 사진으로 찍어 놓았다(슬라이드 14). 처음은 '미국연합통신사 – 미확인', 그리고 다음에는 화살표가 붙어져서 '확인'이라는 두 단계의 발표가 있다. 또 왼쪽 아래에 기록되어 있는 것은 연구소 사람들이 받아야 할 혈구수 검사 일정표이다. 크루거(Kruger), 코어슨(Corson), 알바레스, 에버솔드(Aebersold), 리빙스턴, 라이트(Wright), 박커스(Backus), 헬름홀츠(Helmholz), 솔즈베리, 쿠크세이의 이름이 보인다. 이 리빙스턴은 스탠리와는 다른 사람인 보브(Bob) 리빙스턴이다.

한데, 어니스트 로렌스는 성취한 업적에 안이하게 머물러 있으려 하는 인물은 결코 아니었다. 언제나 한 걸음 더 앞으로 나아가기를 바라고 있었다. 그의 참으로 위대한 점은 이 전향적 정신과 그것을 다른 사람에게 전달한 그의 능력일 것이다. 그러므로 설사 60인치 사이클로트론이 훌륭한 기계이고, 잘 가동하고 있고, 더구나 많은 중요한 일을 하고 있었다 하더라도 그는 '1억 볼트'의 꿈을 품고 있었다. 그의 오래된 몇몇 편지에는 항상 1억 볼트가 언급되어 있다. 그는 사이클로트론으로 그것이 달성될 수 있다고 믿고 있었다. 노벨상을 획득했을 때는 그가 생각하고 있는 모든 점에 세인의 관심이 집중되어 여러 가지 점에서 도움이 되었다. 그는 1억 볼트 사이클로트론을 건조할 자금을 조달할 수 있을지 여부를 타진하는 운동에 착수했다. 물론 그 무렵에는 이러한 자금은 본질적으로 사적인 돈이었다. 맨해튼 관구(Manhattan District)와 원자력위원회도 존재하지 않았다. 그래서 그는 그의 사적 재산원으로부터 자금을 조달하려고 했던 것이다.

이와 같은 노력을 거듭하는 가운데서 좋은 착상이 수많이 나왔고, 계획의 입안과 여러 가지 추정 예측도 이루어져, 이제부터 보여드리는 좀 재미있는 한 장의 그림이 그려졌다. 이것은 어떤 화가가 1억 볼트를 위해 그린 사이클로트론의 상상도이다 (슬라이드 15). 이것은 현재 184인치 사이클로트론으로 불리고 있는 것이다. 이 상상도는 현재의 실제 기계 모양과는 다소 다르게 되어 있다. 자석의 천장틀은 같지만 거대한 탱크가 2개 양쪽으로 돌출되어 있다. 이것들은 D 지지봉 탱크이다. 입자선은 한쪽 D에서 편향되어 속에서 완전히 한 바퀴 돌아, 한쪽 D지지봉의 슬릿을 통과하여 그림에서 보듯이 바깥으로 나오게 되어 있었다. 그러나 이 그림으로 알아챌 수 있는 중요한 점은, 이것이 그 이전의 것과 변함이 없는 사이클로트론으로서 설계되어 있는 점이며, 그리고 입자가 정해진 볼트 수에 도달하려면 D전압이 어느 정도 필요한지는 로즈와 베테의 아이디어에 따라서 간단히 추정할 수 있었다. 우리는 이와 같은 설계로 만약 중양성자를 100MeV에 도달시키고 싶으면 D 사이에서 대략 140만 볼트 또는 각 D와의 접지점에서 70만 볼트가 필요할 것이라고 어림잡았었다. 우리는 이 볼트수를 달성하기 위해 고주파 전력을 노도처럼 사용하여 앞으로 나아가려 계획했었다. 그리고 어쩌면 그것을 손에 넣었는지도 모른다.

슬라이드 15

슬라이드 16

다음의 사진은 어니스트 로렌스(Ernest Lawrence), 아서 콤프턴(Arthur Compton), 바네바 부시(Vannevar Bush), 제임스 코넌트(James Conant), 칼 콤프턴(Karl Compton), 알프레드 루미스(Alfred Loomis) 등이 주최한 회의 장면으로, 장소는 현재 철거중인 옛 방사선연구소이다(슬라이드 16). 그들은 계획에 대한 원조를 획득하는 방법을 토의하고 있는데, 보기에도 무척 즐거운 듯한 분위기이다. 이 사진을 찍은 쿠크세이 박사로부터 들은 바로는, 이것은 마침 누군가가 농담을 한 순간이었다고 하는데, 이렇게 즐거워 보이는 표정에는 그것을 뒷받침하는 더 깊은 연유가 있었다. 그로부터 며칠 후인 1940년 4월 8일에 록펠러 재단이 사이클로트론을 위해 115만 달러를 지원하기로 결정했던 것이다. 이 인가로 대학평의원회와 그 밖의 원조도 있어 계획의 추진이 가능하게 되었다.

그러나 전쟁이 발발하자 연구소의 모든 일은 다른 목표로 돌려지게 되었다. 이 사이클로트론용 자석은 전자기적 동위원소 분리과정 연구에 사용되고 다시금 사이클로트론으로 사용되기까지에는 꽤나 시간이 걸렸다. 그 무렵에는 또 위상(位相) 안정성과 주파수 변조를 사용하는 다른 아이디어도 제기되었다. 그 때문에 기계가 최종적으로 사이클로트론으로서 건조되었을 때에는 슬라이드 15와 같은 모양이 아니라 다음과 같은(슬라이드 17) 모양이 되었다. 이것은 최초로 조립된 184인치 사이클로트론이다. 곁에 사람이 있으므로 그것으로 가늠하면 크기는 대충 어림이 갈 것이다. 현재 이것은 물론 싱크로 사이클로트론이다. 나는 이 강연에서 의미하는 사이클로트론의 역사는 고정주파수 사이클로트론의 역사를 말하는 것이라 생각하기 때문에 이 싱크로 사이클로트론에 대해서는 정확히 가동중이라는 것만 말해 두고 그 이상의 이야기는 하지 않기로 하겠다. 차폐용 콘크리트 블록에 푹 감싸인 현재의 사이클로트론을 어렴풋이 짐작할 만한 사진을 보여드리겠다. 이 방법은 5갤런의 물이 담긴 함석 깡통보다는 나은 차폐문제의 해결책이다(슬라이드 18). 자세히 살펴보면, 이 사진에도 사람이 찍혀 있는 것을 알 수 있다.

슬라이드 17

슬라이드 18

슬라이드 19

현재 버클리에 있는 로렌스 방사선연구소 시설의 항공사진을 보여드리는 것으로 이 강연을 마치기로 하겠다(슬라이드 19). 맨 앞쪽의 원형 건물 속에는 베바트론(Bevatron)이 있는데, 이것은 자기공명 원리를 사용한다는 점에서 물론 사이클로트론의 자손이다. 그 뒤쪽의 조금 떨어진 곳에 내가 지금 막 보여드린 기계, 184인치 사이클로트론을 수용하고 있는 또 하나의 원형 건물이 있다. 다른 건물에도 다른 가속기와 연구실, 공작실 등 연구소를 구성하는 모든 것이 수용되어 있다. 이 모든 것은 우리가 이야기해 온 로렌스 교수의 아이디어, 신념, 강인성의 소산이라 할 수 있다.

Chapter 13

컬럼비아대학에서의 물리학

-핵에너지 계획의 기원-

다음 글은 엔리코 페르미가 미국 물리학회에서 마지막으로 한 강연을 그대로 필기한 것이다. 강연은 1954년 1월 30일 토요일 오전 중에 컬럼비아대학의 맥밀런 강당에서 메모 준비도 없이 비공식으로 이루어졌다. 그의 학회장 퇴임 인사는 전날에 있었다. 이번 연설은 녹음 테이프에서 취한 것인데, 일부러 퇴고도 편집도 하지 않은 채로 두었다. 이렇게 격식을 차리지 않는 데에는 페르미라면 틀림없이 난색을 표명했을 것이다. 왜냐하면 그는 자신의 출판물에는 매우 예민한 편이기 때문이다. 하지만 페르미를 아는 사람이나 그의 이야기를 들은 적이 있는 사람들에게는 이 녹취록이 그의 육성을 다시금 떠올리게 할 것이다(공식 기록으로는 도저히 이렇게는 못할 것이다). 이 소론은 물리학회의 1954년도 연회(年會) 가운데서 '컬럼비아대학에서의 물리학'의 세션(Session)의 일부로 발표된 것이다.

의장님이신 페그램(Pegram) 학부장님, 학회의원 여러분, 그리고 참석하신 여러분, 금번 컬럼비아대학 개교 200주년은 컬럼비아대학이 원자력 개발에 길을 트게 된 초기의 실험 연구 및 연구의 조직화에 있어서 이바지한 중요한 역할을 되돌아볼 수 있는 좋은 기회입니다.

이 원자력 개발이 착수된 초기 단계부터 줄곧, 제가 푸핀(Pupin)연구소에서 공동으로 연구를 할 수 있었다는 것은 행운이었습니다. 이탈리아에서 곤란한 입장에 처해 있던 저에게 마침 물리학과에 자리를 마련해 주신 컬럼비아대학에 늘 감사의 마음을 갖고 있습니다. 더욱이 이 자리를 얻게 된 것은, 제가 말씀드릴 일련의 사건의 살아 있는 증인이 된다고 하는 좀처럼 얻기 힘든 기회를 갖게 된 것입니다.

실제로 푸핀연구소에서 연구를 시작한 첫 달, 1939년 1월의 일을 매우 선명하게 기억하고 있습니다. 그건 여러 가지 일들이 매우 빠르게 일어났기 때문입니다. 이 시기, 닐스 보어는 프린스턴에서 강의를 하고 있었는데 윌리스 램(Willis Lamb)이 어느 날 오후 매우 흥분하며 돌아와서는 보어가 빅 뉴스를 누설했다고 말한 것을 기억하고 있습니다. 누설한 빅 뉴스란 핵분열의 발견과 적어도 그것이 대략적으로 뜻하는 것이었습니다. 여러분도 잘 아시다시피 이 발견은 한(Otto Hahn)과 스트라스만(Fritz Strassmann)의 연구에까지 거슬러 올라갈 수 있습니다. 적어도 이 발견이 뜻하는 것에 대해 최초로 착안한 것은 당시 스웨덴에 있던 리세 마이트너(Lise Meitner)와 프리슈(Frisch)의 연구였습니다.

그런데 그달 하순경에 워싱턴에서 한 모임이 있었습니다. 그 모임은 카네기협회가 조지워싱턴대학과 공동으로 주최한 것으로서, 저도 컬럼비아대학의 다른 많은 사람들에 섞여 참가했습니다. 그 모임에서 새로 발견된 핵분열 현상이 갖는 잠재적인 중요성이, 원자력원으로서 가능한지 당초에는 반 농담조로 논의되었습니다. 그리고 다음과 같이 추리했습니다.

"만약 핵구조가 붕괴될 만한 분열이 있다면 중성자가 몇 개 튀어나올 수도 있을 것이다. 튀어나오는 중성자의 수는 한 개 이상이 될지도 모른다. 그래, 편의상 두 개라고 한다면 그것이 각각 별개의 핵분열을 일으킬 것이다. 이리하여 당연히 연쇄반응 작용이 시작되는 것을 알 수 있다."

이러한 의견이 이 회합에서 논의된 사항의 하나였습니다. 이리하여 원자력의 방출에 대한 흥분의 잔잔한 물결이 서서히 번져 나갔습니다. 때를 같이하여 실험 쪽도 열기에 들뜬 많은 연구소에서 시작되었습니다. 그 중에 푸핀연구소도 들어 있었습니다. 워싱턴을 떠나기 전에 두닝(Dunning)으로부터 분열파편의 발견을 향한 실험이 성공했다는 것을 알리는 전보를 받은 것을 기억합니다. 분명히 같은 실험이 이 나라의 대,

여섯 군데에서 동시에 이루어졌던 것입니다. 아마 실제는 그보다 약간 빨랐다고 생각되는데 유럽의 3~4 군데에서도 이루어지고 있었습니다.

그 다음에 꽤 장기간에 걸친 힘든 연구가 컬럼비아대학에서 시작되었습니다. 그것은 중성자의 방출확률에 대한 모호한 추측을 확인하고 핵분열이 일어났을 때 실제로 중성자가 방출되는지를 관찰하며, 만약 그렇다면 몇 개의 중성자가 방출될 것인지를 알기 위한 작업이었습니다. 그건 이 경우, 중성자의 수를 밝히는 일이 매우 중요했기 때문입니다. 왜냐하면 약간 큰 확률이냐 작은 확률이냐에 따라 연쇄반응이 일어날 수 있느냐, 없느냐로 갈라지기 때문이었습니다.

이렇게 하여 이 연구가 컬럼비아대학에서 진(Zinn)과 실라드(Szilard)의 그룹과 앤더슨과 나의 그룹으로 나뉘어져 동시에 진행되었습니다. 우리는 그들과는 다른 방법으로 독립적으로 연구를 했으나, 물론 그들과는 정보 교환을 했고 서로 실험결과를 알렸습니다. 프랑스에서도 같은 시기에 같은 연구가 졸리오(Joliot)와 폰 할밴(Von Halban)을 우두머리로 하는 그룹에 의해 진행되고 있었습니다. 이렇게 하여 세 그룹은 같은 결론에 도달했습니다. 우리 컬럼비아대학보다 졸리오 쪽이 몇 주 빨랐을 것으로 생각합니다. 그 결론은, 중성자는 분명히 방출된다는 것, 그 수는 매우 많다는 것이었습니다. 그러나 정량적 측정은 아직 불확실했고 그다지 믿을 만한 것은 아니었습니다.

연구의 이런 면과 관련해서 비밀주의라고 하는 좀 이해할 수 없는 일이 여기서 비로소 시작되었습니다. 이것은 오랜 세월에 걸쳐 우리를 괴롭히게 되었습니다. 더욱이 보통 기밀이라고 하면 일반적으로 장군들이나 공안 경찰에 의해 비롯된다는 생각과는 달리 이 경우에는 물리학자로부터 시작된 것입니다. 물리학자들이 생각지도 못했던 이 진귀한 아이디어를 생각해 낸 사람은 실라드였습니다.

여러분 중에 실라드를 알고 있는 분이 몇 사람이나 있는지 모르지만, 대부분의 사람은 알고 계실 것입니다. 그는 정말 별난 인물이어서, 지나치게 두뇌 회전이 빠른 것이 흠이었습니다(웃음). 좀 칭찬이 부족한가요

(웃음). 그는 무척 머리가 좋고, 무엇이라고 해야 좋을까, 즐기고 있다고나 할까, 적어도 내가 받은 인상으로는 사람을 놀라게 하는 것을 즐기고 있는 듯한 면이 있었습니다.

그래서 그는 물리학자들에게 시대가 요구하고 있는 것을 제안하여 그들을 놀라게 하려 했습니다. 아시다시피 때는 1939년 초반으로, 바야흐로 전쟁이 시작될 형세였습니다. 이런 상황을 발판으로 그는 원자력과 아마도 원자무기가 세계를 예속시키려는 나치스의 중요한 도구가 될지도 모를 위험성을 설명하고, 중요한 결과가 나오자 바로 『Physical Review』나 다른 과학잡지에 발표하는 것은 이제 물리학자로서는 그만두어야 할 것이며, 그 대신 좀더 침착하게, 얻어진 결과에 잠재적인 위험성은 없는지, 우리에게 유익한지 어떤지가 확실해질 때까지 발표를 보류해야 할 것이라고 설득했습니다.

이처럼 실라드는 많은 사람에게 이야기하고 그들을 어떤 종류의 그룹, 그걸 비밀결사라고 불러야 할지, 무엇이라고 불러야 할지 나는 모르겠습니다만, 거기에 가입하도록 설득하였습니다. 하여간 연구 정보는 매우 한정된 그룹에 은밀하게 전달되고 당장에는 발표하지 않도록 했습니다. 실라드는 이 노선으로 나아가도록 프랑스의 졸리오에게도 많은 전보를 보냈지만 그들로부터는 그다지 좋은 회답을 얻지 못했고, 졸리오는 전과 다름없는 방법으로 자기가 얻은 결과를 발표하였습니다. 그러므로 중성자는 분열 때에 어느 정도의 양, 즉 한두 개나 세 개 정도의 양이 방출된다는 사실이 널리 알려지게 되었습니다. 당연한 일이었지만 연쇄반응의 가능성이 이전보다 더 물리학자들에게는 보다 현실성이 있는 것으로 생각되었습니다.

컬럼비아대학에서 진행된 연구의 또 하나의 중요한 국면은 보어(Bohr)와 휠러(Wheeler)가 순수한 이론적인 논의에서부터 시사한 것과 관계된 것으로, 우라늄의 두 개의 동위원소 중에서 적어도 열핵분열의 대부분에 기여하고 있는 것은 가장 풍부하게 있는 우라늄 238이 아니라 가장 적은 우라늄 235이라는 점이었습니다. 여러분도 아시다시피 우라늄 235는 천연 우라늄 속에는 0.7 %밖에 포함되어 있지 않습니다. 이 논의는 우라늄 238 속에 포함되는 짝수 개의 중성자 수와 우라늄 235 속의 홀수 개의 중성자 수에 관계가 있습니다. 보어와 휠러가 한 결합에너지의 논의에 의하면 우라늄 235 쪽이 분열하기 쉽다는 것입니다. 이것이 매우 그럴듯해 보였습니다.

이번에는 당연히 이 사실을 실험적으로 파악하는 일이 매우 중요성을 띠게 되었습니다. 그래서 니어(Nier)와 컬럼비아대학의 두닝과 부스(Booth)가 합동으로 연구를 시작했습니다. 니어는 이 연구의 질량분석 부분을 담당하여 미소하지만 가능한 한 많은 양의 우라늄 235를 분리하려 했습니다. 컬럼비아대학의 두닝과 부스는 이 미소 양을 사용하여 통상의 우라늄보다 상당히 큰 단면적을 가진 분열이 일어나는지 어떤지를 테스트하는 역할을 담당하고 있었습니다.

그런데 이 실험은 여러분도 물론 주지하는 바와 같이 보어와 휠러가 이론적으로 시사한 것을 검증한 것으로서, 우라늄의 중요한 동위원소가, 예컨대 원자력을 발생시키는 기계를 제작하려는 입장에서 보았을 때, 실제상 우라늄 235 쪽이라는 것을 밝혀냈던 것입니다. 그러나 아시겠지만 문제였던 것은 우선 첫째로, 당시에는 현재만큼 이 문제가 갖는 의미를 평가하지 않았다는 사실입니다.

연쇄반응을 일으키는 장치를 만들기 위한 기본적인 점은, 물론 각각의 분열로 어떤 수의 중성자가 만들어지고, 그 중의 몇 개 중성자가 다시 분열을 발생시키는지를 알아내는 일이었습니다. 만약 최초의 분열에 연이어 두 번 이상의 분열이 일어난다면 당연히 반응은 계속됩니다. 그러나 만약 최초의 분열이 한 번 미만의 후속 분열을 일으킨다면 반응은 멎게 됩니다.

그래서 만약 분리된 순수한 우라늄 235 동위원소를 얻을 수 있다면 중성자의 불가피한 손실을 최소한으로 억제할 수 있을 것이고, 따라서 만약 분열 때에 한 개 이상의 중성자가 방출된다면, 문제는 연쇄반응이 잇따라 일어나는 데에 충분한 양의 우라늄 235를 쌓아올리기만 하면 될 것입니다. 하지만 만약 천연우라늄을 사용하면 우라늄 235 1그램당 우라늄 238이 140그램씩 첨가되고, 이만큼 부가되면 우라늄 235와 238의 밸러스트(ballast)로 중성자 쟁탈이 격렬해집니다. 왜냐하면 분열 때에 나오는 중성자는 그다지 많지 않기 때문입니다. 따라서 연쇄반응을 확실히 일으키기 위한 한 가지 방법은 천연 우라늄 속에 포함되는 동위원소 우라늄 238과 우라늄 235를 분리해야 한다는 것입니다.

한데, 현재 연구소에는 많든 적든 간에 동위원소, 예를 들면 철의 56이라든가 우라늄 235와 우라늄 238 같은 라벨이 붙은 병이 늘어서 있습니다. 이러한 병은 죽 늘어선 화학원소의 병만큼 보편적인 것은 아니지만, 이들 병도 오크리지 연구소에 적당한 압력을 넣기만 하면 쉽게 손에 넣을 수 있습니다(웃음). 그러나 매우 이상한 일이지만 당시에는 동위원소라는 것은 분리할 수 없는 것이라고 생각하고 있었습니다. 분명히 한 가지 예외는 있었습니다. 즉, 중수소였습니다. 이것은 당시 이미 병에 추출되어 있었습니다. 물론 중수소, 즉 수소 2는 수소 1과의 질량비가 1 : 2라는 매우 큰 비율을 가진 동위원소였습니다. 그러나 우라늄의 경우 질량비는 235 : 238이므로 그 차이는 불과 1 % 남짓합니다. 당연히 이들 두 물체의 차이가 극히 근소하기 때문에 대량의 우라늄 235를 분리하는 작업이 진지하게 다루어져야 할지는 분명하지 않았던 것입니다.

그 결과 당시, 즉 1939년 말경에는 원자력 문제를 공략하는 두 가지 방법이 시작되었습니다. 하나는 다음과 같은 것이었습니다. 제 1 단계는 대량의 천연우라늄을 분리하는 방법이었습니다. 그것이 실제로 수 킬로그램의 양일지, 수십 킬로그램의 양일지, 또는 수백 킬로그램의 양이 필요할지는 아무도 몰랐지만 대충 그 정도의 양일 것이라고 생각하고 있었습니다. 당시로서는 엄청나게 많은 양으로 보이는 우라늄 235를 분리하고, 그보다 더욱 많은 양의 우라늄 238을 포함하는 밸러스트를 사용하지 않고서 우라늄 235만으로 반응시키려 했습니다. 또 하나의 방법은, 중성자가 약간 많이 방출되도록, 약간의 조치를 취해서 이 중성자를 효과적으로 이용하면 동위원소를 분리하지 않아도 연쇄반응을 일으킬 수 있지 않을까 하는 희망에 바탕하고 있었습니다. 이건 내 소견을 말한다면 당시 거의 인간의 능력을 초월하는 일로 보였습니다.

그런데 나는 개인적으로 오랜 세월에 걸쳐 중성자, 특히 저속 중성자를 연구해 왔습니다. 그러므로 나는 분리되지 않는 우라늄을 사용하려는 두 번째 팀에 소속하여 최선을 다해보려 했습니다. 우라늄의 동위체를 분리하려고 하는 초기의 시도·연구·논의는 두닝과 부스가 유리(Harold Clayton Urey) 교수와 긴밀하게 상의하면서 시작했습니다. 한편 실라드, 진, 앤더슨과 나는 다른 노선에서 실험을 시작했습니다. 그 첫걸음은 측정에 측정을 거듭하는 것이었습니다.

그런데 당시 우리의 측정이 왜 그토록 허술했었는지 아직도 나는 잘 이해가 가질 않습니다. 현재 파이 중간자 물리학에서 우리가 하고 있는 측정도 매우 허술하다는 것이 밝혀졌습니다. 그 원인은 단지 우리가 요령을 잘 터득하지 못했기 때문이라고 생각합니다. 게다가 당시의 설비는 당연히 현재의 것보다 출력도 별로 나오지 않았습니다. 중성자 실험에서 중성자원으로 원자로를 사용하는 편이, 당시처럼 라듐-베릴륨원이나 사이클로트론을 사용하기보다 훨씬 간단합니다. 전자는 반응 억제에 기하학적 형태가 기본적인 문제일 경우에, 후자는 나은 기하학적 형태보다도 오히려 강도가 요구되는 경우에 사용되었습니다.

한데, 우리는 얼마 후 천연 우라늄으로 성공하기 위해서는 저속 중성자를 사용해야 한다는 결론에 도달했고 그래서 감속재가 필요하게 되었습니다. 그 감속재로서는 첫째로 물 혹은 다른 물질이 좋을 것이라고 하였지만 물은 곧 배제되었습니다. 그 이유는, 중성자를 감속시키는 데는 물이 매우 효과적이었지만 필요 이상으로 중성자를 흡수하기 때문에 물을 사용할 수 없었습니다. 그래서 아마 흑연(Graphite)이라면 좋을 것이라고 생각했습니다. 흑연은 중성자를 감속시키는 데 있어 물만큼은 효과가 없지만 흡수는 매우 작을 것(흑연의 흡수특성은 거의 알려져 있지 않았지만)이라는 희망적 관측이 있었습니다.

그럭저럭 하고 있는 동안에 1939년 가을, 즉 아인슈타인이 루스벨트

대통령에게 편지(지금은 유명해진)를 쓴 때가 되었습니다. 그 편지 속에서 물리학이 처해 있는 상황이 어떠한 것인지를 아인슈타인은 조언했습니다. "기회는 무르익었으므로 정부는 원자력 개발에 관심을 갖고 그것을 원조할 의무가 있는 것으로 생각한다." 이렇게 하여 수 개월 후에 6천 달러라는 액수의 원조가 실시되었습니다. 당시는 물리학자들의 눈이 아직 비뚤어지지 않았기 때문에 (웃음) 6천 달러라는 돈은 큰 돈으로 생각되어 흑연을 구입하기 위해 사용되었습니다.

이렇게 하여 푸핀연구소의 7층에 있는 물리학자들은 흑연 덕분에 마치 광부처럼 되었습니다 (웃음). 이 사람들이 밤에 지친 몸으로 집에 돌아가면 부인들은 도대체 무슨 일이 일어났는지 이상해 했습니다. 불이 없는 곳에는 연기가 나지 않는다는 말이 있지만 어쨌든 하는 수 없지 않습니까 (웃음).

당시 우리는 흑연의 흡수특성에 대해 무엇인가를 알아내려고 했습니다. 그것은 흑연이 부적당할지도 몰랐기 때문입니다. 그래서 흑연을 세로로 쌓아 올렸습니다. 아마 한 변이 4피트 정도이고, 높이는 10피트 정도였습니다. 흑연을 쌓아올린 이 장치가 물리학에서의 장치로서는 처음으로 기어올라가야만 꼭대기에 이를 수 있을 만큼 큰 장치였습니다. 하기는 사이클로트론도 마찬가지로 크기는 했습니다만, 어쨌든 처음으로 나는 그 장치의 꼭대기까지 기어올라가게 되었습니다. 너무 높았기 때문입니다. 내 키가 작은 탓도 있겠지만 말입니다 (웃음).

거기서 흑연이 쌓아 올려진 바닥에 중성자원을 삽입하여 중성자가 최초에 어떻게 감속되는지, 그리고 어떻게 흑연의 기둥을 확산해서 올라가는가를 조사했습니다. 물론 만약 중성자가 많이 흡수되었다고 하면 별로 높게까지는 확산하지 않았을 것입니다. 그러나 실제는 흡수가 작았기 때문에 중성자는 금방 흑연 기둥을 확산해서 올라갔습니다. 이 상황을 수학적으로 잠깐 분석함으로써 흑연의 흡수 단면적이 어느 정도가 되는지를 비로소 추정할 수 있게 되었습니다. 이 흡수 단면적이 흑연과 천연 우라늄의 조합으로 연쇄반응을 일으킬 수 있는지 없는지의 가능성을 탐색하는 열쇠였습니다.

하지만 이 실험의 상세한 내용에는 언급하지 않기로 하겠습니다. 이 실험은 매우 많은 세월을 요했고, 무척 힘든 일이 몇 시간, 며칠, 몇 주일이나 줄곧 계속되었습니다. 우리가 초기에 했던 연구가 바로 프린스턴대학에서 하고 있던 비슷한 시도와 연계되어 있었다는 것을 말씀드려야 하겠습니다. 프린스턴대학에서는 위그너(Wigner), 크루츠(Creutz), 밥 윌슨(Bob Wilson) 그룹이 컬럼비아대학에서는 도저히 할 수 없었던 몇 가지 측정에 착수했던 것입니다.

시간이 지나자 측정해야 할 것이 무엇인지를 알게 되었습니다. 그것은 내가 'η(eta)', f, P라고 부르는 것을 얼마나 정확하게 측정해야 하느냐 하는 것이었습니다. 지금 이 세 가지 양을 정의하고 있을 시간이 없지만, 'η', f, P는 무엇을 할 수 있고, 무엇을 할 수 없느냐를 분명히 하기 위해서는 측정을 해야만 했습니다. 실제로 만약 이렇게 말해서 된다면 'η', f, P의 곱이 1 이상의 크기가 되어야 했던 것입니다. 지금은 알고 있지만 가장 좋을지라도 이 곱은 1.1로밖에는 될 수 없었습니다.

그래서 만약 이 세 가지 양을 1 %까지의 정밀도로 측정할 수 있다면 그 곱은 예컨대 1.08±0.03이 될 것이었습니다. 그리고 만약 그렇게 되면 더 추진해 나가기로 했습니다. 또 만약 곱이 0.95±0.03이 된다면 이 접근방법으로는 전망이 거의 없으므로 다른 방법을 찾는 것이 더 좋을 것이라는 결론을 내렸을 것입니다. 하지만 이미 말한 대로 그 당시 중성자물리학에서의 측정은 아직 수준 이하였습니다. 그때는 'η', f, P를 각각 따로따로 측정했을 때의 정밀도가 대략 ±20 %였습니다(웃음). 잘 알려진 통계규칙에 따르면 만약 20 %인 3개 오차를 합하면 대략 35 % 정도가 됩니다. 그러므로 만약 0.9±0.3이 되었다고 하면 이것으로부터 무엇을 알 수 있으리라 생각하십니까? 거의 아무것도 알 수 없을 것입니다(웃음). 만약 1.1±0.3이라 해도 거의 아무것도 알 수 없습니다. 그러므로 이것이 문제로서, 실제로 만약 초기 무렵의 우리의 연구를 살펴본다면, 예컨대 실험가가 'η'에 부여한 상세한 값이라는 것은 20 %를 웃돌아, 때로는 더 큰 양으로 된 것을 알 수 있습니다. 사실 이것은 물리학자의 기질에 큰 영향을 받는다고 생각했습니다. 즉, 이렇게 말하면 적절할 것입니다. 낙관적인 물리학자는 얻어진 양을 아무래도 좀 높게 보게 되고, 나처럼 비관적으로밖에 보지 못하는 물리학자는 나지막하게 값을 보아 버리려 합니다(웃음). 어쨌든 누구도 진정한 값은 몰랐고 다른 방법을 택하지 않을 수 없게 되었습니다. 'η', f, P를 따로따로 측정하지 않고 세 개의 곱을 묶어서 직접 전체적으로 측정할 수 있을 만한 실험방법을 생각해내야 했습니다. 그렇게 하면 오차가 약간 작아지고 결론을 낼 수 있으리라 생각했기 때문입니다.

그래서 우리는 페그램(Pegram) 학부장에게로 갔습니다. 그는 당시 대학에 관계된 일이라면 무엇이고 들어주는 사람이었기 때문입니다. 그래서 우리는 큰 방이 필요하다는 것을 그에게 설명했습니다. 우리가 큰 방이라고 말했을 때는 정말로 큰 방을 의미한 것이었는데, 그의 말로는 물리실험실로는 걸맞지 않게 교회 가까이에 빈 장소를 마련하려고 했습니다. 나로서는 교회 그 자체가 바로 우리가 필요로 하는 스페이스라고 생각했지만 말입니다(웃음). 그래서 그는 온 캠퍼스를 정찰하며 돌아다녔고, 우리도 그와 함께 어두운 복도라든가 여러 개의 히터 파이프 밑을 빠져 나가기도 하면서 실험실에 걸맞을 만한 장소를 찾아 헤맨 끝에 커다란 방을 짓기에 알맞은 장소를 찾아냈습니다. 교회는 아니었지만 교회와 맞먹을 만한 크기의 공간을 셔머혼(Schermerhorn)에서 발견했습니다.

이렇게 하여 당시로서는 크기면에서는 지금까지 보아 온 어느 건물보다도 큰 구조물의 건설에 착수했습니다. 실제로 만약 지금 그 구조물을 누가 보신다면 틀림없이 확대경을 끄집어내어(웃음) 자세히 살펴보려고 곁으로 다가갈 것입니다. 그러나 당시의 감각으로는 정말로 크게 보였습니다. 그것은 흑연의 블록으로 만들어진 구조물로, 이 흑연의 블록을 꿰뚫고 산화우라늄이 들어있는 커다란 깡통, 입방체의 깡통이 어떤 종류의 형태를 취하며 퍼져 있었습니다.

그런데 흑연이라는 것은 여러분도 아시다시피 검은 물질입니다. 산화우라늄도 그렇습니다. 그리고 몇 톤이나 되는 그 두 물질을 다루는 일로 우리는 모두 새카맣게 되었습니다. 사실 그런 일에는 힘센 사람이 필요합니다. 그래서 우리는 자신이 웬만큼 센 사람들이라고 생각하고 있었지만 두뇌 노동자에 지나지 않았습니다(웃음). 그래서 다시 페그램 학부장이 주위를 둘러보면서 다음과 같이 말했습니다. "이 일은 여러분의 가냘픈 팔로는 좀 무리인 듯 하군요. 하지만 컬럼비아대학에는 축구팀이 있지 않습니까(웃음). 팀에는 아주 힘센 젊은이들이 열두 명 이상이나 있으니까요. 그들이라면 대학 내에서의 블록 운반 일을 시급(時給)으로 맡아 줄 것입니다. 그들을 고용하면 어때요?"

그건 멋진 아이디어였습니다. 그 때만큼은 힘센 젊은이들에게 일을 지시할 뿐이므로 편했습니다. 그들은 우라늄을 깡통에 휙휙 던져서 채웠고, 다른 사람이라면 3, 4파운드를 운반할 것을 50~100파운드들이 용기도 쉽사리 운반했습니다. 그 깡통들을 손에서 손으로 건네줄 적에 온갖 색깔의 연기(거의가 검은 연기였지만)가 공중으로 날아 올랐습니다(웃음).

이렇게 해서 당시 지수 원자로라고 불렀던 것이 완성되었습니다. 그렇게 부른 데에는 이론적으로 지수함수가 들어 있었기 때문이며, 별로 놀랄 일도 아니었습니다. 이것은 원자로의 반응도, 즉 증배율이 1보다 큰가 작은가를 종합적으로 테스트할 수 있도록 설계된 구조였으며 세부까지 파헤쳐 조사하지 않아도 되는 것입니다. 그런데 결국 값은 0.87로 되었습니다. 따라서 1보다 0.13이 작으므로 좋지 않았습니다. 그러나 우리는 확고한 출발점에 서 있고, 부족한 0.13 혹은 가능하다면 그 이상을 짜낼 수 있는지 어떤지를 반드시 조사할 필요가 있었습니다. 여기서 분명히 밝혀 두어야 할 점이 많이 있었습니다. 첫째로, 그 큰 깡통들이 함석으로 되어 있다고 말했는데 쇠라면 어떻겠는가 하게 되었습니다. 하지만 쇠라면 더욱 좋지 않아 중성자를 흡수해 버립니다. 그러므로 쇠는 사용하고 싶지 않습니다. 그래서 용기에 대해서는 그만 덮어 두었습니다. 그렇다면 재료의 순수도는 어떨까요? 그래서 우라늄의 샘플을 검토해 보았습니다. 물리학자는 화학분석에는 그다지 능숙하지 못하지만 불순물을 발견하려고 조금 해 보았습니다. 확실히 불순물은 있었습니다. 그 불순물의 정체는 알려고 하지 않았지만 아주 볼만한 정도의 적어도 덩어리 상태였습니다(웃음). 그래서 이번에는 그 불순물들을 어떻게 했으면 좋겠는가 하는 것이 문제였습니다. 장애물밖에 되지 않는다는 것은 명백했습니다. 불순물은 아마도 13%쯤은 장애가 되었을 것이라고 보았습니다. 결국 당시의 기준으로는 흑연의 순도가 높았지만 흑연 제조공장에서는 중성자를 흡수할 만한 특별한 불순물 제거에는 신경을 쓰지 않았습니다. 그러나 아직 알 수 있을 만큼 많은 양이 있었습니다. 그래서 특히 실라드가 당시, 순수한 재료를 생산하는 최초의 단계를 조직화하기 위해 단호하고도 강력한 첫걸음을 출발시켰습니다. 실라드는 굉장한 일을 해냈습니다. 그러나 이 일은 후에 실라드보다 더 강력한 조직에 의해 교체되었습니다. 실라드에게도 어울리는 일이었지만 소수의 숙달된 사람들에게 맡겨진 것입니다(웃음).

한데, 이럭저럭 하고 있는 사이에 진주만이 공격을 당했습니다. 그 때는 실제로, 우연히도 그 2, 3일 전이었다고 생각되는데, 우라늄 연구를 성취시키려는 의지가 펴져 있었습니다. 그리하여 컬럼비아대학에서 하고 있었던 것과 유사한 연구가 전국 각지의 여러 대학에서 실시되고 있었습니다. 그래서 정부는 그 연구를 조직화하기 위한 결정적인 활동을 시작했던 것입니다. 그리고 물론 진주만이 이 조직화에 최종적으로 아주 결정적인 단안을 내리게 하여 정부의 상급 자문위원회에 의해서 우라늄의 비분리 동위원소에 의한 연쇄반응 발생에 관한 연구는 시카고대학에서 한다는 결단이 내려졌던 것입니다.

내가 컬럼비아대학을 떠난 것은 그 때였습니다. 그리고 두서너 달 시카고와 뉴욕 사이를 왕복한 후에 시카고에서 연구를 계속하기로 결정하고 결국 그 쪽으로 옮겨갔습니다. 그 이후 두세 가지의 두드러진 예를 제외하고 컬럼비아대학에서의 연구는 원자력 계획 중의 동위원소 분리 쪽에 집중되었습니다.

앞에서 지적한 바와 같이 이 연구는 부스, 두닝, 유리 등에 의해서 각각 대략 1939년, 1940년에 시작되었으나, 그것이 재편성되어 유리 교수의 지도 아래 컬럼비아대학에서 하나의 커다란 연구소로 출발하였습니다. 연구는 매우 잘 진척되고 급속히 확대되어 커다란 연구시설이 건조되었으며, 유니언 카바이트 회사와 협력하여 오크리지에 몇 개 분리공장을 만들 정도로 되었습니다. 이것은 원자력 계획의 지도자들이 각각 내기를 걸었던 세 필의 말 중의 하나였습니다. 그리고 여러분도 아시다시피 세 필의 말은 1945년 여름에 거의 동시에 결착점에 도착했습니다. 경청해 주셔서 감사합니다 (박수).

Chapter 14

전자선 회절의 발견으로부터 50년

전자의 파동성을 확정한 실험, 발견의 실마리가 된 여러 가지 사건, 그리고 주인공인 연구원들, 클린턴 데이비슨, 래스터 거머에 대해서 되새겨 보자.

『피지컬 리뷰』 1927년 12월호에 발표된 한 편의 논문 '니켈 결정에 의한 전자선 회절(電子線回折)'은 전자의(기본적으로는 모든 물질의) 파동성을 확립한 실험으로서 헤아릴 수 없는 많은 기사, 논문, 교과서 등에 인용되어 왔다.[(1)] 그로부터 50년이 경과한 현재, 그 역사적 발견의 실마리가 된 사건과 그 발견자인 클린턴 조셉 데이비슨(Clinton Joseph Davisson)과 래스터 할버트 거머(Laster Halbert Germer)를 돌이켜 보는 것은 시의 적절한 일일 것이다. 그림 14-1은 1927년에 그 두 사람이 자신들의 실험실에서 조수인 체스터 칼빅(Chester Calbick)과 함께 있는 장면이다.

내성적인 중서부인

클린턴 조셉 데이비슨 상급 연구원은 1881년 10월 22일 일리노이주 블루밍톤(Bloomington)에서 남매 중 맏이로 태어났다. 그의 아버지 조셉은 남북전쟁에 종군한 후 블루밍톤에 정착하여 청부 도장공과 도배장이로 생업을 이어나갔다. 어머니 매리는 가끔 블루밍톤의 교육기관에

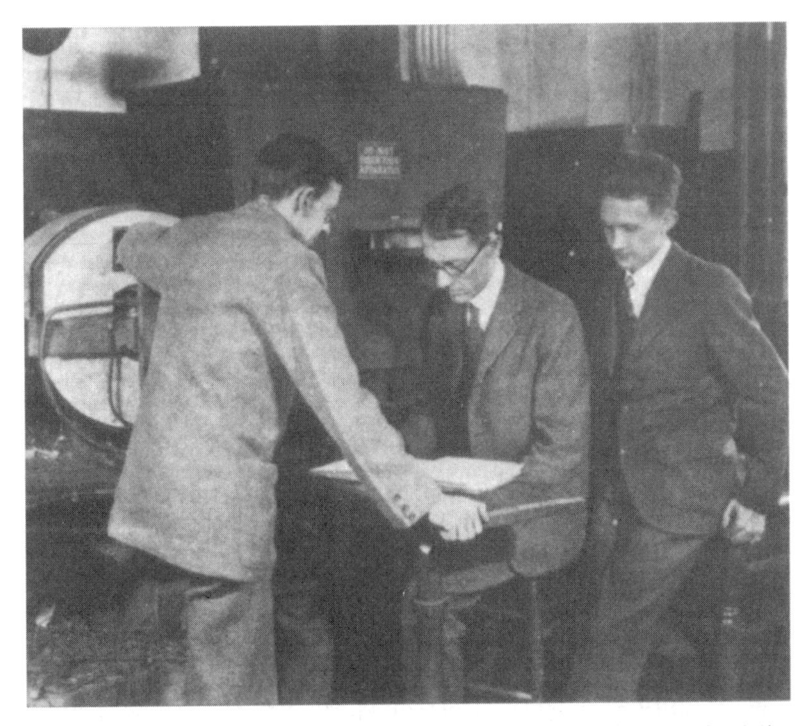

그림 14-1. 1927년, 전자선 회절을 실증한 해 그들의 실험실에서 데이비슨(46세), 거머(31세), 칼빅(23세). 거머는(관측자용 테이블을 향해 앉아 있다) 검류계(그의 머리결에 보인다)로부터의 전자 전류를 읽고 기록할 채비가 되어 있는 듯이 보인다. 데이비슨 뒤에 포개어진 건전지로부터 실험용 전류가 공급된다(벨연구소).

나가 아이들을 가르쳤다. 데이비슨의 여동생 캘리는 그들의 가정을 다음과 같이 묘사하고 있다.

"서로 속마음을 터놓고 지내는 행복한 가정이었다. 사랑으로 가득 찬, 하지만 주머니는 빈털털이였다."

가냘픈 체격이어서 평생을 허약 체질로 보낸 데이비슨은 20세에 고등학교를 졸업했다. 수학과 물리학에 뛰어나 그는 시카고대학으로 가기 위한 1년간의 장학금을 받았다. 시카고대학에서는 학자금이 모자라 몇 번이나 학업이 중단되었기 때문에 졸업까지는 6년이 걸렸다. 그가 물리학을 좋아하고 훌륭한 학문이라고 생각하게 된 데에는 로버트 밀리컨(Robert Millikan)의 영향이 컸다. 데이비슨은 "물리학은 그가 상상했던 그대로의 간결하고 정연한 과학이라는 것을 알고 매우 기뻤으며, 물리학자 밀리컨이 충돌 물체와 같은 문제에도 열심히 진지하게 대응하고 있는 것을 보고 무척 호감을 가졌다."

시카고대학에서 학사학위를 취득하기 전에 그는 프린스턴대학 물리학과의 시간 강사가 되었고, 거기서 그는 전자 실험을 지도하고 있던 영국의 물리학자 오웬 리처드슨(Owen Richardson)의 영향을 받게 되었다. 1911년 프린스턴에서의 데이비슨의 박사학위는 알칼리 금속염으로부터 방출된 양이온에 관한 리처드슨의 연구를 연장한 것이었다. 데이비슨은 후에, 자기가 성공한 것은 밀리컨과 리처드슨 같은 사람들로부터 "물리학자의 관점−사고방식의 특징(his habit of mind)−사물을 보는 눈"을 터득한 덕분이었다고 말했다.

학위를 취득하자 그는 리처드슨의 누이동생인 체로트와 결혼했다. 그녀는 오빠를 찾아 영국에서 그곳에 와 있었다. 메인주로 신혼여행을 다녀온 후 데이비슨은 물리학 강사로서 피츠버그에 있는 카네기공과대학에 취직했다. 주당 18시간의 수업시간 때문에 연구할 틈이 거의 없었다. 그 때문에 6년 동안 고작 3편의 짤막한 연구 노트를 발표했을 뿐이었다. 그러나 이 기간에 찾아온 하나의 중요한 기회가 있었는데, 그것은 1913년 여름에 그가 영국의 캐번디시 연구소에서 J. J. 톰슨과 공동 연구를 하게 된 일이었다.

1917년, 허약 체질이라는 이유로 지원 입대를 거부당한(징병제는 아니었다) 데이비슨은 카네기공과대학으로부터 휴가를 얻어 뉴욕시에 있는 미국전신전화회사(AT&T)의 제조관리부인 웨스턴 일렉트릭사에서 군사관계 연구를 하고 있었다. 그가 맡은 일은 당시 사용되고 있던 산화피복 플라티나 필라멘트의 대용품으로서 산화피복 니켈 필라멘트를 개발, 시험하는 일이었다. 제 1 차 세계대전이 끝나자 그는 카네기공과대학이 제시한 승진도 사절하고 웨스턴 일렉트릭사에 정식으로 입사했다. 결과적으로는 전자선 회절무늬의 발견으로 이어지는 일련의 실험을 시작한 것은 바로 이 무렵이었다. 그리고 마침 젊은 공동 연구자인 래스터 할버트 거머가 제대하여 그에게로 온 것도 이 무렵이었다.

모험을 좋아하는 뉴욕내기

래스터 할버트 거머는 1896년 10월 10일에 헤르만 구스타프(Hermann Gustav)와 할버트 거머(Marcia Halbert Germer) 사이에서 태어난 두 자녀 중 장남으로 시카고에서 출생했다. 거기서 아버지는 병원을 개업하고 있었다. 그러다가 1898년에 일가는 뉴욕주 북부에 있는 캐나스토타(Canastota)로 이사했다. 그곳에는 거머부인이 어릴 적에 살던 집이 있었다. 거머소년의 부친은 시장을 지내기도 하고 교육위원회의 회장과 장로파 교회의 장로직을 역임하기도 하면서 에리운하에 있는 작은 마을에서는 명사로 통했다.

거머는 캐나스토타의 학교를 다니며 코넬대학에서 수학할 4년간의 장학금을 받고 있었으나 1917년 봄에 전쟁이 발발했기 때문에 6주나 앞당겨 그 학교를 졸업했다. 18세 때 거머는 여름 휴가 동안 그 지방 도로 포장공사의 노동자로 일한 적이 있었다. 지방신문은 그러한 모습에 대해 갈채를 보내며, 그와 같은 또래의 젊은이들이 "날마다 마을의 지저분한 곳"에 떼지어 모여 "여기서는 아무것도 할 일이 없단 말이야"하며 "이런 시시콜콜한 마을에서는 젊은이에게 기회란 티끌만큼도 없어"라며 불평만 하고 있다고 논평했다(이 신문이 발행되자 거머는 그 게으른 소년들로부터 틀림없이 얼마간은 놀림을 당했을 것이다). 코넬대학에서 거머의 공부는 부분적으로는 독학이었다. 3학년 때 그와 두 동급생들은 "개강 중인 전기와 자기(磁氣) 과정에는 만족하지 못하여…… 더 진보된 내용의 교과서를 사 와서 비어 있는 교실에서 정기적으로 모였다. …… 무엇인가를 진짜로 배운 건 그 공부에서부터였다."

코넬대학을 졸업하자 거머는 웨스턴 일렉트릭사에 연구직을 얻어 거기서 약 두달 간을 근무하고는 곧 군대(통신대의 항공부)에 지원했다. 그는 그 무렵 데이비슨과는 분명히 면식이 없었던 것 같다. 거머 소위는 서부전선에서 최초로 편성된 비행연대에서 한 조종사로 복무했으며 4대의 독일 전투기를 격추한 공인 기록이 있다. 1919년 2월 5일에 제대한 거머는 심한 두통, 신경 과민증, 불안감, 불면증 때문에 뉴욕시에서 치료를 받았다. 이것은 전쟁의 후유증이었으나 그는 그에 대한 보상금 신청을 사절했다. 그 까닭은 '다른 사람들은 더 심했기 때문'이었다. 3주간의 휴양 후 그는 웨스턴 일렉트릭사에 다시 고용되었다. 그리고 처음 맡은 일이, 그의 새로운 상사인 데이비슨이 지휘하는 새 프로젝트를 위해 주석이 달린 문헌 목록을 만드는 것이었다.

그해 가을, 거머는 코넬대학 학창시절의 애인인 뉴욕주 글렌스 폴즈(Glens Falls) 출신의 루스 우다드(Ruth Woodard)와 결혼했다.

전자 방출-재판 사태

최초의 공동 연구로 데이비슨과 거머가 착수한 과제를 살펴보면, 당시 모회사인 AT&T의 관심이 주로 어디에 있었는가를 알 수 있다. 그것은 산화피복 음극으로부터 전자를 방출시키기 위한 양이온 충돌 작용의 기초를 연구하는 것이었다. 거머는 후에 이 프로젝트가 유명한 아놀드-랭뮤어(Arnold Langmuir) 특허소송에 직접 관계되었던 것처럼 술회하고 있으나 기록을 꼼꼼히 조사해 본즉, 데이비슨과 거머의 프로젝트는 극히 간접적으로밖에 관계되지 않았던 것을 알 수 있다. 이 소송은 웨스턴 일렉트릭사(아놀드) 대 제너럴 일렉트릭사(랭뮤어) 간에 1916년부터 1931년까지 미국 최고재판소에 의해(웨스턴 일렉트릭사에 유리한 방향으로) 결말이 나기까지 계속되었다.[(2)] 특허사건은 금속제(텅스텐이나 탄탈)의 음극을 가진 초기 드 포레스트 3극관의 개량에 관한 것이었다. 이것은 분명히 데이비슨과 거머가 등장하기 전인 1913년부터 1916년에 걸쳐 얻어진 증거가 쟁점이었다. AT&T가 그 3극 증폭관(이것은 최근에 막 건설된 대륙 횡단 전화선의 주요 부분이었다)의 효율과 효과에 큰 관심이 있었기 때문에 아놀드가 데이비슨과 거머에게 산화피복 음극을 시험하는 일을 맡긴 것이었다. 1920년에 그들이 얻은 결과를 『피지컬 리뷰』에 발표하여, 산화피복 음극으로부터 양이온의 충돌로 전자가 방출되는 효과는 극히 미소한 것이라고 결론지었다.[3]

일단 이 문제에 결말을 짓자 이번에는 이에 관련된 의문이 제기되었다. 즉, 전자 충돌에 의한 그리드와 양극으로부터의 2차 전자 방출의 특성이란 어떤 것인가 하는 것이었다. 이 새로운 과제가 데이비슨에게 주어지고, 캘리포니아대학 출신으로 막 박사학위를 받은 찰스 쿤스만(Charles H. Kunsman)이 조수로 배속되었다. 이 연구 때문에 양이온 장치를 전자선 장치로 개조할 수 있었다. 그동안 거머는 텅스텐의 열전자 특성 측정에 관한 프로젝트 쪽으로 옮겨 가 있었다. 그 프로젝트는 거머가 데이비슨의 지도 아래, 한편으로는 파트타임으로 가까운 컬럼비아대학에서 담당하고 있던 대학원 프로그램의 일부로 약 4년간 연구했던 것이다.

놀라운 측정 결과

데이비슨과 쿤스만은 2차 전자 방출 연구를 시작한 지 얼마 후 장래의 실험 계획에서 결정적인 중요성을 갖게 되는 예측하지 못한 현상을 관찰했다. 그것은 입사한 전자빔의 약간의 부분(약 1%)이 거의 에너지의 손실이 없는 채로, 즉 전자가 탄성적으로 산란되어 전자총 쪽으로 되돌아온 것이었다. 그림 14-2는 이 현상을 재현한 것이다. 이전에 이것을 관측한 사람들은 저에너지 전자(약 10eV)에서 이 현상을 감지하고는 있었지만 100eV를 넘는 에너지의 전자에서 이 현상을 보고한 사람은 아직 없었다.

이 발견은 AT&T의 주주들에게 어떤 직접적인 충격을 주지는 않았지만, 데이비슨에게는 강한 영향을 미쳤다. 그에게 있어서는 탄성적으로 산란된 전자는 원자의 핵 구조를 조사하기 위한 이상적인 탐침 역할을 하는 것으로 생각되었다. 어니스트 러더퍼드는 1911년에 원자의 유핵(有核)모델을 발표했는데, 그것은 마침 데이비슨이 박사 논문을 완성한 때

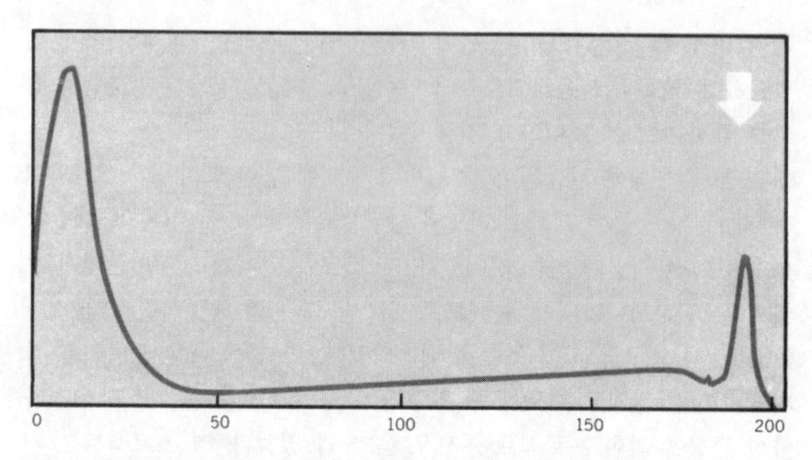

그림 14-2. 전자 산란의 피크. 산란 전자의 에너지는 거의 0에서부터(화살표로 가리킨 것처럼) 입사 빔의 에너지 크기까지 변화하고 있다. 이것은 데이비슨과 찰스 쿤스만이 몇 개 전자가 탄성적으로 산란된 것이라고 결론하기에 이른 측정 유형을 재현한 것이다. 러더퍼드가 원자핵을 탐색하기 위해 알파 입자를 사용한 것에 견주어, 데이비슨은 이것을 원자의 전자분포의 구조를 탐색하기 위해 사용할 수 있다고 보았다.

였다. 1913년에는 한스 가이거(Hans Geiger)와 어니스트 머스딘(Ernest Marsden)이 러더퍼드의 이론을 결정적인 것으로 하는 실험적 검증에 성공했고, 닐스 보어는 원자의 행성(行星)모델을 발표하였다. 이 때 데이비슨은 케임브리지대학에서 톰슨과 연구를 하고 있었다. 그러므로 데이비슨이 원자 구조의 기초 연구에 이 전자를 사용하려고 큰 기대를 걸었던 것은 놀랄 일이 아니다. 데이비슨은 스스로 이렇게 말했었다.

"우리가 그리고 있던 산란의 메커니즘은 알파선 산란의 그것과 비슷한 것이었습니다. 한 개의 입사 전자가 원자의 장 (場)에 포획되고, 큰 각도로 구부러져 에너지를 상실함이 없이 본래 왔던 방향으로 다시 내보내지는 것과 같은 어떤 확률이 존재했습니다. 만약 이것이 전자 산란의 특성이라면 그 편향의 통계적 연구로부터 편향시킨 원자의 장에 관해 어떤 정보를 얻을 수 있을 것이라고 우리는 생각했었습니다. ……우리가 해본 것은……어니스트 러더퍼드 경이 한 것과 같이 하여 원자를 조사하는

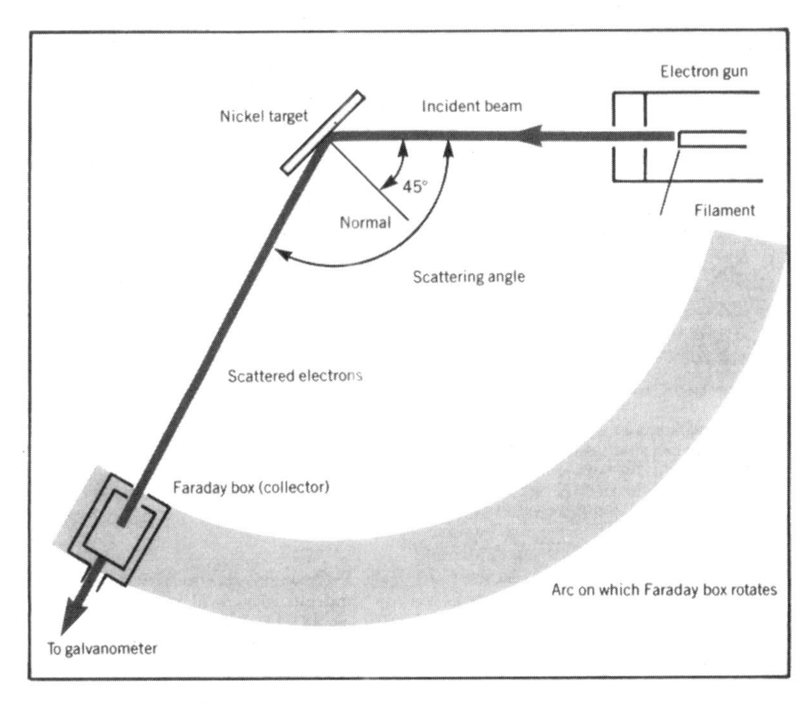

그림 14-3. 최초의 산란용 진공관의 그림. 이것이 실험 그룹의 나중 장치의 원형이 되었다. 데이비슨과 거머는 나중에 입사빔 축 주위의 방위각이 360도로 표적이 회전하는 기구와 표적에 대해서 직각으로 입사빔의 각도가 바뀌어지는 기구를 부가했다. 그들의 1926~27년의 실험에서는 입사빔은 표적면에 대해 수직이 되었고 산란각은 '여위도각 (Colatitude angle)'이라고 불리었다.

일로……알파 입자 대신 전자를 탐색용으로 사용하려는 것이었습니다."

사실 데이비슨은 대대적으로 원자를 조사하려고 무척 열심히 상사를 설득하여 쿤스만과 함께 대부분의 시간을 이 연구에 바치고, 공작실로부터도 필요한 지원을 얻어낼 수 있었다.

실험장치의 기본 부분(재능이 있는 공작기계공이며 유리 제작공이기도 했던 게로그 라이터가 만들어 설치했다)은 전자총, 입사 전자빔에 대해 45도로 기울어진 니켈 표적, 패러데이 상자(Faraday box) 컬렉터(이것은 산란된 전자가 통과할 가능성이 있는 경로 전체를 커버할 수 있게 135도까지 움직일 수 있다) 등이 들어간 진동관이다. 그림 14-3은 이것을 나타낸 것이다. 패러데이 상자는 입사 전자 에너지의 10% 이내의 전자를 받아들일 수 있는 전압으로 맞춰져 있었다.

두 달에 걸치는 실험 후에 데이비슨과 쿤스만은 2단으로 짜여진 논문을 『사이언스』에 투고했다. 이 논문에서 그들의 산란실험의 주된 특징을 개설하고, 그들이 얻은 데이터의 전형적인 곡선을 싣고, 그 실험 결과를 설명하는 원자의 각모델을 제안했으며, 또 이 모델로부터 시사되는 바를 정량적으로 예측하는 하나의 방정식을 제출했다.(4) 유감스럽게도 데이터, 모델, 예측을 하나로 결부시키려 한 그들의 시도는 그다지 일반성이 없었고, 러더퍼드-가이거-머스딘의 방법과는 동떨어진 것이었다.

데이비슨(과 쿤스만)은 최초의 시도가 부분적으로밖에 성공하지 못한 사실에 틀림없이 다소 실망했을 것이다. 그럼에도 불구하고 그들은 반어거지로 추가실험을 했다. 다음 2년간에 몇 개의 새 진공관을 만들고 (니켈 외에) 다섯 개의 다른 금속을 써서 실험한 결과 고진공의('측정 가능한 압력을 약간 밑도는 압력, 즉 10^{-8} mmHg 이하에서') 꽤 복잡한 실험기술을 개발했다. 이렇게 하여 측정된 산란 강도를 설명하기 위해 대담한 이론적 시도를 했으나 그 결과는 대부분 부질없는 것으로서, 연구 중 몇 가지는 발표조차 되지 못했다. 실제로 1923년 말까지 전체에 만연해 있던 이 의기소침한 분위기는 쿤스만이 회사를 그만둔 점과 데이비슨이 산란실험을 중지해 버린 사실로도 미루어 짐작할 수 있다.

그러나 1년 후에 데이비슨은 전자산란의 다른 실험을 하려 하고 있었다. 이 심경의 변화는 이 프로그램에 대한 데이비슨의 집념에서였을까, 아니면 원자의 핵외 구조에 대해 더 많은 정보를 얻기 위한 정열 때문이었을까? 어쨌든 1924년 10월에는 떠나 버린 쿤스만 대신 산란실험을 하기 위해 거머가 되돌아왔다. 거머는(그는 이미 열전자 방출에 대한 몇 가지 연구를 끝낸 상태였다) 15개월 간 병을 앓은 후 웨스턴 일렉트릭사에 복직해 있었다. 이 시기까지 물리학자로 성장한 자신에 관하여 거머는 후에 다음과 같이 회상하고 있다.

> "컬럼비아대학에서는 비교적 얼마 배우지 못했지만……, C. J. 데이비슨 박사와……연구할 수 있었던 것은 행운이었다. 나는 그로부터 무척 많은 것을 배웠다. 그것이 어떤 것이었느냐 하면, 실험을 어떤 식으로 해야 하는가, 실험을 어떻게 고찰하는가, 그것을 어떻게 논문으로 완성시키느냐, 또 그 분야에서 다른 사람들이 전에 했던 것을 어떻게 자기 것으로 만드느냐 하는 것들이었다……. 내가 받은 교육 중에서 가장 좋은 부분은 모두 데이비슨 박사의 덕분이라 확신하고 있다. 그것은 기성 교육제도에서 배운 것보다 결코 뒤진 것이 아니고 좀 색다른 것이었다."

'행운의 균열'과 새로운 모델

이렇게 하여 산란실험은 마침내 재개되었다. 그러나 실험 계획이 재개된 직후인 1925년 2월 5일 오후, 그림 14-4의 노트 기재사항에서 보듯이 트랩(trap)에 금이 가 표적이 몹시 산화되어 있는 것이 발견되었다. 이 때 데이비슨과 거머가 얼마나 실망하고 초조해 했는가는 상상하기 어렵지 않다. 이것이 의미하는 바를 간단히 설명하면, 특별히 공들여 연마한 니켈 표적을 사용하는 실험을(이것은 거의 1년 동안 중단되어 있었다) 또다시 연기하지 않을 수 없음을 의미한다. 내부의 기체를 뽑아내어 오랫동안 사용하지 않았던 진공관을 되살린 거머의 노력이 완전히 무위로 돌아간 것이었다. 수리를 위해 실험이 다시 늦어질 것은 필지의 사실이었다.

산란실험 중에 진공관이 부서지는 일은 이 때가 처음은 아니었고 이 때가 마지막도 아니었다. 또 이 때의 수리방법은 여러 가지가 있었다. 진공 속과 수소가스 속에서 오랫동안 연소시킴으로 해서 니켈 표적에 붙은 산화물을 환원하는 방법은 전에도 한번 시도한 적이 있었다(그 때는 잘 되지 않아 '검은 응결물'이 생겨 '니켈을 완전히 깨끗하게 할 수 없었다').

그림 14-4. 1925년 2월 5일의 실험 노트에는 거머의 필적으로 진공관의 균열을 발견한 사실이 적혀 있다. 이로 인하여 산란실험을 다시 중단하지 않으면 안 되게 된다. 그러나 이 균열로 인하여 결과적으로 표적으로서 니켈 단결정을 손에 넣게 되고, 또 데이비슨의 관심이 원자구조로부터 결정구조로 옮아가게 되는 일련의 사건의 발단이 되었다(벨연구소의 후의에 의해 전재했다).

그러나 이번의 균열과 그 수리 방법은 후에 전자선 회절 발견 때 중요한 역할을 했다.

1925년 4월 6일까지 수리가 끝나고 진공관은 사용을 위해 원래의 장소에 배치되었다. 이어진 몇 주일 동안, 통상적인 시험작동을 했을 때 얻어진 실험 결과는 4년 전에 얻은 것과 흡사했다. 그러나 5월 중순이 되자 갑자기 그림 14-5에 보인 것과 같이 전에는 본적도 없는 결과가 나타나기 시작했다. 데이비슨과 거머는 이 결과가 무척 곤혹스러웠기 때문에 며칠 후 실험을 중지하고, 진공관을 해부하여(현미경 전문가인 F. F. 루카스의 도움을 빌어) 새로 관측된 이 결과의 원인을 발견하고자 표적을 조사했다.

그들이 발견한 것은 다음과 같은 것이었다. 엄청난 가열에 의해 니켈 표적의 다결정 형태가 입사 전자빔의 산란면 부근에 약 10개의 결정면이 형성되기까지 변화했던 것이다. 그래서 데이비슨과 거머는 새로운 산란 패턴은 틀림없이 표적의 결정이 새로 배열됨으로써 생긴 것이라고

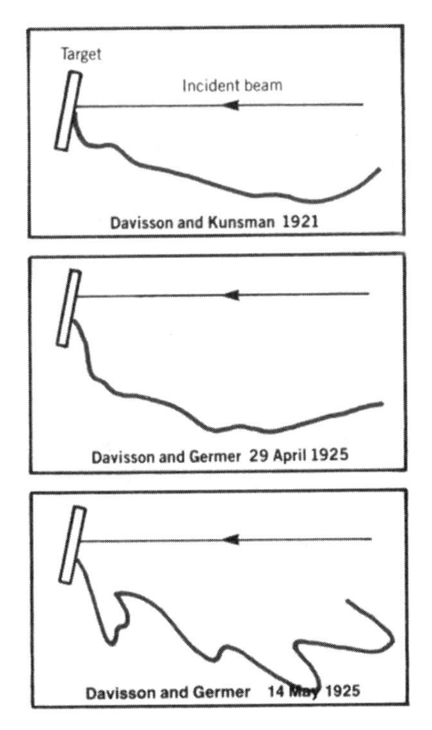

그림 14-5. 1925년 2월 5일의 사고 전과 후. 진공관의 균열을 수리한 후 최초로 얻은 곡선(중앙의 곡선)은 데이비슨과 쿤스만이 1921년에 얻은 것(맨 위의 곡선)과 비슷했으나 얼마 후 갑자기 뚜렷한 피크가 나타났다(맨 아래). 이 변화로 데이비슨과 거머는 계획을 대폭 변경하게 되었다.

추리했다. 바꿔 말하면 산란 전자의 새로운 강도 분포는 결정 내의 원자의 배열 양식에 의한 것이지 원자의 구조 탓은 아니라고 결론지었다.

데이비슨과 거머는 새로운 산란 패턴은 결정 구조에 대한 유익한 정보를 얻기 위해서는 너무나 복잡하다고 생각하여 알고 있는 방향으로 향한 커다란 하나의 단결정이 10개 정도의 작은 결정면이 마구잡이로 배열해 있는 집합체 결정보다 표적으로는 알맞는 것이라고 결론지었다. 데이비슨과 거머는 모두 결정에 대해서는 거의 몰랐기 때문에 리처드 보조스(Richard Bozorth)의 도움을 빌어 몇 달에 걸쳐 니켈 결정 표본의 여러 가지 상태, 여러 방향으로부터 얻어지는 X선 회절무늬(이에 주의해 주기 바란다)에 그들이 정통할 때까지 못 쓰게 된 표적과 기타 몇몇 니켈의 표면을 조사했다.

1926년 4월에는 회사의 야금학자 하워드 리브(Howard Reeve)로부터 적당한 단결정을 입수하여 그것을 자르거나 잘게 썰거나 하여 새로운 진공관 속에 부착했다. 그 진공관은 더욱 큰 각도로 측정할 수 있게 되어 있었다. 즉, 컬렉터는 여위도(colatitude : 어떤 위도와 90°와의 차이) 방향뿐만 아니라 이번에는 방위각 방향(전자빔을 축으로 하여 360도 각의 원)으로도 회전할 수 있게 되어 있었다. 이 새로운 진공관의 설계를 보면, 전자가 최소의 저항을 받아 움직일 수 있는 결정 내의 어느 '투과 방향'을 발견하려고 그들이 기도했던 것을 알 수 있다. 그들은 이 특별한 방향이 점유되지 않은 격자 방향으로 일치할 것이라고 예상했던 것이다.

'제2의 허니문' 이상으로

쿤스만과 함께 했던 이전의 산란실험 결과에 낙담하고 있던 데이비슨은 거머와 다시 시작한 실험이 참담한 결과를 낳자 더욱 깊은 실망에 빠져들었을 것이다. 준비에 꼬박 1년을 소비했고 새로운 진공관과 새로운 이론을 준비했음에도 불구하고 그가 얻은 실험 결과는 최초에 한 실험에서 얻은 결과와 비교해서 정말 쓸모없는 것이었다. 새로 얻은 여위도 곡선은 본질적으로는 아무 의미도 없는 꼴이 되었으며, 새로운 방위각의 곡선조차도 기껏 입사빔 주위에 니켈 결정의 예상했던 3개의 대칭적인 곡선이 근소하게 나타났을 정도였다.

1926년 여름 몇 달 동안 실험으로부터 해방될 가능성이 보인 데이비슨은 몹시 기뻐했다. 그와 부인은 휴가를 얻어 영국에 있는 친척을 방문할 여행계획을 세웠다. 그해 여름이 여행기간으로 선택된 것은 그녀의 누이동생인 메이와 제부인 프린스턴대학의 오스월드 베블렌(Oswald Veblen) 등이 그동안 데이비슨의 아이들을 돌봐 주기로 되어 있었기 때문이었다. 데이비슨은 아내에게 보낸 편지에 다음과 같이 적고 있다(당시 그는 메인주에 있는 별장에서 아이들을 위해 준비를 하고 있었다).

"오늘부터 한 달 동안 옥스퍼드에 있게 되다니, 당신은 그게 믿어지나요? 틀림없이 즐거운 시간을 보낼 수 있을 거요. 로티, 이번 여행은 '제 2 의 허니문'이 될 거요. 틀림없이 최초의 여행보다 더 즐거운 여행이 될 거요."

하지만 데이비슨이 생각하고 있던 '제 2 의 허니문' 이상의 것이 그 여행 중에 일어나게 되어 있었다.

이 때 이론물리학은 근본적으로 변혁을 맞이하려 하고 있었다. 1923~24년의 루이 드 브로이(Louis de Broglie's)의 논문과 1925년의 알베르트 아인슈타인의 양자기체 논문에 이어 1926년 초반에는 에르빈 슈뢰딩거의 파동역학에 관한 일련의 굉장한 논문이 발표되었다. 이들 논문은 베르너 하이젠베르크, 막스 보른(Max Born), 파스칼 요르단(Pascual Jordan) 등의 새로운 행렬 역학과 더불어 영국과학진흥협회의 옥스퍼드 회의에서도 열띤 토의의 대상이 되었다. 데이비슨도 이 회의에 출석했었다. 그는 자신의 전문분야에 대한 최근의 발전에 관해서는 대충 파악하고 있었으나 양자역학의 최신 발전에 대해서는 전혀 알지 못했다. 그는 보른의 강연을 듣고 있었는데 그 가운데서 1923년의 데이비슨 자신과 쿤스만이 얻은(플라티늄 표적에 의한) 곡선이 드 브로이의 전자파(電子波)의 확정적인 증거로 언급되고 있는 것을 듣고는 얼마나 놀랐는지 상상해 보라.[5]

회의 후 데이비슨은 참석자 중 몇 사람과 만났다. 보른과 블래키트(P. M. S. Blackett), 제임스 프랭크, 더글러스 하트리(Douglas Hartree) 등이었다. 그리고 그와 거머가 단결정에서 얻은 최신의 몇 가지 실험 결과를 그들에게 보여 주었다. 데이비슨에 의하면 "이 실험 결과는 큰 논쟁이 되었다." 데이비슨과 거머가 얻은 비교적 희미한 피크가 그렇게 큰 관심을 자아낸 것은 이상하게 생각되겠지만, 새로운 양자론이 옳다는 것을 이미 확신하고 있던 물리학자들에게는 흥분할 만한 일이었을 것이다. 또 몇몇 유럽의 학자들, 즉 월터 엘사써(Walter Elsasser ; 괴팅겐대학), E.

G. 다이몬드(Dymond ; 케임브리지대학, 그 전에는 괴팅겐대학과 프린스턴대학)[(6)], 케임브리지대학의 블래키트, 제임스 채드윅(James Chadwick)과 찰스 엘리스(Charles Ellis)도 비슷한 실험을 시도하고 있었다.

그러나 필요한 고진공을 만들 수 없었고, 저강도 전자빔을 만드는 것이 곤란했기 때문에 실험을 중지하고 있었다. 데이비슨에게는 그다지 인상에 남지 않았던 실험 결과가 그들에게 있어서는 분명히 용기를 북돋워 주는 것이었다. 어쨌든 데이비슨은 "돌아오는 대서양 횡단항로에서 줄곧, 이제 막 매달리기 시작한 슈뢰딩거의 여러 논문을 이해하려 애썼다…. 자신의 실험 결과를 설명하는 대목이 그 논문 속에 있을 것이라고…." 모처럼의 '제2의 허니문'은 물론 엉망이 되었을 것이다.

벨 연구소(웨스턴 일렉트릭사의 기술국은 1925년부터 이렇게 불리어지고 있었다)로 돌아오자 데이비슨과 거머는, 데이비슨이 없는 동안에 거머가 얻은 몇 가지 새로운 곡선을 조사했다. 그 결과 측정된 전자의 강도 피크와 드 브로이-슈뢰딩거 이론으로 예측되는 각도 사이에 몇 도의 엇갈림을 발견했다. 그래서 다시 이 문제를 해결하기 위해 진공관을 열어서 표적과 설치대를 꼼꼼히 조사했다. 엇갈림의 대부분의 원인이 컬렉터 박스 개구부의 우연한 엇갈림으로 인한 것임을 알고 나서부터 그들은 회절 전자선 실험에 착수하기 위해 "충분한 연구계획을 입안했다." 그러나 데이비슨의 독특한 방식에 따라, 이 연구를 위해 사전에 신중하게 준비 기간을 두고 실험용 진공관에 중요한 개조를 가하기도 했다. 데이비슨은 11월에 리처드슨에게 다음과 같은 편지를 썼다.

> "저는 슈뢰딩거와 그 밖의 사람들의 논문을 연구하고 있습니다. 그들이 말하고 있는 것이 무엇인가를 서서히 알게 되었다고 생각합니다. 특히 이론의 정당성을 검증하기 위해 산란장치로 해 보아야 할 실험이 어떤 것인가를 알게 되었다고 생각합니다."

'양자융기'의 발견

그것은 '본격적인 연구'가 시작되기 3주일 전이었다. 데이비슨(과 벨 연구소)이 이 프로젝트를 매우 중요시하고 있었던 것은 갓 졸업한 전기 기사 체스터 칼빅(Chester Calbick)을 새로운 조수로 맞이한 사실로도 엿볼 수 있다. 실험을 시작한 지 약 1개월 후에(그 동안 칼빅은 실험 조작을 담당했었다) 새로 준비한 진공관으로 본격적인 일관된 실험이 실시되었다. 11월 말경 거머가 진공관을 다시 작동시키려 했을 때 진공관에 아주 작은 금이 생겨 버렸다(흥미롭게도 1925년의 균열은 '불운'이었으나 이번의 작은 균열은 '행운'이라 할 수 있었다).

새로운 진공관에 의한 최초의 실험에서는 아무런 두드러진 결과가 나오지 않았다. 여위도와 방위각 곡선은 전번과 변함이 없었고 '이론을 검증하기 위해' 데이비슨이 추가한 새로운 실험도 마찬가지로 아무런 새로운 정보를 제공하지 않았다. 이 실험에서는 가속전압을 바꿈으로 해서(고정된 여위도와 방위각에 대한) 전자의 에너지 E를 변화시켜 나갔다. 이 실험은 드 브로이의 관계식 $\lambda=h/(2mE)^{1/2}$에 의해서 전자의 파장 λ의 변화를 식별할 수 있는 효과가 나타나는지 어떤지를 조사할 수 있도록 설계되어 있었다.

'양자 피크'(전압에 의존한 산란 전자빔)를 찾는 공동 연구가 12월 말에 시작되었다. 그러나 이 실험에서는 단지 '매우 흐릿한' 피크밖에 나오지 않았다. 그러나 1927년 1월 6일에 상황이 극적으로 변화했다. 그날의 실험 데이터에는 칼빅의 정성스런 필적으로 다음과 같은 주의가 첨가되어 있었다. "중간의 '여위도' 각도에 '양자융기'가 나올 것 같다. V가 78볼트인 '양자융기'의 계산값과 비교하면 융기는 65볼트의 곳에서 신장되어 있다." 다음에 같은 페이지의 아래 쪽에 비스듬히 거머의 것임을 분명히 알 수 있는 굵은 필치로 다음과 같은 코멘트가 첨가되어 있었다. '전자빔의 최초의 출현'. 노트의 그 페이지의 해당 부분을 **그림 14-6**에 실어 두었다.

이 곡선의 데이터는 매우 흥미롭다. 이 표로부터 알 수 있는 것은, 79

BELL LABORATORIES

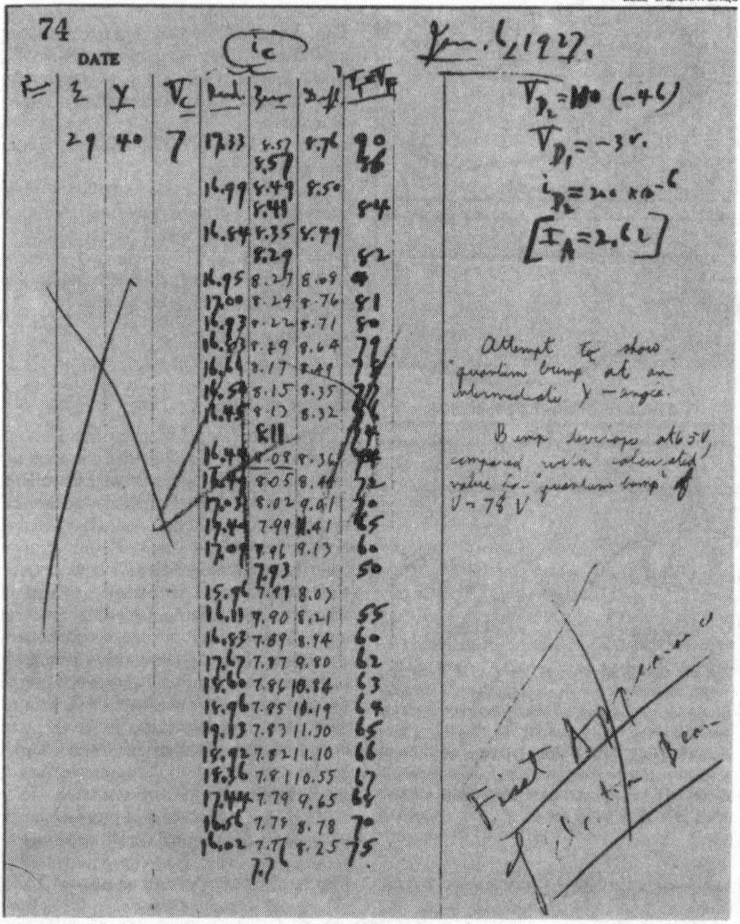

그림 14-6. 1927년 1월 6일을 전자파 발견의 날로 보아도 좋을 것이다. 그 까닭은 이 날에 전자파의 드 브로이 가설을 직접적으로 지지하는 데이터가 처음으로 측정되었기 때문이다. 65볼트에서의 편향의 최대값과 그 바로 밑의 전압을 세분하여 측정한 부분에 주의하기 바란다. 칼빅의 글씨는 정성스럽고 신중하지만 거머의 글씨는 휘갈겨 쓴 듯 힘차다. 벨 연구소의 파일에 보존되어 있는 어떠한 실험 노트에도 데이비슨은 전혀 기재되어 있지 않다.

볼트의 양쪽에서는 1볼트 간격으로 읽고 있으나 그 밖의 곳에서는 2, 5, 10볼트 간격으로 읽고 있다. 즉, 대략 78볼트의 곳에 피크가 나타날 것이라 예상하고 읽었던 것을 알 수 있다. 그러나 실험에서는 65볼트에서 하나의 큰 전류가 발생하고 있다. 실험자들은 이 돌출을 금방 알아채고 65볼트의 곳에서 다시 한번 1볼트 간격으로 판독을 되풀이하고 있다. 이 부분은 그래프에서는 65볼트를 중심으로 하여 뚜렷한 피크로 되어 있다. 이 급격한 전개에 크게 흥분했을 것은 쉽게 상상할 수 있다. 거머가 이 페이지 밑에 기쁨을 감추지 못한 듯 힘찬 글씨로 갈겨 썼을 정도였으니까!

이 하나의 결정적인 결과를 손에 넣은 것을 계기로 실험 상황이 급격히 변화했다. 이튿날인 1월 7일에는 4개의 서로 다른 여위도 위치에 대하여 몇 개의 전압 곡선이 각각 하나씩 더 취해졌다(전날 컬렉터를 세트해 놓았다). 40도 각도에서 얻은 피크보다 훨씬 큰 전압 피크가 45도의 여위도각에 나타났다. 여덟 번째의, 하나의 새로운 여위도 곡선을 전압 65볼트에서 읽었다. 그리하여 최초의 정말 틀림없는 여위도 피크가 측정되었던 것이다. 이것이야말로 데이비슨이 1920년 이래 찾고 있던 것이었다. 일요일을 보낸 그들은 다음에는 65볼트에서 여위도가 45도인 곳에서 방위각의 곡선을 측정했다. 이번에는 방위각 방향의 세 겹의 대칭성이 금방 뚜렷이 나타났다. 그림 14-7은 그 곡선을 보인 것이다.

다음 2개월 동안 실시된 실험에서 이미 전자빔의 한 벌을 마침내 발견하여 분명히 확인해 놓고 있던 데이비슨, 거머, 칼빅 등은 이번에는 그 밖의 빔에 대해서도 금방 발견하여 확인할 수 있었다. 이 한 매듭의 실험은 3월 3일까지 계속되었으나 그 후 가정 사정으로 칼빅이 한 달 동안 실험에서 떠나게 되었다. 이번 경우를 데이비슨이 전자 산란에 오랫동안 종사했던 초기 무렵과 비교해 보면, 최초의 데이비슨-쿤스만의 실험 이래 이처럼 극도로 집중해서 하나의 뚜렷한 방향을 향해 노력을 쏟았던 적은 일찍이 없었음을 알 수 있다. 이들 두 가지 경우는 명확하고 뚜렷한 목표가 존재했던 점이 다른 경우에는 없었던 중요한 요소였다.

데이비슨이 서둘러(또한 신중하게) 실험을 시키고 그 결과를 되도록

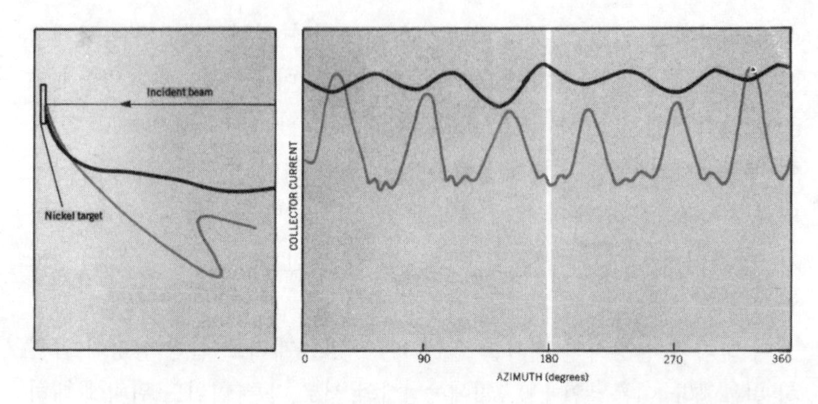

그림 14-7. 새로운 여위도와 방위각의 곡선. 진한 선은 산란 전자의 여위도 분포(좌)와 방위각 분포(우)를 나타내고 있으며, 데이비슨이 1926년에 영국으로 가져간 곡선이다. 가느다란 곡선은 최초의 '양자의 용기'가 측정된 1927년 1월 6일보다 후에 취한 데이터의 것. 방위각의 곡선은 또 니켈 결정의 세 겹의 대칭성을 확증하고 있다.

빨리 출판하도록 다그친, 다른 요인은 틀림없이 그 때 다른 사람들도 같은 연구를 하고 있을지도 모른다는 걱정에서였다. 그는 옥스퍼드에서 나눈 대화라든가, 이 문제에 대한 다른 사람들의 관심과 코멘트를 상기하여 3월에 리처드슨에게 보낸 논문 기사에 다음과 같은 메모를 덧붙였다.

> "만약 귀하가 진정으로 바람직하다고 생각하신다면 되도록 신속히 출판할 수 있도록 『네이처』의 편집자에게 연락해 주셨으면 합니다. 우리는 이것과 같은 연구를 하고 있는 다른 3개의 실험 그룹을 알고 있습니다. 따라서 당연히 우리는 누군가에게 앞지름을 당할까 걱정됩니다."

결국 그와 같은 실험은 훨씬 이전에 단념한 상태였다. 그러나 그는 그것을 알 턱이 없었다. 하지만 당시 데이비슨이 알지 못하는 또 한 사람의 실험가가 고전압 전자를 사용하여 얇은 금속박에 의한 전자선 회절 현상을 밝히려는 실험을 실제로 추진하고 있었다. 그는 J. J. 톰슨의 아들 G. P. 톰슨이었다. 그와 앤드류 리드(Andrew Reid)의 최초의 연구 노

트가 데이비슨과 거머의 논문이 발표된 지 꼭 한 달 후에 『네이처』에 실렸다.[7]

소극적인 연구 노트와 대담한 연구 노트

데이비슨과 거머의 『네이처』의 논문에서는 전자선 회절의 새로운 실험 사실을 매우 조심스럽게 표현하였다.[8] 그 표제인 '니켈 단결정에 의한 전자의 산란'은 새로운 파동역학 쪽보다는 데이비슨과 쿤스만의 이전의 실험에 보다 밀접하게 관계되어 있었다. 이 논문은 드 브로이 파장에 대응한 산란 전자 피크에 관련된 표가 포함되어 있기는 했으나 마지막 2단락에 와서 겨우 이 연구가 갖는 중요한 의미가 시험적으로 제시되어 있을 뿐이었다. 즉, 이 실험 결과는 '파동역학 이론에 가로 놓인 개념을……강하게 시사하고 있는' 것이었다.

이처럼 신중한 태도를 취한 것은 그들이 얻은 데이터의 측정점과 이론을 적당히 연관시키는 데 있었던 문제에 기인했을 것이다. 즉, 드 브로이 파장과 그들의 데이터 사이의 근사성을 좋게 하기 위해 니켈 결정 간격에 약 0.7의 일방적인 '축약 인자(contraction factor)'를 가정할 필요가 있다고 생각했기 때문이다. 그럼에도 기술되어 있는 13개의 빔 중에서 8개만이 이 분석과 뚜렷한 일치를 나타내고 있었다.

그러나 이와 같은 신중한 태도는 데이비슨이 단독으로 연구소 내부 출판물인 『벨 연구소록(Bell Labs Record)』[9]에 병행하여 발표한 논문 속에서는 엿볼 수 없다. "전자는 파동인가?"라는 표제 자체가 바로 이 차이를 나타내고 있다. 막스 폰 라우에(Max Von Laue)가 X선을 파동이라고 생각하게 된 실험 사실을 예로 든 후 그와 거머의 전자에 관한 최근의 연구를 언급하여, 전자선의 경우에 대해서도 같은 결론을 강조하였다. 이 논문에는 전자파의 실제 실험 데이터를 독자들에게 제시하지 않았으나, 이 테마에 대한 데이비슨의 생각(확실히 거머의 생각도 마찬가지로)은 『네이처』의 논문에서 볼 수 있었던 유보적인 표현과는 달랐다.

또 하나의 최신 발견을 발표한 것도 마침 이 무렵이었다. 1927년 4월

22~23일에 열린 미국물리학회의 워싱턴 회합에서 발표된 내용은 『피지컬 리뷰』 6월호[10]에 요약되어 있는데, 그 글에서 데이비슨과 거머는 기본적으로는 『네이처』의 논문에서 기술한 것을 되풀이했을 뿐이었다. 그러나 흥미를 자아내는 단락이 마지막에 덧붙여져 있었다. 거기서는 『네이처』 논문에서 그들의 분석과 일치하지 않았던 3개의 이상한 빔에 대해 언급하고, 이들 빔은 "니켈에 대해서 지금까지 측정되지 않았던 어떤 구조가 이 결정 안에 존재한다는 강력한 증거를 제시하는 것이 아닌가"라고 추리했다. 이 표현으로 미루어 데이비슨과 거머가 전자의 파동성의 가능성을 발견하기 위해 니켈 결정의 '이미 알려진' 구조를 사용하는 단계를 이미 넘어섰다는 것을 의미하고 있다. 즉, 이 단계에서는 '이미 알고있는' 전자파를 사용하여 니켈 결정의 새로운 사실을 알려고 했던 것이다. 『네이처』에 투고한 3월부터 『피지컬 리뷰』에 요약이 실린 4월 사이에, 이론과 일치하지 않던 실험 결과가 오히려 그 이론 자체의 새로운 적용례가 될 가능성을 내포하고 있었던 것이다.

하지만 여느 때처럼 데이비슨과 거머는 '잘된 일'에 팔짱을 끼고 보고 있지만은 않았다. 아직 손도 쓰지 못한 숱한 문제가 산적해 있다는 것을 그들은 알고 있었다. 그것은 다음과 같은 문제였다.

- 앞에서 말한 '이상한' 빔 문제
- 니켈 결정에 맞도록 하기 위해 생각해 낸 일방적인 '축약 인자'
- 전자의 에너지 영역을 더욱 넓히는 것과 회절 피크를 더욱 예리하고 명확한 것으로 하는 것

즉석에서 받은 칭찬

목적을 향해서 그들은 넓은 범위에 걸친 실험 및 이론적 연구를 시작했다. 이것은 4월 6일(칼빅이 한 달 동안 부재에서 돌아왔을 때)부터 8월 4일까지 계속되었다. 그 때 표적과 다른 부품의 최종 점검을 위해 진공관을 잘라 펼치려 하고 있었다. 그런데 실온으로 유지하려는 과정에서 진공관이 "파열하여 일부분이 산화되어 버리고…… 리드선과 필라멘트도

끊겨져 니켈의 대부분이 산화된" 연고로 실험은 무위로 돌아갔다. 애당초 진공관이 갈라진 사실에서부터 1925년 2월 5일에 결정적인 실험이 시작되었으나 (2년반 후인) 1927년 8월 4일에 다시금 진공관이 갈라짐으로써 이 실험은 끝나게 되었다.

이 최후의 일련의 실험에서 가장 흥미로운 것은, 충돌에 의해 표적이 가열된 뒤의 한정된 시간 안에서만 나타나는 '충돌 후의 이상 피크'를 조사하는 것이 계획된 점이다. 어떤 종류의 빔의 특성(혹은 그 존재)은 정상적이 아니고 온도와 시간 (그리고 흡수하여 내장하고 있는 기체에 따라 결정되는 표적의 상태)에 따라 변화하는 사실을 이 실험으로부터 알았다. 실험 노트에는 이러한 데이터를 어떻게든 해석하려고 하는 여러 가지 술어, 도표, 계산이 숱하게 기재되어 있다. 데이비슨과 거머는 '기체 원자가 결정 안에 딱 들어간다'고 하는 '기체 결정' 모델이 가장 그럴듯한 것이라고 판단했다.

출판을 하기 위해 데이터를 정리하고 자신들의 해석을 알기 쉬운 리포트 형태로 만드는 작업은 아직 실험이 끝나기 훨씬 전인 6월 중순부터 시작했다. 논문은 데이비슨이 전부는 아니었지만 거의 도맡아 쓴 듯하다. 그 까닭은 여름에 별장에서 가족에게 보낸 편지 속에 다음과 같이 씌어 있기 때문이다.

> "지금은 실험에 관한 보고서를 완성하느라 무척 바쁘오. 내게는 짜증나는 일이외다. 어제는 파사데나에서 입스테인(Prof. Epstein) 교수가 오셔서 그를 접대하고 이것저것 보여 드리느라고 거의 아무것도 쓰지 못했소. 그리고 오늘은 (지난밤 칼 다로우 (Karl Darrow)와 연극 구경을 갔었기 때문에) 졸려 죽겠구료. 하지만 버텨내야 하겠지."

3주일 이상 지나고서야 (7월 23일) 그는 겨우 큰 소리로 말할 수 있게 되었다.

"오늘 아침에야 겨우 논문의 첫 원고가 완성되었다. 다시 읽어보면 정정 할 곳이 많이 있겠지만……(그림은) 래스터에게 맡길 생각이다. 그리고 글은 빈칸 투성이기 때문에 그가 적당히 수치를 적어 넣어야만 할 것이다."

1주일 후 데이비슨은 메인으로 출발하기 전에 최종 수정을 마쳤다. 거머도 휴양이 필요했으므로 자기 일을 마치자 8월 14일에 몇몇 친구들과 함께 카누 여행을 떠났다. 최종 원고는 8월에 『피지컬 리뷰』에 보내져 논문은 12월에 출판되었다.

논문 자체는 실행된 실험과 도달한 결론과 대답하지 못한 의문에 대해 상세하고 이해하기 쉽게 쓰여졌다. 이 논문의 중요한 한 가지 특징은 전자 파장의 측정값과 계산값 사이의 체계적인 차이에 대해서 가능한 해석방법을 여러 가지로 검토한 점이다(전자 파장은 그들이 제안한 '축약인자'에 의해서, 또는 그들의 『네이처』 논문에 대항하여 칼 엑카트(Carl Eckart), A. L. 패터슨(Patterson), 프리츠 즈워키(Fritz Zwicky) 등이 제안한[11] '굴절률' 중 어느 것에 의해 나타냈다). 실험 사실을 요약하면 측정된 30개의 빔 중 29개는 자유전자의 파동성에 의해서 충분히 설명될 수 있다는 결론이었다. 그러나 파동성에 의하면 다시 8개 빔의 존재가 시사된다고 한다. 이 실험에서는 그것들은 아직 측정되지 않았다는 사실도 인정하고 있었다.

데이비슨과 거머가 기록한 이론과 실험 사이의 괴리는 분명히 매우 사소한 것으로서, 자유전자는 파동처럼 거동한다고 하는 그들의 기본적인 확신은 변함이 없었다. 물리학계도 같은 의견인 것 같았다. 왜냐하면 필자는 반대 의견을 하나도 발견하지 못했기 때문이다. 그것은 그들의 논문 자체가 지니고 있던 실험 사실의 무게에도 연유하였겠지만, 마찬가지로 그 이전에 발표되었던 파동역학 이론이 호평을 받았던 점과, 빛의 파동－입자의 이중성이 이미 받아들여져 있었기 때문이었을 것이다.

이것은『피지컬 리뷰』의 논문이 발표되기 이전에 저명한 물리학자들이 한 몇 가지 코멘트가 잘 말해 주고 있다. 예를 들면 1927년 10월에 브뤼셀에서 열린 제5차 솔베이회의에서의 보고와 토의 가운데서 닐스 보어, 드 브로이, 보른, 하이젠베르크, 랭뮤어, 슈뢰딩거 등은 모두 (『네이처』의 논문에 기술된) 데이비슨과 거머의 실험을 환영하였다. 드 브로이의 말을 빌리면 "파동역학의 일반적인 이론과 식의 정당성을 확증한 것처럼 보이는 매우 중요한 실험 결과였다."[12] 보어는 1927년 9월 16일에 이탈리아의 코모에서 개최된 국제물리학 회의에서 강연했을 때, 상보성에 대한 자신의 입장을 제시했을 때 이 실험을 예로 인용하였다.

"……금속 결정으로부터 전자의 선택 반사의 발견은……파동 이론의 중첩원리를 이용하여 설명할 필요가 있다……. 마치 빛의 경우처럼……대립을 다루려 하기보다는 오히려 현상의 상보적 묘상(描像)을 다루고 있다."[13]

1927년 5월 18일 프랭클린협회에서 강연했을 적에 플랑크는 데이비슨-거머의 실험 결과를 알기 이전이었음에도 불구하고 전자에 대해서 다음과 같이 논급하고 있다. "(원자 내에서의 전자의) 운동은……정상파의 진동과……유사하다……. L. 드 브로이와 E. 슈뢰딩거에 의해서 과학에 도입된 개념(의 덕분으로) 이들 원리는 이미 확고한 기초를 확립하고 있다."[14] 그러나 같은 강연에서 플랑크는 (1927년, 즉 콤프턴의 결정적 실험 후 4년이나 지났는 데도) 그의 양자 가설에서 전자기 방출의 입자성을 받아들이기를 자기 자신은 아직 주저하고 있다고 고백했다. 물리학자들은 전자파의 실험 사실을 이러한 실험이 실시되기 이전에 이미 받아들일 용의가 있었던 것 같다.

물리학이라는 세계

데이비슨과 거머는 성공하고 다른 사람들은 실패했다. 전술한 다른 사람들(엘사써, 다이몬드, 블래키트, 채드윅, 엘리스)은 데이비슨과 거머보다 훨씬 전에 전자선 회절의 아이디어를 갖고 있었는 데도, 실제는 그에 대해 바람직한 실험 결과를 얻을 수 없었던 것이다. G. P. 톰슨은(전혀 다른 방법으로 이 실험 사실을 발견했지만), 이 실험을 기술적으로 잘 성취시키는 것이 얼마나 중요한 일인가를 다음과 같이 증언하고 있다.

> "「데이비슨과 거머의 실험은」 참으로 실험 기술의 승리라고 해도 좋다. '그들이' 사용한 비교적 느린 전자는 다루기가 매우 어려웠다. 설사 실험 결과가 어떤 값을 취하더라도 진공상태는 극히 좋은 것이어야 한다. 현재(1961년)도……이것은 매우 어려운 실험일 것이다. 당시로서는 에누리 없는 승리였다. 이 실험 목적을 위해 느린 전자를 잘 사용할 수 있었던 실험가들은 겨우 두세 명밖에 없었다는 것이 데이비슨 기술의 특출함을 말해 주는 더없는 증거이다."[15]

데이비슨과 톰슨은 그들의 업적에 의해서 1937년의 노벨 물리학상을 공동으로 수상했다. 데이비슨과 톰슨의 조수인 거머와 리드는 상에는 끼지 못했다. 리드는 톰슨과의 역사적인 논문을 1928년에 발표하고 얼마 지나지 않아 오토바이 사고로 비극적인 죽음을 고했다.

1927년부터 약 3년간 데이비슨과 거머는 전자선 회절의 테마를 연구했다. 그들은 이 테마에 대한 논문을 공저 또는 각각 따로 약 20편 이상이나 발표했다. 후미의 참고문헌[16]에 가장 중요한 세 편을 제시해 두었다. 1930년대 초반까지 두 사람은 새로운 분야로 전향했다. 데이비슨은 전자광학(초기의 텔레비전도 포함)으로, 거머는 고에너지 전자선 회절로, 그리고 후에는 다시 전기 접점(接點)으로 나갔다. 데이비슨은 1946년에 벨 연구소를 퇴직하고 12년간의 여생을 버지니아주의 샤를로테스빌(Charlottesville)에서, 그리고 여름철에는 여느 때처럼 메인에서 지냈다. 거머는 1959~60년에는 다시 저에너지 전자선 회절에 관심을 가졌다. 이 시점에서는 그와 벨 연구소의 몇몇 공동 연구자들은 후에 '후가속'

기술[17]이라 불리워지게 되는 기술을 완성했다. 이 기술은 1934년에 빌헬름 에렌베르크(Wilhelm Ehrenberg)[18]에 의해 고안되었으면서도 버려졌던 것이다. 거머는 이 기술을 사용하여 표면 연구를 추구한 결과 큰 성공을 거두었다. 그가 이 연구에 손을 댄 것은 본래는 데이비슨과 함께 연구했을 때부터였다. 저에너지 전자선 회절(LEED) 분야는 현재는 일반적인 것으로 되어 있다. 거머는 1961년에 벨 연구소를 퇴직했으나 1971년에 임종할 때까지 이 '새로운' 분야에서 활동을 계속했다. 또 그가 즐기던 등산도 계속했다.

"어찌하여 데이비슨과 거머는 성공을 거두었음에도 불구하고 다른 사람들은 실패했는가" 하는 의문에 대답하려고 할 때, 곧잘 1925년 진공관에 균열이 간 '행운'이라든가, 1926년의 영국 여행에 생각이 미치게 된다. 분명히 데이비슨과 거머 자신도 그러한 사건들이 열쇠가 되었던 중요성을 인정하는 데에는 인색하지 않았다. 그러나 이들 사건만을 고집하는 것은 잘못이라고 생각한다. 이 두 사건이 더불어 기억되었던 것은 그들이 용의주도하고 신중했으며, 또한 독창적인 실험과 고찰을 계속했기 때문이다. 아마도 같은 정도의 중요한 측면은, 데이비슨이 학생시절에 체득한 실험기술에 세심한 주의를 기울이는 습관이어서 그 습관은 데이비슨-쿤스만의 장기간에 걸친 일련의 실험과 초기의 데이비슨-거머의 실험에도 줄곧 이어져 왔다. 또 하나의 요인은, 웨스턴 일렉트릭-벨 연구소가 순수하게 연구만을 하는 기간을 제공해 준 점과 공업기술연구소로부터 고진공과 전기측정장치 분야의 기술적 지원을 받은 점 등을 들 수 있다.

결국, 전자선 회절의 발견이라는 이 사례사(事例史)는 물리학이라고 하는 세계의 복잡한 성격을 여실히 설명해 주는 것으로 생각된다. 즉, 일대 발견에 관련되는 요소를 단 하나만 끄집어내는 어려움과 각 세대에 걸친 물리학자들을(마찬가지로 각 세대에 속하는 물리학자를) 함께 결속시키는 연대를 만들어 키워가는 것의 중요성을 설명하는 것이기도 하다.

참고문헌

인용한 편지류, 개인적인 코멘트, 다른 역사적 문서는 필자의 박사논문 "C. J. 데이비슨, L. H. 거머와 전자선 회절의 발견"(미네소타대학 1973년) 속에 기록되어 있는 것이다.

(1) C. J. Davisson, L. H. Germer, Phys. Rev. **30**, 705 (1927).
(2) US Reports **283**, 665 (1931).
(3) C. J. Davisson, L. H. Germer, Phys. Rev. **15**, 330 (1920).
(4) C. J. Davisson, C. H. Kunsman, Science **54**, 523 (1921).
(5) M. Born, Nature **119**, 354 (1927).
(6) W. Elsasser, Naturwissenschaften **13**, 711 (1925) ; E. G. Dymond, Nature **118**, 336 (1926).
(7) G. P. Thomson, A. Reid, Nature **119**, 890 (1927).
(8) C. J. Davisson, L. H. Germer, Nature **119**, 558 (1927).
(9) C. J. Davisson, Bell Lab. Record **4**, 257 (1927).
(10) C. J. Davisson, L. H. Germer, Phys. Rev. **29**, 908 (1927).
(11) C. Eckart, Proc. Nat. Acad. Sci. **13**, 460 (1927) ; A. L. Patterson, Nature **120**, 46 (1927) ; F. Zwicky, Proc. Nat. Acad. Sci. **13**, 518 (1927).
(12) L'Institut International de Physique Solvay, *Electrons et Protons : Rapports et Discussions du Cinquieme Conseil de Physique*, Gauthier-Villars, Paris (1928), p. 92, 127, 165, 173, 274, 288.
(13) N. Bohr, *Atomic Theory and the Description of Nature*, Macmillan, New York (1934), p. 56.
(14) M. Planck, J. Franklin Inst. **204**, 13 (1927).
(15) G. P. Thomson, *The Inspiration of Science*, Oxford U. P., London (1961) ; reprinted by Doubleday, Garden City, New York (1968), p. 163.
(16) C. J. Davisson, L. H. Germer, Proc. Nat. Acad. Sci. **14**, 317 (1928) ; Proc. Nat. Acad. Sci. **14**, 619 (1928) ; Phys. Rev. **33**, 760 (1929).
(17) A. U. MacRae, Science **139**, 379 (1963).
(18) W. Ehrenberg, Philosoph. Mag. **18**, 878 (1934).

Chapter 15

소립자 물리학의 탄생

1920년대만 해도 물질을 구성하는 기본 입자는 전자와 양성자 둘뿐일 것이라고만 생각했었다. 그러나 1930년대부터 1940년대에 걸쳐 물리학자들은 이 견해에 중대한 수정을 가하게 되었다.

상대성이론과 양자역학은 1930년대에는 이미 확립되어 있었다. 그럼에도 불구하고 이들 새로운 물리학이 불러일으킨 흥분상태는 아직 전혀 가라앉지 않고 있었다. 사실 그로부터 반세기 동안은 실험상, 이론상 놀라운 여러 가지 발견과 도처에서 생겨나는 숱한 새로운 난제들에 의해 특징지워지는 시대였다.

1920년대 후반까지만 해도 물질은 모두 양성자와 전자로 구성되어 있다고 생각했었다. 그러나 그러한 견해에는 물론 숱한 난점이 있었고 그것을 해결하려는 노력 가운데서 새로운 문제점이 제기되고, 그리하여 현대 소립자 물리학이라는 분야가 탄생하게 되었다. 이 소립자 물리학이 성립하기까지에는 동시에 진행된 세 가지 다른 흐름이 있었다. 원자핵 물리학, 우주선 물리학, 양자장론이 바로 그것이다. 1930년대 중반 이들 분야 간에는 서로 공통되는 연구 과제에 관하여 논쟁과 명백한 모순이 존재하였고, 그 논쟁 중의 몇 가지는 1940년대 말이 되어 해결되었지만 그 해결 과정에서 다시 새로운 절박한 문제가 떠올랐다.

오늘날 이 역사적인 과정에 대한 관심이 더욱 깊어지고 있고, 최근 페르미연구소에서 개최된 국제 심포지엄에서는 중요한 공헌을 한 물리학자들의 출석 아래 그들의 강연과 물리학자, 역사학자와의 토의를 통해서 소립자 물리학의 역사에 대한 연구가 진행되었다. 이보다 앞서 미네소타대학에서 개최된 심포지엄에서는 소립자론의 원류에서 원자핵 물리학이 어떠한 역할을 했는가가 고찰되었으며[1], 페르미연구소의 심포지엄에서는 주로 이 새로운 분야가 탄생하는 데 즈음하여 우주선 물리학과 양자장론이 미친 역할을 집중적으로 검토했다. 이 해설은 페르미연구소에서 있었던 심포지엄의 성과를 정리한 것으로서 먼저 소립자론의 생성에 관한 고찰에서부터 시작할 생각이다. 해설 중간에 원자핵의 역할에 대해서도 언급할 예정인데, 이미 강조한 바와 같이 주된 내용은 우주선 물리학과 장의 양자론의 역할에 관한 것임을 이해해 주기 바란다.

그림 15-1. 칼 앤더슨과 트레일러 속에 설치된 안개상자의 제어판. 파이크스 피크(Pike's Peak) 산에서 1935년(칼 앤더슨 씨의 후의에 의함).

원자핵과 우주선

원자핵을 양성자와 전자의 양자론적 계(系)로 다루는 데에는 숱한 문제가 있었다.

- 원자핵에는 A개의 양성자와 $A-Z$개의 전자가 포함되어 있다고 믿어져 왔는데, 후자가 홀수가 되는 경우, 예컨대 리튬 6이나 질소 14 등에 대해서 스핀과 통계의 관계가 이상해진다.

- 게다가 원자핵의 짝지어지지 않은 전자의 스핀에 의해 관측된 원자 빛 띠선의 극미세 분리보다 천배나 큰 빛 띠선의 분리가 나타난다.
- 전자의 상대론적 양자역학에 의하면 전자는 지극히 가볍기 때문에 작은 원자핵 속에 가두어 두는 것은 불가능하다.
- 마지막으로 β 붕괴로 방출되는 전자의 에너지에는 연속적 스펙트럼이 있는데, 이것은 에너지 보존법칙마저 의문을 제기하는 것이다.

물리학자는 역학이나 전자기학, 심지어는 보존법칙까지 변경할 만한 과격한 아이디어까지 진지하게 검토했다. 그러나 결국 이 문제는 1932년에 제임스 채드윅이 발견한 중성자와 1930년에 볼프강 파울리에 의해 제창된 뉴트리노(neutrino)라는 두 개의 새 입자를 결부시킴으로써 해결되고, 엔리코 페르미에 의해 1934년에 β붕괴의 이론으로서 정리되었다. 이 두 중성입자 덕분에 원자핵으로부터 전자를 추방할 수 있었다. 또 1932년 칼 데이비드 앤더슨(Carl David Anderson's)이 우주선 속에서 양전자를 발견했고 그 얼마 후 이레느 퀴리(Irene Curie)와 프레더릭 졸리오(Frederic Joliot)는 양전자를 방출하여 붕괴하는 가벼운 방사성 원소를 인공적으로 만드는 데 성공했다. 이리하여 원자핵의 β붕괴의 묘상(Picture)이 완성되었다.

우주선은 금세기에 들어와서 날씨가 좋을 때의 '대기 속의 전기', 즉 대전한 뇌운이 없을 때의 대기의 전리를 조사한 결과 발견된 것이다. 대기의 전기 전도를 측정한 결과 엄격하게 차폐된 용기 속에서조차 이제까지 알려졌던 전리의 원인을 모조리 고려하더라도 설명이 되지 않는 '잔여(residual)'전도가 있었다. 이 현상은 미지의 발생원으로부터 오는, 용기의 벽을 투과하는 방사선이 존재한다는 것을 뜻하고 있었다.

연구원 중에서 특히 오스트리아의 빅터 헤스(Victor F. Hess)는 주로 유럽의 중앙부에서 기구를 띄워 대기의 전기 전도의 고도 의존성을 조사했다. 그가 밀봉한 전위계를 유인(有人)기구에 싣고 관측했던 바 최초 이들 방전률은 고도와 더불어 감소했으나, 그 후(2킬로미터 상공에서부터) 두드러지게 증가하기 시작했다. 이 전리 패턴은 벽을 관통해 들어

표 15-1. 우주선 물리학의 발전

계속되는 각 시기에 그 이전에 얻어진 관측에 전혀 새로운 해석을 가할 필요가 있는 극히 중대한 변화가 적어도 한 가지는 반드시 일어났다.

선사시대 (특히 1900~11년)
- 날씨가 평온한 때의 '대기 속의 전기'
- 전위계로 측정된 공기의 전기전도율
- 지구 및 대기의 방사능과의 관계
- 지구물리학, 기상학상의 흥미

발견 (1911~14)**과 탐구** (1922~30)
- 전위계를 실은 기구에 관측자가 타고 하늘로 올라가 전리의 고도 의존성을 측정하여 상공에서 오는 전리의 원인이 되는 복사선이 있다는 것을 제시했다.
- 이 측정 실험은 1909년에 시작되어 대략 1930년까지(단속적으로) 대기속, 물속, 땅속에서 계속되었다.
- 주된 것은 대기권 바깥에서 오는 충분히 높은 에너지의 광자라는 가설이 세워졌다.
- 일주(日周) 및 연주(年周)의 강도 변화를 조사
- 에너지의 균일성 연구

초기의 입자 물리학 (1930~47)
- 1차선은 아직 직접 관측되지 못했으나 '경도(經度) 효과'는 이 선이 하전입자라는 것을 가리켰다.
- 안개상자 및 계수 망원경을 배열함으로써 2차 하전입자의 궤도가 관측되었고, 또 자기장 속의 궤도의 곡률로부터 운동량이 측정되었다.
- 양전자와 쌍 생성의 발견
- 저에너지 및 침투성을 갖는 성분
- 복사 과정과 전자기 캐스케이드
- 핵력의 중간자론
- 메소트론(현재의 μ입자)의 발견
- 질량, 수명, 투과능을 포함하는 μ입자의 성질
- 2중간자론과 중간자 '패러독스'

후기의 소립자 물리학 (1947~53)
- 사진 유제로 입자의 궤적을 관찰
- π입자와 π-μ-e 전자붕괴 연쇄의 발견
- 원자핵에 의한 음 π입자의 포획
- 1차 우주선의 양성자와 고속 원자핵의 관측
- 확산된 공기 샤워
- 기묘 입자의 발견
- 기묘 양자수

천체물리학 (1954년 이후)
- 그 수는 적지만 현재까지도 가장 고에너지의 입자가 존재하는 것은 우주선 속이다.
- 로켓과 인공위성을 사용한 연구
- 1차선의 에너지 스펙트럼과 전하 구성
- X선 및 γ선 천문학
- 은하 및 은하 밖 자기장

오는 방사선의 발생원이 지구 밖에 존재한다는 것을 시사했다. 그래서 1920년대 후반이 되어 이 방사선은 '우주선'이라 불리우게 되었다. 1930년까지는 우주선에 대하여 체계적으로 관측된 성질은 비전리(比電離 ; 1초에 $1cm^2$에서 관측되는 이온의 수)뿐이었다.

1920년대 말이 되어 연구의 초점은 두 가지 측정법(동시계수법과 자기장을 가한 안개상자에 의한 방법)을 사용하여 1차 우주선이 공기분자와 충돌하여 생성되는 하전입자의 고유한 행동을 연구하는 데에 옮겨졌다. 이들 두 가지 방법은 모두 X선과 방사능 연구에 사용되었던 것으로, 그것을 우주선 연구에 채용한 것이다. 이들 방법은 응용 범위가 넓어 다양한 실험을 가능하게 했으며 또 이 두 가지 방법을 병용할 수도 있었다. 이들 방법은 개선되어 소립자의 상호작용 연구에서 입자의 근원이 우주선이건 가속기이건 상관없이 현재도 주요 도구로 사용되고 있다. 이들 방법에 도전한 개발자는 베를린의 발터 보테(Walter Bothe), 베르너 콜헤르스터(Werner Kolherster)와 레닌그라드의 드미트리 스코벨친(Dmitry Skobeltzyn)이었다.

개량된 검출기

1928년 베를린 교외 샬롯텐부르크(Charlottenburg)의 제국(帝國) 물리공학연구소에서 보테의 동료인 베테랑 우주선 연구원 콜헤르스터는 두 개의 첨침계수관(尖針計數管)을 수직으로 배열함으로써 우주선 관측용 γ선 망원경 제작에 보테의 동시계수법을 이용할 수 있다고 지적했다. 그리고 보테와 콜헤르스터는 훨씬 능률적인 가이거-뮬러 계수기를 사용하여 이 방법을 실행에 옮겨 1929년 중반까지는 두 검출기 사이에 두께 4.1 센티미터의 금괴를 두면 동시율이 24% 밖에 감소하지 않는 것을 확인했다. 이러한 사실로 미루어 그들은 1차 우주선이 '입자성'을 가지고 있다는 결론을 내렸다.[2] 이 방사선은 이제까지 고에너지의 광자로 생각되고 있었고, 헤스 등은 이것을 '초 γ선'이라 부르고 있었다. 그로부터 얼마 지나지 않아 이탈리아의 아르체트리(Arcetri), 피렌체대학

그림 15-2. 로버트 A. 밀리컨과 G. 하베이 카메론(Harvey Cameron). 초기의 우주선 검전기를 들고 있다. 1925년경에 촬영된 이 사진에서는 밀리컨(왼쪽)은 납 차폐관을, 카메론은 검전기를 들고 있다(사진은 AIP 닐스 보어 도서관의 후의에 의한 것이다).

물리학연구소의 브루노 로시(Bruno Rossi)는 이 기술을 더욱 개량하는 방법을 발견했다. 즉, 계수기의 동시방전 검출에 진공관 회로를 사용함으로써 보다 다양한 실험을 할 수 있고, 더욱이 높은 시간분해능을 갖는 장치를 만들어냈다. 그는 직선상에 배열되어 있지 않은 3개의 계수기를 사용하여 후에 캐스케이드 샤워라 불리우게 된, 커다란 2차 방사선이 존재하는 것을 발견했다.

같은 시기, 레닌그라드에서는 방사선 물질의 γ선 방출 연구를 하고 있던 스코벨친이 윌슨의 안개상자를 사용하여 자기장 안의 우주선 입자의 궤적을 관측하기 시작했다. 이 속에서는 하전입자의 궤도는 자기장을 받아 휘어지고, 그 곡선의 곡률 반경은 입자의 운동량에 정비례하고 자기장에 반비례했다. 스코벨친은 궤적들이 당시 알려져 있던 산란과정으로는 설명이 곤란할 만큼 서로 연관되어 있는 것을 알아챘다.[3] 그가 쓴 방법은, 방사능물질로 얻을 수 있는 것보다 훨씬 높은 에너지 입자의 상호작용을 연구하기 위한 최초의 방법이었다.

캘리포니아에서 스코벨친과 같은 연구를 한 사람이 안개상자를 사용하여 X선에 의한 광전자를 연구한 칼 데이비드 앤더슨이다. 앤더슨은 핵 γ선의 콤프턴 충돌을 연구하려 했으나 그의 상사인 밀리컨(Robert A. Millikan)의 권유에 따라 1930년 우주선의 상호작용을 관측하기 위해 강한 자기장을 걸 수 있는 안개상자를 제작하기 시작했다. 이렇게 하여 앤더슨은 우주선 속에서 두 개의 새로운 입자, 즉 양전자와 μ입자를 발견하게 되었다.[4]

이어서 패트릭 블래키트(Patrick M. S. Blackett)와 쥐세페 P. S. 오칼리니(Giuseppe Occhialini's)가 계수기가 제어되는 안개상자를 1932년에 발명하고, 그것을 이용함으로써 연구는 비약적으로 전진했다.[5] 이 안개상자는 어떤 종류의 반응을 선택하는 계수기의 배열에서 보내지는 전기적 펄스에 의해서 안개상자의 팽창 장치와 카메라가 모두 가동하도록 되어 있다. 즉, 입사된 입자는 '자기 자신의 사진을 찍는' 것이다. 앤더슨이 '쉽게 편향할 수 있는 양전하입자'라고 불렸던 입자를 발견한 지 얼마 지나지 않아 블래키트와 오칼리니는 그들의 새로운 장치를 사용하여 전자의 쌍(pair) 생성과 캐스케이드 샤워를 관측하고 있다. 이렇게 하여 1930년까지 20년 동안 계수기와 안개상자의 기술을 사용하여 우주선과 새 입자를 발견하는 기술적 기반이 확립되었다.

이 론

양전자 '예측'을 이끌어낸 상대론적 전자 이론과 양자장론은 모두 베르너 하이젠베르크(Werner Heisenberg)와 에르빈 슈뢰딩거가 1925년과 1926년에 만들어낸 양자역학 후에 계속되는 이론물리학의 비망록에 실려 있다. 이 두 가지 이론은 모두 디랙(Paul A. M. Dirac)의 풍부한 두뇌의 소산이다. 1927년 2월 양자전기역학(QED)의 선구적 작업 중에서 디랙은 파동과 입자의 이중성 문제에 대해 하나의 해답을 제안했다.[6] 그것은 1905년에 알베르트 아인슈타인이 광량자 가설을 발표한 이래 물리학자를 괴롭히고 있던 문제였다. 디랙은 이 논문의 마지막 대목에서 다음과 같이 그의 작업 내용을 요약하고 있다.

그림 15-3. 파울 A. M. 디랙. 1929년 미시간주 안 아버(Ann Arbor)에서. 뒤에 서 있는 사람은 레온 브릴루안(Leon Brillouin).

> 이 문제를 논함에 있어서는 먼저 생각하고 있는 계(systems)가 아인슈타인-보제(Bose) 통계역학을 따르는 비슷한 계들의 집합체인데, 이 비슷한 계들로 이루어진 하나의 전체계는 다른 계와 상호작용하는 것으로 간주된다. 그리고 이 계의 운동을 기술하기 위해 해밀턴 함수를 구한다. 이 이론을 광량자의 집합체와 보통 원자와의 상호작용에 적용하면 방사선 방출과 흡수에 관한 아인슈타인의 법칙이 유도된다.
>
> 원자와 전자기파의 상호작용에서는, 만약 전자기파의 에너지와 위상을 c수(고전적인 수 : 우리가 일상적으로 다루는 수)가 아니라 적당한 양자화 조건을 충족시키는 q수(양자적인 수 : 연산자로서 어떤 함수에 수학적 작용을 하는 수)로 한다면, 이 경우의 해밀턴 함수가 앞의 광량자 때의 것과 같은 형태가 된다. 또 이 이론은 아인슈타인의 A와 B에 대한 정확한 표식(表式)을 유도한다.

(여기서 A와 B는 광량자 방출과 흡수에 관한 확률 진폭이다.) 이로 미루어 디랙은 전자기장을 광량자의 보제-아인슈타인 기체로서 다루고 있다고 볼 수 있다. 이듬해 파스칼 요르단(Pascual Jordan)과 유진 비그너(Eugene Wigner)는 페르미-디랙 기체를 디랙의 방법에 준해서 다루어, 전자계에도 적용할 수 있는 이론을 발표했다.[7] 요르단-비그너 양자화

에서는 주어진 하나의 상태를 2개 이상의 전자가 차지할 수 없도록 구성되어 있었고, 이것은 바로 디랙이 구멍(hole) 이론과 반물질의 개념을 정식화(定式化)하는 데에 필요로 한 것이었다.

1927년 전자기장의 양자론에 관한 논문에서는, 디랙은 횡파로 이루어지는 장의 복사 부분만을 양자화했다. 쿨롱의 상호작용은 '물질'계, 즉 하전입자의 에너지의 일부로 생각되고 있었다. 이 분리법은 편리하고 때로는 계산상 부득이한 일이기도 하다. 그러나 그레골 벤첼(Gregor Wentzel)이 지적했듯이 이 방법은 "맥스웰 이론의 정신에 반하는 것으로 보일 뿐만 아니라 상대성 이론의 관점에서도 정당성이 의심스러운 것이다. 이 분리방법은(상대론적으로) 불변한 것이 아니기 때문이다."[8] 이렇게 하여 하이젠베르크와 파울리는 1929년, 그 완성에 앞으로 20년 동안 최대한의 이론적 노력을 요하게 된 과제를 채택했다. 즉,

> 역학적 양과 전자기적 양, 한편에서는 정전(靜電)자기적 상호작용과 다른 편에서는 복사가 유도하는 상호작용을 모순 없이 관련짓고, 그것들을 통일적 관점에서 다룰 것, 특히 전자기력의 유한한 전파 속도를 제대로 고려할 것.[9]

이 연구과정 중에서 고전론에서와 마찬가지로 점전자(点電子)의 자체 질량이 무한대로 되는 것이 발견되었다(**표 15-1** 참조). 종전 후까지는 자기 모순을 포함하지 않는 QED가 성립되어 있었던 것은 아니다. 그럼에도 불구하고 고에너지의 우주선을 해석하는 유효한 수단으로(불완전하기는 하지만) 이용 가능한 QED는 이미 형성되어 있었다.

QED와 우주선 물리학

그다지 높지 않은 에너지, 즉 전자의 정지 질량 에너지의 2배보다도 큰 정도에서 혼란스러운 실험 결과가 몇 가지 나왔다. 이들 실험에서 디랙의 상대론적 전자 이론에 바탕한 콤프턴 효과의 계산으로 예측한 값

에 비해서 보다 큰 에너지 손실과 보다 많은 고에너지 γ선의 산란을 볼 수 있었다.[10] 1933년까지는 과잉흡수가 전자－양전자의 쌍 생성 탓이고, 또 과잉산란은 쌍 소멸에 의한 것으로 추정되었다. 이것으로 인해 '2 mc^2에서의 의문'은 해결되었지만 그 후 137 mc^2 영역으로 의문이 옮겨갔다.

크기가 137 mc^2 정도인 에너지에서 QED의 타당성에 의문이 있었던 것은 앤더슨에 의해 확인되었다. 그에 의하면 1934년 당시, 캘리포니아 공과대학의 연구그룹 중에서는 '그린(green)'전자와 '레드(red)'전자에 대한 토론이 있었다. 여기서 그린전자란 벽을 투과하는 형, 레드전자는 흡수되는 형을 말하는데, 이 그린전자는 전자처럼 행동하지 않았다. 1934년 당시 매우 고속인 하전입자에 대해서 전리 에너지 손실을 주는 식은 엄밀하게 성립된다고 생각되었으나 복사 공식에는 문제가 있는 것으로 생각되었다. 한스 베테와 월터 하이틀러(Walter Heitler)는 앤더슨에 의한 안개상자 사진의 해석을 인용하여 다음과 같이 말하고 있다. "복사에 의한 에너지 손실의 이론값은 너무 커서 앤더슨의 실험 결과와 합치시키는 것은 아무리 노력해도 무리이다."[11] 앤더슨은 300MeV의 (그린전자로 가정되고 있었다) 입자에서는 납 1센티미터당 35MeV의 에너지 손실이 있음을 발견했다. 이에 대해 베테와 하이틀러는 앤더슨의 전자에 대한 손실의 이론값을 150메가 전자볼트보다 작게 하는 것은 불가능하다고 결론지었다.

베테와 하이틀러는 별난 거동을 하는 이들 전자가 무엇인가 다른 입자일 것이라는 견해 대신에 다음과 같은 설명이 가능하다고 했는데, 그것은 당시의 시대 정신을 잘 나타내고 있다.

> 이것은 매우 높은 어떤 에너지의 전자에 대해서는 이해할 수 있을 것이다. 137 mc^2보다 큰 에너지인 전자의 드 브로이 파장은 전자의 고전적 반지름 $\gamma_o = e^2 / mc^2$보다 작아진다. 이와 같은 상황에서는 전자를 점전하로 다루는 보통의 양자역학이 그대로 성립된다고 기대할 수는 없다.

그림 15-4. 5. 코펜하겐의 닐스 보어 연구소에서의 점심 풍경. 이들 사진은 1934년에 찍은 것으로서 위는 레온 로젠펠트와 함께 있는 월터 하이틀러, 아래는 하이젠베르크와 닐스 보어(사진은 파울 에렌페스트 2세(Paul Ehrenfest Jr)의 후의에 의함).

표 15-2. 양자장론의 발전

선사시대

고전론 (19세기)
- ▸전자기학 (패러데이, 맥스웰, 헤르츠, 로렌츠)

양자론 (1900~27)
- ▸흑체복사 (플랑크, 1900)
- ▸광량자 가설(아인슈타인, 1905)
- ▸원자의 정상상태(보어, 1913)
- ▸원자의 방출 및 흡수계수 (아인슈타인, 1916)
- ▸보제 및 페르미 통계(1924)
- ▸전자파 (드 브로이, 1924)
- ▸배타율과 스핀(파울리, 하우트슈미트(Goudsmit), 우렌벡, 1925)
- ▸원자와 분자의 양자역학 (하이젠베르크, 슈뢰딩거, 디랙, 보른, 1925~26)
- ▸일반 변환이론 (디랙, 1927)

탄생과 초기의 발전 (1927~29)
- ▸양자전기역학 (QED) (디랙, 1927)
- ▸제 2 양자화 (요르단, 클레인(Klein), 1927 ; 요르단, 위그너, 1928)
- ▸상대론적 전자 이론 (디랙, 1928)
- ▸상대론적 QED (하이젠베르크, 파울리, 1929)
- ▸구멍 이론 (Theory of holes ; 디랙, 1929)

발전, 곤란, 의문 (1929~34)
- ▸QED 및 디랙 이론의 응용 (클레인, 니시나, 1929 ; 오펜하이머 등 ; 베테, 하이틀러(Heitler), 1934)
- ▸실험적 검증 (마이트너, 허프펠트(Hupfeld), 타란트 (Tarrant), 그레이(Grey), 챠오 (Chao), 1930)
- ▸무한대의 에너지 이동의 망령(오펜하이머, 1930)
- ▸무한대의 진공 편극 (偏極)의 망령 (디랙, 1932)

새로운 분야 (1934~46)
- ▸스칼라장의 이론 (파울리, 바이스코프(Weisskopf), 1934)
- ▸베타 붕괴 이론 (페르미, 1934)
- ▸핵력의 중간자론 (유카와, 1935)
- ▸상대론적 스핀1 이론 (프로카, 1936)
- ▸'적외' 복사 (블로흐, 노르드지크(Nordsieck), 1937)
- ▸S행렬(윌러(Wheeler), 1937 ; 하이젠베르크, 1943)
- ▸중간자론의 발전(프뢰리히(Fröhlich), 하이틀러(Heitler), 켐머(Kemmer), 유카와, 사카타, 다케타니, 고바야시, 1938)

재규격화 (Renormalization ; 1947년 이후)
- ▸램 시프트 (램(Lamb), 러더퍼드, 1947)
- ▸램 시프트의 계산 (베테, 1947)
- ▸전자의 자기모멘트 (폴레이(Foley), 쿠슈 (Kusch), 1948)
- ▸재규격화된 상대론적 QED (도모나가, 슈윙거(Schwinger), 파인만 (Feinman), 다이슨 (Dyson), 1948~49)

고속 전자의 에너지 손실은 이 견해를 증명하고, 또한 원자핵의 바깥 쪽에서 양자역학이 깨지는 것을 가리키는 최초의 보기로서 매우 흥미롭다. 우리는 어떠한 양자전기역학을 만들더라도 고속 전자의 복사가 가장 직접적인 테스트의 하나가 된다고 믿는다.[11]

QED가 그 필요성을 증명한다

문제는 QED가 아니라 앤더슨이 측정한 투과성을 갖는 고에너지의 '그린' 전자가 전자라고 한 가정 쪽에 있었다. 그것은 사실은 전자보다 약 200배의 질량을 갖는 '메소트론'(현재는 μ입자로 불리우고 있다)이었던 것이다. 그러나 이 모순이 새로운 입자에 귀착되는 것이라고 믿는 용기를 갖게 되기까지, 바꿔 말하면 QED를 신뢰하게 되기까지에는 3년을 요했다. 단거리, 즉 어떤 '기본적인 길이' 또는 그에 대응하는 큰 운동량으로 QED가 깨뜨려지고 있다고 주장함으로써 관측되는 고에너지에서의 현상과 이론으로부터 기대되는 결과와의 모순을 설명하려고 하는 쪽이 당시에는 매력적이었다. 그러나 1937년에는 이 시도는 부질없는 것이 되고 말았다. 그 무렵까지 QED는 무한대 양이 나온다는 문제가 있음에도 불구하고, 결국은 유효하고, 그뿐만 아니라 우주선의 본성을 이해하는 데 있어서 필요 불가결한 것임을 알았던 것이다. 이와 같은 고에너지 입자의 전기역학은 의문시되고 있었지만, 한편 에반스 제임스 윌리엄스(Evans James Williams)는 1933년, 산란과정 중에 중요한 것은 작은 운동량의 이동·전달이며, 적당한 표준 좌표계를 취하면 산란은 고에너지와 단거리 등에는 관계하지 않는 차분한 것이 된다는 것을 제시했다.[12]

베테와 하이틀러는 다음 단계로서 1934년, 제동복사(bremsstrahlung ; X선 생성)와 전자의 쌍 생성의 상대론적 공식을 산출했다. 전술한 바와 같이 그들은 이 계산으로부터 앤더슨이 보고 있는 것이 전자라고 가정한다면, 앤더슨의 결과와 QED 사이에 중대한 불일치점이 있음을 발견한 것이다. 또 윌리엄스와 칼 프리드리히 폰 바이체커(Carl Friedrich von Weizsäcker)는 설사 137 mc^2에서 QED가 깨뜨려진다 할지라도 이론과의 불일치는 기대할 수 없음을 제시했다. 그들은 여기서 역시 적절한 정지계에서 산란을 관측하는 입장에 서서 논의하고 있다.(12) 윌리엄스는 그의 1935년의 저술에서 다음과 같이 언급하고 있다.

"양자역학은 현재의 취급 범위에서는 전자와 광자의 에너지가 아무리 크더라도 mc^2 정도 크기의 에너지에 관계되고 있는 것을 알 수 있다."

그 후 1937년까지 QED를 사용하여 우주선의 '연성분 (soft component)'의 거동인 캐스케이드 샤워가 설명되었고, 이리하여 QED의 유용성은 명백해졌다. 이 문제의 해결에는 많은 물리학자가 공헌했다. 최초의 성공을 가져온 사람은 호미 J. 바바 (Homi J. Bhabha)와 하이틀러, 그리고 J. F. 칼슨 (Carlson)과 로버트 오펜하이머였다.(13) 그러나 한편에서는 QED가 안고 있는 무한대 문제는 아직 남아 있었다. 그러나 유용한 결과를 얻기 위해 무한대 양들은 무시되거나 혹은 유한한 수의 항으로 계산할 수 있다면 크기가 작은 양으로 보정되어야 할 것으로 간주되었다.

상상한 입자, 발견된 입자

1930년대 초반의 몇 가지 새 입자의 발견(뉴트리노의 예언을 발견이라고 본다면)으로 원자핵에서 전자를 추방할 수 있었다. 중성자가 발견된 직후에 하이젠베르크는 양성자와 중성자의 비 상대론적 계로서 원자핵의 모형을 완성했다. 여기서는 중성자를 양성자와 거의 대등한 중성 입자로 하고 있으며, 어느 정도까지는 일종의 소립자로 다루고 있다. 그러나 이 시도 중에서 하이젠베르크는, 중성자는 양성자와 전자가 강하게 결합해서 형성된 복합상태라고 하고, 그 상태 속에서 전자는 물리적 성질, 특히 스핀, 자기모멘트, 페르미 입자적 성격 등을 거의 상실했다고 하는 모형을 만들려 하였다. 핵력의 주요 부분은 매우 학대(虐待)된 이 전자를 교환하는 것으로 이루어졌다.

페르미의 베타 붕괴 이론이 성공을 거두고 지금까지 애매했던 뉴트리노가 차지하는 위치가 물리적으로 한층 밝혀지자 그 후 전자-뉴트리노 쌍을 교환하는 상호작용을 하이젠베르크의 원자핵 묘상에 도입하려는 시도가 몇몇 사람에 의해 이루어졌다. 이것은 페르미장 모형(페르미에 의한 것은 아니지만)이라 불리우고 있었지만, 그러나 이 모형으로는 베타 붕괴와 핵력의 도달 거리·세기를 동시에 실측과 일치시킬 수 없다는 것이 제시되었다. 이 혼미상태를 타개하려는 시도 중에서 일본의 유카와 히데키(湯川秀樹)는 대담하고 상상력이 넘치는 일보를 기록했다. 그는 원자핵 속에 새로운 형의 입자, 질량을 갖는 기본 입자인 보존의 존재로서 전혀 새로운 핵력의 이론을 도입했다.(14) 이 입자는 단위 양전하 또는 음전하를 운반하며 하이젠베르크의 전하 교환에 의한 핵력의 대행자라고 했다. 질량은 핵력의 도달 거리상 전자의 질량의 200배 정도여야 한다. 또 유카와의 중간자(후에 이 이름으로 알려지게 되었다)는 그가 제기한 원자핵의 베타 붕괴 메커니즘에 따르면 전자 1개와 뉴트리노 1개로 붕괴할 필요가 있었다. 마지막으로 이 입자는 우주선의 유속(流束) 중에 어느 정도 포함되어 있을 것이라고 예측되었다.

앤더슨과 그 밖의 연구원은 1937년 우주선 속에서 전자보다 약 200배의 질량을 갖는 양, 음의 하전입자를 발견했다. 일부 연구원은 그것은 유카와의 예언을 만족시키는 것으로 받아들였다.(15) 제 2 차 세계대전 이전부터 전쟁 중에 걸쳐 이들 입자의 질량, 전하, 수명을 포함하는 제반 성질이 정해졌다. 다만 스핀이나 패리티와 같은 성질, 또 상호작용의 성격 등은 1950년대의 전환기를 맞아 거대 가속기를 사용할 수 있게 되기까지는 분명해지지 않았다.(18) 하지만 우주선 속에서 관측된 중간자는 전하를 제외한 제반 성질에 관해서 유카와가 예언한 핵력을 담당하는 가상 중간자와 만족할 만한 일치는 보지 못했다. 이 사실에 자극을 받아 QED를 추월하는 새로운 장의 이론이 활발하게 연구되게 되었다.

그러나 이러한 새로운 장의 이론에는 QED보다 더 나쁜 발산의 어려움이 있고, 더구나 이 이론에서 도입하고 있는 강한 상호작용 때문에 섭동법(攝動法)을 쓸 수 있는지도 의심스러웠다. 이런 까닭으로 미적 관심뿐만 아니라 실제적인 필요성에서도 장론의 '무한대'를 제거하거나 또는 그것을 우회해야만 하는 요구가 다시 표면화됐다. 이론은 크게 둘로 갈라져 악전 고투를 했다. 한편에서는 우주선 속의 중간자의 거동과 일치하는 형태의 중간자 이론을 찾아내기 위해, 다른 한편에서는 차츰 복잡한 거동을 하고 있는 것이 명백해지기 시작한 핵력과 잘 부합되는 중간자 이론을 발견해내기 위한 노력이었다. 제 2 의 접근방법으로부터 이끌어진 중요한 성공은 니콜라스 켐머(Nicholas Kemmer)에 의한 핵력의 대칭적 중간자 이론이다. 이 이론에 의해서 하전 스핀의 개념이 유효하다는 것이 확실해지고, 또 양전하, 음전하, 중성의 세 중간자가 구성하는 하전 3중항(荷電 3重項)의 존재가 필요하다는 것이 지적되었다.[16] 우주선 캐스케이드 샤워의 대부분은 중성 중간자의 2광자 붕괴에 의해서 일어나는데, 이 입자는 1950년에 인공적으로 만들어져 나올 때까지 실제로는 관측되지 못했다.

새 입자의 인정

우주선 중간자(μ입자)는 경(硬) 영역의 우주선, 바꿔 말하면 투과성 우주선의 주요 성분이다. 투과성을 갖는 선은 우주선 속의 개개 입자에 대해 실시된 최초의 흡수측정으로 이미 1929년에는 관측되었고, 또 그 이전의 측정에서도 존재는 시사되었다. 그러나 우주선 중간자가 전자도 양성자도 아닌 새로운 하전입자라는 것을 안 것은 1937년이 되어서였다.[4] 세스 헨리 네더마이어(Seth Henry Neddermeyer)와 앤더슨은 우주선 중간자가 백금마저도 투과하는 능력을 가졌다는 것을 제시하고, 그에 바탕하여 이것을 주장했던 것이다. 다른 그룹, 이를테면 영국, 프랑스 등의 과학자는 같은 관측 결과를 얻은 경우에도 이것을 고에너지에서 QED가 깨뜨려져 있기 때문이라고 해석하는 쪽을 좋아했다. 이것은 블래키트가 제시한 견해로서, 그는 이 입자를 전자라고 했고, 복사공식을 변경하는 것이 선결과제라고 생각했다.[17] 프랑스의 두 안개상자 연구그룹도 입자선에는 투과력이 다른 '두 종류의 선' (앤더슨의 적색과 녹색의 전자처럼)이 있다는 것은 강조했었다. 그러나 '새로운' 입자에 대해서는 어떤 주장도 하지 않았다.[18] 이 두 그룹에서는 안개상자의 가스 속

그림 15-6. 세스 네더마이어(오른쪽)와 칼 앤더슨을 방문한 로버트 밀리컨(중앙), 파이크스 피크 산정에서. 앤더슨은 그의 안개상자 실험장치를 이곳에 설치했었다. 사진은 1953년에 촬영된 것이다.

에 멈춰지는 중간자를 관측하였고, 그들이 얻은 결과로부터 이 입자의 질량이 대충 전자의 200배 또는 양성자의 1/10인 것을 충분히 제시할 수 있었다.[19]

이번에는 μ 입자를 잘못하여 유카와의 원자핵 중간자와 같은 것이라고 간주했기 때문에 많은 문제가 야기되었다. 그것을 처리하는 것이 다음 단계였다. 만약 우주선 중간자가 다른 입자와 강하게 상호작용하는 유카와의 입자라고 한다면, 왜 이 입자는 전혀 상호작용을 하지 않는 것처럼 보이는 것일까? 그뿐만 아니라 이 입자의 질량, 수명, 상호작용의 성질 등이 잇따라 결정되고, 그 결과 실험과 이론의 대비(對比)에 의한 혼란과 패러독스가 더욱 증대하여 이 μ 입자 이야기는 이탈리아 그룹의 연구 결과가 제시되었을 때 절정에 다다랐다. 그들은 탄소 속에서 저지되는 음하전 μ 입자가 원자핵에 포획되기 이전에 붕괴한다는 것을 증명했던 것이다.[20]

이 이야기의 최종 마무리는 영국의 브리스틀대학 연구그룹이 새로운 원자핵 사진 유제기술을 사용하여 유카와의 원자핵 중간자인 π 입자를 확인하고 또 그것이 우주선 중간자인 μ 입자로 붕괴한다는 것을 제시했을 때에 찾아왔다.[21] $\pi - \mu$ 패러독스는 해명되었으나 그 결과 'μ 입자

퍼즐'이라고 불리우는 문제가 새로 발생했다. 이것은 μ 입자가 전자의 질량을 무겁게 한 것(오늘날의 말로 표현하면 제 2 세대 렙톤(lepton)이라는 것)을 어떻게 이해하느냐 하는 문제였다. 붕괴 연쇄가 π 입자 → μ 입자 → 전자로 완료된다고 하는 관측 결과와 μ 입자의 수명이 길다는 것을 아울러 생각하면 이 유사성이 강하게 시사된다. 오늘날에 와서는 이 문제는 쿼크와 렙톤의 '세대'의 퍼즐로 알려져 있다.

통일과 다양화

오늘날 많은 물리학자는 우리의 물질관이 하나의 새로운 통합을 지향하고 있다고 믿고 있다. 이 물질관에 의하면 세계는 몇 종류의 소립자로 이루어져 있고, 이들간의 상호작용은 몇 가지 힘으로 한정되어 있다. 게다가 이 입자와 힘은 겉보기는 다를지라도 본래는 양쪽 다 두 개이거나 세 개 또는 어쩌면 단 하나의 양자장이며, 그것이 다른 양상을 나타내고 있는 것이라고 한다. 통일이라는 것이 이와 같이 확신되고 있는 하나의 중요한 이유는 통일 전약장 이론(電弱場理論)의 두드러진 성공에 있다. 1979년의 노벨 물리학상 강연은 이 업적과 '대통일 이론'이라든가 '확장 초중력 이론' 등의 이름을 갖는 더욱 진보된 형태의 사변적(思辨的) 이론을 다루고 있었다.

그 강연의 분위기는 상당히 타당성을 결여한 낙관적인 것이었다.[22] 예를 들면 셸든 글래쇼(Sheldon Glashaw)는 '미숙한 정통파'의 이론을 채용하는 것을 경계하면서도 그 때와 그가 이론물리학을 시작하여 "소립자 물리학 연구가 마치 패치워크의 퀼트(Patchwork Quilt)처럼 누더기를 끼워 맞춘 것 같았던" 1965년을 대비하여 다음과 같이 말했다.

> 여러 가지 일이 있었지만, 오늘날 우리는 소립자 물리학의 '표준 이론'이라고 불리우는 것을 손에 넣었다. 이것은 강한 상호작용, 약한 상호작용, 전자기 상호작용 모두가 국소 대칭성 원리로부터 나온다고 하는 것으로서, 모든 소립자 현상의 정성적(定性的)인 기술(記述)을 부여했고 엄밀한 정

> 량적 예언도 여러 번 제시해 왔다. 어느 의미에서는 완성된 올바른 이론이다. 이 이론에 반하는 실험적 데이터는 없다. 모든 실험 데이터는 아직 실시되고 있지 않은 것을 포함하여 원리적으로는 소수의 '기본적' 질량과 결합상수로 나타낼 수 있다. 현재 우리 수중에 있는 이론은 완전한 예술품이다. 패치워크의 퀼트는 한 장의 아름다운 무늬천으로 되었던 것이다.

이러한 지적은 다른 몇 가지 광범위한 통합, 즉 18세기의 '기계론 철학'이나 19세기말의 '전자기학적 통합' 뿐만 아니라 50년쯤 전에 등장한 물리학을 상기시킨다. 그 무렵에는 물질을 구성하는 기본 입자는 두 가지(전자와 양성자)이고, 기본적인 힘은 두 가지(중력과 전자기력)뿐이었고, 더욱이 물리의 기본 법칙(상대론과 양자역학)은 이미 알려진 사실로 믿고 있었다. 스티븐 호킹에 의하면 디랙이 전자에 대한 상대론적 파동방정식을 지상에 게재한 지 얼마 후 막스 보른은 이렇게 말했다고 한다. "아시다시피 물리학은 앞으로 6개월 이내에 할 일이 없어질 것이다."[23]

1932년 8월의 양전자 발견으로 디랙의 이론의 정당성은 증명되었으나 그 입자(그리고 중성자, 뉴트리노, 중간자)는 1930년에는 우리의 수중에 있다고 생각되었던 체계화를 모조리 파괴하고 말았다. 밀리컨이 말하는 바와 같이 "1932년 8월 2일 밤 이전에는 물리적 세계의 구축 재료는 단지 양성자와 음전자뿐이라고 일반적으로 생각하고 있었다."[24] 1930년대와 후속되는 수십 년간 소립자론은 힘의 통일과 물질의 구성요소 수를 줄이기보다는 오히려 새 입자의 발견, 소립자 개념의 확대, 강약 양쪽의 새로운 핵력에 대한 인식 등, 다양화하면서 진보했다. 1930년대와 1940년대 사이에 최초의 반입자(양전자), 제 2의 중입자(중성자), 제 2의 렙톤(μ입자), 중성의 질량 제로의 렙톤(뉴트리노, 실제로 검출된 것은 1953년이지만), 최초의 하전 및 중성의 질량을 갖는 장의 양자(π입자), 그리고 기묘도(strangeness)를 가진 입자 등이 발견되었다. 1950년까지는 입자들의 계보라는 현대적 생각과 하드론 및 렙톤의 구별도 이미 탄생했었다. 보편적인 약한 상호작용의 개념도 세상에 나와 있었다.

빅터 바이스코프(Victor Weisskopf)가 '제 3 의 분광학'이라 부르고 있는 연구가 하드론을 대상으로 시작되었다. 제 3이란 원자, 원자핵 다음의 것을 말하는 것으로, 이들 세 가지 중 어느 경우에도 단지 분광학뿐만 아니라 구조 연구도 진행되고 있다. 이렇게 하여 통일을 향한 길은 $\pi-\mu$ 패러독스가 해결된 후 수년 내에 답파(踏破)될 것이라 생각되었지만 이번에는 가장 다양한 현상의 지뢰밭을 누비고 가는 것 같았다.

소립자와 인간의 태도

소립자(그리고 그것들의 불확정성, 상보성, 기묘도, 스핀 같은 생각지도 못한 여러 성질)는 그 기본적이고도 보편적인 특징 때문에 소박한 이해로부터 가장 진보된 철학적 개념에 이르기까지 우리의 넓은 의미에서의 자연관에 영향을 미쳤고, 또 거꾸로 그러한 자연관으로부터 영향을 받아왔다. 우리는 이 원고의 바탕이 된 국제회의 속에서 더 자세하게 이 문제를 탐구하고 있지만 여기서는 지면의 여유가 없으므로 약간만 언급하기로 하겠다.

1930년대와 1940년대에 뉴턴의 질점(質点) 개념을 훨씬 넘어선 소립자 개념의 확장을 에워싸고 몇몇 최대의(기성 개념과의) 투쟁이 일어났다. 그 중의 두 가지 다툼은 중성자와 뉴트리노에 관한 것으로서, 원자핵 물리학에 속하는 문제였다. 미네소타 국제회의에서 모리스 골드하버(Maurice Goldhaber)는 당시를 회상하고 있다.

> 그 때까지 '소립자'라 하여 배워온 중성자가 대략적으로 어림하여 약 반시간이거나 그보다 짧은 반감기로 β선을 방출하고 붕괴된다는 것을 알았을 때(1934년) 큰 충격을 받았던 것을 기억하고 있다.……[1]

양전자 및 두 개의 중간자를 둘러싼 투쟁은 물리학자가 마음에 그리고 있던 이론적 틀 속에 새로운 입자를 받아들이는 데 대한 심리적 저항을 잘 예증하고 있다. 디랙은 그의 양전자에 관한 최초의 논문에서,

또 앤더슨은 그 자신이 보수주의 정신이라고 부르는 바에 따라 모두 처음에는 이 새 입자를 양성자로 간주했었다. 디랙은 양전자의 질량을 양성자의 질량으로까지 크게 하기 위한 논의를 하려고까지 하고 있었다. 구멍(hole)의 질량이 전자와 동일하지 않으면 안 된다는 것을 헤르만 와일(Hermann Weyl)이 수학적으로 증명한 후 그는 겨우 이 새 입자가 양성자일 수 없다고 깨달았던 것이다.

μ중간자가 관측되기까지 유카와가 제창한 원자핵 중간자에 관하여 그를 지지하는 소리는 일본 이외에는 사실상 없었다. 전하를 갖는 것에 추가하여 중성의 중간자가 있다고 하는 교토(京都) 그룹의 제안에 대하여 보어의 반응은 "당신들은 왜 그런 입자를 만들고 싶어하는가?"라는 것이었다(그리고 이번에는 1937년부터 1947년 사이 $\pi-\mu$ 패러독스에 시달린 나머지 연구원은 본의가 아니지만 유카와의 입자와 유사한 질량은 가졌지만 그 밖에는 전혀 다른 거동을 하고 있는 제 2 의 입자가 존재할 수 있다는 것을 인정했던 것이다).

1930년대부터 1940년대에 걸쳐 연구원은 저항할 수 없는 그 시대의 경제적, 사회적, 정치적 격변의 영향을 강하게 받았다. 몇 가지 예를 들어 보면,

- 경제불황, 이것은 일자리를 빼앗고 재정 불안을 초래했다.
- 유럽에서의 파시즘의 대두로 인하여 바이스코프, 베테, 페르미, 로시, 루돌프 파이엘스(Rudolf Peierls) 등을 포함한 많은 물리학자가 모국인 독일, 이탈리아로부터 망명했고 동시에 그들 나라의 연구체제는 거의 해체되고 말았다.
- 어떤 나라들에서는 철학(물리학을 포함하여)이 정치적 통제를 받았다.
- 잔혹한 전쟁과 그 확대로 연구는 오로지 국방에만 쏠리게 되었다.
- 전쟁에 의한 폭파와 파괴
- 수용소에서의 죽음
- 경제적 결핍
- 다른 나라와의 정보 교환의 불가능
- 점령

그림 15-7. 1955년 여름, 교토를 방문한 파인만(Feynman's)과 유카와 히데키. 오른쪽에서 왼쪽 순으로 유카와 부인, 하야카와 사치오 (早川幸夫), 파인만, 유카와, 마노 코이치(眞野幸一), 고바야시 미노루 (小林稔).

몇몇 다른 분야의 사람이 이것들의 전개를 다루고 있지만 이러한 요소들이 물리학에 끼친 영향에 대해서는 아직 충분히 조사된 것이 없다. 많은 중요한 사회적 문제가 고려되지 않았던 것이다. 예를 들면, 전후의 점령은 물리학에는 분명히 타격을 주었다. 일본에서는 1945년부터 1951년까지 미국에 의한 점령 기간중 원자핵물리학 실험이 엄격히 금지되었기 때문에 원자핵물리학 연구는 뒤지고 말았다. 하지만 이 점령은 1950년대부터 1960년대에 걸쳐 원자핵물리학의 비약적인 진보를 지원한 사회제도상의 기반을 확립하는 데 있어 한몫을 했던 것이다.

전후 물리학의 다른 여러 분야와 마찬가지로 소립자론도 급속한 성장을 이룩했다. 전후의 이 극적인 발전에는 많은 요인들이 작용했다.

- 전쟁의 결과로 초래된 비약적인 과학의 국제화
- 병기 개발을 통해서 발전한 새로운 실험기술
- 전시중 연구를 보조하기 위해 생겨난 새로운 기금기구, 예를 들면 국립과학재단(NSF), 원자력위원회(AEC)
- 국가안전보장에 대한 과학의 가치가 새롭게 널리 인식된 점
- 대학원생과 다른 연구원들이 일시에 물리학 연구로 되돌아온 점 그들은 약 4년간 연구에서 떠나 있었고 복귀한 후 잃어 버렸던 시간을 회복하려고 노력했다.
- 이전보다도 밀접하게 된 이론과 실험의 관계, 이것은 대전중 폭탄 제조와 방위용 레이더 개발 같은 연구 프로젝트에서의 경험을 통해서 배양되었다.

이와 같은 커다란 문제는 물리학의 지적 발전과 불가분의 관계가 있으므로 위에서 거론한 사항과 그 이외의 제반 영향은 보다 상세한 학문적 연구에 의해서 해명할 필요가 있다. 학자들은 소립자물리학의 탄생을 충분히 이해하기 위해 이들 문제를 깊이 파고들어 조사할 필요가 있을 것이다.

이들 글은 페르미연구소에서 열린 소립자론의 역사에 관한 심포지엄(1980년 5월 28~31일)의 보고에 대한 서론적 에세이의 요약이다. 또 보고서는 1983년, *The Birth of Particle Physics* (*Cambridge U. P., New York*)로 출판되었다.

참고문헌

(1) H. Steuwer, ed., *Nuclear Physics in Retrospect ; Proceedings of a Symposium on the 1930s*, U. of Minnesota P., Minneapolis (1979).

(2) W. Kolhörster, Naturwiss. **16**, 1044 (1928) ; W. Bothe and W. Kolhörster,

Naturwiss. **16**, 1045 (1928).
(3) D. Skobeltzyn, Z. f. Phys. **43**, 354 (1927) ; **54**, 686 (1929).
(4) C. D. Anderson, Science, **76**, 238 (1932) ; S. H. Neddermeyer, C. D. Anderson, Phys. Rev. **51**, 884 (1937).
(5) P. M. S. Blackett, G. P. S. Occhialini, Proc. Roy. Soc. **A139**, 699 (1933).
(6) P. A. M. Dirac, Proc. Roy. Soc. (London) **A114**, 243 (1927).
(7) P. Jordan, E. Wigner, Z. f. Phys. **47**, 631 (1928).
(8) Gregor Wentzel, in *Theoretical Physics in the Twentiety Century*, M. Fierz, V. F. Weisskopf, eds., Interscience, New York (1960).
(9) W. Heisenberg, W. Pauli, Z. f. Phys. **56**, 1 (1929) ; **59**, 168 (1930), Part Ⅱ.
(10) O. Klein, Y. Nishina, Z. f. Phys. **52**, 853 (1929).
(11) H. Bethe, W. Heitler, Proc. Roy. Soc. (London) **A146**, 83 (1934). (빙점 부분은 베테와 하이틀러에 의한 것).
(12) E. J. Williams, Proc. Roy. Soc. (London) **A139**, 163 (1933) ; Phys. Rev. **45**, 729 (1934) ; K. Danske Vid. Selskab (Math. Phys. Meddelelser) **13**, No.4, 1 (1935) ; C. F. von Weizsäcker, Z. f. Phys. **88**, 612 (1934).
(13) H. J. Bhabha, W. Heitler, Proc. Roy. Soc. (London) **A159**, 432 (1937) ; J. F. Carlson, J. R. Oppenheimer, Phys. Rev. **51**, 220 (1937).
(14) H. Yukawa, Proc. Phys. Math. Soc. Japan **17**, 48 (1935).
(15) J. R. Oppenheimer, R. Serber, Phys. Rev. **51**, 1113 (1937) ; E. C. G. Stueckelberg, Phys. Rev. **52**, 41 (1937).
(16) N. Kemmer, Proc. Camb. Phil. Soc. **34**, 354 (1938).
(17) P. M. S. Blackett, J. G. Wilson, Proc. Roy. Soc. (London) **A160**. 304 (1937).
(18) J. Crussard, L. Leprince-Ringuet, Compt. rend. **204**, 240 (1937) ; P. Auger, P. Ehrenfest Jr, Journ. de Phys. **6**, 255 (1935).
(19) J. C. Street, E. C. Stevenson, Phys. Rev. **51**, 1005 (1937) ; Y. Nishina, M. Takeuchi, T. Ichimiya, Phys. Rev. **52**, 1198 (1937).
(20) M. Conversi, E. Pancini, O. Piccioni, Phys. Rev. **71**, 209 (1947).
(21) C. M. G. Lattes, H. Muirhead, G. P. S. Occhialini, C. F. Powell, Nature **159**, 694 (1947).
(22) S. Weinberg, Rev. Mod. Phys. **52**, 515 (1980) ; A. Salam, Rev. Mod. Phys. **52**, 525 (1980) ; S. L. Glashow, Rev. Mod. Phys. **52**, 539 (1980).
(23) S. Hawking, *Is the End in Sight for Theoretical Physics*, Cambridge U. P., New York (1980).
(24) R. A. Millikan, *Electrons*, Cambridge U. P., New York (1935), p. 320.

Chapter 16

최근 50년간의 장론(場論)의 전개

여기서는 양자장론의 발전을 다룬다. P. A. M. 디랙이 그의 유명한 논문, 「복사의 방출과 흡수의 양자론」을 발표한 1927년에 탄생한 양자전기역학과 함께 시작된 학문 분야가 양자장론이다.[1] 그림 16-1의 아래는 디랙의 논문의 첫페이지이다. 이 논문이 닐스 보어 자신을 통해서 제출되었다는 점에 주의하기 바란다. 또 논문의 두 번째와 세 번째의 문장에도 주의하기 바란다. 세 번째의 문장은 전적으로 소극적인 표현이다. 그것은 양자전기역학에 대해서는 이 무렵까지 아무것도 이루어져 있지 않았기 때문이다.

디랙 이전의 시대

고전 전기역학이 시작된 것은 1862년에 제임스 클라크 맥스웰이 전기장 E와 자기장 B를 전하밀도 ρ와 전류밀도 j에 결부시켜 자신의 방정식을 만들어 냈을 때였다.

전자기장 속에 있는 전하와 전류로 이루어진 계에 작용하는 로렌츠힘의 식과 더불어 빛을 전자기파로서 이해할 수 있게 되었고, 다시 운동하는 전하로부터 방출되는 복사나 대전체에 대한 복사의 작용 등의 이해로의 길이 열렸다. 이들의 결과는 하인리히 헤르츠가 1885년에 안테나로부터 방출·흡수되는 전자기파에 의해 훌륭히 검증되었다.

그러나 고전 전기역학을 원자의 복사에 적용하는 데 두 가지 장애가 있었다. 하나는 원자 내의 ρ와 j가 미지였다는 점과 또 하나는 열의 통계 이론을 복사장에 적용했을 때에 본질적인 곤란에 직면한 점이다. 단위 체적당의 복사장의 자유도의 수는 무한대이므로 등분배 법칙에 의

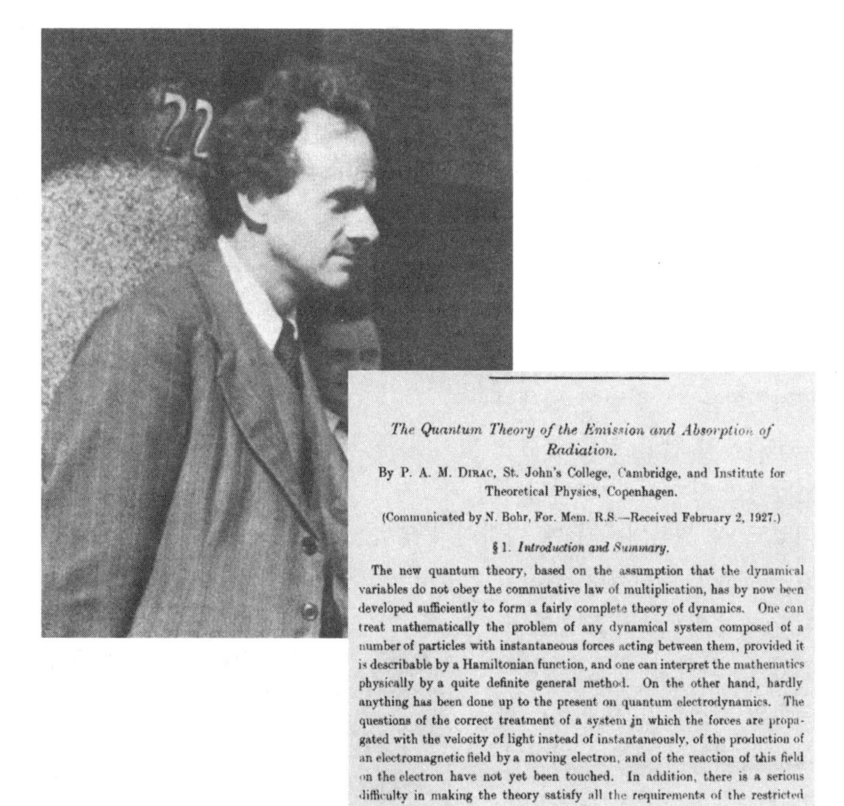

The Quantum Theory of the Emission and Absorption of Radiation.

By P. A. M. DIRAC, St. John's College, Cambridge, and Institute for Theoretical Physics, Copenhagen.

(Communicated by N. Bohr, For. Mem. R.S.—Received February 2, 1927.)

§ 1. *Introduction and Summary.*

The new quantum theory, based on the assumption that the dynamical variables do not obey the commutative law of multiplication, has by now been developed sufficiently to form a fairly complete theory of dynamics. One can treat mathematically the problem of any dynamical system composed of a number of particles with instantaneous forces acting between them, provided it is describable by a Hamiltonian function, and one can interpret the mathematics physically by a quite definite general method. On the other hand, hardly anything has been done up to the present on quantum electrodynamics. The questions of the correct treatment of a system in which the forces are propagated with the velocity of light instead of instantaneously, of the production of an electromagnetic field by a moving electron, and of the reaction of this field on the electron have not yet been touched. In addition, there is a serious difficulty in making the theory satisfy all the requirements of the restricted

그림 16-1. P. A. M. 디랙(위)이 쓴 복사 이론에 관한 논문의 타이틀 페이지(아래).
(Proceedings of the Royal Society 114, 243, 1927로부터)

해서 각 자유도가 각각 $kT/2$ 씩의 에너지를 취한다고 생각하면 총 에너지 밀도는 무한대로 되어 버린다. 그렇게 되면 진공은 복사 에너지가 무한대인 저장 장소로 되어 버릴 것이다. 또 이 난감한 결과는 제쳐두더라도 빛의 고전론은 고열 물체가 그 온도의 상승에 따라 적으로부터 황색, 다시 백색으로 색깔이 변화해 간다고 하는 일상 경험조차 설명할 수 없었던 것이다. 이것은 마치 오늘날의 신경생리학자가 기억이란 무엇인가를 설명할 수 없는 일에 대해 느끼고 있는 것과 같은 것을 1900년 이

전의 물리학자도 느끼고 있었을 것이 틀림없다.

거기에 등장한 것이 양자론이었다. 먼저 1900년에 막스 플랑크의 흑체복사의 본성에 관한 통찰로부터 시작되어 1905년의 아인슈타인의 광량자의 존재라는 혁신적인 아이디어가 이것에 이어졌고, 다시 1913년의 닐스 보어의 원자모형, 1924년의 루이 드 브로이의 입자의 파동−입자가 갖는 이중성이라는 대담한 가설이 이어지고……라는 식으로 25년간에 가속도적으로 발전해 왔다. 그리고 1925년에 베르너 하이젠베르크, 에르빈 슈뢰딩거, 디랙, 볼프강 파울리, 보어 등에 의해 정식화됨으로써 양자역학은 그 절정에 달했다.

고전론이 안고 있는 곤란은 일격에 무산되었다. 다만 나중에 자세히 언급하는 다른 곤란이 나타나게 되었지만 열복사의 문제는 신속히 해결되었고 각 원자의 종류에 따라서 분명한 스펙트럼선의 특징을 지니고 있는 이유도 밝혀졌다. 원자의 안정성, 크기, 들뜸 에너지 등은 양자역학의 제 1 원리로부터 도출할 수 있었다. 화학적 힘들은 양자역학의 직접적인 결과였고 화학은 물리학의 일부가 되었다.

그러나 디랙의 1927년의 논문이 나오기까지는 광량자의 방출을 계산할 목적으로 원자 내의 ρ와 j의 식을 이끌어 낼 수는 없었다.

사실 슈뢰딩거 방정식에서는 외부 복사장의 작용 아래서의 전이의 계산밖에 할 수 없었다. 즉 입사 복사장의 존재에 의한 빛의 흡수와 부가적인 광량자의 강제 방출밖에

그림 16−2. 제임스 클라크 맥스웰 (AIP 닐스 보어 도서관의 후의에 의함).

계산할 수가 없었다. 입사 광파의 장은 초기 상태에 있는 원자에 작용하는 섭동으로서 생각할 수 있었다. 이것이라면 슈뢰딩거 방정식으로도 전이 확률을 계산할 수 있었다. 이 전이 확률은 입사 광파의 강도에 비례한다는 것을 알았으나 외장(外場)이 존재하지 않는 진공에서 높은 상태로부터 낮은 상태로의 전이에 의한 방출은 다룰 수 없었다. 그래서 당시는 다음과 같이 가정되었다. 즉, 원자의 두가지 정상 상태 a, b 사이의 행렬 요소 $\langle a \mid \boldsymbol{\rho} \mid b \rangle$와 $\langle a \mid \boldsymbol{j} \mid b \rangle$가 a로부터 b 또는 그 반대의 양자 전이에 관련된 복사에 기인하는 전하와 전류밀도의 역할을 한다고. 원자는 '진동자의 오케스트라'라고 생각되고(행렬 요소는 한쌍으로 이루어진 상태들의 조합에 해당하는 진동자의 세기를 결정했다), 자발적 방출의 세기를 결정하는 데는 진동자 모델을 사용하여, 방출을 이들 진동자의 고전론적 복사와 동등하다고 하거나 또는 아인슈타인의 관계식을 사용하는 것이었다. 아인슈타인의 관계식으로부터는 진동수 구간 $d\omega$ 당 빛의 세기를 어느 값 I_0 와 같다고 했을 때 b로부터 a로의 자발적 방출의 확률이 a로부터 b로의 흡수 확률과 같다고 하면,

$$I_0 \, d\omega = \frac{\hbar \, \omega^3}{4\pi^2 c^2} \, d\omega \qquad (1)$$

가 된다. 복사장의 각각의 자유도에 한 개의 광량자가 있으면 이 식은 빛의 세기를 나타내는 것이 된다. 이 규칙에 의하면 자연방출의 확률은 강도 (1)의 가상적인 복사장에 의한 강제 방출의 확률과 같아진다.

그러나 왜 그렇게 될까? 슈뢰딩거 방정식에 따르면 어떠한 정상상태도 복사의 존재가 없으면 무한대의 수명을 가져야 할 것이다.

복사장의 양자화

1927년의 디랙의 중요한 논문은 이 상황을 완전히 바꿔놓아 버렸다. 양자역학은 슈뢰딩거 방정식을 원자에 적용될 뿐만 아니라 복사장에도

적용되어야 한다. 디랙은 진공 속의 전자기장을 양자화된 진동자의 하나의 계로서 기술하기 위해 폴 에렌페스트(Paul Ehrenfest ; 1906년)와 페터 디바이(Peter Deby ; 1906년)의 옛날의 아이디어를 활용했다. 원자(또는 하전입자로서 이루어지는 다른 계)가 존재함으로써 하전입자와 장이 결합한 상호작용 에너지는

$$H^1 = e\int \boldsymbol{j}\cdot\boldsymbol{A}\,dx^3 \qquad (2)$$

로 나타내어진다. 여기서 j는 입자의 전류밀도이다. 입자의 전하의 값 e는 드러난 인자로서 여기에 넣어져 있다. A는 벡터 퍼텐셜이다. 두 양은 원자와 장의 진동자의 양자화된 계에서는 연산자(演算子)이다. 식 (2)는 맥스웰 방정식의 직접적인 결과이다. 결합계의 해밀토니언(Hamiltonian)은

$$\begin{aligned} H &= H_0 + H^1 \\ H_0 &= H_{field} + H_{atom} \end{aligned} \qquad (3)$$

라는 형태로 된다. 여기서 H_{field}는 고립한 장의 진동자의 해밀토니언이고 H_{atom}은 전자기장으로부터 고립한 슈뢰딩거 해밀토니언이다.

해밀토니언 H_0는 상호작용이 없는 장과 원자를 기술하고 있다. H^1은 H_0의 계에 작용하는 섭동항으로서 다루어진다. H_0의 정상상태는

$$(\cdots\cdot n_i \cdots\cdot\ ;\ a) \qquad (4)$$

로 표기된다. 여기서 n_i는 복사의 진동자의 점유수(각 진동자 i에 존재하는 광자의 수)이고 a는 원자의 정상 상태를 나타내고 있다.

상태 (4)는 섭동 에너지 H^1을 계산에 넣으면 이미 정상적이지 않게 된다. 그렇게 하면 이 이론은 간단히 그리고 직접적으로 빛의 방출과 흡수의 법칙이 되는 것이다. 실제로 바깥에 복사가 존재하지 않을 때

들뜬 상태 a에 있는 원자의 상태 $(\cdots\cdot 0, 0, \cdots\cdot\ ; a)$는 해밀토니언 (3)에 의하면 정상적이 아니다. 제1근사의 섭동 계산에서는 입체각 $d\Omega$ 속에 진동수 $\omega=(\varepsilon_a-\varepsilon_b)/\hbar$ 와 편광 벡터 s를 갖는 광자의 방출을 수반한다. a로부터 낮은 상태 b로의 전이의 단위 시간당의 확률은 $P_{ab}d\Omega$로서

$$P_{ab}d\Omega=\frac{e^2(2\pi)^2}{\hbar c\hbar\omega^2}I_0\,|\,s\boldsymbol{j}_{ab}\,|^2 d\Omega \quad\cdots\cdots (5)$$

가 얻어진다. I_0는 식 (1)에 의해서 주어진다. 행렬 요소는 (1 전자계에서는)

$$\boldsymbol{j}_{ab}=\int\psi_a^*\boldsymbol{j}\exp(i\boldsymbol{k}_{ab}\boldsymbol{x})\psi_b dx^3 \quad\cdots\cdots (6)$$

에 의해서 결정된다. 여기서 j는 전류의 연산자이고 k_{ab}는 방출된 양자의 파동 벡터이다. 파장과 비교한 계의 크기의 효과는 지수함수로서 고려되어 있다. 이것은 진동자 모델(쌍극자 근사)에서는 무시된다. 식 (5)에 의하면 자발적 방출은 전자기장의 제로점 진동(항상 존재하며 광량자가 하나도 없는 공간이라도 존재한다)에 의한 강제 방출로서 나타난다.

이것은 이론물리학에 있어서의 흥미있는 전개의 시작이었다. 아인슈타인이 에테르 개념에 종말을 고하고 나서부터는 장과 물질이 없는 진공이 진짜의 '공허한 공간'이라고 생각되었다. 그러나 양자역학의 도입에 의해 상황이 바뀌어지고 진공에는 차츰 '거주자가 나타나기 시작했다.' 양자역학에서 진동자는 하이젠베르크의 불확정성 관계에 의해서 무한대의 운동량이라고 하는 희생을 치루지 않고서는 정확히 정지된 위치를 취할 수가 없다. 따라서 전자기장의 진동자가 지니는 성질로서, 진공 상태에 있더라도 전자기장의 제로점 진동을 갖지 않으면 안 되게 된다. 그리고 이것이 가장 낮은 에너지 상태로 된다. 자발적 방출 과정은 이 진동의 결과로 생긴다고 해석할 수 있다.

그 이전에는 그다지 근거 없는 논의로부터 얻어지고 있었던 원자에 의한 빛의 흡수·방출에 관한 결과가 디랙의 이론으로부터 남김없이 얻어진 것이다. 상호 에너지 (2)를 1차의 섭동으로서 다룰 때 해밀토니언 (3)으로부터 결과가 얻어진다. 다른 복사현상, 이를테면 광자의 산란 과정, 공명 형광, 전자에 의한 광자의 비상대론적 콤프턴 산란 등은 섭동법의 제 2 근사가 되면 나온다. 모든 복사현상은 최초에 나타나는 섭동의 근사도(近似度)에 의해서 이 이론으로 충분히 설명된다. 근사도를 높이면 곤란이 생기게 되지만 이것은 뒤에서 논의하기로 하자.

상대론적 계와의 결합

1928년에 디랙은 하나의 전자의 새로운 상대론적 파동 방정식에 관한 두 편의 논문을 발표했다. 이것이 물리학의 기초에 대한 그의 세 번째의 위대한 공헌이었다. 첫 번째는 '변환 이론'[2]으로 양자역학을 다시 정식화한 일, 두 번째는 복사 이론이다. 전자의 에너지와 운동량이 비상대론적으로 취급할 수 없을 만큼 클 때, 슈뢰딩거의 방정식은 디랙의 방정식으로 대체할 수 있다고 생각되었다. 디랙의 식으로부터는 바로 다음과 같은 네 가지의 훌륭한 성과가 얻어졌다.

- 전자의 스핀 $\hbar/2$ 가 상대론적 파동 방정식으로부터 자연스런 결과로서 얻어진 것(후에 다른 스핀을 가진 입자의 상대론적 파동 방정식이 존재한다는 것을 알았다. 스핀 $\hbar/2$ 에 대한 디랙의 방정식은 에너지 연산자가 선형으로 나타나는 것으로서 구별된다)
- 전자의 g 인자는 $g=2$ 의 값을 갖지 않으면 안 된다는 것. 또 전자의 자기모멘트의 값은 방정식으로부터 직접 얻어진다는 것
- 수소원자에 방정식을 적용하면 수소 스펙트럼의 미세 구조에 대한 솜머펠트(Arthur Sommerfeld)의 바른 식이 구해진다는 것

양자화된 복사장을 디랙 방정식과 결부함으로써 상대론적인 전자와 빛의 상호작용을 계산할 수 있게 되었다. 이리하여 얻어진 가장 중요한 여러 결과는 전자에 의한 빛의 산란의 클라인-니시나의 식의 도출, 두

개의 상대론적 전자 산란의 멜러의 식, 원자핵의 쿨롱장에 의해 전자가 산란되었을 때의 광자의 방출 등이다. 이와 같이 놀라울 만큼 잘 되어 갔는 데도 불구하고 즉각적으로 많은 심각한 문제도 또 모습을 나타내었고, 이것들을 해결하기 위해서는 긴 시간을 필요로 했다. 난제라는 것은 마이너스의 운동에너지 상태, 또는 음의 질량의 상태의 존재에 기인하고 있었다. 그리고 이들 상태를 제거하는 방법은 없었다. 만약 전자의 힐버트 공간으로부터 이들 상태를 제거하려면 힐버트 공간은 불완전한 것으로 되어버린다. 더구나 클라인-니시나의 식은 이들 상태가 존재하기 때문에 도출할 수 있었던 것이다. 액면대로 받아들이면 이런 상태가 존재하는 것은 보통의 상태로부터 음의 에너지 상태로 방사 전이해 버리기 때문에 수소원자는 불안정하게 되는 것을 뜻하고 있다. 당시 있을 수 없는 이들 상태의 성질이 줄곧 논의의 중심이 되어 있었다. 조지 가모프는 이들 상태에 있는 전자를 가리켜 '노새전자 (donkey electrons)'라고 불렀다. 그것은 힘이 작용하면 그들 전자는 반대 방향으로 움직이려 하기 때문이다.

충만한 진공의 승리와 그 반격

이 난제로부터 탈출하는 방법을 1929년에 제안한 것은 역시 디랙이었다. 이것은 천재의 아이디어에 흔히 있듯이, 단순히 '난제를 타개하는 방법'뿐만 아니라 반물질의 존재를 인식하는 방향으로 이끄는 것이 되었다. 그리고 최종적으로는 이것과 더불어 생기는 물질의 본성에 대한 모든 통찰력에 의해 장론을 전개시키는 길을 트게 되었던 것이다. 파울리의 원리를 사용하여 진공 속에서는 음의 운동에너지의 모든 상태는 점유된 상태라고 디랙은 가정했다. 이것이 '거주자가 있는' 진공으로 발전하는 제 2 의 단계였다. 나중에 가서 이 단계는 실제로 전자가 꽉 찬 상태라고 하는 표현이 제거되고 약간 완화된 표현으로 되었으나, 진공 속의 물질 밀도의 요동은 전자기 진공의 요동에 더하여 진공에 다시 부가된 성질로 되었다.

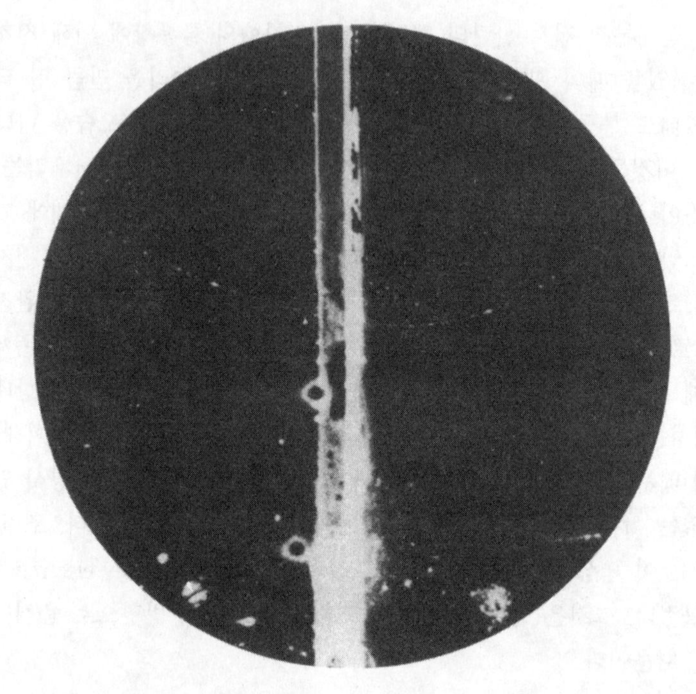

그림 16-3. 양전자의 발견. 1931년에 칼 앤더슨이 찍은 안개상자의 사진에는 처음으로 기록된 양전자의 비적이 찍혀 있다.

디랙의 대담한 가설로부터는 매우 곤란한 결과가 나왔다. 이를테면 무한대의 전하 밀도라든가, 진공의 무한대의 (음(negative)의) 에너지 밀도라는 것 등이다. 이와 같은 있을 수 없는 결론 중의 몇 가지는 아래에서 말하듯이 후에 회피된다. 그러나 이 가설은 음의 에너지 상태에 관한 대부분의 문제를 해결했을 뿐만 아니라 물질이라고 하는 것에 대한 우리의 관점을 극적이면서 또 뜻밖에도 확대하는 것으로 되었던 것이다.

우선 양의 에너지 상태에서 음의 에너지 상태로의 전이는 금지되고 원자의 안정성이 확보되었다. 더욱이 만약 광자의 흡수나 다른 수단으로 필요한 에너지가 공급되면 충만된 음 에너지의 '바다'로부터 한 개의 입자가 양 에너지의 상태로 끌어올려지는 과정이 존재하는 것이 디랙의 가설로부터 요구되었다. 이리하여 바다에는 한 개의 구멍이 비고, 한 개의 통상적인 입자가 생성하는 것으로 된다. 이 빈 구멍(공공)은 반대의 전하를 가진 입자의 성질을 모조리 갖춘 것으로 되어 있다. 더욱이 입자는 적당한 양의 에너지와 운동량을 가진 광자를 방출하여 빈 구멍으로 다시 되돌아올 수도 있다. 이것은 물론 입자－반입자의 소멸 과정이라 할 수 있다. 이리하여 디랙의 가설로부터 반입자의 존재와 쌍 생성・소멸이라는 두 가지의 새로운 기본적 과정의 존재가 인식되게 되었다.

처음 얼마 동안은 이런 사고 방식은 누구에게나 믿기 어려운 부자연스러운 것으로 생각되었다. 당시 양전자는 전혀 발견되어 있지 않았다. 전하의 비대칭성, 즉 무거운 원자핵은 양전하를, 가벼운 전자는 음전자를 갖는다는 것이 물질의 기본적인 성질처럼 생각되고 있었다. 디랙조차도 반물질이라는 생각에는 주저하면서 진공 전자의 바다에 있는 양의 '공공'을 양성자라고 해석하려 했다. 그러나 곧 헤르만 바일(Hermann Weyl), 로버트 오펜하이머, 그리고 디랙 자신은 이 해석으로는 수소원자가 또 불안정한 것으로 되어 버리기 때문에 공공은 전자와 같은 질량을 갖지 않으면 안 된다는 것을 알았다. 반물질은 존재해야 하는 것이었다. 양전자는 칼 앤더슨에 의해 1932년에 발견되었다. 반양성자는 25년 후에 발견되었다. 왜냐하면 싱크로 사이클로트론이 발명되어 그 이전에 이용할 수 있었던 에너지의 수천 배나 높은 에너지를 집중시킬 수 있게 되어 겨우 반양성자가 생성되었기 때문이다(반입자의 가능성은 이미 파울리[3]와 아인슈타인[4] 등에 의해서 언급되어 있었다. 이들에 대한 더 자세한 것이 A. 파이스(Pais)의 평론 기사[5]에 나와 있다).

충만된 진공이라는 개념이 일단 확립되자 전자와 양전자가 소멸해서 두 개의 광자로 바뀌는 단면적이라든가, 원자핵의 쿨롱장 내에서의 광자에 의한 쌍 생성의 단면적을 계산하는 일이 비교적 수월해졌다. 전이 확률을 결정하는 일이 매우 간단했음에도 불구하고 공공이 양전자와 동일시 된 이후 쿨롱장에서의 쌍생성이 계산되기까지 3년이 걸렸다는 것은 놀라운 일이다. 이와 같이 세월이 걸렸던 것은 첫 무렵에는 이러한 아이디어가 어딘가 수상한 미심쩍은 눈으로 보여지고 있었다는 것을 여실히 나타내고 있는 것이다.

디랙 방정식으로부터 생긴 새로운 통찰이 연달아 발전해가는 과정에서 느껴졌던 흥분, 회의, 정열을 오늘날에 실감하기는 매우 어려운 일일 것이다. 디랙이 1928년에 그 식을 완성했을 때 디랙 방정식에는 그것을 생각해낸 당사자의 예상 이상의 많은 것이 잠재해 있었다. 디랙은 그의 이야기 중에서 다음과 같이 코멘트하고 있다. 자신의 방정식은 그것을 만든 자기보다도 훨씬 현명했다고. 그러나 방정식에 포함되어 있었던 더 많은 것을 간파한 것은 다름 아닌 디랙 자신이었다.

쌍 생성이나 복사성 산란(제동 복사)을 위해 도출된 식에서(한번 입사한 에너지가 전자와 광자로 바뀌어지면) 물질 속에 캐스케이드 샤워가 발생하는 과정도 또 잘 설명할 수 있었다. 이와 같은 성공이 어떻게 받아들여졌는지를 바라보는 것도 재미있다. 처음에는, 이 성공은 복사 이론과 쌍 생성은 매우 높은 에너지에서도 타당하다는 것의 증명으로 생각되었다. 그 다음에는 우주선의 일부 (이것은 당시 미지의 μ 입자로서 이루어지는 부분)는 샤워를 생성하지 않는다는 것을 알았고 그래서 고에너지에서는 복사 이론이 성립되지 않는 것이 아닐까 하고 의문시되었다. 그러나 엔리코 페르미[(6)], 그리고 C. F. 폰 바이체커[(7)]와 E. J 윌리엄스[(8)] 등에 의해서 다음과 같은 것이 증명되었다. 적당한 기준계를 사용한 경우 (전자가 정지한 계) 고속 전자에 작용하는 쿨롱장의 효과는 그 에너지가 불과 수 mc^2 정도밖에 없는 광자의 효과로서 나타낼 수 있다고 하는 것이다. 캐스케이드 샤워 발생의 분석에 의해서 그 과정에서 교환되는 것은 고작 mc^2와 mc의 크기의 에너지와 운동량이라는 것이 확실히 증명되었다. 그러므로 샤워의 발생으로부터 이론을 고에너지에서 검증할 수 없으며, 또 고에너지에서 이 이론이 성립되지 않는 것에서부터 예상되는 샤워로부터의 차이를 설명할 수도 없었다.

사실 고에너지에서 이론의 정확성을 시험하는 데는 상당히 큰 기가 전자볼트(GeV)의 전자 가속기가 필요했다. 전자－양전자 충돌 장치에 의한 최근의 측정에서는 적어도 100GeV의 에너지를 교환하는 정도까지는 복사 이론이 유효하다는 것이 증명되었다. 당시, 반물질의 개념이 얼마나 불합리한 것으로 보였는지는 양성자에 대한 반입자의 존재를, 그것이 이상 자기 모멘트를 갖는다고 하는 이유에서 우리 대부분이 믿지 않았던 사실로부터 알 수 있다. 이상 자기 모멘트는 1933년에 오토 스테른(Otto Stern)에 의해 측정되었고, 이 이상 자기 모멘트에 의해서 양성자가 디랙 방정식을 따르지 않는다는 것이 제시된 것이라고 해석할 수 있었다. 물질－반물질의 대칭성의 기본적 성질과 그것이 특정의 파동 방정식에 의존하지 않는다는 것이 많은 물리학자에게 인식되기까지에는 매우 시간이 걸렸던 것이다.

이하에서 말하는 결론을 유도하는 데는 디랙 방정식의 음 에너지 상태의 새로운 해석이 필요 불가결하다. 자연계에는 엄밀하게 1입자계라는 것은 없으며 거의 입자가 존재하지 않는 계라는 것도 없다. 비상대론적 양자역학의 경우에만 수소원자를 2입자계로 생각해도 지장이 없으나 상대론적인 경우에는 그렇게는 되지 않는다. 그것은 무한 개의 진공 전자의 존재를 계산에 넣지 않으면 안 되기 때문이다. 설사 충만된 진공을 실체의 서투른 표현으로 간주했다고 하더라도 가상 쌍의 존재나 쌍 요동은 고정된 입자수의 시대는 끝났음을 의미한다.

또 상대론으로부터 시간과 공간은 동등하게 다룰 필요가 있다. 비상대론적 양자역학에서 시간은 맺음변수(parameter)이고 입자의 공간 좌표는 연산자로 생각하고 있다. 상대론적 양자역학에서 입자는 장의 양자로서 나타난다. 마치 광자가 전자기장의 양자인 것과 마찬가지이다. 장이 연산자의 역할을 담당하고 좌표는 장의 연산자가 공간이나 시간에 의존하고 있는 것을 가리키는 파라미터가 된다. 하전입자의 복사장과의 상호작용의 이론은 두 개(또는 그 이상)의 양자화된 장(즉 물질장과 복사장)이 상호작용을 하고 있는 장의 이론이 된다.

장의 진폭은 계의 양자 상태에 있는 입자의 수를 증가시키거나 감소시키는 생성·소멸 연산자의 1차 결합의 형태로서 나타내어진다. 이것은 진동자 진폭의 분해를 통해 전자기장의 양자화를 일반화하는 것이다. 진동자의 진폭의 연산자에서는 들뜬 상태가 한 단위 다른 상태간의 행렬요소만이 있다. 이것에 대응하는 연산자는 진동자의 양자를 더하거나 (생성시킨다) 빼거나 (소멸시킨다) 한다.

그림 16-4. 유카와 히데키

스핀 1/2을 가진 입자의 장과 복사장 사이에는 본질적인 차이가 있다. 앞의 것은 페르미온의 거동을 기술하지만, 후자는 보존장(boson field)의 한 예이다. 고전적 극한에서는 보존장은 그 장의 강도가 공간과 시간으로 명확히 정해지는 함수의 고전장 (전파)이다. 페르미온장은 고전적 극한을 가질 수가 없다. 그것은 불과 한 개의 페르미온이 하나의 파동이 될 수 있기 때문이다. 그 고전적 극한은 운동량과 위치가 정확히 결정되어 있는 한 개의 입자이다. 현재로서는 물질을 구성하고 있는 것은 모두 보존장에 의해서 상호작용을 하는 페르미온이라는 것이 제시되어 있다.

또 페르미온과 보존장 사이의 상호작용의 가장 간단한 형태는 두 개의 페르미온장과 하나의 보존장의 곱의 형태로 반드시 되는 것이다. 이것은 전류 밀도가 두 개의 입자 파동함수의 곱으로 나타내어진다는 사실로부터 가리켜진다. 스피너(spinor) 파동함수의 1차나 3차의 로렌츠 불변의 방정식을 만들 수는 없다. 그러나 보존장 (벡터나 스칼라)은 상호작용에서는 1차로서 나타날 것이다.

장이 생성·소멸 연산자에 의해서 나타내어질 경우 상호작용의 형태는 다음과 같은 방법으로 설명할 수 있다. 페르미온과 보존 사이의 기본적인 상호작용은 두 개의 페르미온의 생성 또는 소멸 연산자 b^+와 b, 한 개의 보존의 연산자 a 또는 a^+의 곱의 형태로 된다. 즉, $b^+ ba$나 $b^+ ba^+$이다. 이것은 한 개의 페르미온의 상태가 어떤 상태에서 '소멸'하고 다른 상태가 '생성'된다고 하는 변화로 해석된다. 이 때 한 개의 보존이 방출되거나 흡수된다.

무한대와의 싸움 – 진공 전자의 배제

양전자의 구멍 이론이 모조리 잘 되어 갔는 데도 불구하고 진공이 갖는 무한대의 전하 밀도와 음의 에너지 밀도 때문에 구멍 이론을 액면 그대로 받아들이기는 매우 곤란했다. 무한대와의 싸움은 이 때에 시작되었다. 그 싸움은 이 무한대 말고도 더 귀찮은 무한대가 나타났을 때에 (아래의 각 절에서 언급한다) 양자전기역학을 발전시킨 사람들 사이에서 배가되는 열정으로 수행되었다.

전하와 전류의 정의를 약간 바꾸는 것만으로 무한대의 전하 밀도를 처리할 수 있는 다소 단순한 방법이 있다. 그 논의는 다음과 같다. 전자와 양전자에 관해서 이론은 완전히 대칭적이므로 양전자가 입자이고, 전자는 음의 에너지 상태를 차지하는 양전자의 바다에서 구멍이라는 이론을 만드는 것도 동시에 성립될 것이다. 그래서 진짜 이론으로서는 이들 두 가지 이론을 겹쳐 놓은 것을 생각할 수 있을 것이다. 즉, 하나는 무한대의 음전하 밀도를 가지고 또 하나는 무한대의 양전하 밀도를 갖는다는 것이다. 이 조합은 또 물질과 반물질 사이의 대칭성을 강조하는 데에도 이용된다. 이렇게 하면 진공이 갖는 전하 밀도는 상쇄된다. 전하와 전류에 대응한 식은 실제 문제로서 현상을 만족스럽게 기술한다.

음의 상태에 작용하는 연산자의 생성과 소멸의 역할을 교환함으로써 생성·소멸 연산자가 음에너지 상태라고 하는 장해를 장점으로 바꾸어

놓는 데에 가장 적합한 것임이 1934년에 하이젠베르크[9], 오펜하이머, 웬델 푸리(Wendell Furry)[10] 등에 의해 확증되었다. 이 역할의 교환은 방정식을 본질적으로 바꾸지 않고서 시종 일관된 형태로 할 수 있었다. 그 결과로 얻어진 것은 가득 찬 진공의 가설로부터 얻어지는 결과와 완전히 동일한 것이었다. 더구나 일치하지 않는 가설들을 겉으로 내놓을 필요가 없었다. 입자와 반입자가 대칭적으로 정식화되었고 진공의 무한대의 전하 밀도는 사라져 버렸다. 해밀토니언 중의 생성·소멸 연산자가 하나씩 곱해진 항을 적당히 고쳐 구성함으로써 무한대의 음에너지 밀도를 제거할 수조차 있었다. 결국 상대론적인 이론에서는 에너지와 운동량이 진공에서는 없어져 버릴 것이 틀림없다. 그러나 에너지가 없더라도 진공의 요동이 존재한다는 그다지 내키지 않는 사실은 아직 남아 있다.

하전 페르미온과 광자 사이의 기본적인 상호작용은 이번에는 세 가지의 기본 과정을 포함한다. 그것은 광자를 방출하거나 흡수하는 페르미온의 산란, 광자를 방출하거나 흡수하는 페르미온－반페르미온의 생성과 소멸이다. 모든 전자기 상호작용의 과정은 이 기본 단계의 조합이다.

매우 뜻밖의 일이지만 이 새로운 정식화가 갖는 커다란 이점을 물리학자들이 인식하기까지에는 수년이 걸렸던 것이다. 재규격화가 그 시대의 화제이었던 1940년대 말에도 그 때 씌어진 논문에서 양전자의 '구멍 이론'에 대해 아직껏 언급하는 사람이 있을 정도였다.

진공전자를 없애기 위해 고전하고 있었을 때의 재미있는 한 에피소드는 스칼라 입자의 클라인－고든 상대론적 파동 방정식을 양자화하려는 일이었다. 그 당시 알려진 스칼라 입자가 없었으므로 그 일은 다소 순수히 학문적인 것처럼 보였다. 이 이론에서는 전하 밀도($\phi^*\phi-\phi\phi^*$)와 파동의 밀도 $|\phi|^2$는 같은 것이 아니며, 따라서 바깥으로부터의 전자기장의 영향이 있으면 전체 전하는 보존되지만 전체 밀도 $\int|\phi|^2\,dx^3$은 시간과 더불어 변화할 수 있는 듯이 보였다. 이것은 반대 부호에 하전되

그림 16-5. 볼프강 파울리, 1931년

어 있는 입자의 생성이거나 소멸 과정인 듯했다. 이 문제에 파울리와 나[11]는 이끌렸다. 왜냐하면 양자화한 클라인-골든 방정식은 입자가 가득 찬 진공을 도입하지 않더라도 입자와 반입자를 생성하고 쌍 생성·소멸 과정도 만들어낼 수 있다는 것을 알았기 때문이다. 당시 (음 에너지 상태에 대한) 생성과 소멸 연산자를 교환하는 방법은 아직 일반적이 아니었다는 것을 주의해 둔다. 가득 찬 진공의 구멍 이론은 양전자를 다루는 방법으로서 아직껏 받아들여지고 있었던 것이다. 파울리는 우리의 연구를 가리켜 '반디랙 논문'이라고 부르고 있었는데, 그는 이 이론을(그가 전혀 마음에 들지 않았던) 가득 찬 진공과 싸우는 무기로 간주하고 있었다. 가득 찬 진공을 사용하지 않더라도 구멍 이론이 지니는 이점을 모조리 갖춘 이론으로서 비현실적인 예이기는 하지만 이 이론이 그 목적에는 부합하고 있다고 우리는 생각했기 때문이다. 그러나 25년 후에 입자의 세계가 스핀 제로의 입자로 충만되리라는 것은 꿈에도 생각하지 못했다. 그렇기 때문에 우리는 예로부터 있었지만 널리 읽혀지고 있지 않았던 『헬베티카 피지카 액타(Helvetica Physica Acta)』 지에 발표했던 것이다.

파울리는 클라인-고든 방정식의 양자화에 관한 우리의 연구로부터 그 유명한 스핀과 통계 간의 관계를 정형화했다. 1936년, 그는 반교환 규칙에 따르는 스칼라장, 또는 벡터장의 방정식을 양자화하는 것은 불가능하다는 것을 증명했다. 이와 같은 관계로부터 공간적으로 떨어져 있는 두 점 간의 물리 연산자는 교환되지 않는다는 결론이 이끌어지는 것을 그는 보였다. 교환성이 결여되어 있다는 것은 인과율과 모순된다. 왜냐하면 한쪽 점으로부터 또 하나의 점으로 전해지는 신호가 없는 데도 두 점에서의 측정이 서로 간섭하게 되기 때문이다. 이리하여 파울리는 정수의 스핀을 가진 입자는 페르미 통계를 좇을 수 없다는 결론에 도달했다. 즉, 그 입자는 보존이 아니면 안 된다. 구멍 이론이 한창이던 무렵은 스핀 1/2을 가진 입자는 당연히 보제 통계를 따르지 않았다. 그 이유는 진공을 '충만'시킬 수가 없었기 때문이다. 4년 후에 파울리는 반(半)정수 스핀에는 페르미 통계가 필요하다는 것을 같은 인과율의 논의에 바탕하여 증명했다.

무한대와의 싸움 - 무한대의 자체(自體) 질량

하전입자와 복사장이 결합한 것을 자세히 조사해 본즉, 양자 전기역학에 나타나는 다른 무한대와 비교해서 가득 찬 진공이나 진공의 제로점 에너지의 무한대 등은 상대적으로 해롭지 않다는 것이 밝혀졌다. 섭동법의 제1항, 즉 생각하고 있는 현상이 최저 차수에 나타나는 항들로 기술되는 것이라면 어렵지 않다. 그러나 오펜하이머[12]가 최초에 지적했듯이 보다 고차원의 항이 될 것 같으면 반드시 무한대가 끼어든다는 것을 알게 되었던 것이다.

1934년에 나는 양전자 이론을 사용하여 전자의 자체 에너지를 계산해 달라는 파울리의 부탁을 받았다. 이것은 전기역학의 옛날 문제의 현대적인 재탕이었다. 고전론에서는 반지름 a인 전자(내부는 무시한다)가 만드는 장의 에너지는 $4\pi e^2/a$이고 반지름이 제로가 되면 직선적으로 발산한다. 양전자 이론에서의 이것에 대응하는 계산은 더욱 복잡하다. 두 개의 무한대의 양 사이의 차이를 계산하지 않으면 안 되었다. 즉, 진공의 에너지와 진공 플러스 한 개의 전자의 에너지이다. 이 결과는 전자로부터의 콤프턴파장 $\lambda_c = \hbar / mc$ 내부에서의 전기장은 e/r^2이 아니라 $(e/r^2)(r/\lambda_c)^{1/2}$이었다. r가 0이 되면 $r^{-3/2}$만큼 증가했다. 그러면 자체 에너지는

$$E = m_0 c^2 + (3/2\pi) m_0 c^2 (e^2/\hbar c) \log(\lambda_c / a) \quad \text{(6)}$$

로 되었다.[13] 여기서 m_0는 전자의 고유 질량 또는 '역학적' 질량이고 자기장으로부터 분리했을 때 전자의 해밀토니언 속에 나타나는 것이다. 전자기 에너지는 로그적으로만 발산한다.

(이것에 대해서는 나의 연구경력 중에서 부끄러운 추억이 있다. 최초의 논문에서 나는 자체 에너지는 2차의 발산으로 된다고 하는 실수를 저질렀다. 그러자 푸리가 내게 편지를 보내왔다. 그는 내가 하찮은 실수를 범하고 있으며, 실제의 발산은 로그적으로 된다는 것을 친절하게 지적해 주었다. 그 자신은 그 결과를 발표하지 않고 그 대신 그가 나의 실수를 지적해 준 것을 한마디 덧붙인 정정판을 내가 발표하는 것을 허용해 주었다. 그 이후 전자의 대체 에너지의 로그적 발산의 발견자는 푸리가 아니라 나라고 잘못 생각되고 있다.)

일관된 상대론적 이론에서는 전자는 점이어야만 한다. 즉, $a \to 0$으로 된다. 그러나 (6)의 제 2 항이 제 1 항의 절반이 되는 a의 값이 고작 10^{-72}cm이 된다는 것은 주목할 만하다. 전자의 슈발츠쉴트 반지름조차도 겨우 10^{-55}cm이었다. 이 값이 의미하는 바는 전자 주위의 공간이 심하게 변형되어 전자와 같은 크기의 파장을 갖는 광자가 상호작용을 할 수 없다는 것이다. 따라서 전자기 자체 에너지가 효과를 나타내는 거리가 되기 훨씬 이전에서 자연의 절단이 생긴다. 유감이지만 이 효과를 모순 없이 계산할 수 있는 방법은 아직 잘 진척되고 있지 않았다.

아주 낮은 진동수의 광자의 방출을 생각할 경우 양자 전기역학에는 또 하나의, 더 다루기 쉬운 타입의 무한대가 나타난다. 이를테면 이와 같은 방출은 전자빔이 정전기장에 의해서 산란될 때에 일어난다. 고전론에서는 진동수 제로의 극한에서도 방출 에너지는 제로로는 되지 않는

다고 예상한다. 양자론의 결과도 이 극한에서는 당연히 고전론의 결과와 같은 것으로 될 것이다. 그러나 방출되는 양자의 개수는 무한대가 된다는 것이 제시되었다. 이 문제('적외 발산'이라 불렸다)는 블로흐(Bloch)와 아놀드 노르드지크(Arnold Nordsieck)[14] 등이 1937년의 획기적인 논문에서 증명했듯이 고전론의 도움을 빌려서 이 극한을 설명함으로써 회피할 수 있었다. 이것에 의해 이런 유의 무한대에 관해서는 이제 걱정할 필요가 없어졌다.

무한대와의 싸움 - 무한대의 진공 편극

가상 쌍에 의해서 진공은 유전 매질과 비슷한 성질을 지니게 된다. 그래서 진공에 유전율 ε을 갖게 해도 될 것이다. 이 유전 효과를 직접 계산함으로써 상수 부분 ε_0와 부가적 부분으로서 성립되는 유전율이 이끌어진다. 부가적 부분은 전자기장과 시간과 공간에 대한 전자기장의 도함수(導函數)에 의존한다.

$$\varepsilon = \varepsilon_0 + \varepsilon\ (\text{장}) \quad \cdots\cdots (7)$$

상수 부분 ε_0는 어떠한 물리적 중요성도 갖지 않는다. 그것은 그 역할이 전하의 단위를 다시 정의하기 위해서만 있기 때문이다. 어떠한 전하 Q_0도 $Q = Q_0 / \varepsilon$로서 나타난다. ε_0의 실제의 값은 대수적으로 발산하게 된다(즉, $\log(A/m)$의 형태로 된다. 여기서 A는 계산 때에 고려되는 최대 운동량이다). 그렇지만 부가적인 장에 의존하는 항은 결과적으로는 유한이 되므로 물리적인 의미를 갖는 것이 된다.

그런데 전하 Q_0을 (7)의 형태의 유전율을 가진 진공에 두면 어떤 일이 일어날까. 거리 r이 큰 곳에서의 유효 전하 Q는 Q_0 / ε_0로 될 것이다. r이 $\lambda_c = \hbar / (mc)$의 크기나 그보다 약간 작아졌을 때 (7)의 2차 항이 중요하게 된다. 쿨롱장에서의 이 항은 로버트 서버(Robert Serber)[15]와 E. 웰링(Uehling)[16] 등에 의해 계산되었다. r이 콤프턴파장 λ_C보다 작아지면 $\varepsilon(r)$은 더불어 작아지는 것을 그들은 발견했다. 그렇게 되는 것은 r이 작아지면 에너지가 $\hbar c/r$보다 큰 가상 쌍만이 효과를 나타내게 되기 때문이다. 이 감소는 유한하며 계산해 낼 수 있다. ε_0의 무한대의 값은 고유의 '진짜' 전하 Q_0가 무한대이기 때문인 것으로 해석되었고 따라서 $r \to \infty$에서 관측되는 전하는 $e = Q_0 / \varepsilon_0$의 유한한 값을 갖는다. $r < \lambda_c$인 때 r가 감소하는 데 따라서 ε가 감소하는 것은 거리가 작은 곳에서 유효 전하 Q_{eff}가 증가하는 것이 된다.

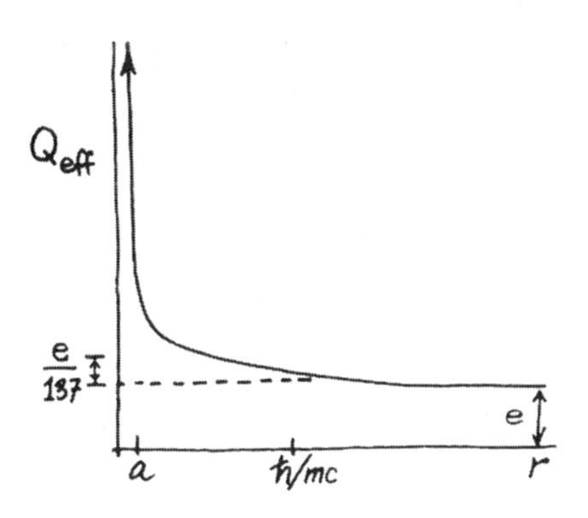

그림 16-6. QED의 런닝 결합 상수. 거리 γ의 함수인 실효 전하 Q_{eff}. 거리 a(Q_{eff}가 대체로 $137e$로 되는 거리)는 이 그림에 그려져 있는 것보다 훨씬 작아진다.

$\gamma < \lambda_c$에 대한 Q_{eff}의 증가를 거리가 큰 곳에서의 e의 값으로 나눈 것은 상당히 작아지고 대체로 $e/137$ 정도의 크기가 된다. 급격한 증가는 $\gamma \sim \lambda_c \exp(-\hbar c/e^2)$라는 아주 작은 거리에서만 일어난다. 이 거리는 자체 에너지와 관련하여 논의되었던 것과 같은 거리로서, 이론을 적용할 수 없다고 생각되는 거리이다. 그림 16-6에 보였듯이 거리에 의존한 Q_{eff}를 얻었다. 이것은 양자색깔역학에서 중요한 역할을 수행하게 된다. '흐름 결합 상수'의 최초의 예이다.

무한대와의 싸움 - 재규격화 이론

양자 전기역학에 무한대의 양이 나타나는 것은 1930년에 알려지게 되었다. 어떤 종류의 현상에서는 그 현상이 일어나는 최소 차수의 섭동론보다도 보다 높은 차수를 계산하려 할 때에만 무한대가 생겼으므로 그 무한대를 무시할 수가 있었다. 그리고 당시의 실험 정밀도로서는 그 것으로 충분했기 때문에 최소 차수에서 나오는 결과로 만족하고 있었다. 그러나 고차에서의 무한대는 이 정식 대운동량의 광자와의 상호작용이라는 비현실적인 기여가 있다는 것을 의미했다.

1936년에 이미 다음과 같은 추측이 표명되어 있었다.[17],[18] 대운동량 광자의 무한대로의 기여는 모두 무한대의 자체 질량, 무한대의 고유 전하 Q_0, 그리고 진공의 일정한 유전율과 같은 측정할 수 없는 진공의 여러 가지 양에 관계되어 있을 것이라고. 이리하여 체계적인 이론은 이와 같은 무한대를 회피하는 방향으로 발전할 수 있는 듯이 보였다. 그러나 당시에도 지금 재규격화법으로서 알려져 있는 것을 발전시킬 수 있었을 터인데도, 아무도 이와 같은 이론을 정식화하려고는 하지 않았다.

예외가 있었다. 그것은 E. C. G. 스턱켈베르크(Stueckelberg)의 예이다.[19][20] 그는 1934~38년에 수 편의 획기적인 논문을 써서 장론의 분명히 불변한 정식을 제출했다. 이것은 재규격화의 아이디어를 발전시키는 주춧돌로 될 수 있었던 것이었다. 후에 (1947년) 그는 실제로 다른 물리학자의 연구와는 전혀 독립적으로 완전한 재규격화 방법을 정식화했다. 유감스럽게도 그가 쓴 것이나 얘기한 것이 꽤나 애매했고, 그것을 이해하기가 매우 어려웠으며 또 그의 방법을 사용해 보기도 어려웠다. 만약 그의 아이디어가 이론가들에게 이해되었더라면 더 이른 시기에 램 시프트를 계산하거나 전자의 자기(磁氣) 모멘트의 보정(補正)을 계산했을지도 모른다.

이와 같은 시도에 대한 하나의 새로운 자극이 실험 결과로부터 나왔다. 윌리스 램(Willis Lamb)과 R. C. 러더퍼드[21]는 수소의 $2S_{1/2}$과 $2P_{1/2}$의 상태 사이의 에너지 차(램 시프트)에 대해서 믿을 수 있을 만한 측정을 할 수 있었다. 디랙 방정식을 이 수소 문제에 적용한 곳에서는 이 두 상태는 축퇴되어 있을 터였다. 1930년에 이미 이 두 준위의 축퇴에 대해서는 분광학적 측정에 의해서 의문시되고 있었으나, 램과 러

그림 16-7. 윌리스 램, 1947년

더퍼드는 새로이 개발된 초단파 방식을 사용하여 결정적이라고 할 수 있는 갈라짐을 발생시켜 이것을 고정밀도로 측정했다.

이와 같은 갈라짐은 원자와 복사장의 결합에 의해서 일어난다고 오랫동안 추측되어 왔으나 초기 무렵에 그것을 계산하려고 한 시도는 막다른 길에 다다르고 말았다. 그것은 무한대의 질량과 진공 편극이 같은 근사 중에 나타나 버렸기 때문이다. 그래서 H. A. 크라머스(Kramers)는 다음과 같이 지적했다.[22] 속박전자의 무한대의 에너지를 자유 전자의 무한대의 에너지로부터 주의깊게 빼내고 질량과 전하에 기여하고 있는 부분을 정말로 의미를 갖는 부분으로부터 분리함으로써 이 효과

그림 16-8. 줄리언 슈윙거

를 계산할 수 있을 것이라고. 무한대라는 것은 항상 모호하지 않은 방법으로 빼내기란 어렵다. 램 시프트가 측정되고 나서 베테가 복사 결합의 효과를 단순히 mC^2보다도 큰 에너지의 광자와의 결합을 생략하여 계산해 본즉 이 시도는 잘 들어맞았다. 그것은 대부분의 효과가 비상대론적으로 다룰 수 있는 저에너지 광자와의 결합에서 나오는 것이었기 때문이었다.

그래서 ($e^2/\hbar c$)의 최저차의 정확한 계산은 노먼 M. 크롤 (Norman M. Kroll)과 램[23], J. B. 프렌치(French)와 내[24]가 하여 (1949년) 실험과 잘 맞는 결과가 얻어졌다. 그러나 그들이 두 개의 무한대를 빼는 방법은 어설프고 믿을 만하지 않았다. 이어서 줄리언 슈윙거(Julian Schwinger), 리처드 파인먼(Richard Feynman), 프리먼 다이슨 (Freeman Dyson), 도모나가 신이치로 (朝永振一郎) 등의 쟁쟁한 물리학자들이 이 무한대를 처리하는 더욱 확실한 방법을 발전시켰던 것이다.

그들은 재규격화의 방법을 도입함으로써 최초에 도입한 맺음변수

그림 16-9. 리처드 파인먼

(parameter)를 제거하고 훨씬 물리적으로도 의미 있는 맺음변수로 만들었던 것이다.

전기역학적 결과에 대한 어떤 계산에서도 질량과 전하의 재정의라는 효과가 포함되어야 했다. 무한대의 '대응항'이 무한대의 질량과 전하를 지우는 것과 같은 형태로 해밀토니언 속에 도입되었다. 이 방법을 애매한 형태로 하지 않기 위해서는 계산의 처음부터 끝까지 식이 확고하게 상대론적이고 게이지 불변의 형태로 되어 있을 필요가 있었다.

결과는 고무적이었다. 전자의 자기 모멘트는 실제로 $1+a/(2\pi)$의 인자만큼 보어의 자기자(磁氣子 ; magneton)보다도 커져야 한다는 것을 슈윙거가 발견했다. 이것은 직전에 I. I. 라비와 그의 제자들이 측정하고 있었으며 그리고 헨리 폴리(Henry Foley)와 폴리카프 쿠슈(Poly-karp Kusch) 등이 더욱 정확하게 측정하고 있었던 실험 결과이다. 램 시프트의 결과는 더욱 간단한 방법으로 다시 계산되었다. 산란 과정의 $e^2/\hbar c$의 고차의 복사 보정은 명확히 결정되었고 진공 편극의 효과는 상세하게 계산되었다. 후자의 결과는 측정된 μ입자 원자(전자가 μ입자로 치환된 것)의 스펙트럼 속에 뚜렷하게 실험적으로 검증되었다. 즉 진공 편극이 1%의 효과가 되는 $r\sim(\hbar/m_ec)$의 영역을 μ입자가 운동하고 있었던 것이다. 이 새로운 방법을 훌륭하게 검증한 또 하나의 예는 포지트로늄(전자와 양전자로써 이루어지는 원자로 마틴 도이치(Martin Deutsch)에 의해 최초로 발견되고 연구되었다)의 예상되었던 성질이 관측된 것과 일치한 것이다.

그림 16-10. 도모나가 신이치로

이리하여 무한대의 싸움은 끝났다. 재규격화 이론은 어떠한 무한대도 다룰 수 있으며, 전자와 전자기장과의 결합계로부터 나오는 어떠한 현상이라도 희망하는 정밀도까지 정확하게 계산할 수 있다. 그러나 이것은 완전한 승리는 아니었다. 왜냐하면 무한대를 제거하기 위해 무수히 많은 대응항을 도입하지 않으면 안 되었기 때문이다. 또 무한대를 제거하는 처리 방법에서는 섭동을 결합 맺음변수의 멱급수로 전개하여 각각의 단계에서 재규격화해야만 했다. 이 방법으로 수렴 급수가 되는지 어떤지는 아직 확실하지 않다. 이것은 머리 하나를 자를 때마다 다시 새 머리가 생겨나는 히드라 (그리스 신화에 나오는 여러 개의 머리를 가진 바다 괴물)와 헤라클레스의 싸움과 같은 것이다. 그러나 헤라클레스는 싸움에 이겼다. 물리학자들도 또한 그러하다. 시드니 드렐(Sidney Drell)은 이 상황을 '무한대와의 평화적 공존'이라고 잘 묘사하고 있다.

무한대와의 싸움에서 승리한 증거를 아래에 들어 보겠다.

- 램 시프트 (약 10 %는 진공 편극에 의한다. 그 밖의 대부분은 전자기장의 제로점 진동과의 상호작용에 의한다.)

$$\Delta\nu(2S_{1/2}-2P_{1/2})=\begin{array}{l}1057.862\ (20)\mathrm{MHz}\ (\text{실험값})\\ 1057.864\ (14)\mathrm{MHz}\ (\text{이론값})\end{array}$$

- 전자의 g 인자 $(a=1/2(g-2))\times 10^3$

$$a=\begin{array}{l}1.15965241\ (20)\ (\text{실험값})\\ 1.159652379\ (261)\ (\text{이론값})\end{array}$$

- 진공 편극 μ 헬륨 (α 입자+ μ 입자)의 램 시프트의 90 %는 진공 편극에 의해서 일어난다.

$$\Delta E(2S_{1/2}-2P_{3/2})=\begin{array}{l}1.5274\ (0.9)\mathrm{eV}\ (\text{실험값})\\ 1.5251\ (9)\mathrm{eV}\ (\text{이론값})\end{array}$$

이와 같은 승리에도 불구하고 양자 전기역학에는 귀찮은 문제가 아직 남아 있다. 우리가 이 세상에 생기고 있는 현상의 일부분밖에 이해하지 못하고 있다는 것은 명백하다. 앞에서 말했듯이 무한대의 배제는 섭동론의 방법으로밖에는 하지 못한다. 즉, $e^2/\hbar c$ 정도로 작아야 하는 것이 조건으로 된다. 그런데 아주 작은 (정말로 믿을 수 없을 만큼 작은) 거리에서의 유효 결합상수는 1보다도 크게 되어 버린다. 비섭동론적 방법을 사용하여 재규격화를 피할 수 있는 이론이 과연 있을까? 또 전기역학과 일반 상대론을 장래에 통일하는 이론에서는 위험한 길이라는 것이 전자의 슈바르츠실트 반지름(Schwarzschild radius)보다도 작다는 이유로 발산이라는 병을 고칠 수 있을 것인가?

더욱이 현재의 전기역학으로는 전자의 질량을 이해하고 계산해낼 수 없다. 이 문제는 μ 입자나 τ (타우)전자와 같은 비교적 무거운 전자가 발견된 이후 더욱 심각한 것이 되었다. 왜 다른 질량을 가진 전자가 존재하지 않으면 안 되는가? 이것을 조금이라도 설명할 수 있는 이론은 없다. 현재의 장론에서 질량은 어떠한 값이라도 취할 수 있는 임의의 맺음변수인 것이다.

양자약전기역학

재규격화에 의한 괄목할 만한 정량적인 성공에 의해서 양자전기역학(QED)은 장과 하전 입자의 상호작용을 다룬 물리 이론으로서는 (거의) 결함이 없는 예로까지 높여지게 되었다. 그래서 물리학자들이 페르미온과 보존 간의 상호작용이 일어나는 경우라면 언제나 유사한 방법을 사용하려 한 것은 당연한 일이었을 것이다. 최초에 QED를 사용한 유명한 예는 유카와 히데키(湯川秀樹, 1935년)의 시도이다. 그는 양성자와 중성자 사이의 핵력을, 가상 보존을 방출·흡수하는 과정으로써 기술했다. 그 때 그는 질량을 그 보존에 부여하지 않으면 안 되었다. 왜냐하면 핵력은 10^{-13}cm 정도의 짧은 거리 r_0를 갖고 있기 때문이다. QED를 본따서 만든 어떠한 장론에서도 페르미온간의 힘은 지수꼴로서 $r^{-1}e^{-rMC/\hbar}$의 형태가 되었다. 측정된 핵력의 도달 거리로부터 약 200MeV의 질량이 산출되었다. 당시 이같은 보존은 발견되어 있지 않았으나 유카와는 그 존재를 예언했던 것이다. 그의 예상은 10년 후에 검증되었다. 이것은 단순한 아이디어의 훌륭한 승리라고 할 수 있다. 실제 핵력은 더 복잡한 과정에 의한 작용이었으나 그것이 유카와의 예언이 훌륭했음을 훼손하는 것은 아니다.

QED를 하나의 응용으로서 사용한 초기의 제 2 의 시도에는 오스카 클라인의 그다지 알려지지 않은 기여가 있다.(25) 그는 질량이 큰 하전 벡터 보존이 베타 붕괴와 같은 과정에 개재하는 약한 상호작용에 대한 모형을 제안했다. 더구나 이 입자를 현재도 사용되고 있는 문자 W로 명명하고 있었다. 중성자의 붕괴 $n \rightarrow p+e+\nu$가 두 개 연속된 단계

$$n \rightarrow p+W^-,\ W^- \rightarrow e+\overline{\nu} \cdots\cdots (8)$$

로 나누어질 수 있다는 것은 그가 처음으로 제안했다. 또 그는 이와 같은 과정의 결합상수가 $e^2/\hbar c$(즉, 전자기적 경우와 같은 것)이라고 가정하는 데에까지 이르렀던 것이다. 그는 현재 생각되고 있는 것처럼 약한 상호작용이 작고, 도달 거리가 짧은 것은 W가 갖는 커다란 질량 때문이라고 했다. 그리고 W의 질량은 약 100GeV라고

그림 16-11. 스티븐 와인버그

그림 16-12. 아브더스 살람

그림 16-13. 셸든 글래쇼

하는 결론에 도달했다. 이것은 슈윙거가 별개로 이 아이디어를 다시 채용한 것보다도 20년이나 전의 일이다. 슈윙거는 현재의 통일 양자 약전기역학(電弱力學, QEWD로 약기한다)을 가져오게 되는 진보의 선구적 역할을 했다. 이 진보에는 마티너스 벨트먼(Martinus Veltman), 제라르드 트후프트(Gerard 't Hooft), P. W. 힉스(Higgs), R. 브로트(Brout), 셸든 글래쇼(Sheldon Glashow), 스티븐 와인버그(Steven Weinberg), 벤자민 W. 리(Benjamin W. Lee), 아브더스 살람(Abdus Salam) 등 많은 물리학자들이 참여하고 있었다. 이것에 대해서는 시드니 콜먼(Sidney Coleman)이 훌륭한 역사적 개관을 써 놓고 있다.[26]

이 새로운 아이디어를 논하기 전에 (8)의 관계를 현대식으로 고쳐 써 둘 필요가 있다. 현재는 양성자와 중성자는 궁극적인 것이 아니며 세 가지의 쿼크로써 이루어진다고 가정하고 있다. 양성자는 uud의 조합으로써 이루어지고 중성자는 ddu이다. 여기서 u와 d는 두 개의 가장 중요한 쿼크의 종류를 나타내고 있으며 u는 $2/3e$의 전하를, d는 $-1/3e$의 전하를 갖는다. 이 두 개의 쿼크는 아이소 스핀 2중항을 구성한다. 따라서 (8)의 전이와 그 반대는 오늘에는 두 2중항 상태 간의 전이로서 다음과 같이 기술된다.

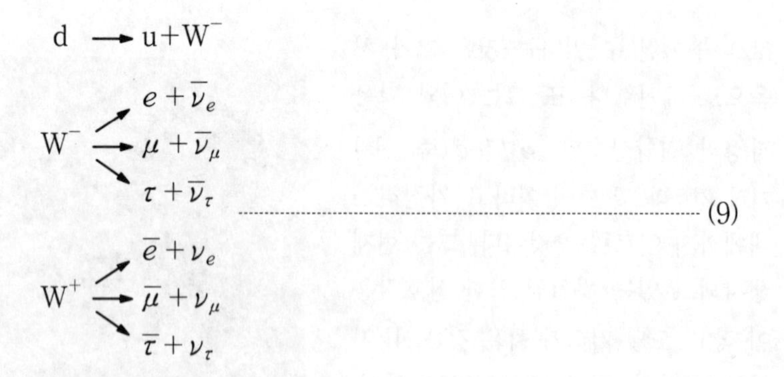

$$d \rightarrow u + W^-$$

$$W^- \rightarrow e + \bar{\nu}_e,\quad \mu + \bar{\nu}_\mu,\quad \tau + \bar{\nu}_\tau \qquad (9)$$

$$W^+ \rightarrow \bar{e} + \nu_e,\quad \bar{\mu} + \nu_\mu,\quad \bar{\tau} + \nu_\tau$$

그림 16-14. C. N. 양

위에 줄이 쳐진 것은 반입자를 나타낸다 (더욱 세분될 수 있지만 이 이상 상세한 것에는 개입하지 않기로 한다. 기본적인 약한 상호작용의 과정에서는 d는 1차 결합 $d' = ad + bs$로 치환된다. 여기서 s는 이른바 기묘 쿼크이다. 이와 같이 세분함으로써 기묘도가 변화하는 약한 전이가 허용된다. 이 효과는 $b < a$ 이므로 (9)보다도 더 작다. 약한 상호작용에서 쿼크 종류간의 이와 유사한 혼합이 보다 높은 쿼크의 종류 사이에도 나타난다).

C. N. 양과 R. L. 밀즈(Mills)는 장론을 약한 상호작용에(후에는 강한 상호작용에도) 적용하기 위해 필요한 열쇠가 되는 아이디어를 생각해냈다.[27] 그것은 QED의 기초를 이루는 장의 개념을 일반화한 것이다. QED에서는 장의 근원은 스칼라량, 즉 입자의 전하다. 장은 어떠한 전하도 가지지 않는다. 전하는 언제나 입자가 떠맡고 있다. 이와 같은 이론을 '가환(可換 ; 아벨적)' 이론이라고 부르고 있다. 그것에 대해 양과 밀즈가 도입한 것과 같은 비가환장론은 다음의 두 가지 새로운 특질을 지니고 있다.

- 장의 근원은 스칼라 전하가 아니고 근원의 입자의 내부 양자수, 이를테면 아이소 스핀 양자수 (양성자와 중성자의 경우 '상향'이거나 '하향')와 같은 스피너 전하이다.
- 근원의 입자는 그 '전하'(아이소 스핀)를 상호작용의 과정에서 장과 교환할 수가 있다.

이와 같은 이론에서는 장 자체가 전하를 가지며 따라서 장의 근원으로서 행동한다. 즉, 장의 양자 간에 직접적인 상호작용 과정이 있다. QED의 기본 (파인먼) 다이어그램이 하전 입자와 장의 결합(그림 16-15a 참조)인데 대해서 비가환 이론에서는 그 밖에 장의 양자 간의 결합을 나타낸 또 하나의 기본 다이어그램이 있다. 비가환장의 이론의 수학적 정식화는 게이지 불변성의 일반화에 준거하고 있다. 여기서는 장의 양자는 질량 0의 벡터 보존이어야 한다는 것에 주의해 두기로만 하고 (본질적이지만) 정식상의 논의에는 개입하지 않는다.

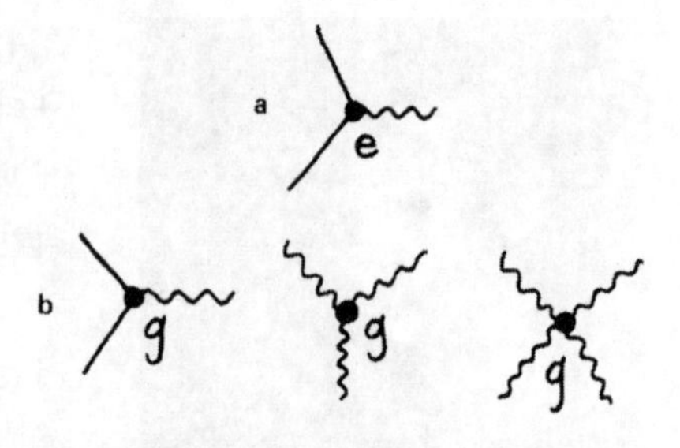

그림 16-15. 기본 다이어그램. a는 QED의 기본 다이어그램을 나타내고 있다. 직선은 전자의 상태이고 파선은 광자의 상태. b는 QCD의 세 개의 기본 다이어그램을 나타내고 있다. 직선은 쿼크의 상태, 파선은 글루온의 상태.

약전기역학에 관한 현재의 관점을 보다 깊이 이해하기 위해 W 입자의 질량보다 훨씬 큰 매우 높은 에너지, 즉 100GeV보다 훨씬 높은 에너지에서의 이론을 논의하는 것에서부터 시작하기로 하자. 이 영역에서는 약한 상호작용과 전자기 상호작용과는 분명히 분리되어 있다. 우선 앞 것에 대해 논의하자. u-d 쿼크쌍 (실제는 u-d′, 이것에 대해서는 페이지 위에서 8행째의 괄호 안의 코멘트를 참조하기 바란다)과 세 개의 뉴트리노-전자쌍의 이른바 약한 아이소 스핀 2중항을 도입한다.

2중항 (왼손)	u	V_e	V_μ	V_τ
	d	e	μ	τ
초전하	η'	η	η	η

왼손 입자만이 이들 아이소 스핀 2중항을 형성한다. 오른손 입자에는 약한 상호작용이 없다. 이들 2중항은 아래와 같은 방법으로 세 종류의 보존을 방출 · 흡수한다.

$$\begin{aligned} a &\rightleftarrows b+W^+ \\ b &\rightleftarrows a+W^- \\ a &\rightleftarrows a+W^0 \\ b &\rightleftarrows b+W^0 \end{aligned} \qquad (10)$$

여기서 $a-b$는 앞에서 든 표의 아이소 스핀 2중항 중의 어느 것을 나타낸다. 각 과정의 결합 상수는 g이다. 이 과정은 그림 16−15a에 결합 상수를 g로 대체시킨 것이다. 이 정식에서의 기본 게이지 불변성으로부터 (8)의 세 과정이 같은 확률을 가지며, 세 개의 W는 질량 0의 벡터 보존일 것이 요구된다.

식 (10)의 'SU(2)형' 결합에 첨가하여 '초전자기적' 결합도 도입해 보자. 이것은 통상의 전자기적인 것('U(1) 결합')과 유사하지만 두 개의 멤버 a와 b가 같은 스칼라 '초전하' η'나 η을 갖는다(이것은 쿼크쌍이냐 렙톤쌍이냐를 생각하는가에 따른다). 이 결합은 오른손과 왼손의 입자를 구별하지 않고 쌍방에 작용한다. 따라서(결합 상수 η'나 η에 대해서)

$$\begin{array}{l} a \rightleftarrows a+B^0 \\ b \rightleftarrows b+B^0 \end{array} \qquad \cdots\cdots (11)$$

라는 과정을 얻는다. 여기서 B^0는 초전자기장의 질량 제로의 양자(벡터 보존)이다. 따라서 매우 에너지가 높은 곳에서는 쿼크와 렙톤은 W장과 비가환적인 방법으로 결합해 있다고 기대된다. 왜냐하면 식 (10)에 의하면 아이소 스피너 전하는 장으로 전환하고 그 반대도 일어난다. 그러나 아이소 스피너 전하는 스칼라 초전하 η나 η'를 통해서 가환적으로 B장과 결합한다.

이 묘상은 매우 에너지가 높은 곳에서만 성립된다. W의 질량은 저에너지인 곳에서 나타난다. 저에너지인 곳에서 전자기장은 각 아이소 스핀 2중항이 다른 전하와 결합해 있는 것으로 또 알려져 있다. 어떻게 해서 자연은 고에너지인 곳에서 대칭적인 이론에서 벗어나 버리는 것일까? 현재의 이론에서는 저에너지에서 '자발적인 대칭성의 깨짐'이라 부르는 것을 가정하고 있다. 이것은 하나의 새로운 스피너장(힉스장)이 원인이다. 이것에는 다음과 같은 확실한 특징이 있다. 그 에너지는 장이 제로인 때가 아니고 스피너 $\{\phi_0, 0\}$으로 주어지는 어떤 유한한 값을 취할 때에 최소값이 된다. 이것은 진공이 아이소 공간에 있는 고정된 방향(즉, 스피너 ϕ_0의 방향)을 갖는 것을 의미한다. 이것은 고에너지에서는 성립하지 않는다. 그 이유는 여기서는 제로 대신 ϕ_0를 선택함으로써 얻어진 에너지가 무시될 정도로 되기 때문이다. 이 상황은 마치 강자성체의 그것과 비슷하다. 즉, 강자성체에서는 전달되는 에너지가 퀴리 에너지보다 작은 한 실공간에 있어서 하나의 방향이 정해진다. 이렇게 하여 에너지가 낮은 곳에서 힉스장은 전술한 바와 같이 대칭성을 깨뜨린다. 힉스장의 유한한 기대값에 의한 이 깨짐 효과는 다음과 같은 것이다.

- 초전자기장 B와 W^0장은 와인버그각이라 불리우는 임의의 혼합각 θ_W로 혼합된다. 이렇게 하여 생기는 두 개의 1차 결합은

$$\begin{aligned} \boldsymbol{Z} &= \cos\theta_W W^0 + \sin\theta_W \boldsymbol{B} \\ \boldsymbol{A} &= -\sin\theta_W W^0 + \cos\theta_W \boldsymbol{B} \end{aligned} \qquad (12)$$

  이다.
- 힉스장(Higgs field)은 W^+와 W^-가 질량 M_W를 갖고, Z는 다른 질량 M_Z를 갖는 형태로 다른 장과 결합해 있다. 한편, 장 A는 질량이 제로인 채로 전자기장(광자)이 된다.
- W^+와 Z가 큰 질량을 갖는다는 사실 때문에 낮은 에너지에서는 전자기 상호작용의 효과와 비교하여 약한 상호작용 효과 쪽이 감소한다.
- 쿼크 및 렙톤과 전자기장 A와의 결합은 초전자기장 B와의 결합과는 다르다. 실제로 하나의 아이소 스핀쌍 멤버는 다른 전하를 갖는다. 이 전하는 통상 우리가 각 멤버에 떠맡기고 있는 것이다.
- $W^\pm$ 보존은 장 A와 결합하는 전하 $\pm e$를 각각 갖는다.
- Z가 매개하는 약한 전이(전하의 이동이 없는 '중성 흐름')는 $W^\pm$에 의한 전이와는 다르다. 후자의 전이는 최대 홀짝성의 깨짐으로 특

징지울 수 있다. 왜냐하면 왼손 렙톤과 쿼크만이 이것과 결합하기 때문이다. 하지만 Z는 (왼손 입자와 결합한다) W^0 뿐만 아니라 그 결합은 어느 쪽 손인가를 구별하지 않는 초전자기장 B마저 포함한다.

양자약전기역학에 대한 기술은 이 정도로 해 두자. 현재의 실험기술로 가능한 범위에서 예언된 결과는 실험적으로 검증되어 있다. 특히 식 (12)의 혼합은 검증되었으며 각 θ_W도 결정되었다. 몇 가지 다른 실험에서도 같은 결과 $\sin^2\theta_W = 0.23 \pm 0.02$가 얻어지고 있다.

가장 중요한 실험적 검증에 대해서는 아직 해결되지 않았다. 즉, 매개 보존의 관측이다. 마치 헤르츠의 실험 이전의 전기장과 자기장을 통일하려고 한 맥스웰 이론의 상황과 유사한 상황에 있다. 건설중인 가속기 중의 어느 것에서 이 보존 생성에 필요한 에너지와 강도를 얻게 되었다 할지라도 보존이 발견되지 않으면 이것은 이론에 있어 재난이다 (이것은 1983년에 CERN에서 검증되었다).

이 이론의 의문점은, 힉스장을 도입하고 있는 점과 정확한 질량이 나오게끔 조정된 다른 장과 힉스장의 결합이 어떤 의미에서 임의성을 지닌 점이다. 이 이론에서는 또 아직 발견되지 않은 질량도 미정인 힉스장의 입자의 존재를 필요로 하고 있다. QED가 음의 질량을 가진 전자로 충만된 진공을 배제해 버렸듯이, 이 이론을 앞으로 정식화해 나갈 때에는 힉스장의 효과를 보다 세련된 방법으로 하여 힉스장을 제거해 버리는 것이 요망된다.

양자색깔역학

양자전기역학과 유사한 형태로 만들어진 제 2 의 이론은 '양자색깔역학 (QCD)'이다. 이 이론은 강한 상호작용을 다룬다. 강입자의 쿼크 구조가 발견된 이후 쿼크 사이의 힘을 '강한 상호작용'으로서 이해할 수 있게 되었다. 핵자 간의 핵력이 그 이전의 '강한 상호작용'의 후보였다. 오늘날에는 핵력은 쿼크-쿼크 힘으로부터 이끌어지는 것으로 간주되고 있으나 이것은 마치 원자 사이의 힘이 원자의 구성요소 간의 쿨롱힘으로부터 이끌어지는 것과 같은 것이다.

장의 이론적인 방법이 성공한 사실을 생각하면 쿼크 간 힘을 기술하는 현재의 시도도 양자전기역학의 모델을 모방하여 만들어진 점이 별로 놀라운 일은 아니다. 다음은 이것을 비교한 일람표이다.

QED	QCD
전자	쿼크
전하	색깔
광자	글루온(질량 제로)
포지트로늄	ρ^0, ω, ϕ, J/ψ, r

QCD에서는 포지트로늄(Positronium)과 유사한 것이 5개 존재한다. 그 이유는 지금까지 종류가 다른 쿼크가 다섯 가지 발견되었기 때문이다. 실제로는 QED에서도 또 다른 2개의 '포지트로늄'(즉, 2개의 무거운 전자=μ, τ와 그것들의 반입자로 이루어진)의 존재가 예언되었다.

이 두 장의 이론 사이에는 매우 중요한 차이점이 있다. 그 차이점은 주로 전하가 갖는 상이한 성질에 기인한다. QED에서 전하는 스칼라로 페르미온이 떠맡고 있으며, 장에는 전하가 없다. QCD에서는 전하로서 작용하는 것은 '3가(3價)의' 양이며 쿼크에 귀속되고 '색깔'이라 불리운다. 아이소 스핀이 2가의 양을 갖는 것과 같은 의미에서 색깔은 3가인 것이다.

색깔이 도입된 것은 같은 양자상태에 자주 3개의 쿼크가 발견되기 때문이다. 쿼크는 파울리의 원리에 따르는 것으로 간주되고 있기 때문에 3개의 상이한 값을 취할 수 있는 1개의 내부 양자수를 쿼크가 갖지 않으면 안 된다. 이에는 역사적으로 유사한 것이 있다. 헬륨의 바닥 상태에 2개의 전자가 있다고 하는 사실은 스핀이라고 하는 2개의 값을 취하는 내부 양자수를 발견하는 데 이어졌던 것이다.

QCD에서 색깔은 장의 근원으로 가정된다. 따라서 우리는 다시 비가환적 상황에 직면하는 셈이지만, 여기서 근원은 3가의 '스핀'이다. 하지만 양자약전기역학에서는 앞(356p)의 식에서 보는 것처럼 근원이 아이소 스핀 2중항의 쌍들이다. QCD의 여러 결과는 3개의 값을 취하는 스핀의 추상적 '방향'에 관해서 일반 게이지 불변성으로부터 얻어진다. 또 그 질량이 제로인 양자가 글루온인 벡터 보존도 얻어진다. 이 장의 성질은 전자기장과 유사하다. 예컨대 '글루 전기장'과 '글루 자기장'과 같은 용어를 사용해도 될 것이다. 그러나 한 가지 본질적인 차이가 있다. 그것은 식 (10)에 기술한 것과 비슷한 의미로, 장은 색전하를 갖는다. 이렇게 하여 3개의 쿼크의 색깔 a, b, c를 갖게 되었으므로 쿼크의 색깔이 변할 수 있는 다음과 같은 방출 과정으로부터 8개의 다른 종류의 글루온이 나온다.

$$
\begin{array}{ll}
a \to b + G_{a\bar{b}} & a \to c + G_{a\bar{c}} \\
b \to c + G_{b\bar{c}} & b \to a + G_{b\bar{a}} \\
c \to a + G_{c\bar{a}} & c \to b + G_{c\bar{b}}
\end{array} \qquad (13)
$$

$$
\begin{array}{ll}
a \to a + G_0 & a \to a + G'_0 \\
b \to b + G_0 & b \to b + G'_0 \\
c \to c + G_0 & c \to c + G'_0
\end{array} \qquad (14)
$$

여기서 $G_{a\bar{b}}$ 는 2개의 색(a와 반b)을 가진 글루온이 방출되는 것을 나타낸다. 이와 같이 글루온에는 8개의 다른 색깔이 있다. (14)의 전이는 무색의 글루온을 발생시키지만 불변성을 고려할 때 G_0와 G'_0의 2개밖에 존재하지 않는 것을 나타낸다. 마치 (10)에는 1개의 W^0 밖에 없는 것과 같다. 글루온이 색전하를 갖는다는 사실로 미루어 그림 16－15b와 같은 전형적인 비가환 다이어그램이 존재한다. 이 다이어그램은 글루온 사이에서 상호작용을 한다는 것을 뜻하고 있다.

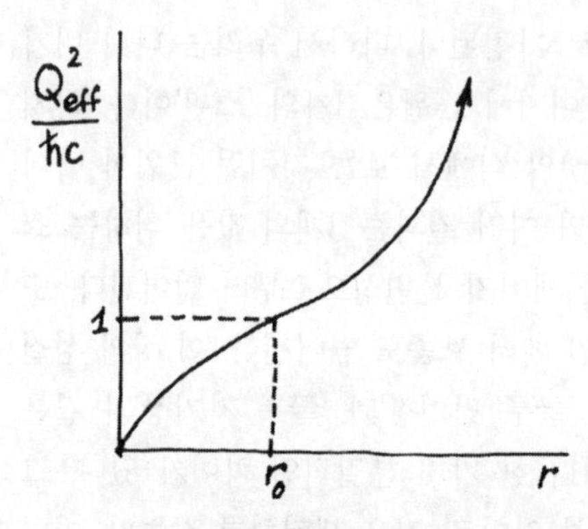

그림 16-16. QCD의 런닝 결합상수. 거리의 함수로 되어 있는 실효 전하 Q_{eff}. 거리 γ_0(Q_{eff} =1인 곳)는 양성자 반지름의 크기

QCD에 대한 상세한 논의는 이 글의 목적을 벗어난 것이지만, 이 이론의 놀랄 만한 두 가지 결과를 강조해 두는 것은 뜻있는 일일 것이다. 다만, 두 가지 결과 중 하나는 아직 확정된 것이 아니다. 첫 번째 결과는 '점근적 자유성'이라 불리우는 것이다. 전기역학과는 달리 거리가 감소하거나 전달되는 운동량이 증가하면 유효 결합상수는 감소한다. 유효 결합상수는 거리의 대수의 역수에 따라 감소하고 그 결과, 거리가 짧아지면 짧아질수록 제로에 접근한다. 그러나 거리가 길어지면 길어질수록 유효 결합상수는 QED처럼 유한에 머물지 않고 계속하여 증가하는 듯이 보인다. 여기서 다시 '흐름' 결합상수의 한 가지 예를 만나는데, 유효 전하 Q_{eff}의 r에 대한 의존도는 그림 16-6에 보인 바와 같이 QED의 경우와는 상당히 다르다. QCD의 경우에 대해서는 그림 16-16에 그래프로 그려져 있다. 예컨대, 쿼크와 반쿼크 사이의 퍼텐셜 에너지는 (두 반대 부호인 전하 사이의 쿨롱 에너지 $-e^2/\gamma$와의 비교로) 아마도 거리가 커지면 ar처럼 직선적으로 증가하고 $\gamma \rightarrow \infty$에서 무한대로 될 것이다.

이와 같은 관계로부터 얻어지는 결과는 매우 이상한 것이다. 즉, 쿼크는 혼자서 자유입자처럼 존재할 수 없게 된다. 거리가 커지면 유효 전하가 무한대로 될 것이기 때문에 강입자 중의 하나의 쿼크가 상대방 쿼크로부터 격리되는 데에 필요한 에너지는 무한대로 될 것이다. 격리된 쿼크는 거리에 의해 감소하지 않는 장에 의해서 주위를 에워싸이게 될 것이다. 만약 이 결론이 확정된다면 분명히 자연계에는 단독 쿼크(또는 글루온)는 존재하지 않는다. 합산한 색전하가 제로가 되는 계만이 고립해서 존재할 수 있다. 색깔을 스핀에 견준다면 이것은 구성 요소의 스핀이 서로 반대 방향이어야만 하며, 스핀 제로(1중항)의 상태가 되는 것을 의미한다. 3가의 경우 세 개의 쿼크가 필요하게 되며, 그것들의 색깔을 합산하여 제로가 되거나 또는 쿼크-반쿼크 쌍이 될 필요가 있다.

따라서 강입자는 세 개의 쿼크나 쿼크-반쿼크 쌍으로 이루어진다. 왜냐하면 반쿼크는 쿼크의 보색(補色)을 갖고 있기 때문이다(이 성질상 '색깔'이라는 용어를 사용하는 것이 정당화된다. 3원색은 혼합하면 백색이 되며 어떤 색깔과 그 보색과의 경우도 마찬가지이다).

강입자가 알짜 색전하를 갖지 않는다고 하는 사실은 앞에서 말한 핵력과 원자 간 힘 사이에 유사성이 있다는 것을 강조한다. 원자는 전기적으로 중성이지만 원자끼리 서로 접근하게 되면 그 구조가 매우 변화하여 공명(반데르 발스 힘)이나 새로운 양자 상태를 형성함(화학 결합력)으로써 인력이 발생한다. 무색의 핵자가 서로 접근했을 때도 마찬가지 일이 일어난다.

여기서 우리는 새로운 상황에 직면한다. 기본적 구성 요소, 즉 쿼크와 글루온은 속박상태에서만 존재할 수 있으며 단독의 자유입자로서는 존재하지 못한다. 이 역설적 상황은 QED의 일반적 장의 이론으로부터 나오는 것이 틀림없다는 사실(이것은 분명히 아직 증명되지는 않았지만)에 주의할 필요가 있다. 물론 QED의 경우 페르미온과 보존은 자유입자로서 존재한다. 또 결합상수가 제로에 접근하면 거기서 당연히 도달하는 극한이 자유입자의 계이다. 매우 거리가 짧을 경우(자유입자의 극한과는 반대의 상황)를 제외하고 QCD에서는 이 극한은 존재하지 않는다.

약한 상호작용의 경우(이 경우도 역시 비가환장의 이론이지만), 왜 유사한 상황(단독 입자가 존재할 수 없다는 것)이 일어나지 않느냐고 의아하게 생각할지도 모른다. 이 답은 다음 사실 속에 있다. 즉, 아이소 스핀 공간의 대칭성이 낮은 에너지(즉, 운동량의 전달이 작고 거리가 큰 곳)에서 힉스장에 의해서 깨지는 데 대해 색공간의 대칭성 쪽은 깨져 있지 않은 듯이 보인다고 하는 사실에 그 답이 있다. 실제로 (힉스장의 하나의 귀결이다) 장의 양자의 질량 M에 의해 장은 h/M보다 큰 거리로 확산할 수가 없다. QEWD에서 고립된 입자는 무한히 강한 장을 갖지 않는다.

미해결의 여러 가지 문제

양자장론이 반세기 전에 시작된 이후 그 진보는 매우 눈부시다. 오늘날에는 믿을 수 없을 만큼의 정밀도로 전자기적 효과를 계산하는 방법이 있다. 두 가지 새로운 장론이 만들어졌으나 이들 이론은 강한 상호작용과 약한 상호작용을 다루기에 아주 적합한 듯이 보인다. 또 자연계의 새로운 힘도 최근 50년 동안에 발견되었다. 이러한 힘은 전자기력 등보다 복잡하며, 전하를 떠맡는 장이라든가 진공장에 의해서 대칭성이 깨진다든가, 영구히 가두어진 입자 같은 별난 성질을 가진 것이다. 그럼에도 불구하고 이들 힘이 여러 가지 장론들로 기술될 수 있다는 사실은 이들 이론이 갖는 여러 개념이 자연현상 가운데서 중요한 역할을 하고 있다는 하나의 증거이다. 장론의 언어는 자연계에서 쓰이고 있는 언어 바로 그것이다. 오늘날에는 약한 상호작용과 전자기 상호작용뿐만 아니라 강한 상호작용도 일괄하여 하나의 통일된 이론을 만들려는 시도가 있다. 이러한 시도는 양자 약전기역학을 하나의 모델로 이용함으로써 약한 힘의 SU(2) 2중항과 많은 종류의 색의 SU(3) 3중항을 하나의 새로운 형식의 중간 보존을 가진 거대한 군(群)으로 통합하려 하고 있다. 강한 결합상수는 에너지가 높아지면 감소하기 때문에 약전기 결합상수와 강한 결합상수가 합쳐져서 하나의 보편적인 맺음변수가 되는 고에너지(10^{15}GeV)의 곳을 생각할 수 있다는 사실에서 이들 시도도 유망한 것으로 믿어진다. 에너지가 낮아지면 힉스형의 대칭성을 깨뜨리는 장이 다시 원인이 되어 값이 달라지게 된다.

이러한 시도의 성패 여부는 잘 알 수 없다. 이 이른바 '대통일'의 계획에서는 와인버그각은 이미 임의의 것이 아니며 측정값과 가까운 것으로서 이론으로부터 이끌어지는 듯이 생각된다. 이 이론은 또 쿼크와 렙톤 간의 전이도 예언하고 있다. 예컨대 u쿼크(2/3의 전하를 갖는다)가 최종적으로는 한 개의 양전자 (전하 1)와 한 개의 반 d쿼크 (전하 1/3)로 된다. 이리하여 양성자 (uud의 종합)는 한 개의 π^0(d$\bar{d}$의 조합)과 한 개의 양전자로 붕괴할 수가 있다. 즉, 양성자가 유한의 수명을 가질 것이라고 한다. 이와 같은 전이는 매우 느린 과정일 것이다. 왜냐하면 특성 에너지인 10^{15}GeV에 가까운 질량을 갖는 것으로 가정되는 새로운 중간 보존 중 몇몇이 매개하는 것과 같은 전이 과정이기 때문이다. 양성자의 수명은 10^{32}년의 크기가 될 것이다. 이러한 수명을 측정하려고 하는 현재 진행중인 갖가지 실험이 만일 성공한다면 장의 이론의 여러 가지 개념은 하나의 새로운 승리를 거두게 될 것이고, 자연계의 세 가지 힘의 통일도 눈앞에 다가설 것이다. 그러나 아직 중력만이 외토리로 되어 있다. 중력에 있어서 양자 효과가 중요하게 되는 특성 에너지는 입자쌍의 질량에 의해서 주어지는데, 이것은 거리 r의 곳에서 그 중력 퍼텐셜 에너지가 양자 에너지 $\hbar c/\gamma$과 같아지는 것이다. 그 크기는 10^{19}GeV 정도이다. 이것은 대통일 시도에서의 특성 에너지보다 약 1000배나 높은 에너지가 된다.

우리가 현재 자연계에서 일어나고 있는 일의 극히 일부분밖에 이해하지 못하고 있다는 사실을 가리키는 증거는 얼마든지 있다. 그래서 아직 답이 나와 있지 않은 의문점을 불완전한 리스트이긴 하지만 아래에 들어 보기로 한다.

- 재규격화 처방은 적절한 것인가? 현재 이 방법은 섭동의 차수를 높여갈 때에 행해질 뿐이다. 아무리 큰 결합상수를 가진 이론에도 이 방법이 적용될 수 있을까? 이 문제에 대한 답이 나왔을 때 장의 이론은 구제되거나 아니면 포기되어 버릴 것이다. 강한 결합 한계 (QED에서는 거리가 작은 곳, QCD에서는 거리가 큰 곳)에 대해 깊이 이해함으로써 무한대의 곤란에 대하여 만족할 만한 답을 얻게 되거나

또는 본질적인 결합이 드러날지도 모른다.

- 운동량의 전달이 작은 곳에서의 양자색깔역학의 유효 결합상수가 큰 값은 진공 자체의 본성에 관한 심각한 문제를 야기한다. 장의 요동이 매우 큰 것으로 될 것이며, 진공의 본성에 대해서 새로운 개념이 필요하게 될 것이다.
- 현 시점에서 약전기 상호작용의 해석은 옳은가? 매개 보존과 힉스장은 실제로 존재하는 것일까? 이러한 의문에 대해서는 실험으로부터 머지않아 답이 나올 것이다(매개 보존이 이미 CERN에서 그 존재가 확인되었다는 것은 앞에서 언급했다).
- 현 시점에서의 이론은 임의상수를 포함하고 있다. QED로 말하면 거리가 큰 곳에서의 결합상수 e^2/hc와 전자의 상이한 질량이 이에 해당한다. 현재로서는 그와 같은 전자가 세 개가 알려져 있으나 실제는 더 많이 있을 것이다. 이러한 전자의 질량 값이 어떻게 해서 장의 이론으로부터 나오는가를 현시점에서 설명할 수 있는 전망은 없다. 또 다음과 같은 의문도 남는다. 전자의 전하는 하나의 값(쿼크의 전하는 이 전하의 단순한 분수배로 되어 있다)밖에 없는 데도, 보기에는 그다지 단순한 관계가 없는 데도 왜 전자의 질량에는 몇 개의 질량값이 존재하는 것일까?

약전기 상호작용에서는 페르미온과 매개 보존 사이에는 두 개의 결합상수(모두 $e^2/\hbar c$의 크기)가 있다. 와인버그각은 이 두 개의 비를 결정한다. 그리고 힉스장에는 각 입자가 적절한 질량을 갖게끔 선택한 임의의 결합상수가 있다.

QCD에서는 질량문제에 관해서는 상황이 훨씬 더 나쁘다. 왜냐하면 쿼크가 저마다 고유의 질량값을 취하는 식의 갖가지 종류의 쿼크를 다루기 때문이다. 그래도 QCD의 경우 만약 흐름 결합상수를(거리가 매우 작은 곳에서) 제로에서(큰 곳에서) 무한대까지 다룰 수 있다는 것이 확실해지면, 결합상수 문제는 질량에 비해서 그다지 곤란하지 않다. 이와 같은 이론은 거리가 큰 곳에서는($e^2/\hbar c$와 같은) 일정한 값을 갖지 않는다. 그러나 그것은 흐름 결합상수가 1에 접근하는(10^{-13}cm 크기의) 거리 γ_0가 포함한다. 우리는 이 크기를 가진 복합 쿼크계가 있다고 예측하고 있으며, 때로 그것을 구성하고 있는 쿼크의 질량이 그 복합된 질량과 비교해서 무시할 수 있을 만한 경우 복합계의 질량은 $\hbar/\gamma_0 c$의 크기가 되는 것으로 예상하고 있다. 이것은 실제로 u와 d의 쿼크로 성립되는 강입자의 경우이다. 따라서 QCD에서는 기본적 구성 요소로서 양성자의 질량이 포함되어 있다는 이점이 있다(우리의 자연계의 기술방식에서는 측정방식에서 단위를 결정하는 세 개의 고유량이 나올 것으로 예상하고 있다. 이러한 값은 어떠한 설명도 필요로 하지 않는 것이다. 이들 단위는 앞에서 정의한 바와 같이 h, c, 거리 γ_0라고 해도 될 것이다). 장론에서 무거운 쿼크의 질량을 결정하는 실마리는 없다. 이 이론으로부터는 거리가 작은 곳에서 강한 결합상수의 효과에 의해서 질량문제가 해결될 것이라는 희망을 갖는 것조차도 허용되지 않는다. 점근적 자유성은 이와 같은 효과를 모두 배제해 버린다.

질량문제의 중요성은 다음과 같이 설명할 수 있다. 전자의 질량에 대해서, 즉 전자의 질량과 양성자의 질량 사이의 비$(1836)^{-1}$로 작다는 점에 대해서 우리는 설명할 수가 없다(양성자의 질량은 QCD에서 정의되는 자연 단위로 생각할 수 있다). 이 비의 작은 값은 우리 주위에서 볼 수 있는 모든 것의 성질을 결정한다. 이 값은 분자구조의 필수 조건이며, 원자핵의 위치가 그 주위를 에워싼 전자구름 내부에서 규칙적으로 결정된다고 하는 사실에 대한 필수 조건이기도 하다. 이것이 없으면 물질도 존재하지 않고 생명도 존재할 수 없게 된다. 이 중요한 비가 이처럼 작은 값이라는 사실에 감추어진 보다 깊은 이유가 무엇인지를 우리는 알지 못한다.

- 우리의 현재의 입장에서, 소립자에 대해 골치를 앓고 있는 문제는 다음과 같다. 우리가 알고 있는 자연계는 거의가 u와 d쿼크(즉, 양

성자와 중성자의 구성 요소)와 보통의 전자로 이루어져 있다. 중요한 상호작용은 모두 광자, 매개 보존, 글루온이 매개되어 있다. 그러나 무거운 쿼크라든가 무거운 전자 같은 보다 높은 종족의 입자도 확실히 존재한다. 이들의 부가적인 입자는 수명이 매우 짧거나, 수명이 짧은 하드론 입자를 발생시킨다. 이들 입자는 빅뱅의 최초의 순간이거나 아마도 중성자별의 중심부, 거대 가속기의 표적부분과 같은 매우 특이한 상황 아래에서만 출현할 것이다. 이들 입자의 자연계에서의 역할은 무엇일까? 왜 이와 같은 입자가 존재하는 것일까? 라비는 이와 같은 '불필요한' 입자, 즉 μ입자의 이야기를 처음 들었을 때 그는 이렇게 외쳤다. '누가 이런 걸 주문한 거야?' 다시금 장론은 이 의문에는 대답할 수 없을 것 같다. 이 같은 입자가 있다는 것은 쿼크와 렙톤에 더 깊숙한 내부 구조가 존재한다는 것을 시사하고 있는 것일까? 이들 입자는 보다 더 기본적인 힘에 의해서 묶여져 있는 보다 기본적인 단위로 이루어져 있는 계의 들뜬 상태인 것일까? 원자에서 원자핵으로, 핵자로, 쿼크로 내려가는 양자 사다리에는 끝이 있는 것일까?

이처럼 해결되지 못한 여러 문제 중 몇몇 문제를 장론이 해결할 수 있을지 못할지는 조만간에 알게 될 것이다. 장론이 현 단계에서 대답할 수 없는 문제를 해결하기 위해서는 아마도 전혀 다른 방법이 필요하게 될 것이다. 자연계의 언어는 장론의 언어보다도 더욱 폭이 넓다. 그러므로 우리는 자연계가 말해주고 있는 것의 대부분을 이해하는 데까지는 아직 이르지 못하고 있을 것이다.

장론의 역사를 돌이켜 보면 1927년 이래 우리는 많은 것을 배워온 것은 확실하다. 그러나 그래도 아직 어둠에 덮여 숨겨진 더 많은 것이 있다. 새로운 사고와 새로운 실험 사실에 의해서 물질 세계의 보다 깊숙한 수수께끼에 더욱 빛을 밝혀야 할 필요가 있을 것이다.

이 논문의 일부는 페르미연구소에서 1980년 5월에 있은 소립자 물리학사에 관한 심포지엄에서의 보고(이 보고서에 관해서는 이 책의 앞 장 말미를 참조) 및 1979년에 버나드 그레고리(Bernard Gregory) 강연(CERN Report No. 80-03. 1980)에서 발표된 것이다.

참고문헌

(1) 이 문제에 대해서는 두 개의 흥미있는 연구가 있다. A. Pais, "The Early History of the Electron 1897-1947." in Aspects of Quantum Theory, A. Salam, E. Wigner, eds., Cambridge University Press, 1972 ; S. Weinberg, "Notes for a History of Quantum Field Theory," Daedalus, Fall 1977.
(2) P. A. M. Dirac, Proc. Roy. Soc. **109**, 642 (1926) ; **114**, 243 (1927).
(3) W. Pauli, Phys. Z. **20**, 457 (1919).
(4) A. Einstein, Physica **5**, 330 (1925).
(5) A. Pais, Rev. Mod. Phys. **51**, 861 (1979).
(6) E. Fermi, Zeits. f. Phys. **29**, 315 (1924).
(7) C. V. von Weizsäcker, Z. Phys. **88**, 612 (1934).
(8) E. J. Williams, Phys. Rev. **45**, 729 (1934).
(9) W. Heisenberg, Z. Phys. **90**, 209 (1934).
(10) J. R. Oppenheimer, W. Furry, Phys. Rev. **45**, 245 (1934).
(11) W. Pauli, V. F. Weisskopf, Helv. Phys. Acta **7**, 709 (1934).
(12) J. R. Oppenheimer, Phys. Rev. **35**, 461 (1930).
(13) V. F. Weisskopf, Zeits. f. Phys. **89**, 27 ; **90**, 817 (1934).
(14) F. Bloch, A. Nordsieck, Phys. Rev. **52**, 54 (1937).
(15) R. Serber, Phys. Rev. **48**, 49 (1935).
(16) E. Uehling, Phys. Rev. **48**, 55 (1935).
(17) H. Euler, Ann. d. Phys. V **26**, 398 (1936).
(18) V. F. Weisskopf, Kgl. Dansk. Vid. Selsk. **14**, no. 6 (1936).
(19) E. C. G. Stueckelberg, Ann. d. Phys. **21**, 367 (1934).
(20) E. C. G Stueckelberg, Helv. Phys. Acta **9**, 225 (1938).
(21) W. Lamb, R. Retherford, Phys. Rev. **72**, 241 (1947).
(22) H. A. Kramers, Nuovo Cim. **15**, 108 (1938).
(23) N. Kroll, W. Lamb, Phys. Rev. **75**, 388 (1949).
(24) J. B. French, V. F. Weisskopf, Phys. Rev. **75**, 1240 (1949).
(25) O. Klein in *New Theories in Physics*, Conf. Proc.(Warsaw, 1938), Institut International de la Cooperation Intellectuelle, ed., M. Nijhoff, The Hague (1939), p. 77.
(26) S. Coleman, Science **206**, 1290 (1979).
(27) C. N. Yang, R. Mills, Phys. Rev. **96**, 190 (1954).

후 기

이 책은 Spencer R. Weart & Melba Phillips(eds) ; History of Physics, American Institute of Physics, New York, 1985의 초역(抄譯)이다. 원서는 AIP (미국물리학협회)가 발행하고 있는 잡지 PHYSICS TODAY에 이미 실렸던 과학사 관계의 논문 47편 중에서 16편을 추려 다시 수록한 것이다.

PHYSICS TODAY에는 1960년대부터 오늘에 이르기까지 과학사 관계의 기사와 논문이 거의 매호 실리고 있다. 1960년대가 되어 과학사에 관심을 갖게 된 이유는 몇 가지를 생각할 수 있다. 하나는 원자폭탄 제조 연구 이후 물리학이, 즉 과학자가 일반적 기술을 통해서 사회와 극히 밀접한 관계를 갖게 된 점이다. 그 상황을 자각하기 시작한 과학자가 사회에 대한 스스로의 명확한 위치를 설정하고, 반성하기 위해서 과학사에 관심을 갖게 되었다. 한편 현대 물리학의 황금시대라고 일컬어지는 20세기 초반에 활약한 물리학의 거인들이 1960년대 전후부터 차츰 세상을 떠나게 됨에 따라, 그들로부터 당시의 회고담을 들어두고, 관련 자료를 정확히 보존해 두고 싶어하는 기운이 물리학자와 과학사가 사이에 제고되어 조직적 · 계획적으로 사료(史料)가 수집되기 시작한 점도 있다 (이 활동의 중심이 AIP였다).

그리고 오늘날 과학과 사회의 관계는 더욱 심각해지고 있다. 물리학은 하이테크 산업의 기초인 동시에, 환경 파괴의 주범으로도 간주되고 있다. 이와 같은 과학이 역사적으로 생성되어 왔다는 것을 생각하면, 과학사를 연구하거나 배우거나 하는 일이 더더욱 중요성을 띄게 된다. 그럼에도 불구하고 과학사에 대한 일반적인 관심은 저조한 형편이다. 따라서 PHYSICS TODAY의 논문을 옮겨 펴내는 일은 뜻있는 일이라고 여겨진다.

원서에 실린 47편의 논문은 어느 것도 우열을 가리기 어렵고 흥미로운 것들이지만, 이 책에서는 특별히 16편을 엄선하여 소개하였다.

끝으로 이 책을 만드는데 도움을 주신 미국 듀크대학의 김영철 박사(핵물리학)와 서울대학교의 현창호 박사(핵물리 이론)께 감사드린다.

집필자 소개
(게재순)

John L. Heibron ("프랭클린의 물리학" PHYSICS TODAY/JULY 1976) 캘리포니아대학 버클리교의 사학과 교수 및 과학·기술사연구실 주임.

John O. Miller ("롤랜드의 물리학" PHYSICS TODAY/JULY 1976) 캘리포니아대학 버클리교의 교육학 교수.

Robert S. Shanklad ("마이컬슨과 간섭계" PHYSICS TODAY/APRIL 1974) 케이웨스턴 리서브대학의 물리학 암브로즈 웨이시 교수직에 있었다.

David H. DeVorkin ("헤르츠스프룽 — 러셀도로의 발자취" PHYSICS TODAY/MARCH 1978) 스미스소니언 연구소 국립항공·우주박물관 내 우주과학·탐사과의 과장.

Lillian Hartmann Hoddeson ("벨 연구소의 고체물리학 연구" PHYSICS TODAY/MARCH 1977) 일리노이대학 Urbana-champaign 물리학과의 스태프이자 페르미 연구소의 물리학 사가.

Philip W. Anderson ("밴 블렉과 자성연구" PHYSICS TODAY/OCTOBER 1968) 노벨물리학상 수상자로 AT & T 벨연구소의 스태프를 거쳐 프린스턴대학의 물리학 교수.

Ferdinand G. Brickwedde ("해럴드 유리와 중수소의 발견" PHYSICS TODAY/SEPTEMBER 1982) 유니버시티 파크의 펜실베이니아주립대학 물리학의 Evan Pugh 명예 연구교수직에 있다.

Alice Kimball Smith ("젊은 날의 오펜하이머" PHYSICS TODAY/APRIL 1980) 래드 클리프 칼리지의 Bunting 연구소의 명예소장.

Charles Weiner ("젊은 날의 오펜하이머" PHYSICS TODAY/ APRIL 1980) 미국 물리학협회의 물리학사 센터의 전 소장. 매사추세츠공과대학의 과학·기술·사회연구 프로그램의 과학사 교수.

Robert G. Sachs ("마리아 괴페르트 마이어" PHYSICS TODAY/ FEBRARY 1982) 시카고대학의 물리학 교수이자 병설 엔리코 페르미 연구소의 소장.

Anne Eisenberg ("필립 모리슨의 프로필") PHYSICS TODAY/ AUGUST 1982 뉴욕공예대학에서 과학문헌을 쓰는 방법을 가르치고 있다.

Stanley Livingston ("사이클로트론의 역사 Ⅰ" PHYSICS TODAY/ OCTOBER 1959) 현재 산타페 거주 매사추세츠공과대학 물리학 교수를 거쳐 케임브리지 전자가속기 연구소(현재의 페르미 연구소) 부소장 및 소장을 역임.

Edwin M. McMillan ("사이클로트론의 역사 Ⅱ" PHYSICS TODAY/ AUGUST 1982) 노벨물리학상 수상자. 로렌스 버클리 연구소의 소장 역임, 캘리포니아대학 버클리 분교 물리학과 명예교수.

Enrico Fermi ("컬럼비아대학에 있어서의 물리학" PHYSICS TODAY/ NOVEMBER 1955) 노벨물리학상 수상자. 로마대학, 컬럼비아대학, 시카고대학 등에서 물리학 교수를 역임.

Richard K. Gehrenbeck ("전자선 회절의 발견으로부터 50년" PHYSICS TODAY/ JANUARY 1978) 로드아일랜드대학의 물리학·천문학과 부교수.

Laurie M. Brown ("소립자 물리학의 탄생" PHYSICS TODAY/ APRIL 1982) 노스웨스턴대학 물리학·천문학과 교수.

Victor F. Weisskopf ("최근 50년간의 장이론의 전개" PHYSICS TODAY/ NOVEMBER 1981) 전 CERN 소장, 매사추세츠공과대학 물리연구소의 명예교수. 상급강사.

현대물리학사

2001년 6월 30일 1판 1쇄
2002년 1월 25일 1판 2쇄

엮은이 : Spencer R.Weart & Melba Phillips
역 자 : 김제완
펴낸이 : 이정일

펴낸곳 : 도서출판 **일진사**
140 – 120 서울시 용산구 효창동 5 – 104
대표전화 : 704 – 1616, 팩스 / 715 – 3536
http://www.iljinsa.co.kr
등록날짜 : 1979년 4월 2일
등록번호 : 제3 – 40호

값 12,000원

ISBN : 89 – 429 – 0602 – 8